# 国产AI大模型实操应用大全

未来科技 编著

中国水利水电出版社
www.waterpub.com.cn

·北京·

## 内 容 提 要

本书作为国产AI大模型的应用大全，全面、细致地介绍了AI在人们生活、工作、学习、休闲等方面的各种功能和使用方法，并力求通过简洁明了的语言和丰富的示例让读者快速掌握AI大模型的各种应用。

全书包括25章，分别为AI认知篇、文字应用篇、职场应用篇、专业应用篇、生活应用篇、多媒体应用篇和DeepSeek应用篇共七大篇，精心挑选了326个具有代表性的行业应用案例，全面、生动地展示了AI大模型的不同实战场景，从而引导读者发现、挖掘AI大模型的应用价值。

本书不仅适合对AI有兴趣的高校师生、普通办公族、培训机构人员或者AI玩家阅读，对AI专家与学者、软件开发工程师、企业管理者、行业分析师与顾问、职业培训师、在线教育讲师、内容创作者与自媒体人都具有参考价值。

图书在版编目（CIP）数据

国产AI大模型实操应用大全 / 未来科技编著.

北京 : 中国水利水电出版社, 2025. 6. -- ISBN 978-7-5226-3410-4

Ⅰ. TP18

中国国家版本馆CIP数据核字第2025XM4820号

| 书　　名 | 国产AI大模型实操应用大全<br>GUOCHAN AI DAMOXING SHICAO YINGYONG DAQUAN |
|---|---|
| 作　　者 | 未来科技　编著 |
| 出版发行 | 中国水利水电出版社<br>（北京市海淀区玉渊潭南路1号D座　100038）<br>网址：www.waterpub.com.cn<br>E-mail：zhiboshangshu@163.com<br>电话：（010）62572966-2205/2266/2201（营销中心） |
| 经　　售 | 北京科水图书销售有限公司<br>电话：（010）68545874、63202643<br>全国各地新华书店和相关出版物销售网点 |
| 排　　版 | 北京智博尚书文化传媒有限公司 |
| 印　　刷 | 河北文福旺印刷有限公司 |
| 规　　格 | 170mm×240mm　16开本　24印张　566千字 |
| 版　　次 | 2025年6月第1版　2025年6月第1次印刷 |
| 印　　数 | 0001—3000册 |
| 定　　价 | 79.80元 |

凡购买我社图书，如有缺页、倒页、脱页的，本社营销中心负责调换

**版权所有·侵权必究**

# 前言

从电子硬件时代、互联网时代、移动互联网时代,到现在的人工智能(AI)时代,每一次技术变革都推动了社会的巨大进步。AI是一场更具颠覆性且蕴含巨大经济增长潜力的新兴革命。在这个日新月异的数字时代,AI正在深刻改变我们的生活方式、工作模式乃至社会结构。随着技术的不断突破与数据的海量积累,国产AI大模型作为AI领域的后起之秀,正以前所未有的速度崛起,不仅引领着新一轮的科技革命和产业变革,而且在基础理论研究、核心技术突破以及应用场景拓展等方面取得了举世瞩目的成就。

国产AI大模型凭借其强大的数据处理能力、高效的算法优化以及广泛的适用性,正逐步成为推动产业升级、促进经济高质量发展的关键力量。从智能制造到智慧城市,从医疗健康到教育娱乐,国产AI大模型的应用场景几乎覆盖了社会生活的方方面面。

本书正是基于这一时代背景,对国产AI大模型技术的应用场景进行了一次全面梳理与剖析。本书旨在成为连接技术前沿与实际应用的桥梁,为广大读者揭开国产AI大模型的神秘面纱,展现其在各行各业中的广泛应用与无限潜力。

## ☑ 本书内容

本书精心挑选了326个具有代表性的行业应用案例,深入剖析了AI大模型如何改变人们的生活,如何助力企业转型升级、提升服务效率、优化用户体验。全书包括七大篇共25章,具体说明如下。

第1篇,AI认知篇,包括第1章。这部分主要介绍了什么是AI大模型、AI大模型的发展历史,以及主要的国产AI大模型,同时介绍了AI大模型的基本用法,以及如何编写提示词等内容,共计24个应用示例。

第2篇,文字应用篇,包括第2~4章。这部分主要介绍了AI在文章写作领域、论文写作领域、评论写作领域的具体应用,共计52个应用示例。

第3篇,职场应用篇,包括第5~11章。这部分主要介绍了AI在不同行业内的应用,如编程领域、办公领域、翻译领域、教育领域、学习领域、营销领域、求职招聘领域,共计92个应用示例。

第4篇,专业应用篇,包括第12~14章。这部分主要介绍了AI在专业领域内的应用,如理财、法律、投资等专业领域，共计25个应用示例。

第5篇，生活应用篇，包括第15～21章。这部分主要介绍了AI在生活领域内的应用，如医疗、心理与情感、生活帮手、玩乐、美食、旅游、游戏等生活方面，共计88个应用示例。

第6篇，多媒体应用篇，包括第22～24章。这部分主要介绍了AI在图像、视频方面的应用，如AI生图、AI识图、AI生视频等方面，共计25个应用示例。

第7篇，DeepSeek应用篇，包括第25章。本部分主要介绍了DeepSeek这一国产AI通用大模型的特点、优势及其在多种应用场景中的使用方法，包括如何通过App和网页版与DeepSeek进行互动，以及如何向其提问，如何利用其进行文档阅读和生成多种格式的文件，如思维导图、流程图、数据表、SVG图和PPT文档等。同时，还提供了一些提高与DeepSeek互动效率的技巧和示例，共计20个应用示例。

## ☑ 本书宗旨

本书是一本集技术性、实用性、前瞻性于一体的权威著作。它不仅是AI领域专业人士的必备参考书，也是广大科技爱好者了解国产AI大模型、探索未来科技趋势的重要窗口。作者期待通过本书能够激发更多人对AI技术的兴趣与热情，共同推动中国乃至全球AI产业的繁荣发展。

在编写本书的过程中，作者力求呈现最全面、最前沿的应用案例和实践经验。每个章节和示例，都凝聚着作者的智慧与心血。作者希望通过这些真实而生动的应用展示，能够让读者清晰地感受到国产AI大模型的强大力量，以及它们为社会发展带来的巨大价值。

然而，这仅仅是一个开始。AI大模型的发展日新月异，新的应用不断涌现，挑战与机遇并存。作者期待这本书能够成为读者了解和探索国产AI大模型应用的参考指南，激发读者的创新思维，共同推动国产AI大模型在更多领域的广泛应用和深入发展。希望读者在阅读本书的过程中，能够在收获知识、启迪智慧的同时，与作者一同迈向充满无限可能的AI时代。

## ☑ 本书配套资源

◎ 提示词分类大全。

◎ 国产AI通用大模型及行业优秀垂直大模型导航和入门指南。

以上资源的获取及联系方式如下。

（1）读者可以扫描右面的公众号二维码，或者在微信公众号中搜索"设计指北"，关注后发送"AI34104"到公众号后台，获取本书的资源下载链接。将该链接复制到计算机浏览器地址栏中（一定要复制到计算机浏览器的地址栏，在电脑端下载，手机不能下载，也不能在线解压，没有解压密码），根据提示进行下载。

（2）读者也可加入本书QQ交流群617298157（若群满，会创建新群，请注意加群时的提示，并根据提示加入对应的群），互相交流学习经验，作者也会不定期在线答疑解惑。

## ☑ 本书适用对象

### 1. 技术研发人员

- ◎ AI专家与学者：对于从事AI技术研究、算法优化的专家与学者而言，本书可以提供国产AI大模型的应用样本，有助于他们深入研究并推动技术进步。
- ◎ 软件开发工程师：软件开发人员，特别是那些专注于AI应用开发的工程师，可以通过阅读本书了解如何将国产AI大模型集成到实际项目中，提升开发效率与产品性能。

### 2. 行业应用者

- ◎ 企业管理者：对于希望利用AI技术提升企业运营效率、优化业务流程的企业管理者而言，本书可提供丰富的行业应用案例与策略指导，有助于管理者做出明智的决策。
- ◎ 行业分析师与顾问：对于需要了解AI技术在各行业的应用趋势与前景，以便为客户提供专业的咨询与建议的行业分析师与顾问而言，本书可以提供丰富的行业洞察与分析。
- ◎ 普通职场人士：可以通过本书获取更多提升工作效率的示例和方法。

### 3. 教育与培训人员

- ◎ 高校教师与科研人员：在高等教育领域，本书可以作为AI相关课程的教材或参考书，帮助教师传授最新知识，引导学生进行AI应用探索。
- ◎ 职业培训师与在线教育讲师：职业培训师和在线教育讲师可以利用本书的内容，为学员提供关于国产AI大模型应用的实用课程，提升学员的职业技能与竞争力。

### 4. 普通用户与爱好者

- ◎ AI技术爱好者：对于对AI技术充满兴趣但非专业人士的普通用户而言，本书以通俗易懂的方式介绍了国产AI大模型的基本概念、应用场景，有助于AI技术爱好者拓宽视野、增长知识。
- ◎ 内容创作者与自媒体人：在内容创作领域，AI大模型已成为重要的辅助工具。本书可为内容创作者和自媒体人提供如何利用AI技术提升创作效率与质量的实用指南。

## ☑ 关于作者

本书由未来科技团队负责编写，并提供在线支持和技术服务。由于作者水平有限，书中疏漏和不足之处在所难免，欢迎读者不吝赐教。如果广大读者有好的建议、意见，或在学习本书时遇到疑难问题，可以联系我们，我们会尽快为读者解答，联系方式为961254362@qq.com。

作 者

# 目录

## 第 1 篇　AI 认知篇

### 第 1 章　快速上手国产 AI 大模型 …… 002
- 1.1　神奇的 AI 大模型 …… 002
  - 1.1.1　什么是 AI 大模型 …… 002
  - 1.1.2　AI 大模型的特点 …… 002
  - 1.1.3　AI 大模型的发展历史 …… 003
- 1.2　走进国产 AI 大模型 …… 004
  - 1.2.1　百度文心大模型——文心一言 …… 004
  - 1.2.2　字节云雀大模型——豆包 …… 006
  - 1.2.3　智谱 ChatGLM 大模型——智谱清言 …… 008
  - 1.2.4　阿里云通义大模型——通义千问 …… 009
  - 1.2.5　星火认知大模型——讯飞星火 …… 011
  - 1.2.6　Kimi 大模型——月之暗面 …… 012
  - 1.2.7　其他大模型 …… 013
- 1.3　国产 AI 大模型的应用 …… 014
  - 1.3.1　基本对话 …… 014
  - 1.3.2　智能识图 …… 015
  - 1.3.3　阅读理解 …… 017
  - 1.3.4　使用指令 …… 018
  - 1.3.5　使用智能体 …… 020
- 1.4　与 AI 对话的关键：准确使用提示词 …… 022
  - 1.4.1　认识提示词 …… 022
  - 1.4.2　如何编写提示词 …… 023
  - 1.4.3　提示词设计技巧 …… 025
  - 1.4.4　提示词优化 …… 028
- 1.5　参数指令 …… 030

## 第 2 篇　文字应用篇

### 第 2 章　写作 …… 034
- 2.1　文体写作 …… 034

- 2.1.1 小说 ········· 034
- 2.1.2 散文 ········· 035
- 2.1.3 诗歌 ········· 036
- 2.1.4 剧本 ········· 037
- 2.1.5 童话 ········· 038
- 2.2 学生作文 ········· 039
  - 2.2.1 记叙文 ········· 039
  - 2.2.2 说明文 ········· 040
  - 2.2.3 议论文 ········· 041
- 2.3 应用文 ········· 042
  - 2.3.1 书信 ········· 042
  - 2.3.2 计划、总结 ········· 043
  - 2.3.3 申请、证明 ········· 044
  - 2.3.4 便条、条据 ········· 046
  - 2.3.5 通知、启事 ········· 048
- 2.4 后期加工 ········· 049
  - 2.4.1 续写 ········· 049
  - 2.4.2 改写 ········· 050
  - 2.4.3 扩写 ········· 050
  - 2.4.4 生成标题 ········· 051
  - 2.4.5 制作脚本 ········· 051

## 第 3 章 论文 ········· 054
- 3.1 阅读论文 ········· 054
- 3.2 选择论文题目 ········· 055
- 3.3 生成论文摘要 ········· 056
- 3.4 生成论文提纲 ········· 057
- 3.5 推荐参考文献 ········· 059
- 3.6 生成文献综述 ········· 060
- 3.7 推荐研究方向 ········· 061
- 3.8 扩写论文 ········· 062
- 3.9 精简论文 ········· 063
- 3.10 论文润色 ········· 063

## 第 4 章 评论 ········· 065
- 4.1 新闻评论 ········· 065
- 4.2 影视评论 ········· 066
- 4.3 科技评论 ········· 068
- 4.4 期刊评审 ········· 069
- 4.5 美食点评 ········· 071
- 4.6 体育评论 ········· 072
- 4.7 时尚评论 ········· 073

4.8　文学评鉴 ……………………………………………………………… 074
4.9　书法评鉴 ……………………………………………………………… 075
4.10　绘画评鉴 …………………………………………………………… 076
4.11　商品评价 …………………………………………………………… 077
4.12　心理评论 …………………………………………………………… 078

## 第 3 篇　职场应用篇

### 第 5 章　编程 …………………………………………………………… 080

5.1　认识 AI 编程工具 …………………………………………………… 080
5.2　编写代码 ……………………………………………………………… 081
5.3　代码纠错 ……………………………………………………………… 083
5.4　代码解读 ……………………………………………………………… 084
5.5　代码优化 ……………………………………………………………… 086
5.6　代码翻译 ……………………………………………………………… 086
5.7　代码注释 ……………………………………………………………… 087
5.8　代码测试 ……………………………………………………………… 088
5.9　错误解析 ……………………………………………………………… 089
5.10　编程知识咨询 ………………………………………………………… 090
5.11　获取技术解决方案 …………………………………………………… 092
5.12　模拟终端 ……………………………………………………………… 093
5.13　生成 SQL 语句 ……………………………………………………… 095
5.14　生成 CSS 样式 ……………………………………………………… 095
5.15　生成 HTML 结构 …………………………………………………… 096

### 第 6 章　办公 …………………………………………………………… 100

6.1　写工作计划 …………………………………………………………… 100
6.2　写工作总结 …………………………………………………………… 102
6.3　写会议纪要 …………………………………………………………… 104
6.4　写策划方案 …………………………………………………………… 105
6.5　写办公邮件 …………………………………………………………… 107
6.6　写公司日报 …………………………………………………………… 109
6.7　写调研报告 …………………………………………………………… 109
6.8　写述职报告 …………………………………………………………… 110
6.9　制定公司规章制度 …………………………………………………… 112
6.10　设计办公 PPT ………………………………………………………… 113
6.11　设计办公表格 ………………………………………………………… 116
6.12　使用 Excel 函数 ……………………………………………………… 117
6.13　使用 Excel 宏 ………………………………………………………… 119
6.14　使用 Word 宏 ………………………………………………………… 121
6.15　制作思维导图 ………………………………………………………… 122
6.16　办公软件咨询 ………………………………………………………… 124
6.17　调色咨询 ……………………………………………………………… 125

6.18 生成图表 ········································································· 127

## 第 7 章 翻译 ··········································································· 130
7.1 多语言翻译 ······································································ 130
7.2 多语言发音 ······································································ 131
7.3 英汉互译 ········································································· 132
7.4 语言识别 ········································································· 133
7.5 修改病句 ········································································· 134

## 第 8 章 教育 ··········································································· 136
8.1 课程设计 ········································································· 136
8.2 教学设计 ········································································· 138
8.3 教学实例设计 ···································································· 140
8.4 课堂互动 ········································································· 141
8.5 预习和复习设计 ································································· 142
8.6 作业设计 ········································································· 143
8.7 试卷设计 ········································································· 144
8.8 社会实践案例设计 ······························································· 147
8.9 写教学总结 ······································································ 149
8.10 写工作周报和月报 ····························································· 150
8.11 作业批改 ········································································ 151

## 第 9 章 学习 ··········································································· 154
9.1 制订学习计划 ···································································· 154
9.2 辅助解题 ········································································· 155
9.3 辅助备考 ········································································· 156
9.4 读文言文 ········································································· 157
9.5 读现代文 ········································································· 159
9.6 读英文 ············································································ 161
9.7 实习报告 ········································································· 162
9.8 就业指导 ········································································· 164

## 第 10 章 营销 ·········································································· 166
10.1 小红书营销 ······································································ 166
10.2 抖音短视频营销 ································································ 168
10.3 朋友圈营销 ······································································ 169
10.4 京东营销 ········································································ 170
10.5 拼多多营销 ······································································ 171
10.6 天猫营销 ········································································ 173
10.7 地推话术 ········································································ 174
10.8 电销话术 ········································································ 175
10.9 广告文案 ········································································ 176

10.10 软广告文案 ·················································································· 177

## 第 11 章 求职招聘 ·················································································· 178
11.1 优化简历 ···················································································· 178
11.2 写自我介绍 ················································································ 180
11.3 写求职信 ···················································································· 181
11.4 模拟面试 ···················································································· 182
11.5 写招聘信息 ················································································ 184
11.6 设计面试问题 ············································································ 185

## 第 4 篇 专业应用篇

## 第 12 章 理财 ·························································································· 188
12.1 动态收集财经信息 ···································································· 188
12.2 风险控制 ···················································································· 189
12.3 量化交易 ···················································································· 190
12.4 投资咨询 ···················································································· 192
12.5 财务规划 ···················································································· 195
12.6 理财欺诈预警 ············································································ 196

## 第 13 章 法律 ·························································································· 198
13.1 检索法律条文 ············································································ 198
13.2 写法律文书 ················································································ 200
13.3 审核法律文书 ············································································ 203
13.4 法律咨询 ···················································································· 204
13.5 法律探索 ···················································································· 206
13.6 司法行为裁量 ············································································ 207

## 第 14 章 投资 ·························································································· 209
14.1 投资分析 ···················································································· 209
14.2 宏观分析 ···················································································· 211
14.3 行业分析 ···················································································· 212
14.4 营销分析 ···················································································· 213
14.5 企业分析 ···················································································· 215
14.6 基本面分析 ················································································ 216
14.7 技术面分析 ················································································ 218
14.8 趋势分析 ···················································································· 219
14.9 波段分析 ···················································································· 220

## 第 5 篇 生活应用篇

## 第 15 章 医疗 ·························································································· 223
15.1 医药知识问答 ············································································ 223
15.2 问诊 ···························································································· 226

15.3　分诊 ················································································· 227
　　15.4　病历问询 ········································································· 227
　　15.5　医疗术语 ········································································· 228
　　15.6　医学信息抽取 ·································································· 229
　　15.7　医保咨询 ········································································· 230

第 16 章　心理与情感 ··································································· 232
　　16.1　心理咨询 ········································································· 232
　　16.2　心理健康 ········································································· 233
　　16.3　心理治疗 ········································································· 235
　　16.4　矛盾疏解 ········································································· 236
　　16.5　异性感情 ········································································· 238
　　16.6　恋爱技巧 ········································································· 239
　　16.7　夫妻关系 ········································································· 240
　　16.8　情绪调节 ········································································· 241
　　16.9　压力管理 ········································································· 242

第 17 章　生活帮手 ······································································ 244
　　17.1　灵感师 ············································································ 244
　　17.2　装修师 ············································································ 246
　　17.3　厨师 ··············································································· 248
　　17.4　营养师 ············································································ 250
　　17.5　形象设计师 ······································································ 252
　　17.6　化妆师 ············································································ 255
　　17.7　瑜伽师 ············································································ 256
　　17.8　健身教练 ········································································· 257
　　17.9　导游 ··············································································· 260
　　17.10　保姆 ············································································· 262
　　17.11　维修工 ·········································································· 264
　　17.12　售后服务 ······································································· 265
　　17.13　取名服务 ······································································· 266

第 18 章　玩乐 ············································································ 268
　　18.1　推荐音乐 ········································································· 268
　　18.2　点评音乐 ········································································· 269
　　18.3　创作歌词 ········································································· 270
　　18.4　创作歌曲 ········································································· 270
　　18.5　模拟人物互动 ·································································· 272
　　18.6　模拟场景互动 ·································································· 273
　　18.7　创作剧本杀 ····································································· 274
　　18.8　创作绕口令 ····································································· 276
　　18.9　创作脱口秀 ····································································· 276

18.10 创作相声 …… 277

## 第19章 美食 …… 279
19.1 美食推荐 …… 279
19.2 美食文化 …… 280
19.3 美食食谱 …… 281
19.4 定制菜谱 …… 283
19.5 美食点评 …… 285
19.6 饮食计划 …… 286

## 第20章 旅游 …… 288
20.1 旅游规划 …… 288
20.2 目的地推荐 …… 289
20.3 路线规划 …… 291
20.4 住宿推荐 …… 292
20.5 知识问答 …… 293
20.6 景点介绍 …… 295
20.7 写游记 …… 296

## 第21章 游戏 …… 298
21.1 游戏推荐 …… 298
21.2 游戏介绍 …… 299
21.3 与AI玩游戏 …… 301
21.4 写游戏剧本 …… 303
21.5 写游戏对话 …… 304
21.6 写游戏攻略 …… 305
21.7 写游戏测评 …… 306
21.8 游戏创意 …… 307

# 第6篇 多媒体应用篇

## 第22章 AI生图 …… 309
22.1 生成图像 …… 309
22.2 生成连续图像 …… 312
22.3 图像融合 …… 314
22.4 绘制建筑图 …… 315
22.5 生成二维码 …… 316
22.6 使用文心一格 …… 317
  22.6.1 认识文心一格 …… 318
  22.6.2 初次绘图 …… 318
  22.6.3 自定义绘画 …… 320
  22.6.4 AI编辑 …… 322
  22.6.5 作品管理 …… 323

22.7　使用商汤秒画 ······ 324
22.8　使用通义万相 ······ 327

## 第 23 章　AI 识图 ······ 330

23.1　图像内容识别 ······ 330
23.2　画面情境理解 ······ 332
23.3　人物情绪识别 ······ 333
23.4　图像色彩分析与统计 ······ 335
23.5　图像比较 ······ 337
23.6　多图排序 ······ 338

## 第 24 章　AI 生视频 ······ 341

24.1　认识国内 AI 视频大模型 ······ 341
24.2　文生视频 ······ 343
24.3　图生视频 ······ 344
24.4　角色生视频 ······ 345
24.5　多镜头视频 ······ 346

# 第 7 篇　DeepSeek 应用篇

## 第 25 章　使用 DeepSeek ······ 350

25.1　认识 DeepSeek ······ 350
25.2　初次使用 DeepSeek ······ 351
　　25.2.1　下载 App ······ 351
　　25.2.2　使用计算机网页版 ······ 352
　　25.2.3　熟悉对话界面 ······ 353
　　25.2.4　文档上下文 ······ 354
　　25.2.5　DeepSeek 提问技巧 ······ 356
25.3　多类型文件应用 ······ 358
　　25.3.1　生成思维导图 ······ 358
　　25.3.2　生成流程图 ······ 361
　　25.3.3　生成数据表 ······ 362
　　25.3.4　生成 SVG 图 ······ 363
　　25.3.5　生成 PPT 文档 ······ 365

# 第1篇

## AI认知篇

# 第 1 章 快速上手国产AI大模型

AI大模型是AI领域的重要发展方向之一，它通过深度学习技术和大规模数据的预训练，获得了强大的学习能力和广泛的应用前景。随着技术的不断进步和应用场景的不断拓展，AI大模型将在未来发挥越来越重要的作用。本章将简单介绍什么是AI大模型、AI大模型的发展历史，以及国产AI大模型的现状及具体使用。

## 1.1 神奇的AI大模型

### 1.1.1 什么是AI大模型

AI大模型就像一个超级大脑，但它不是真的大脑，而是计算机程序。这个程序通过学习海量的信息会变得非常聪明。例如，你给它看很多很多书，它就能学会说话、写故事或者解答问题，就像真人一样，有时候甚至比真人反应还快、判断还准。

这是怎么做到的呢？因为它有一个特别巨大的模型，用来模拟人脑的神经元结构，能够从大规模的数据中学习和提取复杂的模式和规律。它通常包含数十亿甚至数万亿个参数，这些参数就像模型的大脑细胞，存储着海量的信息和知识。这些参数越多，它就越能理解更复杂的事情。而且它还能记住学到的东西，下次遇到类似的情况时，就能很快给出答案。

要让AI大模型变得非常聪明，就需要不断地给它"喂"很多数据，进行预训练，因此还要有大量具备超级算力的计算机来帮它学习，这个过程叫模型训练。训练好的模型可以做很多事情，如帮助找信息、识别图片里的东西，甚至控制机器人开车等。

不过这个超级大脑也有缺点，它做出某个决定的原因，我们可能不太清楚，这就叫不透明或者黑箱。如果训练它的数据有问题，它也可能学坏，所以要特别小心地监督它。总之，AI大模型是一个很厉害的工具，但要用好它，还有很多事情要考虑。

### 1.1.2 AI大模型的特点

AI大模型有以下特点。

◎ 参数规模庞大：AI大模型的参数数量非常多，从数百万个到数十亿个不等。这些参数让模型能够表示更复杂的信息，处理更复杂的任务。

◎ 复杂结构：AI大模型通常采用深度神经网络架构，如Transformer架构等。这些网络结构通过多层次的非线性变换和激活函数，能够提取数据中的高阶特征，建立起特征之间的复杂关系。

◎ 强大的学习能力：通过在大规模数据集上进行预训练，AI大模型能够学习到通用的语言或知识表示。这使得它能够在处理各种任务时展现出出色的性能，如自然语言处理、计算机视觉、语音识别等。

◎ 高计算资源需求：由于AI大模型的参数规模和结构复杂，因此它需要大量的计算资源来进行训练和推理。这包括高性能的GPU、分布式计算等。

◎ 广泛的应用前景：AI大模型具有很高的通用性和灵活性，能够在各种应用场景中发挥作用，如可以赋能内容创作、革新交互体验、提高家居和汽车的智能性和自主性等。

## 1.1.3 AI大模型的发展历史

AI大模型的发展可以概括为三个阶段，简单概括如下。

### 1. 萌芽期（1950—2005年）

1956年，计算机专家约翰·麦卡锡提出AI概念，标志着AI研究的开始。AI发展由最开始基于小规模专家知识逐步发展为基于机器学习。

1980年，卷积神经网络的雏形CNN诞生。

1998年，现代卷积神经网络的基本结构LeNet-5诞生。这一结构为自然语言生成、计算机视觉等领域的深入研究奠定了基础，对后续深度学习框架的迭代及大模型发展具有开创性意义。

### 2. 沉淀期（2006—2019年）

这个时期的计算机技术获得三大突破：深度学习逐渐成熟、计算能力大幅提升、算法不断优化。具体事件说明如下。

2013年，自然语言处理模型Word2Vec诞生，首次提出了将单词转换为向量的"词向量模型"，便于计算机理解和处理文本数据。

2014年，GAN（Generative Adversarial Networks，生成对抗网络）诞生，标志着深度学习进入了生成模型研究的新阶段。

2017年，Google提出基于自注意力机制的神经网络结构——Transformer架构，奠定了大模型预训练算法架构的基础。

2018年，OpenAI和Google分别发布了GPT-1与BERT大模型，预训练大模型成为自然语言处理领域的主流。

### 3. 爆发期（2020年至今）

这个时期的计算机技术获得大的飞跃：大数据、大算力和大算法完美结合，推动AI大模型迅猛发展。具体事件说明如下。

2020年，OpenAI推出GPT-3，该模型参数规模达到1750亿个，成为当时最大的语言模型，并在零样本学习任务上实现了巨大的性能提升。

2022年11月，ChatGPT横空出世，它基于GPT-3.5，凭借逼真的自然语言交互与多场景内容生成能力，迅速引爆互联网。

2023年3月，OpenAI发布GPT-4，这是一个超大规模的多模态预训练大模型，具备多模态理解与多类型内容生成能力。

这个时期，国内科技巨头也纷纷跟进，如百度、阿里云、腾讯、华为等，先后发布了自研大模型，如百度的文心一言、阿里云的通义千问、腾讯的混元等，呈现出百花齐放的状态。

AI大模型正朝着更大规模、更高性能、更多模态支持的方向发展，同时在应用场景上也不断拓展，从通用大模型向行业大模型演进。

当然，AI大模型也面临评估验证、伦理道德、安全隐患等挑战。评估数据集需要更加多样化和复杂化以反映现实问题；模型行为需要与人类价值观相符；模型的可解释性和监督管理工作需要加强以确保安全。

## 1.2 走进国产AI大模型

国产AI大模型萌芽于2020年前后，迅速崛起于2023年。截至2023年10月，国内已有250多家厂商和高校研究机构拥有规模在10亿个参数以上的大模型，一年诞生了238个大模型。2024年是国产AI大模型商业化探索的元年。国产AI大模型包括通用大模型和行业大模型，下面简单介绍六个广泛应用的通用大模型。

### 1.2.1 百度文心大模型——文心一言

百度文心大模型是百度自主研发的产业级、知识增强型大模型。该模型以创新性的知识增强技术为核心，自2019年发布1.0版本以来，历经多次技术迭代与升级，2025年2月已发展至4.0版本，并推出了4.0 Turbo版本，进一步提升了模型的理解、生成、逻辑、记忆四大能力。

百度文心大模型涵盖基础大模型、任务大模型、行业大模型三级体系，具备知识增强和产业级两大特色。其通过引入知识图谱，将数据与知识融合，显著提升了学习效率及可解释性。百度文心大模型已广泛应用于搜索、信息流、智能音箱等互联网产品，并通过飞桨深度学习平台、百度智能云赋能工业、能源、金融、通信、媒体、教育等各行各业。

百度文心大模型以知识增强语义理解为核心，实现了从单模态大模型到跨模态大模型、从通用基础大模型到多领域行业大模型的持续创新突破，构建了模型层、工具与平台层、大模型创意与探索社区的完整布局，大幅降低了AI开发和应用的门槛，加快了AI大规模产业化进程并拓展了其技术边界。

百度文心大模型的一大亮点是其强大的应用能力，如文心一言（ERNIE Bot）作为百度文心大模型家族的新成员，能够与人对话互动、回答问题、协助创作，为用户提供了高效便捷的信息获取和创作支持。此外，百度文心大模型还推出了文心一格等AI艺术和创意辅助平台，以及文心百中等产业级搜索系统，进一步拓展了其应用场景。

截至2024年11月，百度文心大模型的用户规模已突破4.3亿，文心大模型的日均调用量超过15亿次，展现了其强大的市场影响力和用户基础。未来，随着技术的不断进步和应用场景的不断拓展，百度文心大模型有望在更多领域发挥其智能化作用。

【使用方法】

在浏览器中访问https://yiyan.baidu.com，会自动跳转到文心一言机器聊天页面，如图1.1所示。

图1.1 在浏览器中访问文心一言聊天机器人

文心一言要求必须先登录再聊天，用户可以使用手机号通过短信验证快速登录，如图1.2所示。

图1.2 登录文心一言聊天机器人

登录之后，在页面右侧底部文本框中可以输入想要询问或请求的文本内容，然后单击文本框右下角的蓝色按钮，将输入的文本发送给文心一言以获取回复。

🚗【注意】

> 文心一言提供3个大模型：文心大模型3.5、文心大模型4.0、文心大模型4.0 Turbo。其中，文心大模型3.5可以免费使用，该模型能够满足日常生活基本需求；文心大模型4.0和文心大模型4.0 Turbo需要收费，它们能够提供效果更全、更好、更快的服务。

在文本框上面，默认显示功能选项或提示，如消暑美食清单、毕业季致青春、党建活动总结、暑假作业安排、实习简历生成等。选择不同的选项后，文心一言会根据选项的主题生成相应的内容或提供相关的帮助。

页面左侧为导航面板，分为两列。其中，第1列包括对话、百宝箱、使用指南，底部为会员中心；第2列包括大模型、智能体、历史对话等。单击历史对话记录，可以查看之前与文心一言的对话记录，方便用户回顾和继续之前的话题。百宝箱汇总了一些主要功能，如写软文等，方便用户快速选择使用。使用指南提供详细的帮助信息，帮助用户了解如何更好地使用文心一言的各项功能。

## 1.2.2 字节云雀大模型——豆包

字节云雀大模型是字节跳动研发的大规模预训练语言模型系列。它于2023年8月6日上线发布，在2024年5月被正式命名为豆包大模型，是国内首批通过算法备案的大模型之一。

云雀大模型基于字节神经网络加速器开发，通过自然语言交互，能够高效地完成互动对话、信息获取、协助创作等任务。它具有多种能力，如专业的代码生成能力和知识储备，可以辅助代码生产；可以通过自然语言处理技术与用户对话，回答问题并提供信息和建议；可以从非结构化的文本信息中抽取所需的结构化信息；可以通过分析问题的前提条件和假设来推理出答案或解决方案等。

云雀大模型主要应用于字节跳动旗下的众多产品和业务，如今日头条、抖音、剪映、番茄小说、西瓜视频、飞书等。基于该模型开发的AI对话产品"豆包"，能够提供聊天机器人、写作助手以及英语学习助手等功能。用户可通过手机号、抖音或Apple ID登录，它能够回答各种问题并进行对话，帮助人们获取信息、完成内容创作等。此外，AI应用开发平台"扣子"、互动娱乐应用"猫箱"等也是基于云雀大模型开发的。其主要应用包括以下内容。

◎ 内容创作：具备丰富的文字创作能力、严格的指令遵从能力和庞大的知识储备，可应用于大纲生成、营销文案生成等场景。

◎ 知识问答：集成了海量知识库，可高效解决工作、生活等各类场景中的问题。

◎ 人设对话：角色扮演能力符合设定且具备多轮记忆，可用于社交陪伴、虚拟主播等人设对话场景。

在2024年5月15日的春季火山引擎Force原动力大会上，豆包大模型正式开启对外服务，并提供了一个有多模态能力的模型家族，包括豆包通用模型pro、豆包通用模型lite的两个通用模型，以及豆包·角色扮演模型、豆包·语音识别模型、豆包·语音合成模型、豆包·声音复刻模型、豆包·文生图模型、豆包·Function Call模型、豆包·向量化模型等细分领域模型。

【使用方法】

在浏览器中访问https://www.doubao.com/，会自动跳转到豆包机器聊天页面，如图1.3所示。在页面右侧底部文本框中输入消息，即可与豆包聊天机器人进行实时聊天。

图1.3　访问豆包聊天机器人

在页面左侧导航面板中，单击"登录"按钮或者"新对话"选项，可以使用手机号直接登录，获取更多的功能和服务，如图1.4所示。

图1.4　登录豆包聊天机器人

在左侧导航面板中可以通过选择AI搜索、帮我写作、图像生成、阅读总结、网页摘要、翻译选项，查看最近与聊天机器人的对话以及训练自己的大模型等。

### 1.2.3 智谱ChatGLM大模型——智谱清言

ChatGLM大模型是一款由清华大学和智谱AI联合研发的国产大语言模型，自2023年3月推出第一代ChatGLM-6B后，于同年6月发布了ChatGLM2，该模型基于千亿基座的对话模型，可以提供丰富尺寸，适用于多种场景。随后在10月发布了包含三个子模型的ChatGLM3系列（ChatGLM3-6B-Base、ChatGLM3-6B、ChatGLM3-6B-32K）。这些模型不仅在参数规模上逐渐扩大，而且在性能和功能上也得到了显著提升。

ChatGLM大模型在教育、智能客服、智能助手、智能写作等多个领域展现出了巨大的潜力。它不仅能够提供精准、及时的解答和个性化的服务，还能够通过不断地学习和优化，持续提升自身的性能和应用效果。ChatGLM大模型具有以下特点。

◎ 深度思考与精准理解：ChatGLM能够理解并解析复杂的语言结构，对语义的理解更加精准，从而在回答问题、解决问题时更具针对性。

◎ 记忆与个性化交流：ChatGLM可以记住与用户交流过的每个细节，实现个性化的交流体验。在交流中能够根据用户的喜好和需求，提供更贴心、高效的服务。

◎ 多模态与增强功能：ChatGLM3系列在满足基本对话能力的基础上，增加了代码执行能力（Code Interpreter）、网络搜索增强（WebGLM）、全新的Agent智能体能力等多模态和增强功能，使得模型的应用场景更加广泛。

◎ 低门槛部署：ChatGLM-6B结合模型量化技术，能够在普通计算机上进行本地部署。

2024年1月16日，智谱AI发布新一代基座大模型GLM-4，它支持128K的上下文窗口长度，单次提示词能处理的文本可达300页。在大海捞针压力测试中，128K文本长度内，GLM-4模型可做到几乎100%的精度召回，并未出现长上下文全局信息因为失焦而导致的精度下降。其文生图和多模态理解能力得到增强，并且支持处理Excel、PDF、PPT等格式的文件，可自动调用代码解释器进行复杂的方程或微积分求解。同时，All Tools能力（Agent智能体能力）全新发布，可自主根据用户意图，自动理解、规划复杂指令，自由调用网页浏览器、Code Interpreter 代码解释器和多模态文生图大模型CogView3以完成复杂任务。此外，GLM个性化智能体定制功能上线，用户用简单的提示词指令就能创建属于自己的 GLM智能体，并可通过智能体中心分享自己创建的各种智能体。智谱AI降低了大模型的使用门槛，所有开源模型对学术研究完全开放，部分模型（如ChatGLM系列）在填写问卷进行登记后也允许免费商业使用。

【使用方法】

如图1.5所示，在浏览器中访问https://chatglm.cn/，在页面中单击"立即体验"按钮，按要求使用手机号登录即可进入聊天页面，如图1.6所示。

在页面右侧底部文本框中输入消息，即可与ChatGLM机器人进行实时聊天。

ChatGLM免费提供了GLM-3和GLM-4两个版本的大模型，可以自由选择使用。其中，GLM-4原生支持自动联网、图片生成、数据分析等复杂任务。

在页面左侧的导航面板中，可以选择进行长文档解读、AI搜索、AI画图、数据分析，也可以在智能体中心浏览或选择应用各种类型的智能体，还可以创建个人的智能体，训练专用大模型。

图1.5 访问ChatGLM聊天机器人

图1.6 登录ChatGLM聊天机器人

## 1.2.4 阿里云通义大模型——通义千问

阿里云通义大模型原名为通义千问，2024年5月更名为通义，是阿里云推出的一款超大规模的语言模型。该模型于2023年9月13日首批通过备案并正式向公众开放，具有强大的自然语言处理能力和多模态理解能力。因致力于成为人们的工作、学习、生活助手，阿里巴巴所有产品都接入了通义大模型，包括天猫、钉钉、高德地图、淘宝、优酷、盒马等。其核心功能如下。

◎ 多轮对话：能够跟人进行多轮的交互，模拟人的思维方式，实现更智能、更灵活的自然语言处理。
◎ 文案创作：具备文案创作能力，能够续写小说、编写邮件等，为创作提供便利。
◎ 逻辑推理：能够掌握复杂语言规律，理解自然语言文本的含义和逻辑关系，进行逻辑推理和判断。
◎ 多模态理解：能够融合多种模态的知识，包括文本、图像、语音、视频等，更全面地理解各种信息。
◎ 多语言支持：支持多种语言，包括中文、英文、日文等，能够进行跨语言交流和翻译，增强跨国交流和合作的能力。

通义的主要功能包括 AI 对话，它具有语义理解与抽取、闲聊、上下文对话、生成与创作、知识与百科、代码、逻辑与推理、计算、角色扮演等10项基础能力。通义千问2.0版本支持文本回答、图片理解、文档解析三种模式。此外，它还有一些特色功能，如百宝袋创意文案，可以根据用户需求在不同场景下生成创意文案，包括短视频剧本、祝福语、电影剧本专家、扩写助手、商品评价、写情书、直播文案助手、评论助手、小红书文案、回忆录生成器、七言诗人、人物传记等。

2023年10月31日，阿里云正式升级发布通义千问2.0，模型参数达到千亿级别，通义千问App也在各大手机应用市场上线。基于通义大模型，阿里云还针对不同行业领域开发了多个行业应用模型，如通义灵码、通义智文、通义听悟、通义星尘、通义点金、通义晓蜜、通义仁心、通义法睿等。2024年6月7日，阿里通义 Qwen 2大模型发布，并在 Hugging Face和ModelScope上同步开源。

【使用方法】

在浏览器中访问https://tongyi.aliyun.com/qianwen/，在页面中单击"登录"按钮，按要求使用手机号登录即可进入聊天页面，如图1.7所示。在页面右侧底部文本框中输入消息，可以与通义机器人进行实时聊天。

图1.7　访问通义聊天机器人

在左侧导航面板中包括对话、效率和智能体，选择"效率"选项，可以在右侧面板中展示工作和学习的常用工具，如实时记录（实时语音转文字、同步翻译、智能总结要点）、上传音视频（音视频转文字）、文档阅读（分析文档中的关键内容信息）、网页阅读（总结网页内容概述和主要观点）、论文阅读（提炼出论文中最有价值的知识）、图书阅读（分章节整理书中的核心要点）、播客链接转写（输入RSS订阅链接智能提炼总结）。

## 1.2.5 星火认知大模型——讯飞星火

星火认知大模型是科大讯飞公司于2023年5月6日正式发布的一种基于深度学习技术的自然语言处理模型。它具备强大的语言理解和生成能力，能够与人类进行自然交流，并解答各种问题，可以高效地完成各领域的认知智能需求。

星火认知大模型具备七大核心能力：文本生成、语言理解、知识问答、逻辑推理、数学能力、代码能力以及多模交互。主要应用场景如下：

◎ 教育领域：推出"大模型+AI学习机"，可以像老师一样批改作文，像口语老师一样实景对话。搭载认知大模型的学习机T20系列能实现中英文作文类人批改，相比传统学习机有更深度的高阶批改能力。

◎ 办公领域：推出"大模型+智能办公本"，根据手写要点自动生成会议纪要，助力办公效能提升。例如，升级后的办公本将语音实时转写与墨水屏纸感书写结合，可以形成精简会议纪要，并能对文本进行润色等。

◎ 汽车领域：为数千个车型提供智能语音交互服务，其认知大模型技术让车载人机交互再上一个新台阶，可以实现更自由、拟人化的沟通，让驾驶更智能、安全且有趣。

◎ 数字员工领域：首创新一代基于大模型的生成式RPA，帮助企业员工完成大量重复性工作，系统可自动操作软件并输出结果、进行数据分析等。

星火认知大模型自发布以来，经历了多次版本更新。其中，V1.5版本升级了开放式知识问答和多轮对话等能力。V2.0版本则加强了代码能力和多模态能力。2024年6月27日发布的讯飞星火大模型V4.0，在图文识别和长文本处理能力上实现了显著提升。

【使用方法】

在浏览器中访问https://xinghuo.xfyun.cn/，会自动跳转到手机快捷登录页面，使用手机号和验证码可以快速进入聊天页面，如图1.8所示。

与其他AI聊天界面布局不同，讯飞星火的整个页面分为三列：左侧为导航面板，主要功能包含星火对话、绘画大师、讯飞晓医、讯飞智文、讯飞绘文、述职报告小能手、智能编程助手iFlyCode。中间为对话空间，底部为提交文本框，上面为对话内容，在初始状态下可以在上面选择对话的类型。右侧为个人空间，可以上传文件，训练个人大模型。另外，通过左侧导航面板中的"创建智能体"按钮可以定制特殊用途的大模型。

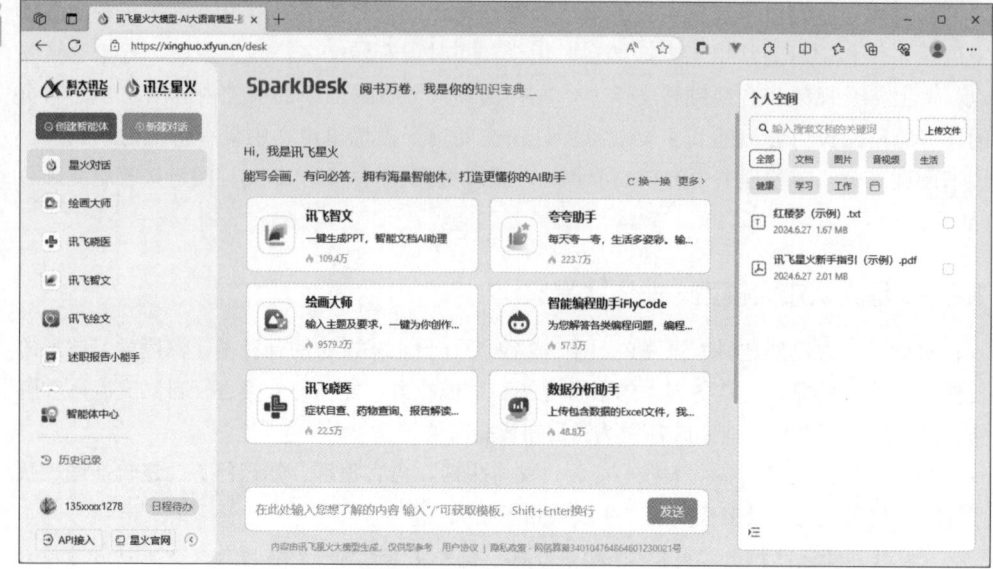

图1.8 访问讯飞星火聊天机器人

## 1.2.6 Kimi大模型——月之暗面

Kimi大模型是北京月之暗面科技有限公司于2023年10月9日推出的一款智能助手产品，其在AI领域具有较高的知名度和影响力。主要应用场景：专业学术论文的翻译和理解、辅助分析法律问题、快速理解API开发文档等。主要技术特点如下。

◎ 长文本处理能力：最大支持输入20万字，并已启动200万字无损上下文内测。这一能力在处理大量文本信息时非常有用。例如，阅读一整本小说并提取其主要内容，或者处理长篇学术论文。

◎ 数据处理与分析能力：具备强大的数据处理和分析能力，能够快速理解和回应用户的问题，为用户提供及时、准确的信息支持。用户可以将不同格式的文件（如TXT文件、PDF文件、Word文档、PPT幻灯片、Excel电子表格等）发送给Kimi，它能够阅读这些文件内容并提供相关的回答，极大地方便了用户的资料整理和信息查询。

◎ 智能搜索与联网能力：具备访问互联网的能力，可以安全地获取网络上的信息，并为用户提供智能搜索功能。它可以根据用户的问题，主动去互联网上搜索、分析和总结最相关的多个页面，生成更直接、更准确的答案。

◎ 多语言支持能力：Kimi擅长中文和英文对话，能够满足不同语言用户的需求。

【使用方法】

在浏览器中访问https://kimi.moonshot.cn/，在对话之前，需要先使用手机号或微信登录，如图1.9所示。

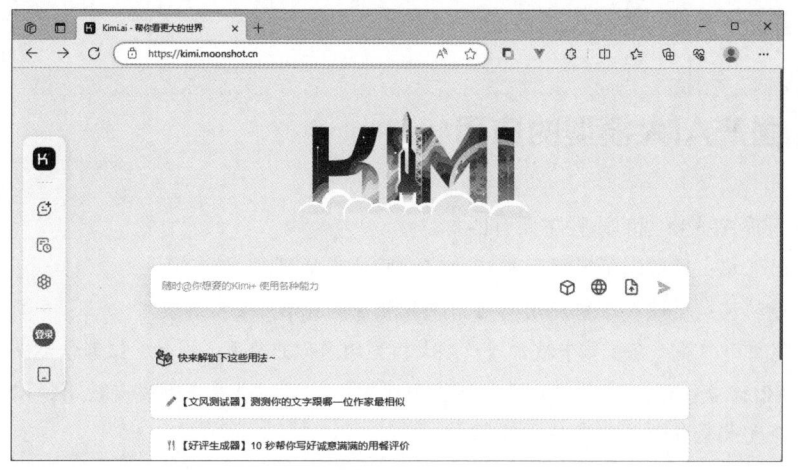

图1.9 访问Kimi聊天机器人

## 1.2.7 其他大模型

目前国内很多公司和机构都推出了自己的AI大模型。例如：

◎ 盘古大模型：华为发布的大模型，包括了不同参数规模的版本，如十亿级、百亿级、千亿级、万亿级等，可提供自然语言、多模态、视觉、预测、科学计算等多种类型。在中英文理解、多轮对话、常识推理等方面有优异的表现。目前主要面向企业用户，尚未开启公测。

◎ 混元大模型：腾讯自研的大规模预训练生成语言模型，擅长开放域聊天、内容创作、知识问答等。腾讯还推出了基于混元大模型的AI助手App（腾讯元宝，https://yuanbao.tencent.com/chat），可提供AI搜索、AI总结、AI写作等核心能力。

◎ 360智脑：360公司自研的认知型通用大模型（https://chat.360.com/），具备生成创作、多轮对话、逻辑推理、知识问答、阅读理解、文本分类、翻译、改写、多模态、代码能力、情感分析等核心能力。

◎ 昆仑天工：昆仑万维开发的大模型（https://www.tiangong.cn/），主要包括AI大模型、AI搜索、AI游戏、AI音乐、AI视频、AI社交等在内的六大AI业务矩阵。

◎ 商汤日日新：商汤科技推出的多模态对话交互平台，利用视觉、语言等技术，提供沉浸式人机交互体验。基于商汤日日新大模型开发的可控人物视频生成大模型Vimi，可以通过一张任意风格的照片生成人物类视频，并支持多种驱动方式。

◎ 百川大模型：百川智能发布的开源、免费商用中文大模型。

◎ 快手可灵：快手推出的大模型，具备图生视频、视频续写和文本指令修改视频等功能。

📢【提示】

在选择使用AI大模型时，用户可以根据具体需求和应用场景进行评估和选择。同时，不同大模型在不同领域和任务中的表现可能会有所差异，具体的使用效果还需结合实际情况进行测试和体验。

## 1.3 国产AI大模型的应用

使用国产AI大模型的途径主要有四种。
◎ 网页端：通过浏览器访问相应的官方网站来使用。
◎ 移动端：通过在手机应用商店中下载相应的App，安装后使用。
◎ 微信小程序：在微信中搜索国产AI大模型的名称并使用。提示，仅部分大模型支持。
◎ API接口：部分国产AI大模型可能会开放给特定的企业或开发者使用，以进行二次开发或集成到其他产品和服务中。

### 1.3.1 基本对话

下面以文心一言为例介绍与国产AI大模型的基本对话方式。

【示例】在网页端与文心一言对话。

第1步，访问文心一言官网（https://yiyan.baidu.com/），然后在底部的对话文本框中输入提示词：你好。

第2步，按Enter键确认提交，或者单击文本框右下角的"提交"按钮，文心一言会根据提示词生成回复信息，并以键盘打字的动画效果输出显示，完成初次对话，如图1.10所示。

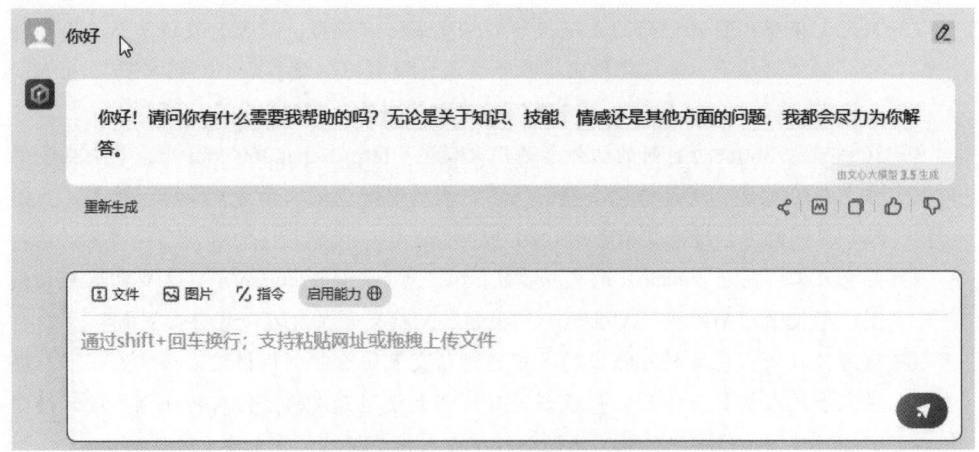

图1.10　与文心一言的初次对话

第3步，当鼠标经过用户信息行时，右侧会显示"编辑"图标，单击该图标可以重新编辑用户的提示词，重新编辑完成后按Enter键提交，或者单击文本框右下角的"√"图标，如图1.11所示。如果取消修改，则单击文本框右下角的"×"图标。

第4步，在AI生成内容底部会显示参考信息源，单击其左下角的"重新生成"按钮，链接会重新生成，每次生成内容可能会不完全一样。

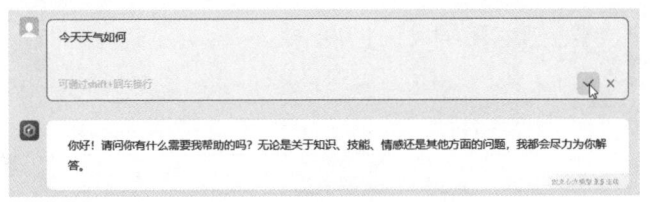

图1.11 修改对话的提示词

参考信息源右下角的5个图标（ ）分别表示：与别人分享自己与AI的对话内容、以Markdown格式复制生成的内容（多用于复制代码）、以文本格式复制生成的内容、点赞、使用反馈。AI生成内容底部会列举可进一步对话的启发式提示词，如图1.12所示。

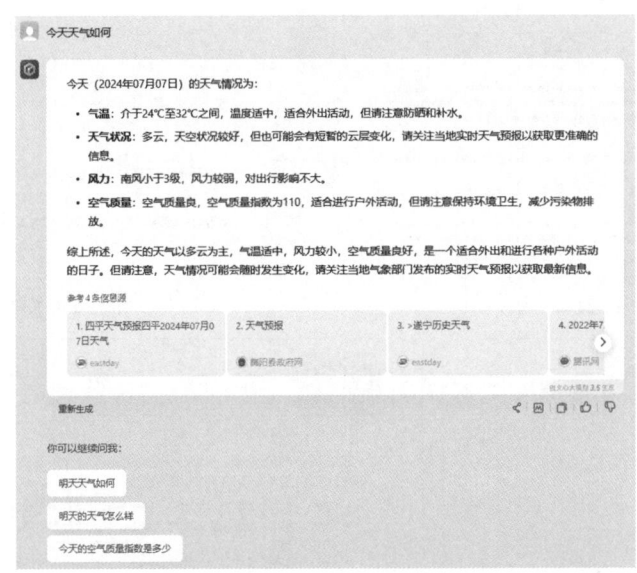

图1.12 文心一言生成内容的结构

🔊【提示】

其他主要国产AI大模型的对话方式与文心一言基本相同，提供的对话服务功能也大致一样，主要包括分享对话、复制生成内容、点赞、反馈、重新生成、信息源、引导式继续提问、提问词再编辑等。另外，讯飞星火大模型还提供语音播报功能。

### 1.3.2 智能识图

除了文本对话外，AI对图片的识别与互动也很重要且有趣。

【示例】让AI识别图片中的对象是什么，并直观判断一下对象的年龄。

第1步，在文心一言网页端对话文本框的顶部，单击"图片"链接，如图1.13所示。

第2步，在打开的对话框中选择要提交的本地图片，在文本框内图片的下一行可以输入提示词（可选），然后按Enter键提交，或者单击文本框右下角的"提交"按钮

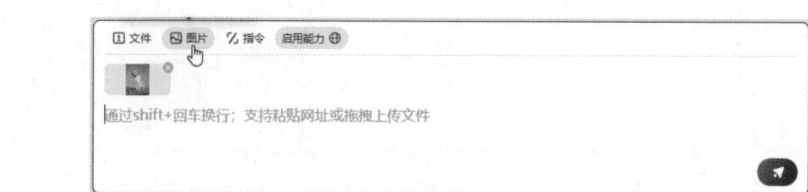

图1.13 上传图片

第3步，下面分别为向主要国产AI大模型提交动物图片，让AI识别图片中是什么动物，并生成文本比较，如图1.14所示。

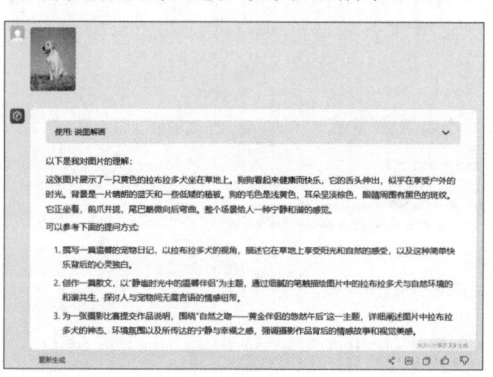

（a）文心一言

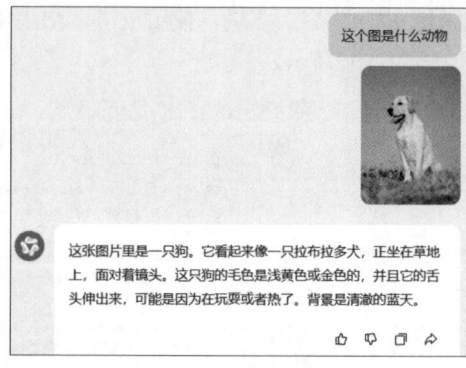

（b）通义千问

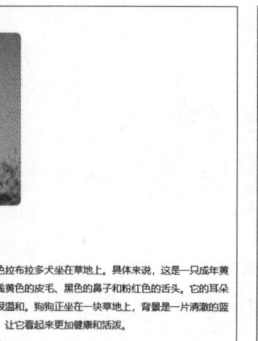

（c）智谱清言

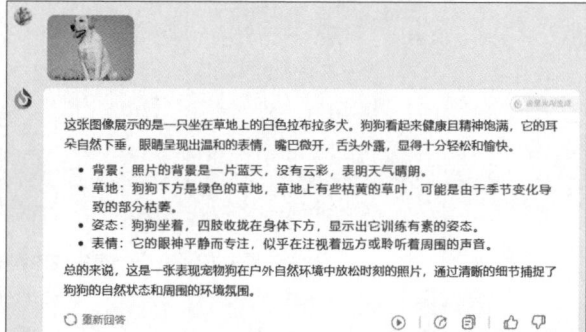

（d）讯飞星火

图1.14 图片识别

🔊【提示】

每个国产AI大模型的网页端提交图片的界面不完全相同。例如，智谱清言通过文本框左侧的 📎 图标进行上传，通义千问通过文本框左侧的 📎 图标进行上传，讯飞星火通过文本框底部的"图片"链接进行上传等。

第4步，进一步追问：这只狗大约几岁了？比较回复结果，文心一言的回复稍显圆滑、老练，如图1.15所示。注意，AI大模型都在不断学习和进步，且各有优势和专长，不可用一图定优劣。

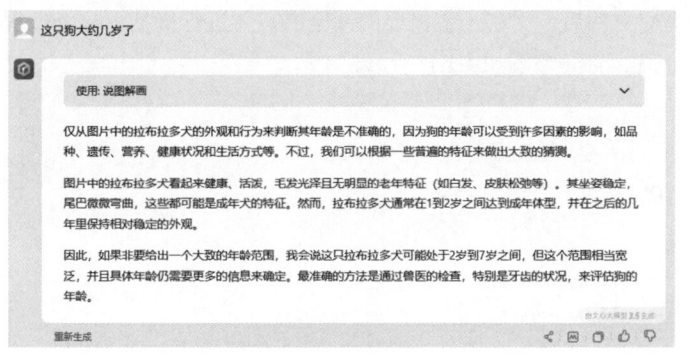

图1.15　用文心一言推断图中狗的年龄

### 1.3.3　阅读理解

国产AI大模型一般都支持文件上传功能，并提供长文阅读理解和总结服务，但支持的文件类型、上传文件个数、上传文件大小略有不同。目前简单比较如下（未来可能会发生变化）：

- 文心一言：最多可上传100个文件，单个最大200MB，支持Word、pdf、txt、Excel/PPT，支持输入URL。会员免费，非会员每天最多试用3次。
- 通义千问：可同时上传100个文件，每个最大150MB，支持pdf、Word、Excel、Markdown、EPUB、Mobi、txt。免费。
- 智谱清言：最多上传10个文件，每个文件不超过20MB。免费。
- 讯飞星火：最多上传100个文件，单个文件不超过100MB，支持pdf、doc、docx、txt、md、pptx、pptsx格式。免费。
- Kimi：最多上传50个文件，每个最大100MB，支持pdf、doc、xlsx、ppt、txt、图片等。免费。
- 豆包：最多上传50个文件，文件类型包括pdf、docx、xlsx、txt、pptx、csv。免费。
- 腾讯元宝：最多上传50个文件，单个最大100MB，支持pdf、doc、txt、xlsx等格式。免费。

【示例】让AI阅读《红楼梦》一书，并简单概述一下全书内容，然后提出问题。

第1步，在文心一言网页端对话文本框的顶部，单击"文件"链接。

第2步，在打开的对话框中选择要提交的本地文本（红楼梦.txt），在文本框内"红楼梦"文件的下一行输入提示词（可选），然后按Enter键提交，或者单击文本框右下角的"提交"按钮，如图1.16所示。

图1.16　上传文件

第3步，提交文件后，文心一言需要阅读全书，并进行概括，这个过程需要等待一会儿，最后生成概述。部分截图如图1.17所示。

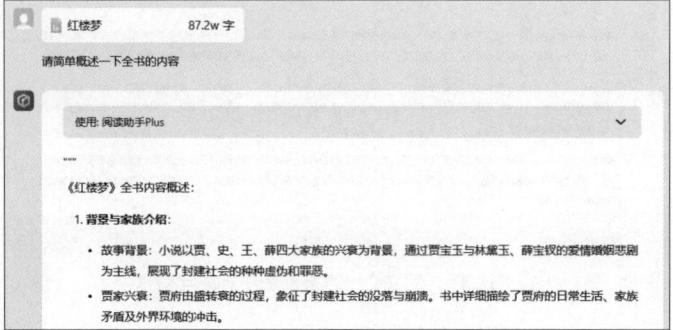

图1.17 小说故事概括

第4步，结合上下文进一步追问：贾宝玉的老婆是谁？文心一言回复结果如图1.18所示。

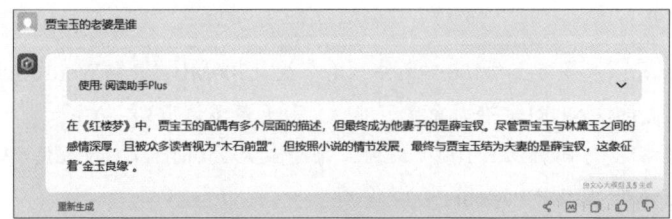

图1.18 结合小说情况提问题

### 1.3.4 使用指令

指令是文心一言提供的一种快捷方式，它是用户通过自然语言输入给文心一言的一段话或请求，用于指导文心一言进行特定的操作或生成相应的内容。

【示例1】使用文心一言的一言百宝箱中的指令。

第1步，在文心一言网页端对话文本框的顶部，单击"指令"链接，文本框的界面会变成图1.19所示的效果。

图1.19 打开指令操作界面

第2步，在文本框右上角单击"一言百宝箱"链接，在打开的模态对话框中选择要应用的指令，如图1.20所示。

图1.20　选择指令

第3步，当选择一个指令后，该指令对应的提示词会填充到文本框内，如图1.21所示。

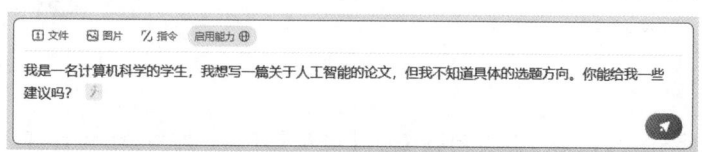

图1.21　应用指令

第4步，按Enter键提交，或者单击文本框右下角的"提交"按钮，实现与文心一言的快速对话，如图1.22所示。

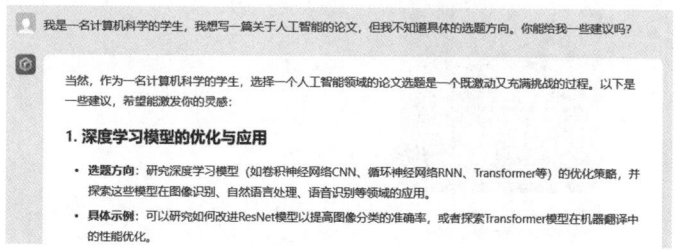

图1.22　使用指令与文心一言进行快速对话（局部截图）

【示例2】创建指令。

第1步，在文心一言网页端对话文本框的顶部，单击"指令"链接，然后在文本框的界面中单击"创建指令"链接。

第2步，在打开的模态对话框中分别输入指令的标题和具体提示词（指令内容），如图1.23所示。提示，单击指令内容尾部的 图标，可以自动对提示词进行优化。

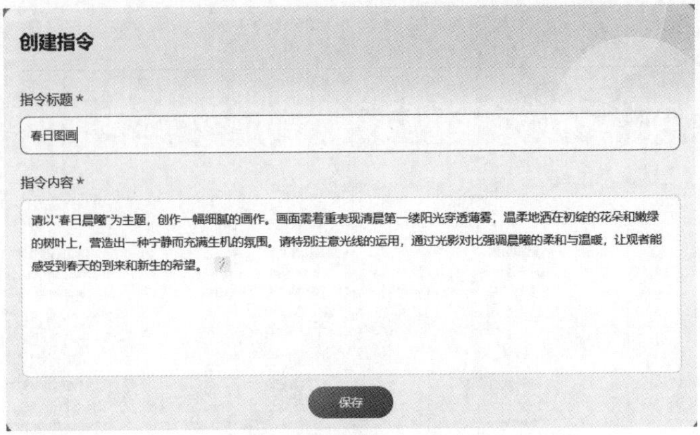

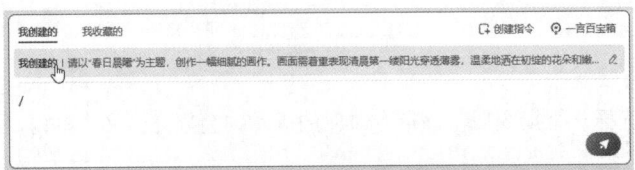

图1.23　设置指令名称和内容

第3步，单击"保存"按钮，保存指令之后。在文本框中输入/，可以显示个人创建的指令，单击具体指令之后即可应用，如图1.24所示。

图1.24　应用创建的指令

第4步，应用指令之后，指令内容会自动填充文本框，然后按Enter键提交，或者单击文本框右下角的"提交"按钮 ，实现与文心一言的快速对话，如图1.25所示。

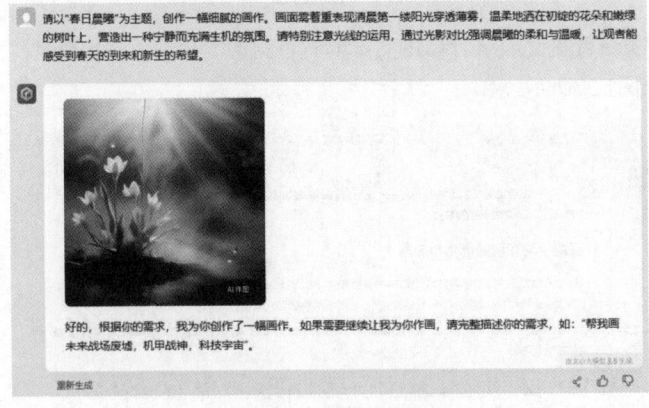

图1.25　使用指令快速绘图

### 1.3.5　使用智能体

在AI大模型中，智能体通常是指基于大模型构建的智能系统或实体。这些智能体具有强大的学习和推理能力，能够处理大量的数据和信息，并从中提取有用的知识和模式。国内主要的AI大模型都提供了智能体功能，一般都是针对特定行业或专业进行深度学习并提供相应专业的服务。

【示例】下面以文心一言为例介绍如何使用智能体。

第1步，在文心一言网页端首页左侧导航面板中，单击"智能体广场"链接，然后在右侧智能体列表中选择一项，如图1.26所示。

图1.26　选择智能体

第2步，与智能体直接对话，让其帮助生成一份精美的PPT，如图1.27所示。

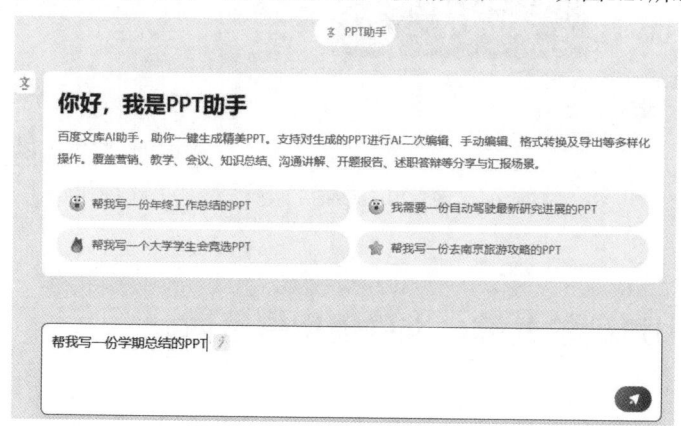

图1.27　与智能体直接对话

第3步，智能体会自动生成一份PPT文件，单击"查看文件"链接，然后在百度文库中进行预览、下载。导出需要收费，下载到本地后可以在其基础上做进一步的内容修改，如图1.28所示。

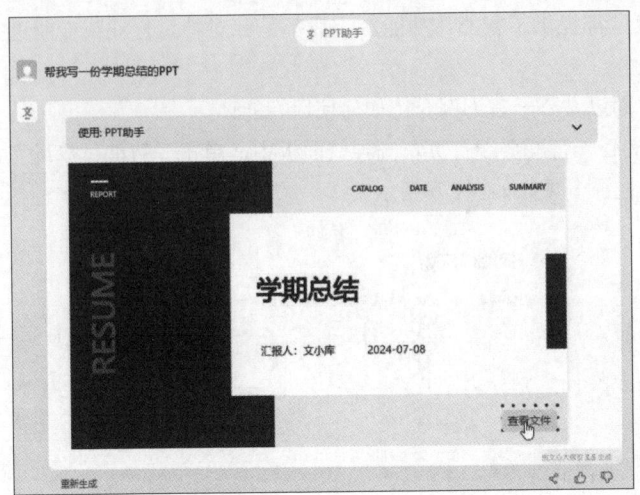

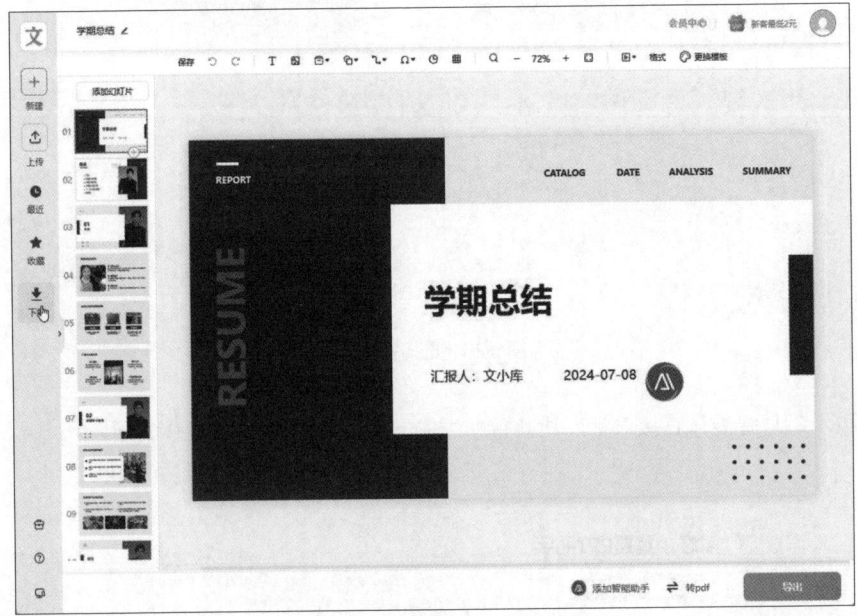

图1.28 编辑PPT文件

## 1.4 与AI对话的关键：准确使用提示词

### 1.4.1 认识提示词

提示词（prompt）在自然语言处理和机器学习领域，尤其是在模型训练和AI交互式应用中，是指输入给模型的一段文本，用于引导模型生成相应的输出。

提示词可以是一个问题、一个命令、一个句子片段或者任何形式的文本，如一段描述、一个任务说明，或者一些关键词和短语的组合，其目的是激发模型产生期望的响应或行为。

【示例】在与语言模型交流时，输入"请模仿柳永的风格写一篇关于春天的诗词"，这里的"请模仿柳永的风格写一篇关于春天的诗词"就是一个提示词，指导机器人理解用户意图并给出合适的回复，准确引导模型生成与春天相关的诗词内容，如图1.29所示。

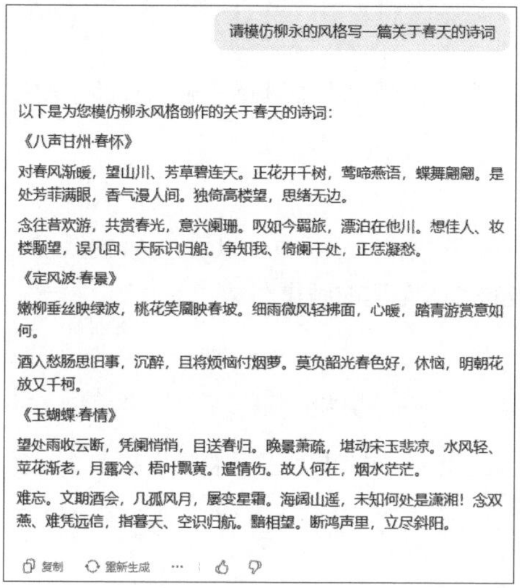

（a）豆包机器人 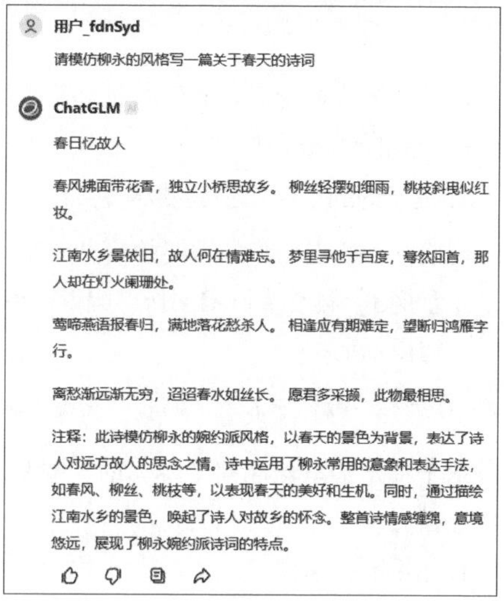　　　　　　（b）ChatGLM机器人

图1.29　输入提示词与机器人对话

【提示】

提示词在机器学习模型的训练过程中也起着重要作用，特别是在自然语言处理任务中，如语言建模、文本生成和对话系统。高质量的提示词可以引导模型学习如何根据不同的输入生成相关和连贯的输出。

## 1.4.2　如何编写提示词

提示词的质量和清晰度往往会影响AI模型输出的质量和相关性。精心设计和准确的提示词能够帮助用户从AI模型中获得更符合预期的回答和生成内容。用户编写提示词需要注意以下几点。

### 1. 提示词的基础：表述应该清晰明了

确保提示词表达清晰，不含模糊或歧义的表述。应该明确指出需求、问题或期望的结果。

【示例1】假设希望AI帮忙总结一下关于AI发展的情况，则提示词可以这样写。

请清晰、简洁地总结一下关于人工智能发展的情况，突出主要观点和重要里程碑。

这个提示词直接明了地告诉AI写作需求，即需要它对AI发展情况进行总结，并强调主要观点和里程碑。

### 2. 提示词的难点：描述最好具体详细

在编写提示词时，最好提供尽可能多的具体细节和背景信息。

【示例2】假设希望AI生成一个特定场景的对话脚本，描述故事的主题、角色、场景、情节走向等。

> 生成一个关于顾客在咖啡店询问新品口味的对话脚本，顾客是位年轻女性，对咖啡有一定的了解，希望尝试新品。

通过详细描述场景、人物特征和需求，提示词就会变得更加具体明确，有助于AI生成更符合要求的对话脚本。

### 3. 提示词的重点：主题要尽量突出

明确核心要点，将最重要的信息放在提示词的开头或突出位置，以引起AI的重视。

【示例3】假设希望AI创作一幅以"春日晨曦"为主题的画作。

普通提示词：

> 请创作一幅关于春天的画作，画面中要有花朵、树木和阳光。

这个提示词虽然涵盖了春天的一些基本元素，但并未突出"春日晨曦"这个主题的关键特征。

优化后的提示词：

> 请以"春日晨曦"为主题，创作一幅细腻的画作。画面需着重表现清晨第一缕阳光穿透薄雾，温柔地洒在初绽的花朵和嫩绿的树叶上，营造出一种宁静而充满生机的氛围。请特别注意光线的运用，通过光影对比强调晨曦的柔和与温暖，让观者能感受到春天的到来和新生的希望。

这个提示词首先明确指出以"春日晨曦"为主题，为创作提供了明确的方向。然后，详细描述了画面应包含的元素（如薄雾、初绽的花朵、嫩绿的树叶），以及这些元素如何与主题相结合（如阳光穿透薄雾）。通过"宁静而充满生机的氛围"来引导AI在创作中融入特定的情感色彩。特别强调了光线的运用和光影对比的重要性，这是表现"晨曦"特色的关键。

这样的提示词不仅突出了"春日晨曦"主题的核心特征，还为AI提供了丰富的细节指导和情感导向，有助于创作出更符合要求的作品。

### 4. 提示词进阶：语言最好简洁

提示词应该避免冗长和复杂的句子结构，简洁明了地表达想法。冗长和复杂的句子结构往往会让人难以理解或产生混淆。

【示例4】假设希望AI生成当前经济形势下各个行业的应对策略。

冗长复杂版：

> 请为我详细阐述关于在当前经济形势下，各个行业所面临的复杂挑战以及可能采取的应对策略，包括但不限于制造业、服务业和农业等领域。

简洁明了版：

> 请阐述当前各行业面临的挑战及应对策略,如制造业、服务业、农业。

【示例5】假设希望AI生成AI与医疗相关的问题。

冗长复杂版:

> 请为我详细解释一下在当前科技高速发展的时代背景下,AI技术在医疗领域中的广泛应用以及其所带来的潜在风险和相关的解决方案,并着重分析其对于疾病诊断和治疗效果的具体影响。

简洁明了版:

> 请解释AI在医疗领域的应用、风险与解决方案,重点分析对疾病诊治的影响。

通过上面两个示例演示可以看出,简洁明了的提示词不仅能够迅速传达关键信息,还能减少阅读负担,提高沟通效率。在编写提示词时,应尽量避免不必要的修饰和冗长的句子结构,直接点明核心要点。

### 1.4.3 提示词设计技巧

提示词的设计是确保模型能够准确、高效地生成符合预期输出的关键步骤。以下通过几个示例详细介绍AI大模型提示词的常用设计技巧。

#### 1. 明确任务与要求

【示例1】假设需要AI大模型生成一篇关于"未来城市交通"的新闻报道。提示词设计如下:

> 请撰写一篇关于未来城市交通的新闻报道,重点介绍自动驾驶汽车和智能交通系统的最新进展,字数不少于500字,风格需正式且信息丰富。

- ◎ 明确任务:直接说明需要生成的内容类型(新闻报道)。
- ◎ 详细要求:具体指出报道的重点内容(如自动驾驶汽车和智能交通系统)、字数要求(如不少于500字)和风格(如正式且信息丰富)。

#### 2. 设定角色与场景

【示例2】假设要求AI大模型模拟一位科幻作家的口吻,创作一篇关于星际旅行的短篇小说。提示词设计如下:

> 你是一位著名的科幻小说家,现在请你以星际旅行为主题,创作一篇短篇小说,描述人类首次穿越虫洞到达另一个星系的冒险经历。

- ◎ 设定角色:通过"你是一位著名的科幻小说家"来设定角色,使模型更容易进入相应的创作状态。
- ◎ 设定场景:明确故事的主题(如星际旅行)和具体情节(如穿越虫洞到达另一个星系的冒险经历)。

#### 3. 提供详细参数与背景信息

【示例3】假设设计一款适合夏季户外运动的服装,要求提供设计草图并说明材质和颜色。提示词设计如下:

设计一款适合夏季户外运动的服装，要求轻便透气，材质为速干面料，颜色以亮色为主，如黄色或蓝色。请提供设计草图，并详细说明服装的剪裁、口袋位置和拉链设计。

◎ 详细参数：明确服装的适用场景（如夏季户外运动）、材质（如速干面料）和颜色（亮色为主，如黄色或蓝色）。
◎ 背景信息：提供设计草图的要求，并详细说明服装的具体设计细节（如剪裁、口袋位置和拉链设计）。

### 4. 使用模板与结构化提示

使用模板与结构化提示是指用一种高效的方法来引导模型生成符合预期的文本内容。下面以文心一言机器人对话为例，介绍如何应用这些技巧。

（1）使用模板引导写作。模板是一种预定义的文本结构，它包含了文章或段落的基本框架和关键词汇，可以帮助用户快速生成符合特定格式和风格的内容。

【示例4】假设需要写一篇关于"人工智能在医疗领域的革新应用"的短文，可以使用以下模板，通过填充模板中的各个部分要求，快速生成一篇结构清晰、内容丰富的短文。与文心机器人对话的效果如图1.30所示。

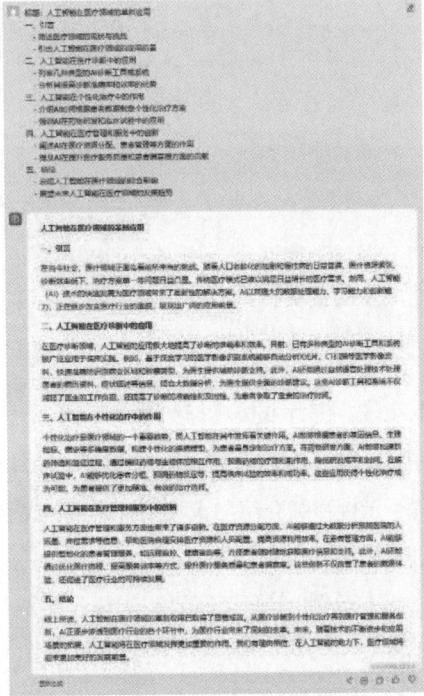

图1.30　与文心机器人对话效果

标题：人工智能在医疗领域的革新应用
一、引言
　　- 简述医疗领域的现状与挑战
　　- 引出人工智能在医疗领域的应用前景
二、人工智能在医疗诊断中的应用
　　- 列举几种典型的AI诊断工具或系统
　　- 分析其提高诊断准确率和效率的优势
三、人工智能在个性化治疗中的作用
　　- 介绍AI如何根据患者数据制定个性化治疗方案
　　- 强调AI在药物研发和临床试验中的应用
四、人工智能在医疗管理和服务中的创新
　　- 阐述AI在医疗资源分配、患者管理等方面的作用
　　- 提及AI在提升医疗服务质量和患者满意度方面的贡献
五、结论
　　- 总结人工智能在医疗领域的综合影响
　　- 展望未来人工智能在医疗领域的发展趋势

（2）使用结构化提示细化需求。

结构化提示是一种将用户需求分解为具体、可操作的指令的方法，它可以帮助文心一言更好地理解并满足用户的创作需求。

【示例5】假设需要文心一言生成一篇关于"元宇宙"的介绍性文章，面向小学生受众，并希望文章风格活泼、幽默。用户可以按如下方式结构化提示词。与文心机器人对话的效果如图1.31所示。

请按照以下要求生成一篇关于"元宇宙"的介绍性文章。

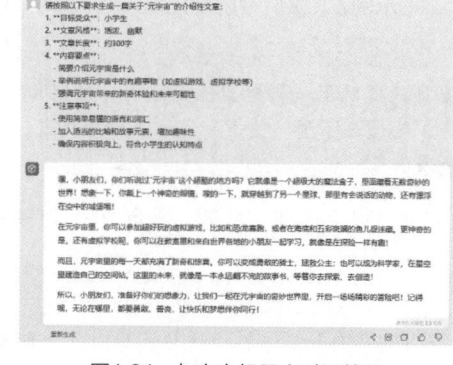

图1.31　与文心机器人对话效果

```
1. 目标受众：小学生
2. 文章风格：活泼、幽默
3. 文章长度：约300字
4. 内容要点：
   - 简要介绍元宇宙是什么
   - 举例说明元宇宙中的有趣事物（如虚拟游戏、虚拟学校等）
   - 强调元宇宙带来的新奇体验和未来可能性
5. 注意事项：
   - 使用简单易懂的语言和词汇
   - 加入适当的比喻和故事元素，增加趣味性
   - 确保内容积极向上，符合小学生的认知特点
```

通过这样的结构化提示，文心一言能够更准确地理解用户需求，并生成符合要求的文章。

🔊【提示】

> 使用模板与结构化提示是提高创作效率和质量的有效方法。不同的大模型都有通用和专用的模板和结构化提示，具体可参考各大模型的官方文档。
>
> 模板为创作提供了基本的框架和思路，而结构化提示则帮助细化并明确创作需求。通过这两种方法，用户可以更加高效地引导AI生成符合预期的文本内容。

### 5. 引入上下文与示例

【示例6】假设要求AI大模型生成一篇关于"AI在医疗领域的应用"的论文摘要，先提供几篇相关论文的标题和摘要作为参考。提示词设计如下：

> 参考以下论文标题和摘要，撰写一篇关于"AI在医疗领域的应用"的论文摘要。论文1标题：AI辅助诊断系统在医疗中的应用，摘要：……；论文2标题：……；……

◎ 引入上下文：通过提供相关论文的标题和摘要，为模型提供任务所需的背景信息和参考框架。

◎ 示例引导：利用具体示例引导模型理解任务要求，并生成类似风格的输出。

### 6. 其他技巧

（1）分步骤描述。对于复杂的任务，可以分步骤描述，让AI更有条理地处理。

【示例7】如果希望AI生成一篇关于"太空旅行"的科幻故事,可以这样编写提示词。

> 请为我创作一篇关于太空旅行的科幻故事。故事中,主人公是一位勇敢的年轻科学家,他意外发现了一种新型能源,使得太空旅行变得更加便捷和高效。在一次冒险的太空旅行中,他遭遇了陨石撞击和外星生物的攻击,但凭借智慧和勇气最终成功返航。故事要有紧张刺激的情节和令人惊叹的科学想象。

通过以上清晰、具体、重点突出且任务明确的分步提示词,能够提高获得满意结果的可能性。

(2)检查假设。

【示例8】在任务中涉及假设时,需明确检查这些假设。提示词演示如下:

> 假设用户已经登录并选择了商品,请生成下一步的支付流程说明。

在提示词中明确假设条件,可以避免AI对任务产生误解或执行错误。

(3)给模型时间思考。

【示例9】对于复杂任务,给AI一些时间来思考。提示词演示如下:

> 请花费一分钟时间,仔细分析以下案例,并给出详细的解决方案。

对于需要深入分析和思考的任务,给AI足够的时间可以提高其输出的准确性和可靠性。

(4)逐步完善提示。先编写一个简单的提示词,观察AI的输出;然后根据输出结果调整提示词,使其更加准确和具体;重复这个过程直到得到满意的输出。

(5)强调关键词。选择最具代表性和相关性的关键词,并在提示词中合理使用。例如,通过大写、斜体、加粗或其他特殊格式来强调关键词,使其在提示中更加显眼。或者为关键词添加引号或括号,以将其与其他文字区分开来,提高关键词的重要性。也可以在提示词中多次重复关键词,以增加其在上下文中的存在感。

(6)使用限制性词语。在提示词中使用一些限制性词语,如只考虑、特别关注、必须包括、最少字数、最多字数等,限制生成内容。

通过以上示例和技巧解析可以看出,AI大模型提示词的设计需要综合考虑任务要求、角色设定、详细参数、模板使用以及上下文和示例的引入等多个方面。精心设计的提示词能够显著提升模型的输出质量和效率。

### 1.4.4 提示词优化

提示词优化是一个涉及多个方面的复杂过程,需要综合考虑多种因素,如目标定义、关键词选择、上下文信息提供、限制性词语使用、简洁明了性、适当引导、迭代优化、多样化尝试等。对于初学者来说,最快捷的方式是借助国内AI平台提供的提示词优化智能体方便快速达成目标。

【示例1】访问文心智能体平台(https://agents.baidu.com/)。

第1步,在首页单击"立即进入"按钮,进入体验中心,在右上角的搜索文本框中输入"提示词优化"关键词,如图1.32所示。

第2步,查找并选择相关的提示词优化智能体,如图1.33所示。

图1.32 访问文心智能体平台

图1.33 查找提示词优化智能体

第3步，与提示词优化智能体直接对话，输入自己的优化要求与初始提示词。例如：

> 优化这个提示词：写一篇秋天的散文

智能体会自动对初始提示词进行优化，并给出优化理由，如图1.34所示。

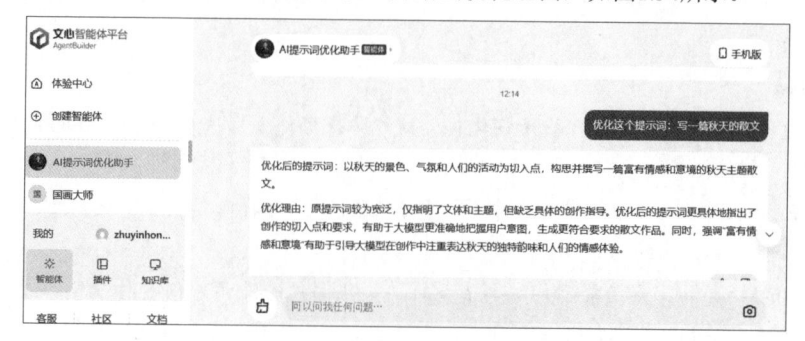

图1.34 智能体优化结果

【示例2】访问豆包对话机器人（https://www.doubao.com/chat/）。

第1步，在左侧导航面板中单击"发现AI智能体"选项。

第2步，在右侧智能体列表顶部搜索文本框中输入"提示词优化"关键字，可以找到许多提示词优化智能体，如图1.35所示。

图1.35 选择提示词优化智能体

第3步，与提示词优化智能体直接对话，输入优化要求与初始提示词。智能体会自动对初始提示词进行优化，并给出建议和问题，如图1.36所示。

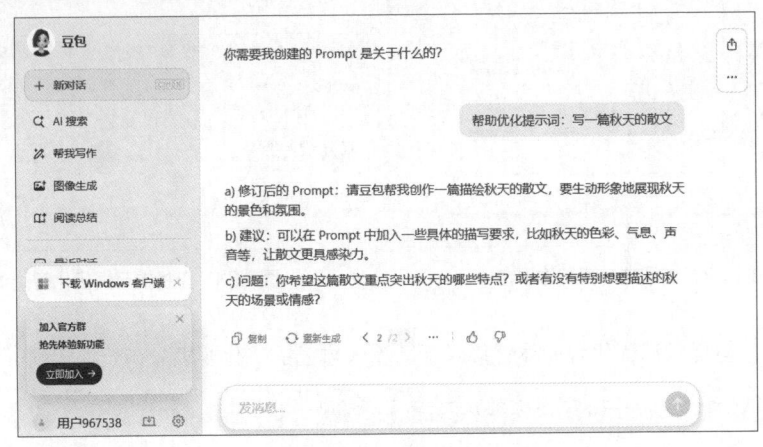

图1.36 智能体优化结果

🔊【提示】

国内各大AI平台都会提供提示词优化的智能体或插件，用法基本相同。另外，也有一些专业提示词优化工具，但多为国外工具，并针对国外的AI大模型提供服务，举例如下。

◎ PromptPerfect：能够批量处理提示词，生成高质量的内容提示，适用于需要大量内容生成和优化的场景。

◎ ClickPrompt：专为提示词编写者设计，提供简便的提示词创建和管理功能，适用于需要高效管理提示词的用户。

◎ FlowGPT：为ChatGPT的"导航仪"，能够帮助用户更好地驾驭AI的创造力，适用于需要通过ChatGPT等AI工具进行内容生成的场景。

◎ 词魂：提示词宝库，每天更新大量提示词，主要围绕MJ、SD、Niji等AI模型，适用于需要多样化提示词的用户。

◎ AIPRM插件：专为ChatGPT等AI工具打造，提供精选提示模板，帮助用户提升AI工具的使用效率，适用于需要定制AI工具行为的用户。

## 1.5 参数指令

在ChatGPT的对话中，用户可以在提示词的末尾通过逗号分隔设置附加参数指令。例如，使用temperature=0~1可以控制回答的随机性，较低的温度（temperature）会导致模型输出更加确定性的回答，而较高的温度会增加回答的多样性。这些参数的具体可用性和名称可能会随着ChatGPT的更新和不同平台的使用而有所不同。在某些平台上，用户可能无法直接访问这些参数设置，而是由平台根据用户的需求自动调整。在OpenAI的API中，用户可以更直接地控制这些参数。

目前国内大部分AI通用大模型都不支持类似ChatGPT的参数指令，只有讯飞星火支持根据多种参数和指令进行配置，以适应不同的使用场景和需求。星火大模型可调整的参数包括但不限于以下内容。

◎ 温度：影响生成文本的随机性和创造性程度。温度较高时，文本可能更具多样性和创新性；温度较低时，文本可能更加稳定和可靠。
◎ 最大迭代次数（max_iterations）：决定模型在生成文本时考虑的迭代次数。次数越多，生成的内容可能越精细，但计算时间也可能相应增加。
◎ 最大长度（max_length）：指定输出文本的最大长度，用于控制生成文本的篇幅。
◎ 带宽（bandwidth）：影响模型处理输入数据的能力，较大的带宽允许模型处理更复杂的输入，但可能会增加处理时间。
◎ 编辑能力（editing capability）：决定模型是否在已有文本的基础上进行编辑或扩展，这对于持续的对话场景非常有用。

通过对这些参数的调整，AI通用大模型可以实现对模型行为的微调，以满足用户在不同情境下的需求。例如，在需要快速响应时，可以降低最大迭代次数；而在需要深入分析时，则可以通过提高温度来增加文本的创造性。这些参数的具体设置可以根据用户的具体需求和场景来定制，以达到最佳的交互效果。

目前，国内的AI通用大模型都支持使用自然语言来设置参数指令，即根据用户的限制性描述来调整大模型的回答。例如：

（1）语言风格。
◎ 正式或非正式
◎ 专业化或通俗易懂
◎ 幽默或严肃

（2）详细程度。
◎ 简洁回答
◎ 中等详细
◎ 非常详细，提供深入分析

（3）回答类型。
◎ 定义或解释
◎ 比较
◎ 分析
◎ 提供建议或指导

（4）内容类型。
◎ 基于事实的信息
◎ 个人观点或立场
◎ 理论或概念
◎ 实用指南或步骤

（5）格式。
◎ 列表

◎ 段落

◎ 表格

◎ 问答形式

（6）特定要求。

◎ 避免某些话题或词汇

◎ 使用特定的术语或行业语言

◎ 遵循特定的政治或文化立场

（7）角色扮演。

假设特定的身份或角色来回答问题。

【示例】在提示词中添加限制性描述。例如：

> 请以非正式的语言风格，简洁地解释量子计算机的概念。
> 我希望得到一份非常详细的指南，告诉我如何开始健身。
> 作为一位历史学家，你会如何分析秦始皇统一六国的影响？

通过这样的限制性描述代替参数指令，AI大模型可以更好地理解用户的需求，并提供更符合用户期望的回答。

# 第2篇

## 文字应用篇

# 第 2 章 写 作

AI写作是利用AI技术辅助或完全自动生成文本内容的过程。AI写作在提高效率、个性化定制、减少错误、降低成本、拓展创作边界等方面具有显著优势,并且正逐渐改变内容创作的格局。然而,用户也需要注意AI写作在情感表达、深度思考等方面仍存在一定的局限性,只有与人类创作者共同协作才得以发挥最大效用。

## 2.1 文体写作

### 2.1.1 小说

小说文体以其虚拟性、人物形象典型化、情节完整且多变、环境描写具体、语言特色丰富、结构严密等特点而独具魅力。这些特点使得小说成为一种能够深刻反映社会生活、表达作者思想感情的重要文学体裁。

【示例】使用文心一言润色提示词,使用豆包创作一篇微型科幻小说。

第1步,确定小说的主题和要求。例如,微型科幻小说,字数500字以内。如果需要,还可以添加人物、情节和环境描写方面的具体要求。

第2步,在文心一言中对提示词进行润色优化。操作方法:在对话文本框中输入"微型科幻小说,字数500字以内",然后单击输入文字内容尾部的 图标,文心一言可以自动对提示词进行润色和优化,如图2.1所示。

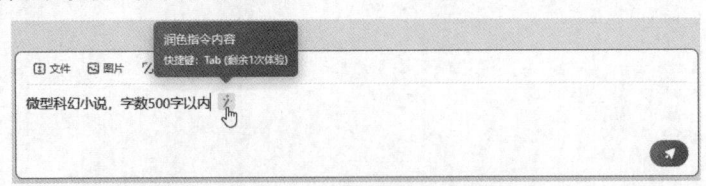

图2.1 使用文心一言聊天对话框润色提示词

用文心一言润色后的提示词如下:

请创作一篇微型科幻小说,字数控制在500字以内。
要求:

1. 故事情节要紧凑有趣，能够吸引读者的注意力。
2. 角色设定要性格鲜明、有深度，能够推动故事发展。
3. 科幻元素要新颖，具有创意和想象力，能够引发读者的思考和想象。
4. 语言要生动、流畅，符合科幻小说的风格和特点。
5. 遵守字数限制，确保故事在500字以内完成。

第3步，复制润色后的提示词到豆包机器人界面，提交提示词，则自动生成微型科幻小说。下面对由文心一言和豆包创作的微型科幻小说进行比较。

（1）文心一言。

在遥远的未来，地球资源枯竭，人类移居至星际边缘的"新域"星球。这里，科技与自然奇迹共存，但最引人注目的是天才科学家艾莉的发明——"时光逆鳞"。

艾莉，一位眼神中闪烁着不灭星光的女子，她坚信科技能逆转人类命运的悲剧。时光逆鳞，一种能短暂回溯时间的装置，本用于紧急救援，却意外泄露了宇宙深处隐藏的古老秘密。

一日，星球边缘的古老遗迹突然苏醒，释放出毁灭性的能量波。艾莉毅然启动时光逆鳞，将自己与一小队精英战士送回灾难发生前的瞬间。他们发现，遗迹的觉醒与星球核心的不稳定息息相关，而这一切的源头，竟是外星文明留下的警告——过度开采将唤醒沉睡的守护者。

面对时间紧迫与未知的危险，艾莉展现出非凡的勇气与智慧。她利用逆鳞微调自然能量流向，引导遗迹释放的能量稳定星球核心，同时向全人类发出警示：共生而非征服，才是宇宙间真正的法则。

随着遗迹重新沉睡，新域星球迎来了和平的曙光。艾莉的名字被永远镌刻在星际史册上，她不仅是一位科学家，更是人类与自然和谐共存的先驱，而时光逆鳞则成了连接过去与未来、提醒后世珍惜与敬畏的永恒象征。

（2）豆包。

### 时空快递

在未来世界，有一种名为"时空快递"的服务。快递员可以穿越时空，将物品送到指定的时间和地点。阿强是一名时空快递员，他勇敢、聪明，对工作充满热情。一天，他接到了一个神秘的任务：将一个小盒子送到一百年前。

阿强带着小盒子，踏上了时空之旅。当他到达一百年前时，却发现自己陷入了一场危机。一个邪恶的组织企图抢夺小盒子，他们认为里面装着改变世界的秘密。阿强与邪恶组织展开了一场激烈的追逐战。在关键时刻，他发现小盒子上有一个按钮，按下按钮后，一道光芒闪现，阿强和小盒子消失了。

当阿强再次睁开眼睛时，他发现自己回到了未来。他成功地完成了任务，将小盒子送到了指定的地点。然而，阿强并不知道小盒子里的秘密将改变他的命运……

## 2.1.2 散文

散文的灵魂是形散而神不散，它具备四美：意境美、情感美、语言美、结构美。散文的类型可以包括叙事散文、抒情散文、写景散文、哲理散文、文化散文、随笔、小品文等。用户使用AI写作散文时可以指定写作的类型、主题、字数范围、语言风格等具体要求。

【示例】生成抒情散文。

> 请创作一篇写秋的抒情散文，风格模仿郁达夫，字数500字内。

比较由各AI大模型生成的散文，由讯飞星火生成的《秋的思绪》更美，符合散文的四美特征，文章含蓄、余味无穷，具体内容如下所示。限于篇幅，其他AI大模型生成的作品就不再展示了。

> 标题：秋的思绪
>
> 秋天又到了。丝丝凉意悄然侵袭着街角的每一个角落，却携来一份深沉的宁静。这宁静不是夏日午后的骤雨初歇，而是深深的、根植于岁月深处的静谧。蓦地，一阵风过，落叶如伤逝的蝴蝶，在空中舞动着最后的华尔兹，缓缓降落在我脚边，沉默而柔软。
>
> 我伫立，让清冽的秋风穿过衣袖，带走身体的最后一丝暖意。林间的树木，已由繁密转为稀疏，斑驳的枝丫上，挂着淡淡的金黄，它们在秋的诉说中低语着生命的哲理。儿时的记忆在这片刻间涌上心头，那是一望无际的稻田，是沉甸甸的果实，是父亲收获时深沉的笑脸，秋意深浓，亲情亦浓。不远处的湖面，水波不兴，仿佛时间在此停滞，连那散落水面的柳叶也慢悠悠地飘荡，宛如画中的扁舟。湖边的长椅上，偶有老人静静地坐着，或眺望远方，或闭目养神。他们的脸上写满岁月的痕迹，每一道皱纹都藏着一段故事，而此刻的安详，竟让我有些羡慕。
>
> 秋，总是这样，让人沉醉，让人沉思。季节的更迭，就像生命里的一场告别与重逢，我们在不断丢失中成长，在不断获得中老去。而秋，便是那个教会我们如何从容面对一切的季节，它没有春的轻盈，夏的热烈，冬的凝重，却有着自己独特的隽永和深刻。
>
> 夜幕将至，蝉鸣渐息，秋意愈加浓重。我沿着归途缓缓行走，心中满是对这温婉季节的敬意。秋风送来了一片片落叶，我伸手接住，这一季的离愁别绪，便在心间轻轻收藏。

这篇文章以细腻的笔触描绘了一幅深秋的画卷，情感丰富，意境深远。全文通过对秋天景象的生动描绘，不仅展现了自然界的季节变换之美，更巧妙地融入了个人情感与哲思，使读者在感受秋之静美的同时，也能体会到生命的哲理与岁月的沉淀。

## 2.1.3 诗歌

诗歌是一种高度凝练的文学体裁，具有独特的艺术魅力，能够触动读者的心灵，引发共鸣。诗歌具有七性：抒情性、形象性、音乐性、简洁性、跳跃性、含蓄性、多样性。其形式和风格多种多样，可以包括古体诗、近体诗、现代诗等。

【示例】生成古体诗。

> 请创作一首五言绝句，歌颂野草的生命力。

讯飞星火创作的古诗如下，其他AI大模型基本套写或抄写唐代诗人白居易的《野草》一诗。

> 野草无华质，
> 却有坚韧心。
> 任凭风霜打，
> 春来又生金。

🚨【注意】
AI大模型每次生成的文字是不同的,具有很强的随机性,同时也与AI大模型学习的数据、接触的样本素材有很大的关系。

🔊【提示】
中国古体诗是非常讲究音韵节奏的,如果严格地从平仄对仗进行分析,AI作诗存在很大的局限性,缺乏音乐美和节拍感。

## 2.1.4 剧本

剧本作为戏剧、电影、电视剧等视听作品的基础文本,具有独特的特点,包括对话驱动、视觉化描述、结构严谨、角色鲜明、冲突与解决、留白与暗示、专业性和情感共鸣等。

创作剧本时,一个富有启发性和引导性的提示词可以激发无限创意与灵感,因此提示词应包含剧情、角色、场景等基本信息,以及其他限制性或指向性要求。

【示例】创作话剧剧本。

> 请创作话剧,500字以内。
> 提示词:秘密、信件、误会、爱情、和解
> 故事梗概:故事发生在一个小镇上。主人公收到了一封神秘信件,信中提到了一个隐藏多年的秘密。这个秘密与他的过去有关,也牵扯到了他现在的爱情。主人公开始追寻信件的线索,试图揭开这个秘密。在这个过程中,他与自己的恋人产生了误会,两人的关系变得紧张。随着调查的深入,主人公逐渐发现了真相。原来,这个秘密是一个误会,是由一场意外引发的。他意识到自己一直以来对恋人的怀疑是错误的,于是决定向她道歉,寻求和解。最终,主人公和恋人解开了误会,重归于好。他们也明白了爱情需要信任和理解,只有这样才能长久。

比较主要AI大模型的生成内容。由智谱清言和通义千问生成的话剧剧本内容比较符合剧本规范,基本把舞台气氛渲染出来,看到剧本能够联想到舞台表演效果。限于篇幅,下面仅显示智谱清言的剧本内容。

> **话剧:《误会》**
> 角色:张明(主人公)、李婷(主人公的恋人)、邮递员、邻居
> 场景一:(张明独自在家,邮递员送来一封信)
> 邮递员:张明先生,您的信件。张明:谢谢。(接过信,邮递员离开)奇怪,这是谁寄来的?
> 场景二:(张明打开信,表情震惊)
> 张明:这怎么可能?这封信怎么会提到那个秘密?(决定调查)
> 场景三:(张明找到邻居)
> 张明:您好,请问您知道这封信是谁寄的吗?邻居:哦,那个信啊,是有人放在我家门口,让我转交给你的。
> 场景四:(张明回到家中,李婷发现他神情不对)
> 李婷:明,你怎么了?是不是有什么事情瞒着我?张明:没,没什么。(内心矛盾,担心李婷知道后会离开)

场景五：（李婷发现信件，误会张明）
李婷：这是怎么回事？你为什么要瞒着我？张明：婷，你听我解释，这是一个误会。
场景六：（张明向李婷坦白一切，两人决定一起寻找真相）
张明：婷，我知道我错了，我不该怀疑你。让我们一起揭开这个秘密吧。
场景七：（两人找到真相，原来一切都是一场误会）
李婷：明，原来是这样，我们都被这个误会蒙蔽了双眼。张明：是的，婷，我以后再也不会怀疑你了。我们重新开始，好吗？
场景八：（两人和解，重归于好）
李婷：明，我爱你，以后我们再也不要有任何秘密了。张明：我也爱你，婷。我们要相互信任，相互理解，让爱情长久。
（剧终）

上面话剧剧本以简洁而紧凑的剧情有效地展现了人际关系中常见的误会产生、发展以及最终化解的过程，具有较强的情感张力和戏剧冲突。它通过巧妙的误会设置和真实的情感展现，成功地吸引了观众的注意力并引发了他们的共鸣。同时，该剧也向观众传递了积极向上的生活态度和深刻的人生哲理。

## 2.1.5 童话

童话是给孩子们讲的故事，因此它有这么几个特点：丰富的幻想色彩、深刻的寓意和道德教育、故事情节跌宕起伏、故事中的角色个性鲜明、语言通俗生动。

【示例】创作童话故事。

> 请创作童话，500字以内。主要情节：关于蚂蚁与大象的故事。

下面是由文心一言生成的童话故事。

> 在一个遥远的森林里，住着一只自大的大象和一群勤劳的蚂蚁。大象以它的庞大身躯为傲，常常忽视身边微小的生命。
>
> 一天，大象在森林里悠闲地散步，不小心踩翻了一个蚂蚁窝。顿时，成千上万只蚂蚁惊慌失措地四散而逃。大象低头一看，轻蔑地笑道："你们这些小不点，能奈我何？"
>
> 然而，蚂蚁们并没有放弃。它们迅速聚集起来，商量对策。一只勇敢的蚂蚁站出来说："团结就是力量，我们要让大象知道，即使是最微小的生命，也能创造奇迹。"
>
> 蚂蚁们开始行动，它们爬上大象的长鼻子，又顺着鼻子滑到地面，如此往复，忙碌而有序。大象感到鼻子痒痒的，开始不耐烦地甩动，但蚂蚁们灵活躲闪，毫不畏惧。
>
> 就在这时，一只聪明的蚂蚁想到了办法。它带领一群蚂蚁钻进大象耳朵旁的泥土里，开始挖洞。大象感到耳朵边传来阵阵痒意，不由得打了个寒颤，它开始慌张起来，四处奔跑，却怎么也甩不掉耳朵里的痒意。
>
> 最终，大象不得不向蚂蚁们求饶："我错了，我不该轻视你们。请放过我吧！"蚂蚁们停止了行动，大象也承诺以后会尊重每一个生命。
>
> 从此以后，大象和蚂蚁成了好朋友，它们共同生活在森林里，相互帮助，共同见证了团结与尊重的力量。

上面故事基本符合童话的特征，也符合儿童的心理和口吻。

## 2.2 学生作文

### 2.2.1 记叙文

记叙文是以叙述为主要表达方式，以人物的经历和事物发展变化为主要描写内容的一种文体。它通常包括时间、地点、人物、事件、起因、经过和结果等要素。其形式多种多样、不拘一格，如日记、传记、回忆录、小说、散文等。它能够让读者了解到不同的人和事物，感受到生活的丰富多彩。

【示例】以2024年北京市中考语文作文题目一——游记类作文为例进行创作。

> 创作游记类作文
> 内容要求：故宫、人民英雄纪念碑、香山、居庸关、卢沟桥、漕运码头等地点坐落在北京中轴线或文化带上，成为北京的文化标志。此外，胡同古镇、奥运场馆、美丽新农村等也富有文化内涵。考生需要选择自己熟悉的地方写一篇游记。
> 题目自拟：考生可以根据所选地点和游记内容自行拟定题目。
> 写作要点：考生应围绕所选地点的历史、文化、风景等方面展开叙述，通过生动的语言和具体的细节来展现自己的所见所闻和感受。同时，游记应体现出考生的观察力、思考力和表达能力。

文心一言写了《穿越千年的对话：故宫印象》，豆包写了《穿越千年的对话：故宫印象》，智谱清言写了《漫步北京中轴线：历史的痕迹与时代的脉搏》，通义千问写了《北京印象——一次穿越古今的旅程》，讯飞星火写了《时光的印记：北京漕运码头之旅》，Kimi写了《穿越时光的北京印记》，腾讯元宝写了《踏访京城文脉，寻觅古都印记》。比较而言，文心一言和讯飞星火写得比较符合试卷要求，且文笔流畅、中心思想集中鲜明。讯飞星火的考试作文如下：

> 标题：时光的印记：北京漕运码头之旅
> 随着朝霞逐渐散去，晨光如洗，我踏上了探索古都北京的旅程。在我的行程清单中，位于北京的漕运码头引起了我的浓厚兴趣。这个看似微不足道的地点，却是连接古今、汇聚文化与历史的节点。
> 漕运码头，一个充满故事的地方。它见证了北京从元、明、清三代至民国乃至今日的沧桑巨变。这里曾是货物云集、船只往来的繁忙水域，如今却以一种恬静的姿态躺在现代都市的边缘，静静地讲述着往昔岁月的故事。
> 沿着略显陈旧的石板路走向码头，两旁的老式建筑似乎在诉说着昔日的辉煌。清晨的阳光穿透了薄雾，斑驳地洒在泛着光的河面上，让人仿佛穿越时空，回到了那个漕运盛世的时代。我闭上眼睛，耳边似乎响起了船夫的吆喝声和河水拍击船身的声音，那是多么生机勃勃的一幅画面。
> 当我睁开眼，一只悠闲的水鸟掠过河面，打破了这片刻的宁静。我继续往前走，来到了码头旁的一个老茶馆。店内陈设简朴，几张木桌，几把竹椅，却在晨光的映照下显得格外温馨。店主是个热情的老先生，他端上一壶刚泡好的茉莉花茶，与我聊起了漕运码头的历史。
> "你知道吗，小伙子，这儿以前可是热闹非凡，商船、粮船络绎不绝。"老人的话语中充满了对过去辉煌的怀念与自豪。他告诉我，漕运不仅是古代南北物资交流的重要方式，更

> 承载了无数人的梦想与生活。
>   我们的对话被一阵微风吹散，我感谢老人的分享，随即起身继续我的探索。码头附近的博物馆吸引了我的目光。走进博物馆，仿佛步入了一个时间的隧道。展品从古代的船模型到各种旧时的运输工具，每一件都讲述着漕运文化的独特魅力。
>   离开博物馆，我漫步在码头附近的公园里。孩子们在草地上嬉戏，老人在树下下棋，一幅和谐宁静的现代生活图景。我想，这或许也是漕运码头历史的一部分，一个见证北京从古至今不断变迁与融合的活生生的历史片段。
>   随着太阳缓缓西沉，我的漕运码头之旅也即将结束。站在码头的尽头，我回望这一天的足迹，心中充满了感慨。这里不仅仅是一处景点，更是一本厚重的历史书，一页页翻开，每一行字都是北京这座城市丰富文化与历史精神的见证。
>   当我离开这片古老的水域，脑海中依然回响着那些久远的故事，那些曾在漕运码头辛勤劳作的人们，他们的生活，他们的梦想，以及他们对这座城市的深深眷恋。而我，只作为一名匆匆的过客，通过一天的游历，深深地感受到了这份眷恋，这份属于北京的文化传承与历史记忆。

这篇记叙文以细腻的笔触和深情的叙述，带领读者进行了一场穿越时空的心灵之旅。文章通过作者亲身探访北京漕运码头的经历，巧妙地融合了历史、文化、情感与现代生活的场景，展现了这一古老地点所承载的丰富历史内涵和独特魅力，赢得了读者的共鸣和赞赏。它不仅是一次简单的旅行记录，更是一次对北京历史文化的深刻探索和感悟之旅。

### 2.2.2 说明文

说明文是一种以说明为主要表达方式的文章体裁，也是一种实用性很强的文体，它广泛应用于日常生活、学习和工作中。说明文的特点是具有科学性、条理性、准确性。写好说明文应关注说明三要素，即说明对象、说明顺序和说明方法。

根据说明对象的不同，说明文可以分为事物说明文和事理说明文。事物说明文旨在介绍某一事物的形体特征、性质、功能等；而事理说明文则主要阐释事物的本质、事物内部或事物之间的内在联系。

【示例】下面让AI生成一篇有关AI大模型的学生说明文。

> 创作一篇说明文，字数500字以内。
> 标题：探索AI大模型背后的奥秘
> 背景：简要说明AI大模型的兴起背景、发展历程及当前的社会影响。
> 原理：详细阐述该科技背后的科学原理、技术细节或工作机制，力求语言准确、条理清晰。
> 举例：通过具体实例或案例来加深读者对科技话题的理解和认识，使其更加生动有趣。
> 展望：探讨该科技领域的未来发展趋势、潜在挑战及可能带来的变革和影响。
> 总结：总结该科技的重要性、价值及对人类社会的意义，强调其探索与应用的必要性。

比较主要AI大模型的生成内容。文心一言生成的内容比较符合说明文规范，语言简洁、严谨、条理清晰，符合学生作文的要求，具体内容如下：

> 探索AI大模型背后的奥秘
>   随着大数据与计算力的飞跃，AI大模型如雨后春笋般涌现，成为科技领域的璀璨明星。它们以海量数据为燃料，通过深度学习算法的不断优化，实现了前所未有的智能水平。从语言处理到图像识别，AI大模型正逐步渗透并改变着我们的日常生活。

其背后的科学原理基于神经网络，通过模拟人脑神经元间的连接与信息传递，构建出复杂的计算模型。技术细节上，大模型依赖于先进的分布式计算平台，能够在数亿甚至数万亿的参数空间中进行高效优化，从而捕捉到数据中的微妙模式与规律。

以ChatGPT为例，这一AI语言模型展现了惊人的文本生成与理解能力，能够与人类进行流畅对话，解答各种问题。它不仅在娱乐、教育等领域大放异彩，还开始应用于医疗、法律等专业领域，提供辅助决策支持。

展望未来，AI大模型将继续向更高效、更智能的方向发展。然而，随着AI大模型能力的增强，数据隐私、算法偏见等问题也日益凸显，成为亟待解决的挑战。同时，AI大模型有望推动新一轮的产业革命，促进经济社会的全面转型升级。

总之，AI大模型作为AI领域的重要里程碑，其探索与应用不仅代表了科技的进步，更预示着人类社会的未来发展方向。我们应以开放的心态积极拥抱这一变革，共同创造更加美好的明天。

这篇说明文对"AI大模型背后的奥秘"进行了全面而简洁的阐述，内容充实，逻辑清晰，具有较高的可读性和信息价值。全文既注重了科学性、准确性，又兼顾了可读性和启发性，是一篇优秀的科普文章。

## 2.2.3 议论文

议论文是一种以议论为主要表达方式，通过摆事实、讲道理，直接表达作者的观点和主张的文体。议论文三要素包括论点、论据和论证。论点是作者对所论述问题的见解和主张，是议论文的核心；论据是用来证明论点的材料，包括事实论据和理论论据；论证则是运用论据来证明论点的过程和方法，目的是揭示论点和论据之间的内在逻辑联系。常见的论证方法包括举例论证、道理论证、对比论证、比喻论证等。

【示例】下面是2024年高考语文作文试题（新课标Ⅰ卷）。

> 阅读下面的材料，根据要求写作。（60分）
> 
> 随着互联网的普及、人工智能的应用，越来越多的问题能很快得到答案。那么，我们的问题是否会越来越少？以上材料引发了你怎样的联想和思考？请写一篇文章。
> 
> 要求：选准角度，确定立意，明确文体，自拟标题；不要套作，不得抄袭；不得泄露个人信息；不少于800字。

比较主要AI大模型的生成内容。文心一言生成的内容比较符合议论文规范，观点明确、论证严谨，符合学生作文的要求，具体内容如下：

> **标题：在问题海洋中遨游，探索无垠的知识宇宙**
> 
> 在科技日新月异的今天，互联网的普及与AI的飞跃发展，仿佛为我们的生活铺设了一条快速通道，让我们在寻找答案的道路上疾驰。只需轻点屏幕，海量信息便如潮水般涌来，曾经困扰我们的难题似乎都能在瞬间迎刃而解。然而，这是否意味着我们的问题真的会越来越少呢？答案，或许并非如此简单。
> 
> 首先，我们必须认识到，互联网的便捷与AI的高效确实极大地拓宽了我们的知识边界，让信息的获取变得前所未有的容易。但这并不意味着问题本身在减少，相反，它可能激发了我们更多、更深层次的好奇心与探索欲。当一个问题被解决时，往往会引发一连串新的疑问，如同剥洋葱般，一层又一层，永无止境。因此，从某种程度上说，技术的进步反而促使我们的问题库不断扩容，而非缩减。

其次，问题的减少与否，还取决于我们如何运用这些工具。如果仅仅满足于表面的、快速的答案获取，而不进行深入的思考和探究，那么，我们的思维能力可能会逐渐退化，甚至丧失提问的能力。真正的学习与进步，往往源自于对未知的不懈追求和对问题的深刻剖析。因此，面对互联网和AI带来的便利，我们更应该学会如何提问，如何筛选信息，如何形成自己的见解和判断。

再次，随着时代的发展，新的问题和挑战也在不断地涌现。环境问题、社会公平、科技发展带来的伦理道德问题等，这些都不是简单通过搜索引擎或AI所能直接解答的。它们需要我们结合多方面的知识，进行跨学科的思考与合作，才能找到解决之道。因此，问题的多样性和复杂性决定了我们永远不可能停止提问、停止探索。

最后，我想说，问题是我们前进的动力，是我们智慧的源泉。在这个信息爆炸的时代，我们更应该珍惜每一次提问的机会，勇敢地面对未知，积极地寻求答案。同时，也要学会在解决问题的过程中，不断反思、总结和提升自己。只有这样，我们才能在问题的海洋中遨游得更远，探索得更深，最终抵达那个充满无限可能的知识宇宙。

总之，互联网的普及和AI的应用，虽然让答案的获取变得更加便捷，但并不意味着问题的减少。相反，它们为我们打开了更广阔的知识天地，激发了我们更强烈的探索欲望。让我们在问题的引领下不断前行，在知识的海洋中乘风破浪，勇往直前。

这篇议论文以"在问题海洋中遨游，探索无垠的知识宇宙"为题，深入探讨了互联网与AI时代背景下，问题数量与知识探索之间的关系，论点鲜明，逻辑清晰，具有较强的说服力和启发性。全文结构严谨，论述充分，观点鲜明，它不仅让我们看到了科技进步带来的便利和挑战，更引导我们思考如何在问题的海洋中遨游，探索无垠的知识宇宙。

## 2.3 应用文

### 2.3.1 书信

书信一般有比较严格的格式，通常由以下几个部分组成。

◎ 称呼：顶格写，后面加冒号。根据写信人与收信人的关系，在姓名或称谓前加上适当的修饰语，如"亲爱的""敬爱的"等。

◎ 问候语：另起一行空两格写，如"您好！""近来身体可好？"等。

◎ 正文：书信主体部分，可以分成若干段落书写。把想要说的话条理清晰地写出来。

◎ 祝颂语：一般有两种写法。一种是在正文之后，另起一行空两格写"此致"，再转一行顶格写"敬礼"；另一种是不写"此致"，只是在正文之后另起一行空两格写"敬祝""祝你"等，然后另起一行顶格写"安好""健康"等。

◎ 署名：在祝颂语下方的右侧写上写信人的姓名。

◎ 日期：写在署名的下方。

【示例】给远方的战士写信。

请给边防战士写一封信，向他们表示问候，字数500字以内。

下面是豆包的生成内容。语言简练、真挚，符合一个孩子的口吻，具体内容如下：

> 尊敬的边防战士：
> 　　您好！
> 　　我是一名普通的中国人，虽与您未曾谋面，但您的身影常常浮现在我的脑海中。
> 　　在那环境恶劣、条件艰苦的边防，您用坚强的意志和无畏的勇气守护着祖国的每一寸土地。无论严寒酷暑，无论风霜雨雪，您始终坚守在那里，不曾有一丝退缩。
> 　　我深知，那里的生活充满了艰辛和挑战。高原的寒风、边疆的孤寂，都没能动摇您保家卫国的决心。您远离家乡和亲人，把青春和热血献给了祖国的边防事业，您是祖国的钢铁长城，是我们心中最可爱的人。
> 　　感谢您的坚守与付出，让我们能在和平的环境中幸福生活。请您一定要照顾好自己，注意安全，保重身体。
> 　　最后，向您致以最崇高的敬意和最诚挚的问候！
> 　　此致
> 敬礼！
> 　　　　　　　　　　　　　　　　　　　　　　　一位敬佩您的人
> 　　　　　　　　　　　　　　　　　　　　　　　××××年7月9日

## 2.3.2 计划、总结

### 1. 计划

【示例1】生成工作计划。

> 帮我写一份工作计划，职业：教师，字数500字以内。

豆包机器人生成内容如下所示。其他机器人生成的内容差异化明显，限于篇幅，不再逐一举例，当然它们没有优劣之分，用户可以根据个人需要选择作为文档模板应用。

> **教师工作计划**
> 　　新的学期，我将以饱满的热情和认真的态度投入到教学工作中，以下是我的工作计划。
> **一、教学工作**
> 1. 精心备课，设计生动有趣且富有启发性的教学方案，提升课堂教学质量。
> 2. 关注学生个体差异，因材施教，鼓励学生积极参与课堂互动。
> 3. 定期组织测验和考试，及时了解学生的学习情况，做好成绩分析和反馈。
> **二、学生管理**
> 1. 加强与学生的沟通交流，关心他们的学习和生活，帮助他们解决遇到的问题。
> 2. 建立良好的课堂秩序，培养学生的自律和团队合作精神。
> **三、自我提升**
> 1. 积极参加各类教育培训和学术研讨活动，不断更新教育理念和教学方法。
> 2. 阅读与教育相关的书籍和期刊，撰写教学心得和反思，提高自身专业素养。
> 　　我会努力落实以上计划，为学生的成长和发展贡献自己的力量。

【注意】

> 计划书应该结合本公司或本单位的实际情况，内容要结合实际数据和案例来设计，同时还要结合个人的实际情况来拟定，很明显，机器人是无法做到这一点的。

## 2. 总结

【示例2】生成工作总结。

> 帮我写一份月度工作总结，职业：办公白领，要求包含成绩、教训、反思、改进措施，字数500字以内。

通过比较发现，腾讯元宝生成的小文比较符合随笔形式，语言自然、真诚，简单总结了一下本月的工作，具体内容如下：

> **月度工作总结**
>
> 随着本月工作的落幕，我深感时间如白驹过隙，同时也体会到工作的繁重与责任。这个月里，我积极履行职责，努力提升自我，现将我的工作总结如下。
>
> 在成绩方面，我成功完成了多个重要项目的资料整理与分析工作，有效支持了团队决策。同时，在日常办公中，我也优化了工作流程，提高了工作效率，得到了同事和上级的认可。
>
> 然而，成绩的背后也有教训。我在时间管理上出现了疏忽，导致部分任务延期，这影响了团队的进度。此外，我在与同事沟通时，有时表达不够清晰，造成了不必要的误解。
>
> 反思这些经历，我认识到自身的不足：一是时间管理能力有待加强，需要合理安排工作时间，确保任务按时完成；二是沟通技巧需进一步提升，以减少信息传递中的误解。
>
> 针对这些问题，我制定了以下改进措施：首先，我将采用时间管理工具，制订详细的工作计划，确保每项任务都能得到充足的关注和时间投入；其次，我将积极参加沟通技巧培训，学习如何更有效地与同事交流，提升团队协作效率。
>
> 展望未来，我将以更加饱满的热情投入到工作中，不断学习、不断进步，为办公室的高效运转贡献自己的力量。

其他机器人多是分级标题结构，当字数很少时，这种结构看着如同列表，不是那么自然。如果是年度工作总结且字数非常多，则适合选用分级标题结构。

### 2.3.3 申请、证明

#### 1. 申请书

申请书通常包括以下格式。

◎ 标题：一般在第一行正中间写上"申请书"三个字。
◎ 称呼：在标题下空一行顶格处写出接受申请书的组织、单位、领导或有关负责人的名称，后加冒号。
◎ 正文：正文部分是申请书的主体，首先提出申请的目的和要求，然后陈述申请的理由。理由要写得客观、充分，事项要写得清楚、简洁。
◎ 结尾：可以写"此致""敬礼"等表示敬意的话。
◎ 署名和日期：在结尾下一行的后半行，写上申请人的姓名或单位名称，在署名下面写上提出申请的具体年、月、日。

【注意】

不同类型的申请书在内容和格式上可能会有细微的差别，具体写作时可以根据实际情况进行适当调整。

【示例1】专业转换申请书。提示词如下：

> 我是大一学生，专业：土木工程，由于不适应该专业学习，想向学生事务办公室申请转换专业到计算机软件应用专业，请帮我写一份申请书。

Kimi机器人写的申请书比较全面，有理有据，条理清晰，生成的内容如下：

专业转换申请书

尊敬的学生事务办公室：
　　您好！
　　我是[您的姓名]，目前就读于[您的大学名称]土木工程专业大一。经过一段时间的学习和深入思考，我决定向学院提交专业转换申请，希望能够转到计算机软件应用专业继续我的学业。以下是我申请转换专业的原因和计划。

申请原因
1. 兴趣与热情：我对计算机软件应用专业有着浓厚的兴趣，自高中以来就对编程和软件开发产生了极大的热情，并在业余时间自学了相关课程。
2. 个人优势：我认为自己的逻辑思维能力、解决问题的技巧以及对新技术的快速学习能力更适合计算机软件应用专业的学习。
3. 职业规划：我对计算机行业的未来发展趋势和职业机会有清晰的认识，相信该专业更符合我的长远职业规划。
4. 学习体验：在土木工程专业的学习过程中，我发现自己对该领域的学习内容和实践操作缺乏持续的兴趣和动力。

转换计划
1. 课程学习：我已经开始了计算机基础知识的自学，包括编程语言、数据结构等，并计划在转专业后尽快补修相关课程。
2. 能力提升：我计划利用假期和课余时间参与在线课程和实践项目，以提高自己在计算机软件应用领域的专业能力。
3. 资源利用：我将积极利用学院提供的资源，如图书馆、实验室和学术讲座，以加强学习效果。
4. 适应与过渡：我明白专业转换需要时间来适应新专业的学习节奏和要求，我已经准备好面对这一挑战。

结尾
　　我深知专业转换是一个重大的决定，也意识到这将带来一定的学习压力和挑战。然而，我对自己的选择充满信心，并愿意为之付出努力。我期待能够在计算机软件应用专业中发挥我的潜力，实现个人学术和职业发展的目标。
　　感谢您考虑我的申请，我期待能够得到这次宝贵的机会。
　　此致
敬礼！

[您的姓名]<br>
[您的学号]<br>
[您的联系电话]<br>
[提交日期]

其他机器人生成的内容稍逊一筹，限于篇幅，就不再逐一显示。

2. 证明

证明一般具有以下格式。

- ◎ 标题：一般为"证明"或"关于×××的证明"。
- ◎ 称呼：有些证明可能不需要称呼。如果需要，通常写"×××单位"。
- ◎ 正文：要证明的事实情况，主要包括人物、时间、地点、事项等。要表述清晰、准确、客观。
- ◎ 结尾：一般写"特此证明"。
- ◎ 署名：注明出具证明的单位名称或个人姓名，并加盖公章或签名。
- ◎ 日期：签署证明的具体时间。

【示例2】物品遗失招领证明。提示词如下：

> 帮我写一个证明，向物业安保办公室证明这个手机是我的。
> 个人信息：姓名张三，身份证号×××××××××××××××××，手机号13512345678。
> 手机信息：华为Mate 60 Pro，黑色。

智谱清言机器人写的证明比较简洁、流畅，行文自然、朴实，格式也符合要求，生成内容如下：

> 证　明
>
> 尊敬的物业安保办公室：
> 　　您好！
> 　　我是张三，身份证号×××××××××××××××××，手机号13512345678，居住在本小区×栋×号。我写此证明是为了确认并证明贵办公室最近拾获的一部华为Mate 60 Pro黑色手机是我的个人财产。
> 　　首先，我可以提供该手机的购机发票，上面明确标注了手机的型号、颜色以及购买日期，与我所述完全一致。其次，手机的串号是唯一的，我可以通过提供手机串号来证明这部手机是我的。最后，手机中有我的个人信息、联系人、照片和其他私人数据，这些都是我日常使用手机的真实痕迹。
> 　　基于以上几点，我确信这部手机是我的。我请求贵办公室能够核实我所提供的证明，并尽快将我的手机归还给我。在此，我提前表示由衷的感谢！
> 　　特此证明。
>
> 　　　　　　　　　　　　　　　　　　　　　　　　　　　　　　　　[您的签名]
> 　　　　　　　　　　　　　　　　　　　　　　　　　　　　　　　　　　[日期]
>
> 附件：手机购机发票复印件、手机串号查询结果截图等证明材料。

其他机器人生成的内容略显冗余或欠规范，限于篇幅，就不再逐一显示。

## 2.3.4　便条、条据

### 1. 便条

便条是一种非正式的书面交流方式，用于传递简短的信息、请求、留言或者提醒。便条通常包括以下格式。

- ◎ 标题：便条通常不需要正式的标题，但可以根据内容加上简短的标题，如"会议提醒"或"购物清单"。
- ◎ 称呼：如果给特定的人写便条，可以在开头加上称呼，顶格写，后面加冒号。

◎ 正文：另起一行空两格开始写，简单明了地把要跟对方说的事情写清楚。如果需要，可以在开头加上日期，以便接收人了解便条的时效性。

◎ 落款：在正文右下方，写上署名和日期（如果正文已写，可以省略）。如果需要，还可以添加联系方式或其他相关信息。

【示例1】给室友留言。提示词如下：

给室友留言，今晚8点准时在系阅览室召开读书交流会。留言人张三，日期7月9日。

豆包机器人生成文字如下，其他机器人生成的文字略显啰嗦或格式繁杂，在此就不再显示。

便　　条

亲爱的室友：
　　今晚8点准时在系阅览室召开读书交流会，别忘了哦！

张三
7月9日

2. 条据

条据是作为凭证或说明某些情况而写的条子，通常分为两大类：一类是说明性条据，如请假条、留言条、托事条等；另一类是凭证性条据，如借条、收条、领条等。条据的特点是内容简明扼要、格式规范、语言通俗。它是人们在日常生活和工作中常用的一种应用文体。

【示例2】编写室友向我借款的条据。提示词如下：

请编写借条，具体内容：张三向我（李四）临时借款1000元，将于月内归还。日期7月9日。

豆包机器人生成的文字比较简单、随便，适用于熟人之间的私立字据。具体内容如下：

借　　条

今借到李四人民币壹仟元整（￥1000元），用于临时周转，将于本月内归还。
借款人：张三

2024年7月9日

智谱清言机器人生成的文字比较正式，格式类似简版合同。具体内容如下：

借　　条

借款人：张三　出借人：李四
借款金额：人民币壹仟元整（￥1000.00）
借款人张三（身份证号：[张三的身份证号码]）向出借人李四（身份证号：[李四的身份证号码]）临时借款人民币壹仟元整，用于[借款用途，如"生活周转"等]，借款人承诺于借款之日起一个月内（即2024年8月9日之前）将借款本金全额归还给出借人。

借款人签名：_____　　出借人签名：_____
借款日期：2024年7月9日
注：此借条一式两份，借款人和出借人各执一份，双方签名后生效，具有同等法律效力。

047

## 2.3.5 通知、启事

### 1. 通知

通知是向特定对象告知、转达有关事项或文件，让该对象知道或执行的公文。其格式如下：

◎ 标题：写在第一行正中，通常有"通知""关于×××的通知"等。
◎ 称呼：写被通知者的姓名或单位名称，在第二行顶格写。
◎ 正文：另起一行空两格写通知的内容，包括通知的事由、时间、地点、要求等。
◎ 落款：分两行写在正文右下方，一行署名，一行写日期。

【示例1】编写班级活动通知。提示词如下：

> 编写通知，通知对象：全班同学，通知人：班长张三，通知时间：7月9日，通知内容：今晚8点准时在系阅览室开展读书交流会。

豆包机器人生成的文字一般都比较简单、妥当，能够把"班长"和"张三"区分处理。具体内容如下：

通　知

全班同学：
　　今晚8点准时在系阅览室开展读书交流会，请大家按时参加。

班长：张三<br>7月9日

Kimi机器人生成的通知更显正式和详尽，适用于规范性通知格式。具体内容如下：

班 级 通 知

通知对象：全班同学
通知人：班长 张三
通知时间：2024年7月9日

亲爱的同学们：
　　为了丰富我们的课余生活，提高我们的阅读兴趣和文化素养，我们班将于今晚举行一次读书交流会。

活动详情：
● 时间：今晚8点整(2024年7月9日)
● 地点：系阅览室
● 主题：读书心得分享与交流

活动内容：
1. 每位同学准备一段关于最近阅读书籍的心得体会，进行分享。
2. 交流阅读中遇到的有趣观点或问题，共同探讨。
3. 推荐自己喜爱的书籍，鼓励大家相互借阅。

注意事项：
● 请同学们准时参加，不要迟到。
● 请携带你想要分享的书籍或相关材料。

> ● 交流过程中请保持秩序，尊重他人发言。
> 　此次读书交流会是一个展示自我、相互学习的良好机会，希望大家能够积极参与，共同营造一个积极向上的学习氛围。
> 　期待今晚与大家的精彩交流！
> 　班长 张三
>
> 请同学们相互转告，确保每位同学都能收到这一通知。谢谢大家的配合！

### 2. 启事

启事是一种公告性的应用文体，用于公开告知公众某件事情或者请求帮助、提供信息等。它通常出现在报纸、杂志、网络平台或者公共场所的布告栏上。启事的内容多种多样，可以是遗失物品、寻人、招聘、租房、出售、征集、声明、道歉等。启事的特点是语言简洁明了，格式规范，信息具体。它通常包括以下几个部分。

◎ 标题：标题要清晰反映启事内容和目的，如"寻物启事""招聘启事""出租启事"等。

◎ 正文：正文要详细说明启事的具体内容，包括相关的时间、地点、人物、事件等。

◎ 联系方式：在启事中提供联系人的姓名、电话、电子邮件或地址等，以便有意者能够与发布启事的人取得联系。

◎ 发布日期：在启事的末尾，通常要注明发布启事的日期。

【示例2】编写寻物启事。提示词如下：

> 编写寻物启事，启事内容：本人一部华为Mate 60 Pro黑色手机在图书馆北二楼三层阅览室遗失，有拾到者请归还，必有重谢。联系人张三，手机号13512345678，遗失时间7月8日。

豆包机器人生成的文字如下，其他机器人写得过于烦琐或啰嗦，有画蛇添足之嫌。

> 寻 物 启 事
>
> 本人于7月8日在图书馆北二楼三层阅览室遗失一部华为Mate 60 Pro黑色手机。如有拾到者，请联系本人归还，必有重谢。
>
> 联系人：张三<br>联系电话：13512345678<br>7月9日

## 2.4　后期加工

### 2.4.1　续写

续写是指从原文出发，遵循原文的思路，按照一定的要求和提示，接着原文的情节、内容、结构等继续创作下去，使故事、文章等得以延伸和发展。续写的关键在于要与原文的风格、主题、人物性格等保持一致，同时又要有一定的创新性和发展性，使续写的部分能够自然地融入原文，形成一个完整、连贯的整体。

【示例】续写文章。

> 以"夏天，是一场热烈而绚烂的盛会。"开头，续写一篇500字以内的精品散文。

各AI大模型都写得不错，用户可根据个人喜好进行选用。下面是讯飞星火写的小文。

> 标题：夏日璀璨
> 
> 夏天，是一场热烈而绚烂的盛会。阳光如金色长河，无边无际地洒在大地上，给予万物无尽的温暖和活力。蓝天更蓝，白云更白，仿佛是大自然用最鲜明的颜色描绘心中的诗篇。
> 
> 林间的树叶在热浪中翩翩起舞，每一片都像是小太阳，汇聚成绿色的火焰。麦田里，金黄的麦穗随风摇曳，低吟浅唱，诉说着即将到来的丰收。沙滩上，孩子们的欢笑声此起彼伏，海浪轻轻拍打着岸边，伴随着每一个夏日午后的悠闲。
> 
> 夏夜星空更是一场视觉盛宴，繁星点点，如同夜空中的萤火虫，将黑暗装点得绚丽多姿。微风拂过，带来丝丝凉意，温柔地抚慰着日间的疲惫。
> 
> 夏天，是大自然的热情洋溢，是生命力的肆意展示。在这个季节，所有的生命都以最强烈的声音歌唱着对生命的热爱和对光明的向往。

这篇文章以生动细腻的笔触描绘了夏天的美好与活力，充满了对自然的热爱与赞美。作者巧妙地运用了丰富的色彩词汇和生动的比喻，将夏日的阳光、蓝天、白云、绿叶、麦穗、海滩以及夜空等景象刻画得栩栩如生，让读者仿佛置身于那热烈而绚烂的夏日之中。全文情感真挚、文笔优美、意境深远，值得读者细细品味和欣赏。

### 2.4.2 改写

改写是指在不改变原文基本内容和主题的前提下，对文本的表现形式、语言风格、结构等进行重新创作和调整。改写不仅可以提高写作效率，帮助用户快速修改文本，同时还可以提供更多的写作选择和可能性，帮助用户发掘文本的潜在含义和其他表达方式。对于新闻记者、文案策划者、语言学习者和翻译者等人员来说都是非常重要的一项功能。

【示例】改写语句。

> 把"今天的天气真好，阳光明媚，微风轻拂。"这句话重新改写一下。

通过比较，只有文心一言改得比较好，内容如下所示。其他机器人都是简单的局部换词，没有新意。

> 今日晴空万里，阳光温柔地洒落，微风带着丝丝凉意，轻轻拂过面颊，真是令人心旷神怡的好天气。

### 2.4.3 扩写

扩写是指在原有句子的基础上添加更多的细节描述、修饰成分，使句子的内容更丰富、具体、生动。

【示例】扩写一句话。

> 请以"他笑了。"为基础扩写一句生动的人物描写。

大部分AI大模型都以"他笑了"开头进行创作，写法类似续写，然后加上一些描写。只有豆包和智谱清言进行了认真扩写。

豆包的扩写如下：

> 身材高大的他，在听到这个惊喜的消息后，原本紧绷的脸庞瞬间舒展开来，嘴角微微上扬，露出一排洁白整齐的牙齿，眼睛眯成了一条缝，眼角的鱼尾纹也跟着欢快地跳跃起来，他爽朗地笑了，那笑声仿佛能穿透云霄，让人感受到他内心抑制不住的喜悦。

智谱清言的扩写如下：

> 他的嘴角微微上扬，露出了一个温暖而灿烂的笑容，眼中闪烁着喜悦的光芒，仿佛整个世界都在那一瞬间变得更加美好。

🔊【提示】

文本续写和扩写都是对现有文本进行创作，但写作目的和方法不同。
◎ 文本续写是在现有文本的基础上，继续创作新的内容，以形成一个更长、更完整的故事。文本续写通常会遵循现有文本的风格，但也会引入新的元素和情节。
◎ 文本扩写则是对现有文本进行详细的阐述、补充或解释，以使读者更好地理解和领会现有文本的含义和意图。文本扩写通常会增加新的细节、例子、说明或解释，但不会改变现有文本的主题或核心内容。

### 2.4.4 生成标题

生成标题是指为指定内容或主题提炼一个简洁、具有吸引力的名字，它应该能够概括内容的主要信息或目的，同时吸引目标受众的注意力。标题的作用是让读者或观众对内容产生兴趣，并促使他们进一步阅读或观看。

【示例】生成活动标题。

> 我们是营销公司，6月18日将要举办一场消费者联谊活动，请帮拟一个活动标题。

下面是讯飞星火生成的内容，标题富有新意。

> **活动标题**："缤纷夏日·联心会"——消费者尊享盛典
> 解释：该标题结合了季节特点（夏日）和活动性质（联谊），同时使用"缤纷"来暗示活动的多姿多彩，以及"尊享"来体现对消费者的重视。整个标题既富有诗意，又直接传达了活动的核心内容，吸引目标受众参与。

### 2.4.5 制作脚本

制作脚本是指在进行影视、戏剧、广告、多媒体等作品的创作过程中，为了指导制作流程、明确各环节的任务和要求而编写的详细规划文档。

制作脚本通常包含场景描述、角色动作和对话、镜头运用、画面构图、音效、时长等详细信息。它为导演、演员、摄影师、剪辑师等相关人员提供了明确的工作指南和创作依据，有助于确保作品的质量、风格和整体效果的一致性，提高制作效率，减少创作过程中的不确定性和误解。

【示例】生成视频脚本。

> 我是自媒体大V，想创作一段记录农村原生态的生活视频，请帮助设计一个脚本。

豆包以景别进行切换；通义千问以时间线进行切换；Kimi以镜头进行切换；腾讯元宝以文化类别进行切换；其他机器人多以场景进行切换。文心一言以场景进行切换，具体内容如下所示：

视频标题：《归田园居：探寻农村原生态生活之美》

开场白（0:00—0:30）

【镜头缓缓推进，从远处的山峦、田野开始，逐渐聚焦到一条蜿蜒的乡间小路，配以轻快的民谣背景音乐】

旁白（温暖、亲切）："在这片被晨光轻抚的土地上，远离都市的喧嚣，我们踏上了一场寻找心灵归宿的旅程。欢迎跟随我的脚步，一起走进那些被时间温柔以待的农村，感受那份最质朴、最纯粹的原生态生活。"

第一幕：晨光中的劳作（0:31—1:30）

【镜头切换至一户农家，晨雾缭绕，一位农人正在田间耕作，画面特写手上的泥土、脸上的汗水】

旁白："当第一缕阳光穿透薄雾，农人们便开始了他们忙碌而充实的一天。看，李大爷正用他那双布满老茧的手，细心地呵护着每一寸土地，播种着希望与梦想。"

【穿插采访片段，李大爷讲述对土地的深情与耕作的故事】

第二幕：炊烟袅袅的午餐时光（1:31—2:30）

【镜头转向农家小院，炊烟升起，一家人围坐在院子里，准备午餐。展示柴火灶、新鲜采摘的蔬菜、自家养的土鸡等食材】

旁白："午餐时间，是家人团聚的温馨时刻。看这满桌的农家菜，每一口都是大自然最真诚的馈赠。柴火饭的香气，不仅暖胃，更暖心。"

【简短采访家庭成员，分享餐桌上的家常话，传递家的温暖】

第三幕：手工艺人的匠心独运（2:31—3:30）

【镜头转至村中的老匠人，正在编织竹篮、制作陶器或雕刻木雕，展现传统手工艺的魅力】

旁白："在这片土地上，还藏着许多不为人知的手工艺人。他们用一双巧手，将普通的材料变成生活中的艺术品。每一件作品背后，都承载着匠人的心血与故事。"

【匠人讲述自己的技艺传承与坚持，展现对传统文化的尊重与热爱】

第四幕：夕阳下的乡村晚景（3:31—4:00）

【镜头捕捉夕阳下宁静的乡村，孩子们在田野间嬉戏，老人在村口乘凉聊天，一派和谐景象】

旁白："当夕阳洒满大地，乡村披上了一层金色的外衣。这里的每一天，都充满了简单而纯粹的快乐。孩子们的笑声，是这里最美的旋律；老人的笑容，是岁月最温柔的注脚。"

结尾（4:01—4:30）

【画面渐渐拉远，整个乡村沉浸在一片宁静与美好之中，背景音乐渐弱】

旁白："在这片充满希望的土地上，每一份努力都值得被尊重，每一份纯真都值得被珍惜。让我们带着这份感动，继续前行，在快节奏的生活中，不忘初心，向往田园。"

【结束语，邀请观众留言分享自己的乡村记忆或感受，并预告下期内容】

此脚本旨在通过多个场景展现农村原生态生活的美好，希望能够触动观众的心灵，引发共鸣。

　　这个视频脚本设计得非常精致，成功地将观众带入了一个远离都市喧嚣、充满自然韵味和人情温暖的农村世界。脚本在内容设计、情感表达和文化价值等方面都表现出色，具有很强的观赏性和感染力，能够很好地触动观众的心灵并引发共鸣。

# 第 3 章 论 文

AI可以帮助用户生成论文大纲、提供文献综述、进行润色校对以及查重降重等，以提高论文的写作效率。当然，使用AI写论文时应遵循学术道德，不能直接挪用全文，AI只能作为辅助参考的手段，用户仍需自己进行深入的研究和思考，以确保论文的内容具有学术价值和个人见解。同时，高校和学术界对于使用AI写论文也有一定的规范和要求。

## 3.1 阅读论文

在撰写论文的过程中，用户经常需要阅读大量的文献。一般情况下，文献都比较专业，包含大量的专业术语和词汇、数据分析、模型、公式，用户阅读时容易抓不住文献重点，看不出文献创新点等，这些障碍使用户无法顺利阅读文献。

【示例1】论文问答。

> 你知道PaLM-E: An Embodied Multimodal Language Model这篇论文吗？

智谱清言回答：

> 是的，PaLM-E是一个由谷歌研究院提出的结合了大型语言模型和机器人控制器功能的模型。PaLM-E 代表 Pathways Language Model with Embodied，它将 Pathways Language Model (PaLM) 和机器人控制器结合起来，能够理解和执行复杂的指令，并处理多种模态的信息，如文本、视觉和连续的动作。
>
> PaLM-E的提出，是为了解决机器人执行任务时需要对环境有深入理解的问题。例如，当机器人需要根据自然语言指令在复杂环境中导航时，就需要理解指令的含义，同时理解环境中的对象和它们之间的关系，并预测它们的动态行为。通过将大型语言模型和机器人控制器的结合，PaLM-E能够更好地理解和执行这样的任务。
>
> PaLM-E的提出对于机器人领域的发展具有重要意义，它标志着机器人技术向更高级别的智能和自主性迈进了一步。

【示例2】观点疑问。

> PaLM-E模型有哪些创新点？

豆包回答：

PaLM-E模型的创新点主要包括以下方面。

具身多模态融合：将通用语言模型（如PaLM）与视觉转换模型（如ViT）相结合，使模型能够同时处理图像和语言文本，直接将现实世界中的连续传感器模态融入语言模型，建立单词和感知之间的联系，让AI具备"理解文字"和"读懂图片"的能力，不仅能输出文字，还能输出指令，提升机器人的智能化水平。

大参数量：其参数量最高可达5620亿组，是全球已知的最大视觉语言模型。研究表明，通过扩大模型参数，可以让模型在学习多模态输入的同时保持语言方面的技能。

广泛的任务适用性：能够处理多种具身任务，包括顺序机器人操作规划、视觉问答、字幕生成等，还可应用于解读图片并进行思维推理，如解答与图片内容相关的问题、识别手写菜单并进行账单计算、根据烘焙材料照片传达制作流程等。

正迁移能力：模型受益于跨互联网规模的语言、视觉和视觉语言等领域的多样化联合训练，表现出正迁移效果，即在多个具身任务和不同观察模态上展现出良好的性能和适应性。

动作模态的加入（RT-2模型）：谷歌近期以PaLI-X和PaLM-E为支柱推出的RT-2模型将动作（action）模态加入到模型中，与语言、视觉一样具有通用的数据。该模型在输出中将操作表示为token（类似于语言token）来解决动作模态问题，并将动作描述为自然语言标记生成器可处理的字符串，使机器人执行更加准确和简单，突破了机器人执行层面硬件驱动的AI化。同时，RT-2表现出较强的涌现能力、理解能力和泛化能力，与思维链推理结合时还可以执行多阶段语义推理。

上述回答介绍了PaLM-E模型的创新点，内容详尽、表述清晰、提供了数据支持，并结合应用示例，具有较高的参考价值。

## 3.2 选择论文题目

选择一个合适的论文题目是研究成功的关键起点，对研究的全过程和最终成果都有着深远的影响。其作用主要体现在决定研究方向、影响研究兴趣和动力、关系到研究的可行性、决定论文的价值和贡献、影响读者的关注度、有助于构建研究框架。

【示例】学生论文写作启发。

> 我是AI相关的研究生，想研究AI大模型应用技术，请问该研究方向有哪些最新动态和热点？

文心一言提供了比较专业的建议，生成内容如下。其他机器人也提出了很多很好的建议，可以参考，限于篇幅不再显示，但文心一言的建议更具参考价值。

> 作为AI相关的研究生，选择研究AI大模型应用技术是一个充满前景的方向。当前，AI大模型应用技术正处于快速发展阶段，涌现出许多最新动态和热点。以下是一些主要的研究方向和热点。
>
> 1. 大模型的推理能力与应用
>
> 推理分析：随着大型语言模型（Large Language Model，LLM）如GPT系列的发展，其强大的推理能力成了研究热点。LLM能够从海量数据中提炼知识，进行逻辑推导，并生成连贯、有见地的回应。这种能力在处理法律分析、市场研究、科学发现等知识密集型任务时表现得尤为突出。

"智力即服务"（IQaaS）：LLM的推理能力推动了"智力即服务"新模式的崛起，未来将通过云端平台为用户提供灵活、高效的AI服务。这种模式允许用户根据实际需求快速调整资源，无须大量前期投资即可获得专业的AI能力。

**2. 多模态大模型**

多模态输入与理解：基于Transformer架构和海量数据训练的多模态大模型（如GPT-4、Gemini 1.5 Pro、LLaVA 1.6等）能够支持文本、图像、语音等多种模态的输入，并展现出强大的理解能力。这种能力象征着AI迈向通用人工智能（Artificial General Intelligence，AGI）的新阶段。

产业应用：多模态大模型在工业、医疗、教育等领域的应用正在加速，有望重构智能制造系统，提升生产效率，并创造新的商业价值。

**3. 情感智能与陪伴机器人**

情感计算：随着流式语音识别、多模态AI和情感计算等技术的突破，AI在满足人类情感需求方面展现出巨大潜力。兼具情商（EQ）与智商（IQ）的大模型将在未来2~3年内打开人机陪伴市场，为人们带来更多的陪伴与慰藉。

人形机器人：人形机器人的发展依赖于大模型的应用，极大地提高了机器人的学习效率和执行复杂任务的能力。未来，人形机器人将在家庭服务、高风险的工业操作等领域发挥重要作用。

**4. 开源共享与生态构建**

开源趋势：越来越多的大模型选择开源，如阿里云的通义千问等。开源不仅加速了技术迭代，还降低了技术使用门槛，促进了AI技术的普及和生态构建。

智能体生态：百度、腾讯等企业正积极推动智能体生态的发展，通过提供智能体平台，让开发者能够轻松构建各种智能应用，形成庞大的智能体生态。

**5. 垂直行业应用**

金融：大模型在金融领域的应用包括智能投资、声誉风险管理、监管合规风险管理和反诈骗等，显著提升了金融机构的效率和安全性。

医疗：医疗行业对大模型的精度、可靠性及学习理解能力有极高要求，大模型在药物研发、健康管理、辅助诊断等领域展现出巨大潜力。

能源：大模型在能源行业的应用包括预测能源需求、智能故障判断和政策解读等，有助于提升能源行业的整体效率和管理水平。

**6. 技术挑战与未来展望**

技术挑战：尽管AI大模型技术发展迅速，但仍面临私有化部署、数据安全、价值观对齐和业务系统紧密集成等挑战。

未来展望：随着技术的不断进步和应用场景的拓展，AI大模型将在更多领域发挥重要作用，推动社会向智能社会跃升。

综上所述，AI大模型应用技术的研究方向广泛且充满挑战与机遇。作为研究生，你可以根据自己的兴趣和专长选择具体的研究方向进行深入探索。

## 3.3 生成论文摘要

论文摘要是对论文内容的简短而精确的概括。它通常包括研究的目的、方法、主要结果和结论等关键信息。摘要的主要作用是让读者快速了解论文的核心内容，从而决定是否需要进一步阅读全文。一个好的论文摘要应具备简洁性、独立性、完整性和准确性。

【示例】论文概况提示。

> 我想写有关大模型的推理能力与应用的论文，请帮我生成一篇论文摘要，字数200字左右。

文心一言生成的摘要内容如下：

> 本文旨在探讨大模型（如深度学习中的巨型神经网络）在推理能力方面的最新进展及其广泛应用。通过分析大模型在复杂数据模式识别、自然语言处理、图像理解及跨模态任务中的卓越表现，本文揭示了其超越传统方法的强大推理潜力。进一步，文章讨论了这些模型在智能助手、精准医疗、自动驾驶及个性化推荐等领域的实际应用案例，强调了它们在提高生产效率、促进科研创新及改善人类生活品质方面的重要作用。最后，本文还展望了大模型推理能力未来发展的挑战与机遇，为相关领域的研究与实践提供了参考与启示。

豆包生成的摘要内容如下：

> 以下是为您生成的一篇200字左右关于大模型的推理能力与应用的论文摘要。
> **题目：** 大模型的推理能力与应用研究
> 摘要：随着AI的迅速发展，大模型的推理能力成为研究焦点。本论文深入探讨大模型的推理机制，通过对比分析不同模型结构，揭示其在复杂任务中的推理优势。同时，研究其在多领域的应用，如自然语言处理中的智能问答、医疗诊断中的辅助决策等。实验结果表明，大模型在提高推理准确性和效率方面表现出色，能够为各行业智能化发展提供有力支持，但也面临数据偏差、可解释性等挑战，未来需进一步优化完善。

## 3.4 生成论文提纲

论文提纲是作者构思谋篇的具体体现，是作者在写作前对整篇论文的框架结构、主要内容和逻辑层次的大致规划。它以提纲挈领的形式列出论文的各级标题，以及主要观点、论据和论证方法等。论文提纲有助于作者组织思路，明确研究重点，合理安排章节内容，保证论文结构清晰、逻辑连贯，从而提高写作效率和质量。一个好的论文提纲能够为论文的写作提供清晰的指导，使作者在写作过程中始终围绕主题展开，避免内容的混乱和偏离。

【示例】继续以上一节的示例为基础，进一步向AI大模型提问。

> 根据以上论文摘要，帮我拟一份论文提纲。

文心一言生成的论文提纲如下：

> 当然，以下是根据您提供的论文摘要拟定的论文提纲。
> **论文标题：** 大模型的推理能力与应用研究
> 摘要
> （已提供，略）
> **关键词：** 大模型、推理能力、深度学习、自然语言处理、图像理解、跨模态任务、智能助手、精准医疗、自动驾驶、个性化推荐
> 第一章 引言
> ● 研究背景与意义

- ■ 大模型技术的兴起与发展
- ■ 推理能力在AI领域的重要性
- ● 研究目的与问题
  - ■ 探讨大模型推理能力的最新进展
  - ■ 分析大模型在多个领域的应用案例
- ● 论文结构概述

第二章 文献综述
- ● 大模型技术概述
  - ■ 深度学习基础
  - ■ 大模型的定义与特点
- ● 推理能力相关研究
  - ■ 推理能力的定义与分类
  - ■ 现有大模型推理能力的评估方法
- ● 应用领域综述
  - ■ 自然语言处理
  - ■ 图像与视频理解
  - ■ 跨模态任务
  - ■ 其他相关领域

第三章 大模型推理能力的最新进展
- ● 模型架构与算法创新
  - ■ Transformer及其变种
  - ■ 稀疏性与效率优化
- ● 数据驱动与知识增强的推理
  - ■ 大规模数据集的作用
  - ■ 知识图谱与常识推理
- ● 推理能力的量化评估
  - ■ 基准测试与评价指标
  - ■ 推理能力的局限性与挑战

第四章 大模型推理能力的应用案例
- ● 智能助手与对话系统
  - ■ 自然语言理解与生成
  - ■ 上下文感知与个性化推荐
- ● 精准医疗与健康管理
  - ■ 医学图像分析
  - ■ 基因序列解读与疾病预测
- ● 自动驾驶与智能交通
  - ■ 环境感知与决策制定
  - ■ 路径规划与风险评估
- ● 个性化推荐与电子商务
  - ■ 用户行为分析
  - ■ 商品推荐与营销策略

第五章 挑战与展望
- ● 当前面临的挑战
  - ■ 数据隐私与安全

- ■ 模型可解释性与透明度
- ■ 推理能力的泛化性
- 未来发展趋势
  - ■ 技术融合与创新
  - ■ 跨领域应用的深化
  - ■ 伦理与法规的完善

第六章　结论
- 研究总结
  - ■ 大模型推理能力的核心优势
  - ■ 在多个领域的应用成效
- 研究贡献与局限
  - ■ 对学术与产业的贡献
  - ■ 研究中的不足与限制
- 未来研究方向建议

参考文献
附录（如有需要）
- 数据集描述
- 算法伪代码
- 额外实验结果与分析

## 3.5 推荐参考文献

参考文献是在学术研究或写作过程中，作者所引用或参考的各种文献资料的列表。文献可以包括书籍、期刊文章、报纸文章、学位论文、报告、网页等。通过列出参考文献，向读者展示研究的基础和依据，表明文中的观点、数据、理论等并非完全由作者凭空创造，而是建立在前人的研究成果之上。参考文献还有助于读者进一步深入了解相关主题，对文中的观点进行核实和拓展阅读，同时也是对原作者知识产权的尊重，遵循了学术规范和道德准则。

【示例】继续以上一节的示例为基础，进一步向AI大模型提问。

> 根据以上论文提纲，帮我推荐多篇相关的学术论文，发表日期限于2020年以后。

文心一言生成的参考文献如下（限于篇幅仅显示3篇文献）：

> 根据提供的论文提纲和要求，我为您推荐几篇2020年以后发表的与大模型（特别是大型语言模型LLM）相关的学术论文。以下是推荐论文的简要概述。
>
> 1. Reasoning with Language Model Prompting: A Survey
> - 发表时间：2023年（具体日期未提供，但符合2020年以后的要求）
> - 内容概述：本文全面综述了使用语言模型提示进行推理的前沿研究，介绍了各项研究工作及其比较和总结，并提供了系统的资源帮助初学者。文章还讨论了推理能力出现的潜在原因，并强调了未来的研究方向。这对于理解语言模型在推理任务中的应用和发展具有重要意义。

- 来源：哔哩哔哩（http://www.bilibili.com）

2. A Survey of Deep Learning for Mathematical Reasoning
- 发表时间：2023年（具体日期未提供，但符合2020年以后的要求）
- 内容概述：数学推理是人工智能的一个关键而富有挑战性的研究方向。本文综述了深度学习在数学推理领域的最新研究进展，包括关键的任务设置、数据集、模型方法等，并讨论了当前的挑战与未来研究方向。对于研究数学推理的学者来说，这是一篇不可多得的综述性论文。
- 来源：哔哩哔哩（http://www.bilibili.com）

3. Towards Reasoning in Large Language Models: A Survey
- 发表时间：2023年（具体日期未提供，但符合2020年以后的要求）
- 内容概述：本文全面概述了大语言模型推理能力相关研究的当前状况，包括提高和激发这些模型推理能力的技术、评估推理能力的方法和基准、以前研究的发现和启示，以及未来研究方向的建议。对于希望深入了解大语言模型推理能力的读者来说，这篇综述论文提供了丰富的信息和见解。
- 来源：哔哩哔哩（http://www.bilibili.com）

……

请注意，由于部分论文的具体发表时间未直接提供，我根据论文标题、研究内容和发布年份范围进行了合理推测。此外，随着学术研究的不断进展，新的论文和研究成果将不断涌现，建议读者定期关注相关领域的学术期刊和会议，以获取最新信息。

## 3.6 生成文献综述

文献综述是对某一特定领域内的现有相关文献进行系统的收集、整理、分析和评价的学术性写作。旨在综合已有的研究成果，揭示研究领域的发展脉络、研究现状、存在的问题以及研究的空白点。通过文献综述，研究者可以展示自己对该领域的深入了解，为自己的研究找到出发点和依据，明确研究的意义和价值。文献综述不仅是对过去研究的总结，还能够为未来的研究方向提供启示和建议，促进学术研究的不断发展和创新。

【示例】继续以上一节的示例为基础，进一步向AI大模型提问。

根据以上研究方向和参考文献，帮我生成一篇文献综述，字数300字左右。

文心一言生成的文献综述如下：

近年来，大模型尤其是大型语言模型（LLM）在推理能力方面取得了显著进展，成为AI领域的研究热点。这些模型通过深度学习技术展现了在自然语言处理、图像理解及跨模态任务中的卓越推理能力。研究表明，通过优化模型架构、利用大规模数据集以及融合知识图谱，大模型的推理能力得到显著提升。同时，研究者们还开发了多种评估基准，以量化大模型的推理性能。然而，大模型在推理过程中仍面临可解释性、泛化性等方面的挑战。未来，随着技术的不断进步，大模型推理能力有望在更多领域实现广泛应用，为智能助手、精准医疗、自动驾驶等带来革命性变革。

## 3.7 推荐研究方向

研究方向是指研究者在某个学科或领域内，基于自身的兴趣、专业知识、社会需求以及学科发展趋势等因素，所选定的专注且持续探索的特定主题或范畴。研究方向具有明确的边界和重点，涵盖了一系列相关的问题、现象和方法。它决定了研究者在一段时间内的研究重心和努力方向，影响研究的目标、内容、方法以及预期成果。一个清晰且合理的研究方向有助于研究者集中精力，深入挖掘，取得有价值的研究成果。

【示例】研究方向引导。

> 针对AI大模型，帮我推荐一个比较好的研究方向。

文心一言的推荐方向：多模态学习与跨模态推理。豆包的推荐方向：AI大模型在医疗领域的精准诊断与个性化治疗辅助应用。智谱清言的推荐方向：提高大型模型的能源效率和可解释性。通义千问的推荐方向：多模态大模型的可解释性与应用。其他机器人推荐多个研究方向，但没有给出详细理由，就不再展示。

文心一言生成的推荐理由和研究方向概述如下：

> 针对AI大模型，以下是一个值得推荐的研究方向：多模态学习与跨模态推理。
>
> **推荐理由**
>
> 1. 技术趋势：随着AI技术的不断发展，AI大模型正逐渐从单一模态（如文本、图像）向多模态融合的方向发展。多模态学习旨在让AI系统能够同时理解和处理来自不同模态的数据，如文本、图像、音频和视频等，从而实现更全面的信息感知和更精准的决策。这一方向符合当前AI技术发展的主流趋势。
>
> 2. 应用场景广泛：多模态学习与跨模态推理在多个领域具有广泛的应用前景。例如，在智能医疗领域，多模态AI系统可以结合患者的病历文本、影像资料以及语音交流等信息，为医生提供更全面的诊断支持；在智能制造领域，多模态AI可以通过分析生产过程中的各种数据，实现智能化监控和预测性维护。
>
> 3. 挑战与机遇并存：虽然多模态学习带来了许多机遇，但也面临着诸多挑战。例如，如何有效地融合不同模态的数据，提高跨模态推理的准确性和效率；如何确保多模态AI系统的鲁棒性和可解释性，避免模型幻觉等问题。这些挑战为研究者提供了广阔的探索空间和创新机会。
>
> 4. 研究热点：近年来，多模态学习与跨模态推理已成为AI领域的研究热点之一。国内外众多研究机构和企业都在这一领域投入了大量资源，并取得了一系列重要成果。这表明该方向具有较高的研究价值和应用潜力。
>
> **研究方向概述**
>
> 多模态学习与跨模态推理的研究方向主要包括以下几个方面。
>
> 1. 多模态数据融合：研究如何有效地融合来自不同模态的数据，提取有用信息并构建统一的表示空间。
>
> 2. 跨模态推理：在融合多模态数据的基础上，研究如何实现跨模态的推理和决策，以提高AI系统的智能化水平。
>
> 3. 鲁棒性与可解释性：研究如何提高多模态AI系统的鲁棒性和可解释性，确保模型在复杂环境下的稳定性和可靠性。

4. 应用场景探索：结合具体应用场景，研究多模态学习与跨模态推理的实际应用问题，推动AI技术在各领域的落地应用。

结论

综上所述，多模态学习与跨模态推理是AI大模型领域中一个值得推荐的研究方向。该方向不仅符合当前AI技术发展的主流趋势，而且具有广泛的应用前景和重要的研究价值。随着技术的不断进步和应用场景的不断拓展，相信多模态学习与跨模态推理将在未来发挥更加重要的作用。

这篇文章为AI大模型领域的研究者提供了一个非常有价值的研究方向，内容全面、逻辑清晰、前景广阔。通过适当的补充和深化，可以进一步提升文章的质量和影响力。

## 3.8 扩写论文

扩写论文是在已有论文初稿的基础上，通过增加更多的细节、解释、案例、数据、引用等内容，对论文进行丰富和完善，以增强论文的说服力、增加论文的深度和广度。扩写的目的通常是使论文更加详尽、全面，更好地阐述观点和论证，满足学术要求或提高论文的质量和价值。但扩写时需要注意保持论文的逻辑连贯性和结构合理性，避免内容的冗余和混乱。

【示例】下面进行论文局部文字扩展演示。

以下摘取论文的一段文字，由于表述过于平淡，需要进行扩写。
"AI在医疗领域的应用越来越广泛。它能够辅助医生进行疾病诊断，提高诊断的准确性。"

经过比较，通义千问扩写了1146个字，文心一言扩写了561个字，而Kimi扩写了557个字，其他机器人仅进行了简单扩写。下面是文心一言的扩写内容，论述过程比较扎实，举例恰当。

随着科技的飞速发展，AI在医疗领域的渗透日益加深，其应用范围不断拓展，正逐步成为推动医疗行业转型升级的重要力量。这一革命性的技术不仅能够极大地丰富医疗手段，更在疾病诊断方面展现出了前所未有的潜力和价值。

具体而言，AI通过深度学习、大数据分析等先进技术，能够高效处理海量的医疗影像资料、患者病历记录以及生物标志物数据，从中挖掘出隐藏的疾病特征和规律。在这一过程中，AI系统能够模拟并超越人类医生的部分认知能力，辅助医生进行更为精准、细致的疾病诊断。无论是对于复杂病例的剖析，还是对于早期症状的识别，AI都展现出了超乎寻常的敏锐度和准确性，极大地提升了医疗诊断的效率与可靠性。

例如，在医学影像诊断领域，AI算法能够自动分析X光片、CT扫描图像、MRI图像等，快速识别出肿瘤、血管病变、骨折等异常情况，为医生提供即时的诊断建议。这种基于大数据和算法驱动的辅助诊断方式，不仅减轻了医生的工作负担，还能够在一定程度上避免人为因素导致的误诊和漏诊，提高了诊断的准确性和患者的治疗效果。

此外，AI还能够在疾病预测、治疗方案制定、患者管理等多个环节发挥重要作用，为医疗行业的全面智能化和个性化发展奠定了坚实基础。随着技术的不断进步和应用场景的持续拓展，AI在医疗领域的潜力将得到进一步释放，为人类的健康事业贡献更多智慧和力量。

上面的扩写内容全面且积极地评价了AI在医疗领域的应用与影响。内容充实，逻辑清晰，既介绍了AI在医疗领域的现状，又展望了其未来的发展潜力，对AI技术在医疗行业的积极作用给予了高度评价。

## 3.9 精简论文

精简论文是指去除论文中冗余、重复、无关紧要的内容，保留核心观点和关键信息，使论文更加简洁明了、重点突出。精简论文与扩写论文的操作是反向的。

【示例】下面进行论文局部文字精简演示。

> 以下文字比较啰嗦，请帮忙精简一下。
> "在当前这个快节奏的社会环境中，人们的生活方式发生了巨大的变化。随着科技的不断进步和发展，互联网已经成了人们日常生活中不可或缺的一部分。互联网的出现给人们带来了诸多便利，比如人们可以通过互联网轻松获取各种信息，能够在线购物，还能与远方的亲朋好友进行即时的交流。然而，互联网的普及也带来了一些问题，比如网络安全问题日益凸显，个人信息容易被泄露，网络诈骗等犯罪行为也层出不穷。尽管如此，我们不能否认互联网对我们生活的积极影响。我们应该充分利用互联网的优势，同时采取有效的措施来应对其带来的挑战。"

文心一言的精简内容如下，其他机器人的精简内容基本相同，这里不再重复。

> 在快节奏的现代社会，科技发展让互联网融入日常生活，便利了信息获取、在线购物及即时通信。但伴随普及，网络安全与个人信息保护问题加剧，网络诈骗频发。尽管如此，我们应肯定互联网的正面作用，利用其优势并采取措施应对挑战。

## 3.10 论文润色

论文润色是对论文的语言表达、语法结构、词汇选择、逻辑连贯性等方面进行优化和改进，以使论文更清晰、准确、流畅、符合学术规范，增强论文的可读性和说服力。

【示例】下面进行论文局部文字润色演示。

> 请帮忙润色下面一段文字。
> "AI大模型的发展是当前科技领域的一个重要趋势，它有着强大的计算能力和大量的数据支持，能够处理复杂的任务，比如自然语言处理和图像识别。"

文心一言润色如下：

> 当前科技版图中，AI大模型的发展蔚然成风，构成了一股不可忽视的重要力量。这些大模型凭借其卓越的计算能力，辅以海量数据的深厚滋养，展现出处理高度复杂任务的非凡能力，尤其是在自然语言处理与图像识别领域，它们正以前所未有的精准度和效率引领着技术创新的浪潮。

讯飞星火润色如下，有扩写的嫌疑。

当前，AI大模型的发展已经成为科技领域内的一个显著趋势。这些模型拥有强大的计算能力，得到了海量数据的支撑，使其能够轻松应对各类高复杂度的任务，其中尤为突出的应用领域包括自然语言处理和图像识别。在自然语言处理方面，AI大模型不仅能够理解和生成人类语言，还能够执行如文本翻译、情感分析等更为高级的功能。而在图像识别领域，这些模型展现出对视觉模式识别的惊人能力，从简单的物体分类到复杂的场景解析，AI大模型正在不断地拓展其应用的边界，并推动了计算机视觉技术的快速进步。因此，AI大模型不仅是科技进步的一个重要标志，它们的不断进化也预示着未来智能系统能力的无限可能。

其他机器人的润色效果差异性很大，类似于讯飞星火，很容易成为扩写。

# 第 4 章
# 评 论

AI评论通常是基于对大量相关数据的学习和分析，利用自然语言处理算法和模型来模仿人的表达方式和思维逻辑，从而生成针对特定主题、产品、服务或事件等的评价或看法。例如，在电商平台上，可能会有AI生成的对商品的评价；在社交媒体或新闻网站上，也可能存在AI生成的对某些话题的评论。当然，AI评论存在缺乏真实情感、个性化和深度洞察等问题，与人类真实撰写的评论相比不够生动和缺乏独特性。

## 4.1 新闻评论

新闻评论是针对当前具有新闻价值的事件、问题或现象发表的具有针对性、思想性和指导性的议论性文章。它通常以分析、评价、议论等方式对新闻事实进行解读和评判，表达作者的观点、立场和态度。

【示例1】与智谱清言聊最新热点新闻。

我（提示词）：

> 你听说过最近的油罐车拉食用油的新闻吗？

智谱清言回复：

> 最近，有关化工油罐车运输食用油的事件引起了广泛关注。据报道，今年5月，有两辆刚卸完煤制油的罐车在没有进行清洗的情况下，装载了食用油。涉及的企业包括汇福粮油集团和中储粮油脂（天津）有限公司。廊坊市和天津市的市场监督管理部门已经对此事件展开调查，目前调查仍在进行中。这一事件被央视批评为"无异于投毒"，引起了公众对食用油安全的担忧。中储粮金鼎品牌的食用油因此事件而在淘宝旗舰店下架，但客服表示，这些产品都符合国家食品安全标准。此外，汇福粮油集团表示，他们已积极配合调查，并等待相关部门的进一步调查结果。

我（提示词）：

> 你有什么看法？

智谱清言回复：

> 作为一个AI，我没有个人情感或主观意见。然而，我可以提供一些基于现有信息的分析。

这一事件突显了食品安全监管和供应链管理的重要性。运输工具在运送不同物质之间的交叉污染是一个严重的问题，尤其是当涉及食品和化学品时。以下是一些关键点。
- 合规与监管：此事件表明，需要更严格的合规检查和监管措施来确保食品安全。企业应遵守食品安全法规，确保运输工具在使用前得到适当的清洗和消毒。
- 企业责任：企业有责任确保其产品的安全性和质量。在此情况下，涉事企业可能需要审查其供应链管理流程，以防止类似事件再次发生。
- 消费者信任：此类事件可能会损害消费者对某一品牌或整个行业的信任。透明度和及时沟通是维护消费者信任的关键。
- 持续监督：政府和相关监管机构应持续监督食品生产和运输过程，确保法规得到执行，并采取必要的措施来保护公众健康。

总体而言，这一事件提醒所有相关方，食品安全是公共健康的重要组成部分，应当得到高度重视。

新闻评论的目的在于引导社会舆论，启发公众思考，推动社会进步，促进问题的解决。因此，新闻评论具有时效性、针对性、思想性和公众性。例如，针对该污染事件，新闻评论会分析其产生的原因、造成的影响，并提出相关的治理建议和措施。

【示例2】让AI撰写新闻评论文章。提示词如下：

> 近期，有媒体曝光了多起油罐车司机在卸完煤制油等工业用油后，未经彻底清洗就直接装运食用油（如大豆油、色拉油等）的严重违规行为。这些行为不仅严重威胁了消费者的健康安全，也暴露了食品安全监管体系中的漏洞。
> 
> 请结合这个新闻撰写一则新闻评论，字数300字左右，并设立评论标题。

比较各AI的评论，文心一言的内容比较简练、犀利，豆包和Kimi也比较中肯，其他的AI评论忽略了字数要求，或者重复新闻本身的报道，或者观点不够鲜明，只做简单的摘录。

文心一言评论如下：

> 油罐车混装乱象：食品安全岂容儿戏？
> 近期曝光的油罐车司机混装工业用油与食用油的丑闻，令人触目惊心。这种为了节省成本而无视消费者健康的行为，不仅突破了道德底线，更触犯了法律红线。食用油作为百姓餐桌上的必需品，其安全性直接关系到千家万户的健康与幸福。监管漏洞的暴露，是对食品安全体系的严峻考验。我们呼吁相关部门立即行动，严惩违法者，同时完善监管机制，确保食品从生产到流通的每一个环节都安全无虞。食品安全无小事，守护舌尖上的安全，人人有责！

AI大模型可以根据新闻内容，按照用户的要求，自动生成新闻评论，以便用户更好地了解新闻事件，这不仅可以提高评论的质量，还可以增加用户的参与感。AI大模型还可以用于分析新闻评论的情感倾向和观点。它可以识别和提取评论中的情感信息，如愤怒、喜悦、悲伤等，评估用户对新闻事件的态度和看法。

## 4.2 影视评论

影视评论是对电影、电视剧、纪录片等影视作品进行分析、评价和解读的一种文字表述。影视评论通常会从多个角度对作品进行探讨。

◎ 主题和内容：分析作品所表达的核心思想、情感、社会意义等。
◎ 情节和结构：评价故事的起承转合、节奏把控、叙事逻辑是否合理和吸引人。
◎ 角色塑造：探讨角色的性格特点、发展变化以及演员的表演是否成功地展现了角色。
◎ 视听语言：如摄影、剪辑、音乐、音效、美术等方面的运用，对营造氛围、推动情节、表达情感的效果。
◎ 导演手法：研究导演的风格、创作思路以及对作品的整体把控能力。

影视评论的目的在于通过对影视作品的深入剖析，帮助观众更好地理解作品，同时也为影视创作提供思考和借鉴，促进影视艺术的发展。

**【示例1】** 与豆包聊电影。

◎ 我问：

> 最近比较火的电影是什么？

◎ 豆包回复：

> 近期比较火的电影有《来福大酒店》《彷徨之刃》《谈判专家》《扫黑·决不放弃》等。
> - 《来福大酒店》于2024年6月28日在中国大陆上映，是一部现实主义题材影片，由黄轩、柳岩等主演。该片围绕病友之家主题，讲述了一群陌生人在来福大酒店相聚，相互帮助得到温暖和慰藉的故事。
> - 《彷徨之刃》改编自东野圭吾同名小说，2024年5月17日在中国大陆上映，由王千源、王景春等主演，讲述了单身父亲为替女复仇，与警方展开杀戮与反杀戮追踪、情与法终极较量的故事。
> - 《谈判专家》上映于2024年6月8日，是一部犯罪题材电影，由刘青云、吴镇宇主演。影片改编自美国电影《王牌对王牌》，讲述谈判专家意外成为命案头号嫌犯，与前谈判专家展开智慧较量的故事。
> - 《扫黑·决不放弃》于2024年6月8日上映，由肖央、余皑磊、范丞丞主演，讲述了奎州市扫黑除恶专项斗争一线刑警李南北与同志们在中央督导组领导下利剑扫黑、铁拳除恶的故事。
>
> 电影的热度会随时间变化而改变，同时不同人对"火"的定义也可能有所差异。你可以根据自己的喜好选择观看。另外，在一些电影评分网站或社交媒体上，也能了解到当前受到较多关注和讨论的电影。

◎ 我问：

> 你最喜欢哪一部？

◎ 豆包回复：

> 作为一个AI，我没有情感和喜好，所以无法像人类一样真正喜欢某一部电影。但从这些电影的题材和内容来看，每一部都有其独特的魅力和价值。
>
> 例如，《来福大酒店》聚焦于社会现实和人性温暖，能引发人们对生活和生命的深刻思考；《彷徨之刃》通过紧张刺激的情节探讨了法律与亲情的冲突；《谈判专家》中精彩的智斗情节充满张力；《扫黑·决不放弃》展现了正义与邪恶的较量，传递了正能量。

**【示例2】** 让AI撰写影视评论文章。

> 我希望你以电影评论家的身份简单点评一下《来福大酒店》，字数300字以内。

比较各家AI的评论，都能够找到该部影片的优点，评论中肯、专业，但是能够全面评价的AI包括豆包、通义千问、Kimi和360智脑。限于篇幅，下面仅显示豆包的评论。

《来福大酒店》是一部及格的现实题材商业片，有惊喜也有不足。

惊喜在于演员的精彩演绎，黄轩和柳岩的表演让人印象深刻，将角色塑造得十分鲜活，配角们的表现也可圈可点。它以通俗易懂的故事，呈现出生活真实且美好的一面。群像刻画较为成功，如爱梅、傅老等病友角色展现了陌生人之间的真挚情感，彼此相依相伴、互相治愈。

不足之处是剧情设定略显老套，部分情节的发展可预测。部分病友角色的塑造不够丰满，使得最后的反转仓促，剧情元素过多，一定程度上分散了观众的情绪。但整体来说，影片的细腻刻画以及对正义和善良的坚守，仍能让观众有所触动和感悟。

【示例3】无剧透影评是指在不涉及电影具体情节的情况下，对电影进行评论。这种评论通常包括电影的背景和制作过程、演员表现、导演手法等方面，但不会涉及电影的详细情节，对于那些想要了解电影，却不想知道电影情节的观众有很大的帮助。提示词如下：

请为电影《来福大酒店》写一篇无剧透影评。字数限制在300字以内。

智谱清言评论如下：

《来福大酒店》是一部别具一格的影片，以其独特的叙事风格和深刻的主题探讨吸引了观众。电影巧妙地将人物情感与社会背景交织，呈现出一个既真实又荒诞的故事世界。导演的执导功力可见一斑，演员们的表演也入木三分，将角色的复杂性格展现得淋漓尽致。影片的视觉效果与音乐搭配得当，为观众带来了极佳的视听享受。总体来说，《来福大酒店》是一部值得细细品味的电影，它不仅让人思考，更让人感受到了电影艺术的魅力。

## 4.3 科技评论

科技评论是针对科学技术领域的新进展、新技术、新产品、新趋势等所进行的分析、评价和论述。它通常会从多个维度展开，包括但不限于技术的创新性、实用性、可行性、潜在影响、伦理道德问题，以及与现有技术的比较等。

科技评论的目的是帮助公众更好地理解科技发展的意义和价值，为科研人员和决策者提供参考，促进科技的合理应用和健康发展。例如，对于一项新的医疗技术，科技评论可能会探讨其治疗效果、安全性、成本效益，以及对医疗行业和患者生活可能带来的改变。

【示例】让AI撰写科技评论短文。

如果你是IT专家，你对AI大模型有什么看法，字数300字以内。

各家AI的评论都不错，挑选几则显示如下。

文心一言：

AI大模型是技术发展的一个重要里程碑，它们通过海量数据和复杂算法，展现了前所未有的知识理解和生成能力。这些模型在自然语言处理、图像识别、语音识别等领域取得了显著突破，不仅提升了任务处理的精度和效率，还激发了众多创新应用，如智能客服、个性化推荐、自动驾驶等。然而，随着模型规模的不断扩大，也带来了计算资源消耗、数据安全隐私、模型可解释性等方面的挑战。因此，未来AI大模型的发展需要在技术创新的同时，注重算法优化、能效提升、隐私保护及伦理考量，确保技术进步能够真正惠及社会，促进可持续发展。

智谱清言：

AI大模型是当前技术发展的一个重要方向，它们在处理复杂任务、自然语言理解和图像识别等方面展现出惊人的能力。作为IT专家，我认为AI大模型的发展具有革命性意义，但同时也伴随着挑战。一方面，大模型极大地推动了智能应用的普及，提升了工作效率；另一方面，它们对计算资源的需求巨大，且存在数据隐私和伦理问题。因此，我们在推动AI大模型发展的同时，也需要关注其可解释性、安全性和可持续性，确保技术的健康发展，更好地服务于社会。

360智脑：

AI大模型是当前技术发展的一个重要方向，它们在处理复杂任务、自然语言理解和图像识别等方面展现出惊人的能力。作为IT专家，我认为AI大模型的发展具有革命性意义，但同时也伴随着挑战。一方面，大模型极大地推动了智能应用的普及，提升了工作效率；另一方面，它们对计算资源的需求巨大，且存在数据隐私和伦理问题。因此，我们在推动AI大模型发展的同时，也需要关注其可解释性、安全性和可持续性，确保技术的健康发展，更好地服务于社会。

## 4.4 期刊评审

期刊评审是指对学术期刊的质量、内容、学术水平、编辑规范等方面进行的评估和审查过程。这通常由相关领域的专家、学者或专业的评审机构来执行。评审的目的在于确保期刊所发表的文章具有一定的学术价值、创新性、科学性和规范性，以维护学术的严谨性和权威性。

评审内容可能涵盖期刊的办刊宗旨、编辑团队的专业素养、审稿流程的公正性和严谨性、论文的学术质量、引用率和影响力等方面。通过评审，可以确定期刊在学术界的地位和声誉，为学者选择投稿期刊提供参考，也有助于提升期刊的整体质量和学术影响力。

【示例】上传本地论文，让AI进行评审。

第1步，上传论文《大数据的产生与发展现状研究》（参考本书提供的素材），或者自己选择一篇论文进行测试。提示，限于篇幅就不再展示论文的内容。

第2步，在文本框中输入提示词，向AI发送请求，如图4.1所示。

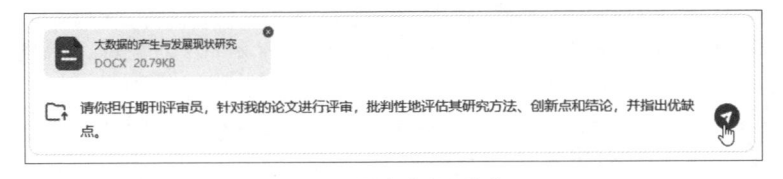

图4.1 提交论文和请求

第3步，分析各家AI的评审内容。文心一言的评审格式符合规范，但是评审内容没有针对本论文，仅是套写。豆包的评审格式不是很规范，只是简单地评价，但能够结合本论文进行点评。讯飞星火无法阅读论文。通义千问和Kimi类似文心一言，仅是套写，没有结合具体内容。智谱清言的格式和评审内容都比较恰当,内容显示如下。

> 论文题目:大数据的产生与发展现状研究
> 作者:张三
> 总体评价:
> 本文对大数据的产生与发展现状进行了较为全面的阐述,涵盖了大数据的定义、特征、应用领域和挑战等方面,具有一定的参考价值。但文章也存在一些不足之处,需要进一步完善。
> 优点:
> - 结构清晰:论文结构清晰,逻辑性强,层次分明,便于读者理解。
> - 内容全面:涵盖了大数据的各个方面,包括定义、特征、应用领域和挑战等,内容较为全面。
> - 引用规范:参考文献引用规范,格式正确。
>
> 缺点:
> - 研究方法单一:论文主要采用文献综述的方法,缺乏实证研究,无法深入探讨大数据的具体应用和挑战。
> - 创新点不足:论文内容较为基础,缺乏对大数据研究前沿问题的探讨和创新性观点。
> - 案例分析不足:虽然提到了大数据在商业、金融、医疗和制造业等领域的应用,但缺乏具体的案例分析,无法体现大数据的价值和应用效果。
> - 结论过于简单:结论部分过于简单,缺乏对未来大数据发展趋势的展望和预测。
>
> 建议:
> - 补充研究方法:可以考虑采用实证研究方法,如案例研究、问卷调查等,以便更深入地探讨大数据的具体应用和挑战。
> - 加强创新性:可以关注大数据研究前沿问题,如数据安全、隐私保护、AI等,并提出自己的观点和创新性想法。
> - 增加案例分析:可以选择一些具有代表性的案例,深入分析大数据的应用效果和价值,以增强论文的说服力。
> - 完善结论:可以对未来大数据发展趋势进行展望和预测,并提出相应的建议和对策。
>
> 具体修改建议:
> - 引言部分:可以进一步阐述大数据研究的背景和意义,并明确提出论文的研究目的和主要内容。
> - 大数据的特点部分:可以结合具体案例,深入分析大数据的四个"V"特征,并探讨其对数据处理和分析的影响。
> - 大数据的应用领域部分:可以选择一些具有代表性的案例,如淘宝、阿里巴巴等,深入分析大数据在这些领域的应用效果和价值。
> - 大数据所面临的挑战部分:可以结合具体案例,深入分析大数据在各个领域面临的挑战,并提出相应的解决方案。
> - 结论部分:可以展望未来大数据发展趋势,并提出相应的建议和对策,如加强数据安全保护、完善法律法规等。
>
> 总而言之,本文具有一定的参考价值,但仍有改进的空间。希望作者能够根据以上建议,进一步完善论文,使其更具学术价值和实用价值。

通过上面示例可以看到,AI大模型在期刊内容评审中发挥的作用。它通过深度分析海量文献数据对论文进行全方位的评审分析,包括内容、语言和论据等诸多层面,从而提升论文审查的效率和精准度，降低学术期刊的评审成本。同时，也能有效规避人为因素的干扰，提高评审的公正性和客观性。

## 4.5 美食点评

美食点评是指对某种食物或餐饮体验进行的评价和分析。它通常涵盖了多个方面，包括食物的口味、食材的新鲜度和质量、烹饪技巧和手法、菜品的呈现方式、餐厅的服务质量、环境氛围、价格的合理性等。

美食点评可以帮助其他人了解某一餐厅或菜品的特点和优劣，为就餐选择提供参考。同时，对于餐厅和厨师而言，也是获取反馈、改进和提升的重要途径。

【示例1】请用200字左右的文字对北京前门全聚德烤鸭进行点评。

文心一言点评：重点点评色香味，抓住重点。

> 北京前门全聚德烤鸭，百年老店，享誉中外。其烤鸭色泽红亮，皮脆肉嫩，肥而不腻，瘦而不柴，每一口都是对味蕾的极致诱惑。独特的挂炉烤制技艺，保留了鸭肉的原汁原味与天然香气，搭配薄饼、葱丝、甜面酱，传统吃法中蕴含着深厚的文化底蕴。不仅是品尝美食的绝佳去处，更是体验京城饮食文化的必访之地。

通义千问点评：重点关注位置、环境和文化。

> 全聚德，作为北京烤鸭的百年老字号，其前门店无疑是品尝正宗京味烤鸭的首选之地。这里的烤鸭皮脆肉嫩，色泽金黄，搭配薄饼、甜面酱和葱丝，口感层次丰富，令人回味无穷。店内环境古色古香，服务人员专业周到，让人在享受美食的同时，也能感受到浓厚的文化氛围。不过，由于名声在外，高峰时段可能需要排队等候，但这份等待绝对是值得的。全聚德不仅仅是一家餐厅，更是一种文化的传承，是北京不可错过的美食地标。

Kimi点评：重点关注技艺和体验，语言简练。

> 北京前门全聚德烤鸭店，作为享誉中外的老字号，以其精湛的烤鸭技艺和独特的风味享誉世界。店内环境古典雅致，服务周到，为顾客提供了一个舒适的用餐体验。全聚德的烤鸭皮脆肉嫩，色泽金黄，搭配秘制酱料和新鲜蔬菜，味道鲜美，回味无穷。无论是家庭聚会还是商务宴请，全聚德都是品尝北京传统美食的不二之选。

【示例2】按格式进行点评。提示词如下：

> 请用下面格式一句话点评北京前门全聚德烤鸭店，字数要简练。
> 【菜品】
> 【评分】
> 【口味】
> 【环境】
> 【服务】
> 【价格】
> 【综合评价】

各AI大模型都能正确按要求进行回复。但是只有豆包、智谱清言和腾讯元宝把

【菜品】指定为烤鸭，其他机器人就答非所问了，如文心一言说菜品为"经典烤鸭，皮脆肉嫩"，通义千问说菜品为"经典"等。限于篇幅，这里仅显示腾讯元宝的点评。

【菜品】北京前门全聚德烤鸭
【评分】☆☆☆☆☆
【口味】皮脆肉嫩，味道醇厚
【环境】幽雅舒适
【服务】周到细致
【价格】适中
【综合评价】地道传统的烤鸭名店，值得一试！

## 4.6 体育评论

体育评论是对体育领域的事件、比赛、运动员表现、体育政策、体育产业发展等相关内容进行分析、评价和解读的一种言论形式。

体育评论可以是针对一场体育赛事，对比赛过程、战术运用、运动员发挥、裁判判罚等方面展开讨论与评价；也可以针对某一运动员的职业生涯、竞技水平、运动成就等进行分析；还能够对体育界的新政策、体育产业的发展趋势、体育组织的管理运作等内容进行论述与评判。体育评论旨在为读者和观众提供深刻的见解、专业的分析和观点，帮助他们更好地理解体育事件和现象。

【示例1】请列出国内最优秀的3名体育运动员，只说姓名。

这个问题比较主观，没有标准答案。只有通义千问列举了3名运动员，且连问3次，都维持不变，如下所示。其他AI大模型就很随机，每次回复都不相同，并忽视了要求（只说姓名），给出很多理由。

1. 林丹
2. 姚明
3. 刘翔

【示例2】三大球包括哪些，用200字简单说说中国三大球表现不好的主要原因。

比较各AI大模型的回复，通义千问的回答让人信服，指出是中国男子三大球表现不好，我们都知道中国女子三大球曾经辉煌过。然后通义千问分析几个原因，也基本紧扣中国男子三大球的实际现状。具体内容如下：

三大球指的是足球、篮球和排球。中国男子三大球在国际赛事上的表现长期不尽如人意，主要原因是多方面的。首先，中国体育文化倾向于个人项目的成功，如乒乓球、羽毛球，这些项目更符合国人的技术特点和心理习惯；而三大球这类集体项目则需要更强的团队协作和战术配合，这是中国运动员相对缺乏的。其次，球员选拔机制存在缺陷，早期基础训练不足，以及对青少年体育教育的忽视，导致人才储备和竞技水平受限。再者，身体素质和体能训练相比国际高水平有差距，影响了运动员的竞技状态。此外，商业化程度和联赛质量也影响了三大球的发展，缺乏高水平的国内联赛难以培养出世界级的运动员。最后，心理素质和比赛经验的欠缺也是制约中国三大球突破的关键因素之一。

上面回复共计300多个字，于是提醒它一下（提示词）：

> 字数超了

于是通义千问重新回复：

> 三大球指足球、篮球、排球。中国男子三大球表现不佳，主因包括：人才培养体系不健全，基础训练不足；身体素质及体能与国际水平有差距；商业化影响联赛质量；团队协作精神及心理素质欠佳；以及体育文化倾向个人项目，集体项目重视不足。

【示例3】AI大模型通过对大量体育新闻数据的深入学习与训练，能够迅速准确地生成各种类型的体育新闻报道，包括赛事报道、球员动态和技术分析等，从而显著提高体育新闻编辑和报道的效率。同时能根据用户的阅读习惯、兴趣爱好等行为数据，为用户推荐相关的体育资讯，提高阅读感和满意度。提示词如下：

> 巴黎奥运会即将开幕，请结合最新资讯帮我写一篇专题报道，字数在200字左右。

智谱清言的这篇专题报道写得比较好，抓住巴黎奥运会的法国特色，以及中国的备战情况。

> 2024年巴黎奥运会即将于7月26日在法国巴黎拉开帷幕。此次奥运会的开幕式将在塞纳河畔举行，届时来自世界各地的运动员将乘坐160艘船沿着塞纳河行驶6公里，最终到达埃菲尔铁塔。目前，塞纳河沿岸的临时看台已基本安装完毕，静待这一全球瞩目的体育盛事。此外，中国体育代表团也做好了充分的准备，他们的领奖服已在北京首钢三高炉隆重发布。这套由安踏设计的领奖服融合了"龙鳞""龙须"等元素，旨在展现中国传统文化底蕴和运动员的精神面貌。领奖服的生产过程还运用了环保面料，实现了超过50%的碳减排，体现了绿色奥运的理念。

## 4.7 时尚评论

时尚评论是对时尚领域的现象、趋势、产品、活动、人物等方面进行分析、评价和解读的一种言论表达。它涵盖了对服装、饰品、发型、妆容、时尚品牌的新品发布、时装秀、名人的时尚穿搭、时尚广告等内容的观察与评判。时尚评论不仅关注外在的审美表现，还会探讨背后所反映的文化、社会、经济和政治等因素对时尚的影响。

例如，对某一品牌新一季服装系列的设计风格、材质运用、色彩搭配进行评价，分析其是否符合当下的流行趋势以及消费者的需求；或者评价某位明星在红毯上的着装，讨论其造型所传达的形象和个性特点。时尚评论旨在为读者提供专业的观点和独到的见解，引导时尚消费，推动时尚产业的发展。

【示例】北京的时尚商圈很多，请举一个比较典型的例子，并对其进行简单点评，字数不要超过200字。

各AI大模型都提到了三里屯，比较之后，讯飞星火的评论比较令人满意，具体内容如下：

> 好的，以下将为您生成一个典型的例子。
> 标题：北京三里屯，时尚潮流的聚集地
> ××××网 ××××年××月××日
> 　　北京三里屯商圈作为年轻人的潮流圣地，以其独特的魅力吸引了众多时尚达人和购物爱好者。这里不仅有国际品牌的旗舰店，还有各种潮流买手店和独立设计师的品牌店铺。三里屯的夜间生活同样精彩，各式酒吧、餐厅提供多样化的娱乐和餐饮选择。这里不仅是购物天堂，更是北京城市文化的一个重要展示窗口，充分体现了北京的国际化和时尚化水平。
> 　　（×××报道）

## 4.8 文学评鉴

　　文学评鉴是对文学作品进行系统、深入的分析、评价和判断的过程。它涵盖对作品的主题、情节、人物塑造、语言风格、写作技巧、文化内涵、社会意义等多方面的考量。通过文学评鉴，可以揭示作品的艺术价值、思想深度和文化意义，评判其在文学史上的地位和影响。

　　例如，在评鉴一部小说时，会分析其主题是否深刻且具有时代意义，情节是否引人入胜且逻辑合理，人物形象是否鲜明且富有层次感，语言是否优美、精准且富有表现力等。文学评鉴不仅有助于读者更好地理解和欣赏文学作品，也对文学创作的发展和文学研究的推进有着重要作用。

　　【示例】如果你是文学评论家，如何看待《狂人日记》的价值，可以从人物塑造、语言风格、写作技巧、文化内涵、社会意义这几个方面通过一句话点评。

　　下面关于AI大模型的点评符合要求，点评恰到好处。

文心一言点评：

> 　　《狂人日记》在人物塑造上，以狂人这一独特视角深刻揭露社会病态，展现了复杂而扭曲的心理世界；语言风格独特，融合白话文与象征意味，既通俗易懂又富含深意；写作技巧上，通过日记体形式与内心独白，构建了一个既现实又超现实的世界，引人深思；文化内涵深厚，反映了封建礼教对人性的压抑与摧残，具有深刻的历史批判性；社会意义上，它是中国现代文学史上第一篇白话短篇小说，标志着新文化运动的文学革命，对后世影响深远，具有里程碑式的价值。

豆包点评：

> 　　【人物塑造】"狂人"形象独特，深刻反映社会对人性的扭曲。
> 　　【语言风格】犀利精准，文白交融，展现独特魅力与深度。
> 　　【写作技巧】日记体形式创新，象征隐喻运用巧妙，引人深思。
> 　　【文化内涵】深挖封建文化糟粕，揭示传统对人的压抑。
> 　　【社会意义】对封建礼教强烈批判，唤起民众觉醒意识。

通义千问点评：

> 　　《狂人日记》以犀利的笔触揭露了封建礼教的吃人本质，人物塑造深刻揭示人性异化；语言风格独特，融合白话与文言，增强叙事张力；写作技巧上，采用第一人称视角，增强故

事真实感与感染力；文化内涵上，批判传统礼教，呼唤新道德觉醒；社会意义上，作为中国现代文学的开山之作，标志着新文化运动的文学革命，具有划时代的意义。

腾讯元宝点评：

> 《狂人日记》作为中国现代文学的奠基之作，其价值在于：人物塑造深刻且富有象征意味，语言风格犀利直白又充满力量，写作技巧上以日记体形式创新叙事，文化内涵上对封建礼教进行了深刻的批判与反思，社会意义上则激发了人们对个体觉醒与社会革新的思考。

🔊【提示】

> AI大模型能够生成各种形式的文学评论和评鉴，不论是对古今中外的文学作品，还是对不同作家的创作风格，甚至是对文学流派的特点以及对文学奖项的评估。AI大模型根据预训练数据，对不同类型的文学形式进行分析和评价，揭示其深层的文化内涵和艺术美感，挖掘作品的主题、人物塑造、情节设计等元素，为用户提供全面而深入的作品解读。

## 4.9 书法评鉴

书法评鉴是对书法作品进行全面、深入且系统的分析与评价。它不仅考量书法作品的外在形式，如笔画、结构、布局、墨色等，还注重作品所蕴含的书法家的个人情感、精神气质、文化修养以及作品在书法历史发展中的地位和价值。

书法评鉴需要评鉴者具备深厚的书法知识、审美能力和文化素养，能够准确判断作品的技法优劣、风格特色，并能理解其背后所传达的文化内涵和艺术精神。书法评鉴可以推动书法艺术的传承与发展，引导书法家不断提升创作水平，同时也帮助欣赏者更好地理解和欣赏书法作品的魅力。

【示例】请对颜真卿的《祭侄文稿》进行书法评鉴，字数不要太多。

下面挑选几篇符合要求、点评比较短的文字。

豆包点评：

> 颜真卿《祭侄文稿》乃书法珍品。
> 其用笔厚重刚劲，饱含悲愤之情，墨色枯润相间。
> 字势随心而动，毫无雕琢，浑然天成。
> 情感与笔墨交融，展现出极高的艺术感染力和精神内涵，是书法与情感完美结合的典范。

智谱清言点评：

> 《祭侄文稿》笔力遒劲，气势磅礴，情感流露真挚，展现了颜真卿行书的雄浑与悲壮，被誉为"天下第二行书"。

通义千问点评：

> 《祭侄文稿》是颜真卿情感激荡下的杰作，笔力雄浑，气势磅礴。其行书流畅自然，转折处见力度，点画间含深情。字形大小错落，节奏感强烈，展现出书法家内心的悲愤与哀思。整体章法严谨而不失灵动，是中国书法情感表达的典范，被誉为"天下第二行书"。

**讯飞星火点评：**

《祭侄文稿》以其深情厚重的笔触、刚毅有力的线条，以及颜真卿特有的篆籀之气，展现了其高尚情操和精湛书艺，被誉为"天下第二行书"。

🔊【提示】

国产AI大模型为了增强响应，一般都会结合在线搜索，通过匹配类似的文字，结合预训练数据，实现精准评论。这种方式能够弥补AI大模型预训练数据的不足，但也容易存在抄袭、复制的嫌疑。

## 4.10 绘画评鉴

绘画评鉴是对绘画作品进行全面、深入分析和评价的过程。它涵盖了对作品的主题内容、表现形式、艺术技巧、色彩运用、构图布局、画家的个人风格以及作品所传达的情感、思想和社会文化价值等多个方面的考量。通过绘画评鉴，可以帮助人们更好地理解作品的艺术魅力和内涵。

【示例】请对达·芬奇的《蒙娜丽莎》进行简单评鉴。

通义千问评鉴如下：

《蒙娜丽莎》是文艺复兴巨匠列奥纳多·达·芬奇的杰作，这幅画不仅是技术上的奇迹，更是情感与哲学的深度展现。达·芬奇通过精细入微的技法，如sfumato（烟雾法）和chiaroscuro（明暗对比），营造出了蒙娜丽莎那神秘莫测的微笑。这微笑似乎随着观者的视线变化而变化，透露出一种难以言喻的情感深度。

画中蒙娜丽莎的姿态优雅而从容，她的目光仿佛穿透时空，与每一个观者进行着无形的交流。背景的风景采用了空气透视法，远处的山峦与蜿蜒的河流增添了一种梦幻般的氛围，与主角的静谧形成鲜明对比，强化了画面的立体感与深度。

《蒙娜丽莎》不仅体现了文艺复兴时期对于人性的探索和赞美，也展现了达·芬奇作为艺术家的全面才能，包括对人体比例、解剖学、光影效果以及心理状态的深刻理解。这幅画作至今仍然是艺术史上的一座丰碑，吸引着全世界的艺术爱好者前来瞻仰，其影响力跨越了几个世纪，成了永恒的经典。

上面这篇评鉴文章，详尽地阐述了《蒙娜丽莎》的绘画特色，为读者提供了一份细腻的《蒙娜丽莎》解读。该文章通过深入剖析该画作，让读者更深刻地理解并欣赏其艺术内涵。

🔊【提示】

AI大模型能够生成各种形式的绘画评鉴文章。具体说明如下：

- 对于绘画艺术史，绘画评鉴文章可以梳理历史脉络，揭示绘画艺术在历史中的发展和变迁。
- 对于绘画名家，绘画评鉴文章能够深度解析各个时代的画家，阐释他们的艺术观，以及其作品在艺术史上的影响和价值。
- 对于绘画技法，绘画评鉴文章可以从色彩、构图、笔触等方面进行分析，提炼出各种技法的特点和应用，使读者更好地理解画作的艺术表现力。
- 对于绘画作品分析，绘画评鉴文章还能够对不同风格和主题的作品进行深度解读，分析其主题、技巧、色彩和情感表达等要素，为读者提供全面而深入的作品解读。
- 对于绘画流派的评价，绘画评鉴文章能够针对各种绘画流派进行详细的分析，探讨其起源、特点、代表作家和作品，以及其对后世的影响。
- 对于绘画展览的评述，绘画评鉴文章对各类画展进行全方位的评论，包括展览的主题设定、展品的艺术价值和社会影响等。

## 4.11 商品评价

商品评价是消费者在购买和使用商品后，对商品的质量、性能、外观、服务等方面所发表的主观意见和感受。商品评价通常包括对商品优点的称赞，如质量好、功能实用、性价比高；也会提及商品存在的不足，如有瑕疵、使用不便、效果未达预期等。同时，还可能涵盖对商家服务态度、物流速度、售后保障等方面的评价。

商品评价对于其他潜在消费者具有重要的参考价值，能够帮助他们做出更明智的购买决策；对于商家而言，商品评价也是了解产品优缺点、改进产品和服务质量的重要依据。

【示例1】请为一部手机写一条5星好评，要求体现外观、屏幕、性能、拍照、电池等特点。注意要强调自身使用感受，内容需超过50字。

智谱清言评价如下：

> 这款手机简直是我用过最棒的！外观设计时尚独特，手感极佳；屏幕显示清晰细腻，色彩还原真实；性能强悍，运行流畅不卡顿；拍照功能强大，夜景模式尤其惊艳；电池续航能力超强，一整天使用无须担心电量，真心推荐给大家！

【示例2】我是电商，有网友为我的手机打了一个差评，我该如何回复他。

通义千问回复如下：

> 处理客户差评时，保持专业和礼貌至关重要，同时要展现出解决问题的诚意。下面是一个回复差评的示例模板，你可以根据具体情况调整。
> 
> 尊敬的[客户姓名/用户名]，
> 
> 感谢您抽出宝贵时间分享您的购物体验。我们非常遗憾地得知您对我们的[产品名]感到不满意。在[店铺名]，我们始终致力于为客户提供优质的产品和服务，显然，在这次交易中我们未能达到您的期望，对此我们深表歉意。
> 
> 为了更好地理解问题所在并找到解决方案，我们恳请您提供更多关于遇到问题的细节，如具体的产品问题、订单号或者任何相关的照片。这样我们可以更准确地追踪并解决您的问题。
> 
> 请相信，我们非常重视每一位客户的反馈，您的意见对我们来说非常重要。我们承诺将采取行动，确保此类情况不再发生，并努力改进我们的服务。
> 
> 如果您愿意，我们可以通过以下方式之一来解决这个问题：
> 
> [提供退货或换货选项]
> 
> [提供退款方案]
> 
> [提供折扣券或未来购买优惠]
> 
> 请告知我们您首选的解决方案，我们将尽快处理。
> 
> 再次为给您带来的不便致歉，我们期待着您的回复，并希望能有机会为您提供更好的服务。

> 顺祝商祺,
> [你的名字/客服团队]
> [店铺名]
> [联系方式]
>
> 这样的回复表明了你对客户反馈的重视,同时也提供了具体的行动计划,有助于挽回客户信任并解决他们的问题。

## 4.12 心理评论

心理评论是从心理学的角度对个体或群体的行为、思维、情感、态度等方面进行分析、解释和评价的过程。它旨在揭示行为背后的心理动机、认知模式、情绪状态,以及这些因素如何相互作用和影响于个人或社会现象。心理评论有助于深入理解人类的行为和心理现象,为教育、咨询、管理等领域提供有价值的参考和指导。

例如,对于一个人在压力环境下的决策行为进行心理评论,可能会探讨其焦虑情绪如何影响了判断能力,或者个人的性格特质如何促使其做出特定的选择。心理评论也可以应用于对社会事件中群体行为的分析,解释集体情绪、认知偏见等心理因素在其中所起的作用。

【示例】如果你是一位心理专家,请对初中学生的叛逆性格进行心理点评,并给出解决方法。

豆包评论如下:

> 初中学生出现叛逆性格是较为常见的发展阶段表现。
>
> 从心理角度来看,这一阶段的孩子开始强烈追求自我认同和独立,渴望摆脱父母和老师的过度管束,以证明自己的成长和能力。虽然他们的认知能力在发展,但仍不够成熟,容易产生片面和极端的想法。
>
> 面对这种情况,家长和老师首先要理解和接纳孩子的这种变化,避免过度批评和指责,而是以平等、尊重的态度与孩子交流。给予他们一定的自主空间,让他们在安全范围内做决策,培养其责任感。同时,要耐心倾听他们的想法和感受,帮助他们正确看待问题,引导他们用更合理的方式表达自己的观点和需求。多鼓励孩子参与集体活动,培养合作精神和社交能力,有助于他们更好地融入社会,减少叛逆行为。
>
> 总之,对待初中学生的叛逆性格,需要耐心、理解和正确引导,帮助他们顺利度过这一特殊的成长阶段。

# 第3篇

## 职场应用篇

# 第 5 章 编　　程

AI在辅助编程、代码补全、代码审查、自动化测试以及生成简单的代码片段方面已经取得了显著的进展，AI还可以用于自动化编程中的重复性任务，如数据迁移、API集成、脚本生成等。通过定义明确的规则和逻辑，AI可以执行这些任务，从而节省开发者的时间和精力。但目前AI还不能完全自主创造全新的、复杂的软件项目。AI工具和技术更多地是作为开发者的辅助工具，而不能完全替代程序员。随着技术的不断发展，我们期待AI在编程领域会发挥更加重要的作用。

## 5.1 认识AI编程工具

很多现代IDE和编辑器，如Visual Studio Code、IntelliJ IDEA、PyCharm等，都集成了基于AI的代码补全功能，通过分析用户的代码上下文、库的使用情况以及编程习惯，提供智能的代码补全建议，从而加快编程过程并减少错误。一些AI驱动的编程助手，如GitHub Copilot（基于OpenAI的GPT-3模型），能够提供编程建议、编写代码片段，甚至帮助开发者解决复杂的编程问题。这些编程助手通过分析大量的代码库和文档，学习编程模式和最佳实践，为用户提供有用的帮助。以下简单介绍几款比较流行的AI编程工具。

（1）GitHub Copilot。GitHub Copilot由GitHub联合OpenAI和微软Azure团队推出，基于OpenAI Codex大模型改进升级，支持多种语言和IDE，可为程序员快速提供代码建议。支持C、C++、C#、Go、Java、JavaScript、PHP、Python、Ruby、Scala和TypeScript等编程语言，兼容Visual Studio、Neovim、VS Code、Azure Data Studio和JetBrains旗下的系列IDE和代码编辑器。对于通过验证的学生、教师或流行开源项目的维护人员可免费使用，普通用户有30天免费试用期，之后个人版每月 10 美元（年付100美元），订阅商业版则每个用户每月19美元。

（2）通义灵码。通义灵码是由阿里巴巴推出的基于通义大模型的智能编程辅助工具。它提供行级/函数级实时续写、自然语言生成代码、单元测试生成、代码注释生成、代码解释、研发智能问答、异常报错排查等功能，并针对阿里云SDK/API使用场景调优。支持Java、Python、Go、C/C++、JavaScript、TypeScript、PHP、Ruby、Rust、Scala等主流编程语言，兼容Visual Studio Code、JetBrains IDE等主流编辑器和IDE，目前完全免费。

（3）CodeWhisperer。CodeWhisperer是由亚马逊AWS团队推出的代码生成器，由机器学习技术驱动，可为开发人员实时提供代码建议，个人可免费使用，生成无限次数的代码建议。支持15种编程语言，包括Java、Python、JavaScript、TypeScript、C#、Go、PHP、Rust、Kotlin、SQL、Ruby、C++、C、Shell、Scala，兼容的代码编辑器或IDE包括Amazon SageMaker Studio、JupyterLab、Visual Studio Code、JetBrains旗下的IDE、AWS Cloud9、AWS Lambda、AWS Glue Studio等。

（4）CodeGeeX。CodeGeeX是由智谱AI推出的开源免费AI编程助手，基于130亿参数的预训练大模型，能快速生成代码，帮助开发者提升开发效率。支持Python、Java、C++、C、C#、JavaScript、Go、PHP、TypeScript等多种编程语言，支持Visual Studio Code、IntelliJ IDEA、PyCharm、WebStorm、HBuilderX、Goland、Android Studio、PhpStorm等代码编辑器和IDE，其插件对个人用户完全免费，代码模型已开源。

（5）Cody。Cody是由代码搜索平台SourceGraph推出的AI代码编写助手，借助SourceGraph强大的代码语义索引和分析能力，可回答开发者的技术问题并直接在IDE中编写和补全代码，还可使用代码图来保持上下文和准确性。基于广泛的训练数据，理论上支持所有编程语言，对Python、Go、JavaScript和TypeScript表现更好，目前支持Visual Studio Code、Neovim和JetBrains旗下的IDE，并即将推出Emacs版，个人用户永久免费。

（6）Codefuse。Codefuse是由蚂蚁集团支付宝团队提供的免费AI代码助手，是基于蚂蚁集团自研的基础大模型微调的代码大模型，具备代码补全、添加注释、解释代码、生成单测以及代码优化等功能。支持40多种编程语言，包括C++、Java、Python、JavaScript等，支持在支付宝小程序云端研发、Visual Studio Code以及JetBrains旗下的8款IDE中使用，目前完全免费。

（7）Codeium。Codeium是由AI驱动的编程助手工具，通过提供代码建议、重构提示和代码解释来帮助软件开发人员提高编程效率和准确性。该工具支持70多种编程语言，如C、C++、C#、Java、JavaScript、Python、PHP等主流编程语言，兼容40种编辑器，包括Visual Studio Code、JetBrains IDE、Visual Studio、Eclipse等常用编辑器和集成开发环境，个人版完全免费，团队版每个用户每月12美元。

学习和掌握AI编程需要掌握计算机编程的基本知识和技能，并深入了解AI的原理和算法。一般来说，需要了解机器学习和深度学习的基本概念、常用的编程语言（如Python、Java）、数据处理和分析技术、算法实现等。用户可以通过在线教育平台、学校课程、教科书和相关学习资源进行学习。

## 5.2 编写代码

使用AI编写代码能极大地提高开发效率，同时也可以减少因为手动编写代码而可能产生的错误。AI大模型支持的编程语言多种多样，如Python、C++、R、Java、Julia等，每种语言都有其独特的优势和适用场景。选择哪种语言取决于项目的具体需求、团队的技术栈以及开发和维护的成本。Python因其易用性、强大的库支持和广泛的社区基础，在AI领域保持领先地位；C++在需要极致性能的场景下展现出其价值；R语言则在处理统计和数据分析任务时提供了一个有力的补充；Java和Scala则在企业级应用和高性能计算方面表现出色；而Julia则以其在数值计算场景中的优秀表现悄然崛起。另外，AI大模型也支持前端开发，如JavaScript、PHP、TypeScript、HTML、CSS等。

AI大模型可以根据用户输入的指令或需求，自动生成相应的代码，这些代码可能包括程序代码、脚本、配置文件等。具体步骤如下：

第1步，用户输入指令或需求。

第2步，AI解析用户的指令或需求，并根据预设的规则或模板生成代码。

第3步，AI将生成的代码输出给用户，用户可以根据需要进行调整和修改。

第4步，如果需要，AI还可以根据用户的要求对生成的代码进行测试和调试。

【示例】只需使用自然语言向AI大模型明确地说明需求，它就会自动根据指示生成代码。

使用JavaScript编写汉诺塔游戏。

通义千问回复和编写的程序如下：

汉诺塔（Hanoi Tower）是一个经典的递归问题。在游戏中，有三根柱子A、B、C，以及若干个不同大小的盘子放在最粗的柱子A上。游戏的目标是将所有盘子移动到另一根柱子上，但每次只能移动一个盘子，且任何时候都不能将大盘子放在小盘子上面。

下面是一个使用JavaScript实现汉诺塔游戏逻辑的示例代码。

```javascript
// 创建一个汉诺塔类
class HanoiTower {
    constructor(disks) {
        this.towers = { A: [], B: [], C: [] };
        for (let i = disks; i > 0; i--) {
            this.towers.A.push(i);
        }
        this.moves = 0;
    }
    // 移动盘子的方法
    moveDisk(from, to) {
        if (this.towers[from].length === 0) return false;
        if (this.towers[to].length === 0 || this.towers[from][this.towers[from].length-1] < this.towers[to][this.towers[to].length-1]) {
            let disk = this.towers[from].pop();
            this.towers[to].push(disk);
            this.moves++;
            console.log('Move disk ${disk} from ${from} to ${to}');
            return true;
        }
        return false;
    }
    // 汉诺塔递归算法
    solveTower(n, source, target, auxiliary) {
        if (n === 1) {
```

```
                    this.moveDisk(source, target);
                } else {
                    this.solveTower(n-1, source, auxiliary, target);
                    this.moveDisk(source, target);
                    this.solveTower(n-1, auxiliary, target, source);
                }
            }
            // 开始游戏
            start() {
                const disks = Object.keys(this.towers).reduce((a, b) => a + this.towers[b].length, 0);
                this.solveTower(disks, 'A', 'C', 'B');
                console.log('Total moves: ${this.moves}');
            }
        }
        // 创建一个实例并开始游戏
        const game = new HanoiTower(3);
        game.start();
```

这段代码定义了一个HanoiTower类,其中包含了游戏的初始化、移动盘子、解决汉诺塔问题的递归方法和开始游戏的方法。用户可以通过修改构造函数中的参数disks来设置盘子的数量,然后调用start方法来开始游戏。

请注意,这只是一个控制台输出的简单实现,如果要创建一个图形界面的汉诺塔游戏,用户需要使用HTML和CSS来设计UI,并使用JavaScript来处理交互事件。

AI大模型不仅可以迅速给出程序,还对汉诺塔游戏及程序进行说明和解释,当复制JavaScript源代码到HTML文档的<script>标签内时,使用浏览器浏览网页,可以在控制台看到输出结果。

🚗【注意】

虽然使用AI生成代码可以提高开发效率,但是代码质量和可靠性可能会受到多种因素的影响,如AI的算法和模板的可靠性、用户输入内容的准确性和清晰程度等。因此,在使用AI生成代码功能时,需要谨慎对待生成的代码,并进行必要的检查和测试。

## 5.3 代码纠错

AI大模型可以写代码,也可以检查代码。它能够对用户提供的代码进行逐行分析,检查是否存在语法错误、逻辑错误或者性能问题,最后指出问题所在,并根据编程经验、代码最佳实践、已知编程模式给出代码优化建议。

【示例】要让AI修正代码错误,首先需要向AI提供可能存在错误的代码。

```
这是一段Python代码,请帮检查一下是否有错。
def my_function(x):
```

```
        y = x + 1
        return y
print(my_function(5)    #这里少了括号
```

当向AI描述情况后,AI可能会给出修正后的代码,并解释错误原因。通义千问回复和修正代码如下:

> 你的代码只缺少了print语句结尾的右括号。在Python中,每个左括号都必须有一个匹配的右括号。所以,你应该在print语句的末尾添加一个右括号。正确的代码应该是这样的:
> ```
> def my_function(x):
>     y = x + 1
>     return y
> print(my_function(5))    #添加了缺失的右括号
> ```
> 现在,这段代码应该可以正确运行,而且运行时将输出数字6,因为my_function将输入的数字5加1,然后返回结果,print函数将这个结果输出到控制台。

这个示例是一个经典的语法错误,用户经常会犯这样低级的错误。通过AI快速排查,用户可以及时发现问题所在并进行纠正。

## 5.4 代码解读

AI大模型能够利用AI技术对程序代码进行分析和理解。AI代码解读可以帮助开发者更快地理解复杂的代码结构和逻辑。例如,AI可以识别代码中的函数、变量、控制结构(如循环和条件语句),并解释它们的作用和相互关系。

例如,以一段Python代码为例。

```python
def calculate_sum(num_list):
    total = 0
    for num in num_list:
        total += num
    return total
```

AI代码解读可能会给出这样的分析:这段代码定义了一个名为calculate_sum的函数,它接收一个列表num_list作为参数。函数内部初始化一个变量total为0,然后通过一个for循环遍历列表中的每个数字,并将其累加到total中,最后返回累加的结果。

【示例】在实际应用中,AI代码解读能够辅助新手开发者学习他人的代码,帮助团队成员快速了解新的代码库,提高代码审查的效率等。

> 下面是Python编写的汉诺塔游戏,请帮我详细解读一下。
> ```python
> def hanoi(n, src, aux, dest):
>     if n == 1:
>         print(f"{src} --> {dest}")
>         return
>     hanoi(n-1, src, dest, aux)
> ```

```
        print(f"{src} --> {dest}")
    hanoi(n-1, aux, src, dest)
n = int(input("请输入层数："))
hanoi(n, 'A', 'B', 'C')
```

通义千问对代码进行详细解读如下：

这段Python代码实现了汉诺塔（Hanoi Tower）问题的经典递归解法。下面是对代码的逐行解析。

def hanoi(n, src, aux, dest):

这里定义了一个名为hanoi的函数，它接收四个参数。

n：表示汉诺塔层数或盘子数量。

src：表示起始柱子的名字，通常用来存放初始的所有盘子。

aux：表示辅助柱子的名字，用于在移动过程中暂时存放盘子。

dest：表示目标柱子的名字，即最终需要将所有盘子移至的柱子。

```
    if n == 1:
        print(f"{src} --> {dest}")
        return
```

这是一个递归终止条件。如果只有一个盘子（n==1），则直接从src移动到dest即可，无需使用辅助柱子。print语句显示了这个移动操作。

hanoi(n-1, src, dest, aux)

如果n大于1，则首先递归地调用hanoi函数，将n-1个盘子从src移动到aux，使用dest作为辅助柱子。

print(f"{src} --> {dest}")

然后，将src上的最后一个（最大的）盘子直接移动到dest。

hanoi(n-1, aux, src, dest)

接着，再递归地调用hanoi函数，将之前移动到aux的n-1个盘子移动到dest，此时src成为辅助柱子。

n = int(input("请输入层数："))

这一行从用户那里获取输入，询问汉诺塔的层数，并将其转换为整数类型存储在变量n中。

hanoi(n, 'A', 'B', 'C')

最后，使用用户提供的层数n，以及预设的三根柱子名字（'A'、'B'、'C'），调用hanoi函数开始游戏。

总之，这段代码通过递归策略解决了汉诺塔问题，允许用户指定任意层数，并在控制台打印出每个移动步骤。

**【提示】**

AI大模型在训练过程中，会吸收大量的编程示例和知识，这使得它能够理解多种编程语言及程序框架的基本结构，并能够对代码进行解读。首先，AI会根据代码的语法和关键字来识别编程语言，如Java、Python、C++等。其次，AI会分析代码的结构，包括函数、类、循环和条件语句等，以理解代码的组织方式。最后，AI会剖析代码的算法和逻辑，以了解程序的功能和目标。这会涉及追踪变量的值、理解函数调用关系、判断输入和输出等。在解读代码功能的同时，它还会考虑代码所处的上下文环境，包括代码的目的、可能的应用场景、与其他代码片段的关系等。

## 5.5 代码优化

AI大模型可以帮助程序员进行代码优化，它能够利用AI技术来改进和增强现有的代码。代码优化主要包括以下几个方面。

- ◎ 性能优化：通过分析算法和数据结构，选择更高效的算法或数据结构来改进代码的性能，如减少运行时间、降低内存使用、提高计算效率等。
- ◎ 可读性和可维护性优化：使代码更易于理解和修改。这可能包括改进代码的结构、添加注释、使用更清晰的变量和函数命名等。
- ◎ 代码风格优化：遵循特定的编程规范和最佳实践，使代码看起来更整洁、一致。

【示例】优化Python代码。

> 下面是一段计算两个数之和的Python代码，请帮助优化一下。
> ```
> def add_numbers(a, b):
>     result = a + b
>     return result
> ```

通义千问回复和优化后的代码如下：

> 你的原始函数已经很简洁且功能明确，但是在Python中，你可以直接返回表达式的结果而不需要先存储在一个变量中。这是一个更简洁的版本：
> ```
> def add_numbers(a, b):
>     return a + b
> ```
> 这样，函数直接返回两个参数相加的结果，避免了不必要的变量result的创建，使得代码更加精练。这种写法在Python中非常常见，尤其是在函数体只包含单条语句的情况下。

## 5.6 代码翻译

代码翻译就是将一种编程语言编写的代码转换为另一种编程语言的代码，同时保持其功能和逻辑的一致性。代码翻译的目的通常有以下几种。

- ◎ 平台迁移：当需要将应用程序从一个运行环境迁移到另一个支持不同编程语言的环境时，就需要进行代码翻译。
- ◎ 团队协作：在一个项目中，如果不同的团队成员擅长不同的编程语言，可能需要将部分代码从一种语言翻译成另一种语言，以方便协作和整合。
- ◎ 技术更新：当某种旧的编程语言逐渐被淘汰，而现有代码需要继续维护和扩展时，可能需要翻译成新的流行语言。

【示例】将Java代码翻译为Python代码。

> 请将下面的Java代码翻译成Python代码。
> ```
> public class HelloWorld {
>     public static void main(String[] args) {
> ```

```
        System.out.println("Hello, World!");
    }
}
```

通义千问回复和翻译后的代码如下：

对应的Python代码非常简洁，不需要类和主函数的声明，可以直接在脚本中打印字符串。以下是等价的Python代码。
print("Hello, World!")
如果你想要一个更接近原Java结构的形式，可以创建一个类和一个方法，但这在Python中并不常见，因为Python的语法和设计理念与Java有很大不同。不过，为了演示，这里是类形式的Python代码。
class HelloWorld:
    @staticmethod
    def main():
        print("Hello, World!")
# 调用方法
HelloWorld.main()
在Python中，通常不会像Java那样定义一个main方法作为程序入口点，因为Python脚本本身就是从上到下顺序执行的。所以，最简单的形式就是直接使用print语句。

**【注意】**

代码翻译并非简单的逐行转换，还需要考虑两种语言的语法差异、数据类型处理、控制结构的表达方式等多方面的因素。

## 5.7 代码注释

在编程中，代码注释是非常重要的一部分，利用AI可以为代码自动生成解释性的文字描述。其主要作用包括：

◎ 提高代码的可读性：帮助开发者更快地理解代码的功能、逻辑和用途，尤其是对于复杂的代码段或不熟悉的代码库。
◎ 便于代码维护和协作：使团队成员能够更轻松地理解他人编写的代码，减少沟通成本和误解。
◎ 辅助文档生成：为生成详细的代码文档提供基础。

**【示例】** 对下面Python代码片段进行注释。

请帮下面一段代码进行注释。
```
def calculate_average(num_list):
    total = sum(num_list)
    count = len(num_list)
    average = total / count
    return average
```

通义千问回复和注释后的代码如下：

> 当然，为代码添加注释有助于其他开发者理解其功能和工作原理。下面是带有注释的版本。
>
> ```python
> def calculate_average(num_list):
>     # 计算列表中所有数字的总和
>     total = sum(num_list)
>     # 获取列表中元素的数量
>     count = len(num_list)
>     # 计算平均值：总和除以元素数量
>     average = total / count
>     # 返回计算得到的平均值
>     return average
> ```
>
> 这段代码定义了一个名为calculate_average的函数，它接收一个数字列表num_list作为参数，计算这些数字的平均值并返回该值。这是通过先计算列表中所有数字的总和，然后除以列表中元素的数量来完成的。

◆【提示】

通过AI代码注释，可以节省开发者手动编写注释的时间，并且能够在一定程度上保证注释的准确性和完整性。不过，AI生成的注释可能需要人工进一步审查和调整，以确保其完全符合代码的实际意图和业务逻辑。

## 5.8 代码测试

测试代码是专门用于检验其他代码的正确性、稳定性和性能等方面的程序代码。测试代码的主要目的是确保被测试的代码能够按照预期工作，并且在各种情况下都能表现出正确的行为。它通常包括以下几种类型。

◎ 单元测试：针对程序中的最小可测试单元，如函数、方法或类，进行独立的测试。例如，对于一个计算阶乘的函数，可以编写多个测试用例来验证不同输入值的结果是否正确。

◎ 集成测试：测试多个模块或组件之间的交互是否正常。例如，在一个Web应用中，测试前端页面与后端服务的集成是否顺畅。

◎ 系统测试：对整个系统进行全面的测试，包括功能、性能、安全性等方面。例如，以一个电商网站为例，测试用户注册、登录、购物车、支付等整个流程是否正常。

◎ 压力测试：评估系统在高负载或极端情况下的性能和稳定性。例如，模拟大量用户同时访问网站，查看服务器的响应时间和资源使用情况。

◎ 回归测试：在对代码进行修改或修复后，重新运行之前的测试用例，以确保新的更改没有引入新的问题并且之前的功能仍然正常。

【示例】下面是一个Python单元测试代码示例，用于测试一个计算两个数之和的函数。通过编写和运行这样的测试代码，可以及早发现代码中的问题，提高代码质量，降低开发成本。

> 请为下面Python代码编写单元测试代码。
> def add_numbers(a, b):
>     return a + b

通义千问回复和生成的测试代码如下：

> 为给定的add_numbers函数编写单元测试，我们可以使用Python的unittest模块。下面是一个简单的测试类，它包含了对add_numbers函数的几个测试用例。
>
> ```python
> import unittest
> def add_numbers(a, b):
>     return a + b
> class TestAddNumbers(unittest.TestCase):
>     def test_add_positive_numbers(self):
>         self.assertEqual(add_numbers(3, 5), 8)
>     def test_add_negative_numbers(self):
>         self.assertEqual(add_numbers(-3, -2), -5)
>     def test_add_zero(self):
>         self.assertEqual(add_numbers(0, 5), 5)
>     def test_add_mixed_numbers(self):
>         self.assertEqual(add_numbers(-3, 5), 2)
> if __name__ == '__main__':
>     unittest.main()
> ```
>
> 在这个测试类中，共定义了四个测试方法，每个方法都使用assertEqual断言来验证add_numbers函数的输出是否与预期相符。测试覆盖了正数、负数、零以及混合数相加的情况。
>
> 要运行这个测试，用户可以将上述代码保存到一个.py文件中，并在命令行中运行这个文件。如果所有测试都通过，unittest模块将不会输出任何错误信息，仅显示测试的总结。如果有失败的测试，它将显示详细的错误信息。

AI大模型提供的测试代码简洁、结构清晰，易于理解和维护，其提供的测试用例覆盖了各种数字求和的情况，这意味着测试覆盖了大部分应用场景，有助于确保代码的正确性。

## 5.9 错误解析

在编写程序过程中，经常会遇到各种报错，传统的处理方法是在搜索引擎中进行查询，这样既耗时又费力，而借助AI大模型能够快速对错误进行解析，迅速解决问题。

【示例】在Python中可能会遇到这样的报错。

```
print(a)  #此时变量a未被定义
```

错误信息可能是：

```
NameError: name 'a' is not defined
```

> 请问一下在Python程序中，下面异常信息是什么原因造成的。
> NameError: name 'a' is not defined

通义千问回复如下：

> 在Python中，遇到NameError: name 'a' is not defined这个异常，意味着代码中尝试使用了一个变量a，但在使用它之前没有对其进行定义或赋值。Python解释器在执行到使用该变量的代码行时，无法找到这个变量名在当前作用域内的绑定，因此抛出了NameError。
>
> 这通常发生在以下几种情况中。
>
> 拼写错误：你可能在某处定义了变量，但在使用时拼写不一致。例如，定义的是aa，使用时却写成了a。
>
> 作用域问题：变量可能在某个特定的作用域内定义，但在另一个作用域内被引用。例如，在函数内部定义但在函数外部使用，或者在循环或条件语句内部定义但在外部使用。
>
> 提前使用：在变量定义之前就尝试使用它。例如，在函数参数赋值前或在赋值语句前使用。
>
> 导入错误：如果你试图使用从其他模块导入的对象，但导入语句有误或根本没有执行导入。
>
> 例如：
>
> print(a)        #尝试打印变量a
> a = 5           #定义变量a
>
> 在上述代码中，print(a)会在a = 5之前执行，导致NameError，因为a在使用时还未被定义。
>
> 要解决这个问题，确保在使用变量之前已经正确地定义和赋值，或者检查作用域和导入是否正确。

程序报错解析是软件开发过程中非常重要的环节，有助于快速排查和解决问题，提高开发效率和程序的稳定性。

🔊【提示】

> 当程序无法正常运行并抛出错误时，错误信息通常会包含一些关键的线索，帮助开发者定位和理解问题。这些错误信息可能包含以下几个重要方面。
>
> ◎ 错误类型：如语法错误、逻辑错误、运行时错误、内存错误等。不同类型的错误往往有不同的特征和解决思路。
>
> ◎ 错误描述：对错误情况的具体文字说明，可能会指出涉及的变量、函数、模块或操作等。
>
> ◎ 错误发生的位置：通常会给出出错的文件名称、行号等信息，方便开发者直接定位到可能出问题的代码段。

## 5.10 编程知识咨询

编程知识咨询是一种关于编程代码相关知识的交流和互动方式。在这个过程中，用户可以提出与代码相关的问题，如关于特定编程语言的语法、算法实现、代码优化、错误处理、设计模式、框架使用等方面的疑问。AI则根据预训练的知识和经验，提供准确、详细和有用的回答。

【示例】在Python中，如何实现快速排序算法？

通义千问回答如下：

快速排序（Quick Sort）是一种高效的排序算法，采用分治策略来递归地把一个序列分为较小和较大的两个子序列，然后分别对这两个子序列继续进行排序。快速排序的关键步骤包括选择一个"基准"元素，通过一趟排序将数据分割成独立的两部分，其中一部分的所有数据都比另一部分的所有数据要小，然后再按此方法对这两部分数据分别进行快速排序。

下面是一个使用Python实现的快速排序算法示例。

```
def quicksort(arr):
    if len(arr) <= 1:
        return arr
    else:
        pivot = arr[len(arr) // 2]
        left = [x for x in arr if x < pivot]
        middle = [x for x in arr if x == pivot]
        right = [x for x in arr if x > pivot]
        return quicksort(left) + middle + quicksort(right)
```

在这个实现中，首先检查数组的长度。如果数组长度小于等于1，那么无须排序，直接返回原数组；否则，选择一个基准点（这里选择的是数组中间的元素）。然后，创建三个列表：left（所有小于基准的元素）、middle（所有等于基准的元素）、right（所有大于基准的元素）。最后，递归地对left和right进行快速排序，并将结果连接起来。

下面运行这段代码，以确认其功能。用户可以测试一个包含重复元素的整数数组。

**代码执行器完成调用**

（1）调用过程。

```
def quicksort(arr):
    if len(arr) <= 1:
        return arr
    else:
        pivot = arr[len(arr) // 2]
        left = [x for x in arr if x < pivot]
        middle = [x for x in arr if x == pivot]
        right = [x for x in arr if x > pivot]
        return quicksort(left) + middle + quicksort(right)

# 测试数组
test_array = [3, 6, 8, 10, 1, 2, 1]
# 对数组进行快速排序
sorted_array = quicksort(test_array)
sorted_array
```

（2）调用结果。

[1, 1, 2, 3, 6, 8, 10]

使用提供的快速排序函数对测试数组 [3, 6, 8, 10, 1, 2, 1] 进行排序后，得到的排序后数组为 [1, 1, 2, 3, 6, 8, 10]，可以看出数组已经被正确排序。如果需要对不同的数组进行排序，可以随时使用这个quicksort函数。

通过这种问答形式，AI可以帮助提问者解决在代码编写、理解和应用中遇到的困惑，同时也促进了代码知识的传播和学习。

## 5.11 获取技术解决方案

在项目开发中，选择合适的技术解决方案取决于项目的需求、规模、性能要求、团队技术栈等多个因素。

【示例】假设要开发一个电商网站。

> 我准备开发一个电商网站，日访问量在100万次左右，网站具备基本的电商功能，请帮我设计一个技术解决方案。

通义千问回答如下：

> 开发一个日访问量在100万次左右的电商网站是一个相当有挑战性的项目。这要求系统不仅要能够处理高并发的请求，还要具备良好的扩展性、可靠性和安全性。以下是一个基于微服务架构的技术解决方案概览。
>
> 技术栈选择
> - 前端
>   - 使用React或Vue.js构建响应式、高性能的用户界面。
>   - 使用Webpack或其他模块打包器来优化前端资源加载。
>   - 利用CDN加速静态资源的分发。
> - 后端
>   - 微服务架构：
>     ◆ 使用Spring Boot和Spring Cloud来构建微服务，易于管理和部署。
>     ◆ 微服务包括但不限于用户服务、商品服务、订单服务、支付服务、库存服务等。
>   - API Gateway：
> 使用Zuul或Spring Cloud Gateway作为API网关，负责路由、负载均衡和安全控制。
> - 数据库
>   - 主数据库：使用MySQL或PostgreSQL作为关系型数据库，存储用户信息、订单详情等结构化数据。
>   - 缓存：
> Redis用于缓存热点数据，如商品列表、购物车信息等，减轻数据库压力。
> Memcached或Redis也可以用于session共享和分布式缓存。
> NoSQL数据库：MongoDB或Cassandra用于处理非结构化数据或大数据量场景，如用户行为分析。
> - 消息队列
> 使用RabbitMQ或Kafka处理异步通信和解耦，如订单处理、库存更新、邮件通知等。
> - 搜索
> Elasticsearch或Solr用于实现商品的全文搜索和过滤功能。
> - 负载均衡
> Nginx或HAProxy作为反向代理，实现横向扩展和高可用性。
> - 容器化与部署
>   - 使用Docker容器化微服务，便于部署和管理。

- Kubernetes或Docker Swarm用于集群管理，实现自动扩缩容和故障恢复。
- 监控与日志

  ELK（Elasticsearch, Logstash, Kibana）或Prometheus+Grafana用于收集和分析日志及监控数据。
- 安全性
  - 实施HTTPS确保数据传输安全。
  - 使用OAuth2或JWT进行身份验证和授权。
  - 对敏感数据进行加密存储，如密码和支付信息。
  - 遵循CSP（Content Security Policy）和HSTS（HTTP Strict Transport Security）策略。
- 性能优化
  - 使用CDN加速静态资源和图片加载。
  - 采用页面缓存和数据库查询缓存。
  - 异步处理耗时操作，如发送邮件、生成报告等。
  - 对数据库进行读写分离和分区，提高查询效率。
- 扩展性和可靠性
  - 设计无状态的服务，以便于横向扩展。
  - 使用云服务（如AWS、Azure、Google Cloud）的弹性计算能力，根据需求动态调整资源。
  - 实施灾难恢复计划，定期备份数据，并在多个数据中心部署服务以实现地理冗余。
- 测试与运维
  - 实施持续集成/持续部署（CI/CD），自动化测试和部署流程。
  - 使用单元测试、集成测试和性能测试确保代码质量。
  - 监控系统健康状况，实施自动化报警和修复。

这个方案是一个高层次的设计概览，具体实现时需要根据业务需求和技术团队的能力进行适当的调整。

## 5.12 模拟终端

终端通常指的是用于执行和监控程序测试过程的交互界面或环境，通过终端可以实时观察测试的进度、输出的日志、错误信息等，以便及时发现和解决问题。它可以是以下几种形式。

◎ 命令行终端：在操作系统的命令行界面中，通过输入特定的命令和参数来启动测试、查看测试结果、分析测试报告等。例如，在Linux或Windows的命令提示符中运行测试脚本，并接收输出信息。

◎ 集成开发环境（IDE）中的终端窗口：很多现代的IDE，如Visual Studio、IntelliJ IDEA等都提供了内置的终端窗口，开发者可以在其中执行与测试相关的操作。

◎ 专门的测试工具界面：一些专门的测试工具，如SQL终端、JavaScript控制台或Python解释器等，提供了特定的区域来显示测试执行的状态、结果和相关的日志信息。

◎ 远程终端：在服务器环境中，通过SSH等远程连接工具连接到服务器，在远程终端上进行测试操作。

AI大模型不直接集成到特定的终端环境中,但它可以担任一种模拟终端的角色。这是指AI可以理解和模拟终端命令的执行过程。

【示例】在Linux终端中,向AI提出如何使用某个特定的命令行指令,AI能够理解并生成相应的命令行指令,甚至提供预期的执行结果。

请你模拟Linux终端,我将输入命令,你回复终端显示的内容,不要解释命令。

◎ 通义千问回复:

$

◎ 我问:

ls

◎ 通义千问回复:

Desktop  Documents  Downloads  Music  Pictures  Videos  work
（这里的输出假设是在一个典型的个人用户的/home目录中,实际的目录列表可能因用户的具体文件和目录而异。）

◎ 我问:

pwd

◎ 通义千问回复:

/home/user

（这里的输出假设当前用户是user,实际的用户名可能会有所不同。）

◎ 我问:

cd Documents

◎ 通义千问回复:

$

（这表示成功切换到 Documents 目录,但是为了完整模拟,应该是显示新的当前工作目录。）
纠正输出应为:
/home/user/Documents

【提示】

AI不能直接在这些终端中运行或执行命令,但它可以模拟命令的执行过程,帮助用户理解和学习使用这些命令。对于编程新手或者正在学习新技能的开发者来说,这种模拟终端的功能可以帮助他们更好地理解和掌握各种编程语言和命令行工具的使用。

## 5.13 生成SQL语句

【示例1】创建一个名为students的表,包含id(整数,主键,自增)、name(字符串,最大长度50)、age(整数)和grade(整数)列。

通义千问回复:

```
CREATE TABLE students (
    id INTEGER PRIMARY KEY AUTO_INCREMENT,
    name VARCHAR(50),
    age INTEGER,
    grade INTEGER
);
```

【示例2】向students表中插入一条数据。

通义千问回复:

```
INSERT INTO students (name, age, grade)
VALUES ( 'John Doe', 18, 12);
```

【示例3】查询students表中的所有数据。

通义千问回复:

```
SELECT * FROM students;
```

【示例4】查询students表中年龄大于20岁的学生信息。

通义千问回复:

```
SELECT * FROM students WHERE age > 20;
```

【示例5】更新students表中id为1的学生的年龄为22岁。

通义千问回复:

```
UPDATE students SET age = 22 WHERE id = 1;
```

【示例6】删除students表中成绩小于60分的学生记录。

通义千问回复:

```
DELETE FROM students WHERE grade < 60;
```

## 5.14 生成CSS样式

【示例1】生成CSS样式,设置文本颜色为红色,字体大小为16像素,字体为Arial。

通义千问回复:

要创建一个CSS样式,可以使用以下代码片段。这个CSS样式将会把文本颜色设为红色,字体大小设为16像素,并且字体设为Arial。用户可以把这个样式放入CSS文件中,或者放在HTML文档的<style>标签内。

```css
/* CSS 文件或HTML的<style> 标签内 */
.red-text {
    color: red;
    font-size: 16px;
    font-family: Arial, sans-serif;
}
```

🚨【注意】

通义千问在这里添加了sans-serif作为备选字体。如果用户的系统中没有Arial字体，那么文本将会使用默认的无衬线字体显示，这样可以确保样式的一致性。在实际使用中，用户可能需要考虑更多的字体兼容性和回退选项。

【示例2】生成CSS样式，为一个按钮设置背景颜色为蓝色，文字颜色为白色，边框为1像素实线黑色边框，鼠标悬停时背景变为绿色。

通义千问回复：

为了创建一个具有指定样式的按钮，用户可以使用以下CSS代码。这段代码将定义一个按钮的基本样式，并且当鼠标悬停在按钮上时改变其背景颜色。

```css
/* CSS样式 */
.button-style {
    background-color: blue;           /* 背景颜色为蓝色 */
    color: white;                     /* 文字颜色为白色 */
    border: 1px solid black;          /* 边框为1像素实线黑色边框 */
    padding: 10px 20px;               /* 内边距，可按需调整 */
    cursor: pointer;                  /* 鼠标悬停时显示手型指针 */
    transition: background-color 0.3s; /* 平滑过渡效果 */
}
.button-style:hover {
    background-color: green;          /* 当鼠标悬停时，背景颜色变为绿色 */
}
```

接下来，需要在HTML中应用这个类到一个按钮元素上。

```html
<!-- HTML代码 -->
<button class="button-style">点击我</button>
```

这样，按钮就会按照上面定义的样式显示，并且当鼠标悬停时背景颜色会平滑地从蓝色变为绿色。用户可以根据需要调整padding属性来改变按钮的内边距，从而影响按钮的大小和外观。

## 5.15 生成HTML结构

【示例1】生成HTML表单结构，包含用户名、性别、年龄、职业空间。

通义千问回复：

创建一个包含用户名、性别、年龄和职业的HTML表单,可以使用以下代码结构。

```html
<!DOCTYPE html>
<html lang="zh">
<head>
    <meta charset="UTF-8">
    <title>用户信息表单</title>
</head>
<body>
    <form action="/submit_form" method="post">
        <fieldset>
            <legend>用户信息</legend>
            <!-- 用户名 -->
            <label for="username">用户名:</label>
            <input type="text" id="username" name="username" required>
            <br><br>
            <!-- 性别 -->
            <label>性别:</label><br>
            <input type="radio" id="male" name="gender" value="male" required>
            <label for="male">男</label><br>
            <input type="radio" id="female" name="gender" value="female">
            <label for="female">女</label><br>
            <br>
            <!-- 年龄 -->
            <label for="age">年龄:</label>
            <input type="number" id="age" name="age" min="1" max="150" required>
            <br><br>
            <!-- 职业 -->
            <label for="occupation">职业:</label>
            <select id="occupation" name="occupation" required>
                <option value="">请选择</option>
                <option value="student">学生</option>
                <option value="teacher">教师</option>
                <option value="engineer">工程师</option>
                <option value="doctor">医生</option>
                <option value="other">其他</option>
            </select>
            <br><br>
            <!-- 提交按钮 -->
            <input type="submit" value="提交">
        </fieldset>
    </form>
</body>
</html>
```

这个表单包含以下部分。

username:一个文本输入框,用于输入用户名。
gender:一组单选按钮,用于选择性别。
age:一个数字输入框,用于输入年龄,限制在1~150。
occupation:一个下拉列表,用于选择职业。
最后是一个"提交"按钮。
请确保在<form>标签的action属性中设置正确的服务器端处理脚本路径,以便在用户提交表单时能够正确处理数据。此外,method属性设为post意味着表单数据将以POST方式发送给服务器。

【示例2】生成HTML导航列表结构,包含主页、关于我们、公司业务、联系方式。
通义千问回复:

要创建一个HTML导航列表,你可以使用无序列表(<ul>)或者导航元素(<nav>)。下面是一个使用<nav>和<ul>来构建的简单导航菜单的例子。

```
<!DOCTYPE html>
<html lang="zh">
<head>
    <meta charset="UTF-8">
    <title>网站导航</title>
</head>
<body>
    <header>
        <h1>我的网站</h1>
        <nav>
            <ul>
                <li><a href="#home">主页</a></li>
                <li><a href="#about">关于我们</a></li>
                <li><a href="#services">公司业务</a></li>
                <li><a href="#contact">联系方式</a></li>
            </ul>
        </nav>
    </header>
    <!-- 页面内容区域 -->
    <main>
        <section id="home">
            <h2>欢迎来到我们的主页</h2>
            <!-- 主页内容 -->
        </section>
        <section id="about">
            <h2>关于我们</h2>
            <!-- 关于我们页面内容 -->
        </section>
        <section id="services">
            <h2>公司业务</h2>
```

```
                <!-- 公司业务页面内容 -->
            </section>
            <section id="contact">
                <h2>联系方式</h2>
                <!-- 联系方式页面内容 -->
            </section>
        </main>
    </body>
</html>
```

在这个例子中，<nav>元素包含了整个导航菜单，而<ul>元素用于创建一个无序列表。每个导航链接都是通过<a>标签创建的，并且每个链接都有一个href属性指向页面内的某个ID，这样当单击"网站导航"链接时，浏览器会滚动到相应的页面部分。

【注意】

上述示例中使用的href属性值（如"#home"）需要与页面中相应部分的id属性匹配，以实现页面内导航。如果这些页面部分位于不同的页面上，那么href属性应该指向相应的URL。

# 第 6 章 办　公

AI办公正在重塑我们的工作方式并且提高我们的工作效率，也是当今快速发展的一种趋势，带来了前所未有的机遇。它能够实现智能化、自动化的任务处理，如日常的文件分类、数据录入等烦琐工作，大大节省了时间和人力成本。AI还具备强大的数据分析能力，可以从海量的数据中快速提取有价值的信息，并生成清晰易懂的报告。此外，AI办公在沟通协作方面也表现出色，智能语音助手能够实现实时的语音转文字、翻译等功能，让跨地域、跨语言的交流更加顺畅。

AI办公也面临一些挑战，如数据安全和隐私保护是一个重要问题，因为AI可以处理大量敏感信息。尽管存在挑战，但随着技术的不断发展和完善，相信在未来的办公领域，AI将发挥更加重要的作用。

## 6.1 写工作计划

工作计划是对未来一段时间内工作的预先规划和安排，它明确了工作的目标、任务、步骤、时间安排以及所需的资源等，是为了确保工作能够有条不紊地进行，以提高工作效率和质量，达成预期的成果。常用办公类型的工作计划包括以下内容。

◎ 行政助理工作计划：如何提高办公室工作的效率和协调性，确保各项行政事务顺利进行。
◎ 项目管理工作计划：如何确保项目按时、按质量要求完成。
◎ 人力资源专员工作计划：如何招聘到合适的人才，完善员工培训体系。
◎ 财务会计工作计划：如何准确完成财务报表，优化财务流程。
◎ 销售代表工作计划：如何提高销售业绩，拓展客户群体。

【示例】生成一篇人力资源工作计划。

> 我是一家IT公司的人力部门经理，请帮我写一份月度工作计划，以周为时间单位进行工作安排。

各家AI大模型的写作格式和内容详略不尽相同，用户在写作时可以多参考几家，根据实际情况酌情选用。限于篇幅，下面仅显示文心一言的工作计划。该计划安排相对比较详细，重点突出，层次感强，结构符合要求。

**IT公司人力部门经理月度工作计划（以周为单位）**

**月份概述：**

本月，作为人力部门经理，我的主要工作目标是优化招聘流程、提升员工满意度、推动组织文化建设及加强内部沟通与协作。通过精细化管理和高效执行，确保公司人力资源战略与业务目标紧密对接，为公司发展提供坚实的人才保障。

第1周：招聘与团队建设
- 周一：
  - 召开部门例会，回顾上月工作成果，明确本月工作重点。
  - 分析当前岗位空缺情况，制订本月招聘计划，包括岗位需求、招聘渠道、预算等。
- 周二至周三：
  - 发布招聘信息至各大招聘平台及公司内部系统，启动简历筛选流程。
  - 组织安排初步面试，确保关键岗位候选人能及时进入下一轮面试。
- 周四：
  - 对本周收集到的候选人反馈进行整理，与用人部门沟通初步面试结果。
  - 策划新员工入职欢迎活动，营造积极向上的团队氛围。
- 周五：
  - 总结本周招聘进展，调整招聘策略（如必要）。
  - 筹备下周团队建设活动或培训计划，提升团队凝聚力。

第2周：员工培训与发展
- 周一：
  - 安排新员工入职培训，包括公司文化、规章制度、业务流程等内容。
  - 与各部门经理沟通，收集员工培训计划需求。
- 周二至周三：
  - 组织专业技能培训或外部讲师邀请，针对员工技能短板进行提升。
  - 监督培训实施情况，确保培训效果达到预期。
- 周四：
  - 收集培训反馈，评估培训效果，为后续培训计划提供参考。
  - 策划员工职业发展路径规划讨论会，鼓励员工设定个人发展目标。
- 周五：
  - 总结本周培训成果，制订下阶段培训计划。
  - 与员工一对一沟通，了解职业发展意向，提供个性化建议。

第3周：绩效管理与激励
- 周一：
  - 启动本月绩效考核周期，明确考核标准与流程。
  - 收集员工绩效数据，准备绩效面谈材料。
- 周二至周三：
  - 进行绩效面谈，与员工就工作表现进行深入交流，提出改进建议。
  - 根据绩效结果，制定奖励与激励方案，包括奖金、晋升机会等。
- 周四：
  - 公布绩效考核结果及奖励措施，增强员工工作积极性。
  - 收集员工对绩效管理体系的反馈，持续优化流程。
- 周五：
  - 整理绩效管理工作文档，归档保存。
  - 规划下月绩效管理工作重点，确保连续性和有效性。

第4周：内部沟通与组织文化
- 周一：

- 组织全员大会，分享公司最新动态、成就与未来规划。
- 鼓励员工提出意见与建议，促进双向沟通。
● 周二至周三：
- 举办内部交流活动，如跨部门项目分享会、团队建设游戏等，增强团队间了解与合作。
- 推广公司核心价值观，通过实际行动践行组织文化。
● 周四：
- 评估本月内部沟通效果，收集员工满意度调查，了解员工心声。
- 根据调查结果，制定改进措施，提升员工满意度。
● 周五：
- 撰写本月人力资源工作总结报告，向上级汇报工作成果与亮点。
- 规划下月工作计划，确保人力资源工作与公司战略目标保持一致。

通过以上每周的详细规划，旨在全面提升公司人力资源管理的效率与质量，为公司发展奠定坚实的人才基础。

经常办公的同事都知道，写计划是一件耗时耗力的事情，很多人会觉得无从下手。写好计划一般需要技巧和方法。首先要明确目标，其次要花费时间收集未来工作的内容，最后还要构思框架。而AI在用户输入要求后，会通过自然语言处理技术和机器学习算法，快速分析用户需求，然后根据训练的数据和资源库进行精确匹配，按照用户需求自动生成一份可供参考的工作计划。

【注意】

这个功能可以帮助用户更快速、高效地制订合理的工作计划，但是用户也应该根据本公司的实际情况，把AI生成的工作计划当作文档模板，酌情进行修改。

## 6.2 写工作总结

工作总结是对过去一段时间内所做工作的回顾、分析和评价，是对工作的系统性反思和总结，有助于提高工作效率和质量，推动个人和组织的发展。简而言之，工作总结的目的在于自我评估、向上汇报、交流分享。它通常包括以下几个方面。

◎ 工作内容概述：对完成的主要任务和工作事项进行梳理和罗列。
◎ 工作成果：重点阐述在工作中取得的成绩、达成的目标、解决的问题等，如完成的项目、提高的效率、节省的成本、获得的荣誉等。
◎ 工作方法与经验：分享在工作过程中采用的有效方法、策略，以及从中积累的宝贵经验。
◎ 问题与挑战：分析工作中遇到的困难、失误、未完成的任务以及存在的不足。
◎ 改进措施：针对存在的问题提出具体的改进方法和计划。
◎ 未来规划：基于过去的工作情况，对下一步的工作做出规划和展望，设定新的目标和任务。

例如，一位销售人员的工作总结可能会包括本月销售业绩、销售技巧的运用、遇到的客户拒绝及应对策略、销售目标未达成的原因分析以及下月的销售计划等内容。

【示例】生成一篇网店营销年度工作总结。

> 我是一家快消品公司的网店营销经理,请帮我写一份年度工作总结,重点展示一年的工作经验和教训,并提出未来改进的具体措施。

限于篇幅,下面仅显示通义千问的工作总结。该工作总结比较接近网店营销的实际情况,因为通义千问拥有阿里系海量的网店营销数据,提供的经验、教训和建议都值得认真倾听。

作为一名快消品公司网店营销经理的年度工作总结,应该涵盖过去一年的业绩、经验、教训以及未来的改进策略。以下是您年度工作总结的一个框架和示例文本。

[公司名称]网店营销经理年度工作总结

一、年度业绩回顾

在过去的[2024]年中,我们的网店取得了显著的增长。通过一系列的营销策略和优化措施,我们实现了以下关键成果。

- 销售额增长了[××%],达到了[具体金额]元,超出年初目标的[××%]。
- 网店访客量增加了[××%],其中新访客占比[××%],老访客回购率上升至[××%]。
- 成功推出了[新产品线/促销活动],在[特定时间段]期间创造了[具体数字]的额外收入。
- 社交媒体粉丝数量增长了[××%],互动率提升了[××%],有效增强了品牌在线上的影响力。

二、工作经验与教训

- 数据分析的重要性:深入分析用户行为数据,我们能够更精准地定位目标受众,优化产品推荐算法,提高转化率。
- 内容营销的力量:高质量的内容不仅吸引了更多的流量,还显著提高了用户留存时间和页面浏览量。例如,[案例]的视频营销活动带来了超过[具体数字]的观看次数。
- 供应链优化:快速响应市场需求的能力至关重要。我们经历了一次库存短缺的教训,这促使我们加强了与供应商的沟通,优化了库存管理系统。
- 客户服务的持续改进:虽然我们的客服评分一直保持在高水平,但在高峰时段仍有待提升。这提醒我们需要进一步投资于客服团队的培训和技术工具。

三、未来改进措施

针对上述经验与教训,为了持续提升业绩和客户体验,我们计划采取以下措施。

- 增强数据分析能力:引入更高级的数据分析工具,建立实时监测系统,以便更快地响应市场变化。
- 多元化营销渠道:除了现有渠道,探索新的社交媒体平台和KOL合作机会,以吸引更广泛的受众。
- 强化供应链管理:与供应商签订更灵活的合同,实施预警机制,避免库存短缺的情况再次发生。
- 提升客户服务:增加客服团队的规模,特别是在销售高峰期;引入AI客服助手,提供24/7的服务支持。
- 员工培训与发展:定期举办内部培训,提升团队成员的营销技能和客户服务技巧,增强团队凝聚力。

结语

回顾过去的一年,我们经历了挑战,但同时也收获了宝贵的经验。展望未来,我们将继续创新,以客户需求为中心,推动网店营销战略的不断升级,实现可持续增长。

请根据您的实际情况调整上述模板中的具体数据和细节,以确保总结的准确性和相关性。

从生成的工作总结来看，质量比较高，结合网店营销，把握住营销策略和途径，重点总结了数据链、营销渠道、供应链、客服和员工素质多个关键环节，针对性强。

## 6.3 写会议纪要

会议纪要是一种用于记载和传达会议基本情况、主要精神以及议定事项的公文文种。其主要作用包括记录存档、传达信息、督促落实、沟通协调。具有以下几个特点。

- ◎ 纪实性：如实记录会议的内容，包括会议的主题、时间、地点、出席人员、讨论的主要问题、发言要点、决议等，不添加主观评论和推测。
- ◎ 概括性：对会议内容进行整理和归纳，提炼出重点和关键信息，去除冗余和无关紧要的部分。
- ◎ 条理性：按照一定的逻辑顺序和结构，清晰地呈现会议的各项内容，通常包括会议概况、会议主要内容、会议决议等方面。
- ◎ 指导性：会议纪要所记载的决议和要求，对与会单位和相关人员具有指导和约束作用，是执行和落实会议精神的重要依据。

例如，一次关于新产品研发的会议纪要，可能会包含会议主题"新产品研发进度讨论"、会议时间"[具体时间]"、会议地点"[具体地点]"、出席人员"研发部门主管、相关技术人员等"、主要讨论内容"当前研发遇到的技术难题、解决方案、下一阶段的工作安排"、会议决议"加大研发投入、组建专门的技术攻关小组、明确各阶段的时间节点"等。

【示例】生成一篇618网店营销会议纪要。

> 我是一家快消品公司的网店营销经理，请帮我写一份618网店营销会议纪要，重点记录618营销活动的落地措施和方法。

限于篇幅，下面仅显示通义千问的会议纪要。

> 【会议纪要】
> 【主题】618网店营销活动落地措施与方法
> 【日期】2024年6月10日
> 【出席人员】营销团队全体成员、运营团队、设计团队、客服团队负责人
> 【主持人】[姓名]，营销经理
> 一、会议开场
> [姓名]开场，概述了今年618活动的目标与预期成果，强调团队协作与执行效率的重要性。
> 二、618营销活动总结与分析
> - 回顾了去年618活动的成功与不足之处，特别是分析了用户反馈和销售数据，指出了需要改进的地方。
> - 强调了今年活动的核心策略是"用户参与度提升"和"个性化营销"。
> 三、活动落地措施与方法
> 1. 预售策略
> - 设定预售期，用户支付定金后可享受额外折扣或赠品。
> - 使用定金膨胀活动，鼓励提前锁定购买意向。
> 2. 限时抢购

- 指定时间点开启限时抢购活动，提供限量版商品或超值优惠。
- 确保技术团队做好服务器压力测试，预防网络拥堵。

3. 满减与优惠券
- 设置满减门槛，提供不同额度的优惠券。
- 优惠券发放需结合用户购物车分析，提高转化率。

4. 社交互动
- 利用社交媒体平台开展话题挑战，增加品牌曝光。
- 启动用户生成内容（UGC）活动，鼓励用户分享使用体验。

5. 会员专享
- 为会员提供额外优惠或积分倍增。
- 优化会员等级体系，提供更多特权以提升会员黏性。

6. 物流保障
- 协同物流合作伙伴，确保快速配送与良好包装。
- 提前备货，优化库存管理，避免断货情况。

7. 售后服务
- 建立紧急响应小组，处理退换货及客户投诉。
- 增加客服团队，确保在线咨询响应速度。

8. 数据驱动决策
- 实时监测活动数据，包括销量、流量、转化率等。
- 利用A/B测试优化营销信息和广告投放。

四、执行与协调
- 明确了各个团队的责任与分工。
- 设定了定期汇报机制，确保活动进展顺利。

五、会议总结与下一步行动
- 强调了跨部门沟通的重要性，确保信息流通无阻。
- 确定了下次会议日期，检查点为618活动前一周，以进行最后的调整与确认。

六、其他事项

讨论了潜在风险与应对预案，包括技术故障、供应链中断等。

请根据实际会议内容调整上述纪要的细节，确保所有关键点都被准确记录。这份纪要应该被发送给所有参会者，作为后续工作的指导和参考。

对于任何行业的白领来说，整理会议记录都是一项烦琐的任务，但又是一项关键的职业技能，因此必须要面对。现在使用AI能够轻松应对，只需输入会议内容并指定格式，AI可快速生成满足要求的会议纪要。从上面示例生成的会议纪要内容来看，格式是比较规范的，包含全部会议要点，节省了大量办公整理的时间。

## 6.4 写策划方案

策划方案是为了实现特定目标，在充分进行市场调研、分析内外部环境的基础上，对未来将要开展的活动、项目或业务等所制定的详细规划和策略。策划方案的主要作用包括指导行动、资源整合、风险预测与控制、沟通协调。它具有以下几个关键特点。

◎ 目标导向：明确阐述所要达成的具体目标，所有的策略和措施都围绕这一目标展开。

- ◎ 系统性：涵盖从前期准备到执行过程，再到后期评估的各个环节，形成一个完整、连贯的体系。
- ◎ 创新性：通过独特的思路和方法，提供新颖、有效的解决方案，以区别于常规做法，提高成功的可能性。
- ◎ 可操作性：包含具体、清晰的步骤、流程和责任分工，具有实际执行的可行性。
- ◎ 灵活性：考虑到可能出现的变化和不确定性，预留一定的调整空间和应对措施。

【提示】

> 策划方案是为实现特定目标而制定的具有前瞻性和详细操作步骤的规划策略，而会议纪要则是对会议内容的如实记录及决议的总结传达。例如，一个营销活动的策划方案会详细描述活动的形式、宣传渠道、预算等具体安排，以确保活动成功；而关于该营销活动讨论的会议纪要，则侧重于记录会议中关于活动的各种观点、最终达成的决议等。

【示例】设计一个新书营销策划方案。

> 我是一名在线营销人员，公司准备策划一场新书营销活动，请帮我设计一个策划方案。应该包含以下内容。
> - 产品定位和目标市场分析
> - 推广策略
> - 活动安排
> - 预算分配
> - 效果评估指标

限于篇幅，下面仅采纳通义千问的策划方案。

【新书营销活动策划方案】
一、产品定位与目标市场分析
产品定位：
- 书籍标题：《未来之钥：科技与人类命运》。
- 类型：科普/未来学。
- 目标读者群：对科技发展、AI未来趋势感兴趣的成年人，年龄在18~45岁之间，具有一定的教育背景和好奇心，包括科技爱好者、学生、职场人士以及教育工作者。
- 核心卖点：深入浅出地探讨科技如何影响人类社会的未来，以及我们如何适应即将到来的变化。

目标市场分析：
- 地域：主要针对一线城市和科技发达地区的读者。
- 竞争分析：市场上有类似题材的书籍，但我们的优势在于作者的专业背景和独特的视角。
- 趋势洞察：随着科技的快速发展，人们对未来的探索和理解需求日益增长。

二、推广策略
社交媒体营销：
- 利用微博、微信、抖音等平台创建话题，邀请KOL和行业专家参与讨论。
- 发布书籍亮点、作者访谈和精彩章节摘录，吸引关注。

内容营销：
- 在科技类网站和博客发布高质量文章，引用书籍中的观点。

- 开展线上研讨会或Webinar，邀请作者与读者互动。

**合作伙伴关系：**
- 与科技公司、教育机构合作，举办线下讲座或读书会。
- 在书店设立特别展示区，提供签售机会。

**广告投放：**
- 针对目标受众，在相关网站和社交媒体上投放定向广告。
- 利用Google AdWords和Facebook Ads进行关键词和兴趣定位广告。

三、活动安排

1. 预热阶段（启动前1个月）

发布预告，开始社交媒体预热，公布书籍封面和简介。

2. 正式发布（启动当天）

举办线上发布会，邀请媒体和意见领袖参与。

3. 持续推广（启动后1～3个月）
- 组织线上线下的讨论会和读书会。
- 定期发布与书籍相关的深度文章和视频。

四、预算分配
- 社交媒体营销：30%。
- 内容创作与发布：20%。
- 广告投放：25%。
- 合作伙伴与活动费用：15%。
- 其他（印刷、邮寄、杂费）：10%。

五、效果评估指标
- 销售量：直接反映书籍的市场接受度。
- 社交媒体参与度：评论、分享、点赞的数量。
- 网站流量：访问量、停留时间和页面浏览数。
- 媒体曝光度：媒体报道次数和影响力。
- 转化率：从潜在读者到实际购买者的比例。
- ROI（投资回报率）：营销投入与收益的比率。

确保所有活动都有明确的时间表和责任人，以便于跟踪进度和及时调整策略。此外，活动结束后应进行复盘，总结经验教训，为未来的营销活动提供参考。

为公司策划一场具有创意、吸引力的营销活动，不仅可以有效提升品牌知名度，同时还可以有效服务客户，增强客户的黏性。上面示例生成的策划大纲比较全面，设计的营销活动具有很强的针对性和可操作性，对于在线营销人员来说具有落地参考性。

## 6.5 写办公邮件

办公邮件是在工作环境中用于沟通和交流的电子信件形式。办公邮件具有正式、准确、高效、可存档等特点，是现代办公中重要的沟通工具之一。它通常包括以下几种主要类型。

◎ 工作汇报邮件：员工向领导或团队汇报工作进展、成果、问题等。例如，每周工作总结邮件，详细说明一周内完成的任务、遇到的困难以及下周计划。

◎ 任务分配邮件：上级向下级安排工作任务，明确要求、时间节点和责任人。例如，项目任务分配邮件，详细列出各项子任务及对应的负责人和交付时间。

◎ 通知邮件：发布公司内部的各类通知，如会议通知、政策变动通知等。例如，公司放假通知邮件，告知员工放假时间和相关安排。

◎ 沟通协调邮件：用于跨部门或团队之间的沟通协调，解决工作中的问题。例如，关于项目进度协调的邮件，讨论如何解决项目拖延的问题。

◎ 商务合作邮件：与外部合作伙伴进行业务往来的沟通。例如，与供应商商讨合作条款的邮件。

◎ 客户服务邮件：回复客户的咨询、投诉和建议。例如，对客户投诉的处理回复邮件，说明解决方案。

【示例1】撰写公司内部通知邮件。

> 我是公司人事部经理，帮我写一份公司内部通知邮件，告知新员工（入职1年内）晚上8点到科技楼2楼会议室参加企业文化培训会。

文心一言、智谱清言、通义千问都写得比较正式，但稍显烦琐。豆包、讯飞星火、Kimi和360智脑写得相对比较简洁，下面采纳豆包写的公司内部通知邮件。

> 以下是为您生成的公司内部通知邮件示例。
> 
> **主题：新员工企业文化培训会通知**
> 
> 亲爱的新同事们：
> 
> 大家好！
> 
> 为了帮助新员工更深入地了解公司的企业文化，增强归属感和团队凝聚力，公司决定为入职1年内的新员工举办一场企业文化培训会。
> 
> 具体安排如下：
> 
> 培训时间：今晚8点
> 
> 培训地点：科技楼2楼会议室
> 
> 请大家提前安排好手头工作，准时参加。此次培训对大家融入公司文化、明确工作方向具有重要意义。
> 
> 如有特殊情况无法参加，请提前向人事部请假。
> 
> 期待与大家共同学习和交流！
> 
> 人事部经理
> 
> [具体日期]

【示例2】撰写国际商务合作邮件。

> 我是中国的制造商，想向美国的客户发送一封邮件，告知因贸易纠纷无法按合同发货，要求按商务英语标准格式书写，100字左右。

下面采纳文心一言的回函。

> Subject: Notice of Delay in Shipment Due to Trade Dispute
> 
> Dear [Customer's Name],
> 
> I regret to inform you that due to unforeseen trade disputes between our countries, we are unable to fulfill our contractual obligation for shipment by the agreed date. We sincerely apologize for any inconvenience this may cause. We are actively seeking solutions and will keep you updated on the latest developments. Thank you for your understanding.
> 
> Best regards,

[Your Name]
[Your Position]
[Company Name]
[Contact Information]

这封邮件简洁明了地传达了无法按时发货的信息，同时表达了歉意和解决的决心，符合商务英语的书写标准。注意，具体联系方式和客户姓名需要根据实际情况填写。

## 6.6 写公司日报

公司日报是员工向公司汇报每日工作情况的一种文档。它通常包含日期、员工姓名、今日工作内容、明日工作计划、重要事项说明。公司日报的作用在于帮助员工梳理工作，让上级及时了解工作动态，便于发现问题和调整策略，促进团队内部的沟通和协作。例如，一位销售人员的日报可能会写："今天拜访了3个客户，其中1个有初步合作意向。明天计划继续跟进这1个客户，并拓展2个新客户。"

【示例】为前台职位的新员工写公司日报。

> 我是一家IT公司的前台服务，入职1年左右，请帮我写一下今日公司日报。

下面仅采纳豆包写的公司日报，内容简洁，适合小公司的日报需求。

> 以下是为您生成的一份IT公司前台服务的日报示例。
> 日期：2024年7月20日
> 员工姓名：[您的名字]
> 今日工作内容：
> 1.热情接待了来访的15位客人，及时引导他们前往对应的部门，并提供了所需的饮品。
> 2.接听了30通电话，准确记录并转接给相关同事，对于常见问题进行了清晰的解答。
> 3.协助行政部门分发了10份重要文件给各部门负责人。
> 4.处理了5件快递的签收和寄出工作，确保物品准确无误地收发。
> 5.维护前台区域的整洁和有序，定时进行清扫和整理。
> 明日工作计划：
> 1.继续以良好的服务态度接待来访客人和接听电话。
> 2.协助组织明天的会议，提前准备好会议室所需的设备和资料。
> 3.完成领导交办的其他临时性任务。

文心一言写的日报比较详细，包括今日工作总结、明日工作计划、工作反思与建议，内容也比较全面，适合大公司前台员工的日报需求。其他AI平台也比较详细，但记录分项和具体内容都不尽相同，限于篇幅不再展示。

## 6.7 写调研报告

调研报告是一种对某个问题或现象进行深入调查、分析和研究后所撰写的书面报告。它通常具有针对性、系统性和客观性。调研报告的目的在于：

◎ 提供决策依据：为决策者提供有关情况的详细信息，帮助他们做出明智的决策。
◎ 揭示问题：发现存在的问题、不足或潜在的风险。
◎ 促进改进：提出改进的建议和措施，推动相关工作的优化和发展。

例如，一份关于某地区消费者对新能源汽车购买意愿的调研报告，可能会通过问卷调查、访谈等方式收集数据，分析消费者的偏好、影响购买的因素等，并据此为汽车厂商的市场策略提供参考。

【示例】写一份新能源汽车的调研报告。

> 我是新媒体记者，请帮我写一篇有关新能源汽车的调研报告，要求目标明确、数据真实。字数控制在300字左右。

豆包生成的调研报告比较规范，具体内容如下：

> 以下是一篇300字左右的关于新能源汽车的调研报告。
> 《新能源汽车市场调研报告》
> 调研目标：了解新能源汽车在市场中的接受度和发展趋势。
> 调研方法：通过线上问卷和线下访谈，对1000名消费者和50家经销商进行调查。
> 调研结果：
> 1. 近60%的消费者表示考虑购买新能源汽车，主要原因是环保和使用成本低。
> 2. 续航里程和充电设施是消费者最关心的问题，分别占比70%和55%。
> 3. 市场上，国产品牌新能源汽车销量增长迅速，占据约70%的份额。
> 4. 政策补贴对消费者购买决策有较大影响，约40%的消费者因补贴而倾向购买。
> 结论：新能源汽车市场前景广阔，但仍须解决续航和充电难题，同时政策支持也至关重要。
> 以上内容仅供参考，您可以根据实际调研情况进行修改和完善。

文心一言生成的调研报告给出的数据比较真实，让人信服。具体内容如下：

> 新能源汽车行业调研报告
> 本报告聚焦新能源汽车市场，通过最新数据分析其发展现状与趋势。2024年上半年，中国新能源汽车销量突破490万辆，同比增长超30%，市场占有率达35%以上，展现出强劲增长势头。比亚迪以160万辆销量领跑，奇瑞、吉利等自主品牌紧随其后，市场份额显著提升。技术创新方面，电池技术取得重大突破，高能量密度电池、800V快充技术加速普及；智能化趋势明显，L3+级别自动驾驶进入商业化前夜。同时，国家政策持续支持，推动新能源汽车市场持续扩大。预计未来几年，新能源汽车行业将继续保持快速增长，智能化、电动化、全球化成为主要发展方向。

## 6.8 写述职报告

述职报告是指各级各类的机关工作人员，一般为业务部门陈述，以主要业绩业务为主，少有职能和管理部门陈述。主要是下级向上级、主管部门和下属群众陈述任职情况，包括履行岗位职责，完成工作任务的成绩、缺点问题、设想，并进行自我回顾、评估、鉴定的书面报告。

述职报告的目的在于对自身工作进行总结和反思，向上级展示工作成果，同时接受上级的监督和评价，为晋升、奖惩等提供依据。例如，一位销售经理的述职报告可能会包括年度销售业绩、销售策略的执行情况、团队管理的成效、面临的挑战以及未来的工作计划等内容。

【示例】撰写销售经理的述职报告。

> 我是一家小型IT公司的销售经理，请为我生成一篇述职报告，体现销售业绩，注意内容要全面、真实，报告格式要专业，语言要简洁。

经过比较，通义千问生成的述职报告符合本例要求，具体内容如下：

【销售经理述职报告】
主题：2024年度上半年销售业绩与战略回顾
尊敬的董事会及管理层团队：
我在此向您提交2024年度上半年销售部门的业绩报告，以及我们所采取的关键策略和未来展望。以下是本报告的主要部分。
一、销售业绩概览
总体销售额：2024年上半年，销售团队实现了总收入650万美元，较去年同期增长了23%。
新客户获取：成功开发了45家新企业客户，其中10家已成为我们的长期合作伙伴。
客户保留率：保持了92%的高客户保留率，表明我们的客户服务和产品满足度处于行业领先水平。
区域拓展：亚洲市场的销售额增长尤为显著，增幅达到35%，北美市场稳定增长15%。
二、关键销售策略与实施
数字化转型：加强了在线营销和电子商务平台的投入，线上销售额占比从15%提升至25%。
客户关系管理：优化CRM系统，提升了客户响应速度和服务质量，客户满意度评分平均提高了10%。
产品组合优化：推出三款新产品，针对中小型企业定制解决方案，增加了产品线的吸引力。
团队建设与培训：组织了两轮销售技巧和产品知识培训，提升了团队的专业能力与士气。
三、面临的挑战与应对措施
市场竞争加剧：通过增加研发投入，强化产品差异化优势，以及灵活的价格策略来应对。
供应链不确定性：建立了多元化的供应商网络，确保供应链稳定性和成本控制。
四、未来规划
市场拓展：计划下半年加大对欧洲市场的开拓力度，预计新增销售额100万美元。
技术创新：持续关注AI和云计算领域的最新进展，为客户提供更智能化的解决方案。
团队发展：引入更多销售和市场分析人才，提升团队整体实力，准备迎接更大的市场机遇。
总结
销售部门在2024年上半年取得了令人鼓舞的成绩，这得益于我们清晰的战略方向和团队的不懈努力。我们将继续聚焦客户需求，深化市场渗透，以实现全年销售目标，并为公司创造更大价值。
感谢董事会及管理层的支持与指导，期待您的宝贵意见。
此致，
[您的姓名]
销售经理
[公司名称]
日期：2024年7月20日
请根据实际情况调整上述数据和细节，以确保报告的准确性和真实性。这份报告旨在提供一个结构化和专业的框架，帮助您展示销售业绩和战略思考。

这份述职报告写得不错，报告采用了明确的章节结构，分别涵盖了销售业绩概览、关键销售策略与实施、面临的挑战与应对措施以及未来规划，层次分明，逻辑连贯。报告提供了具体的销售额数据、新客户数量、客户保留率、区域市场增长幅度等关键指标，增强了报告的可信度和说服力。报告清晰阐述了所采取的销售策略，并且说明了这些策略的实施效果，能够正视面临的挑战，并提出了相应的应对措施。对下半年的市场拓展、技术创新和团队发展制订了具有可操作性和前瞻性的计划。

然而，为了使其更加完善，还可以在销售业绩部分，进一步分析不同产品或服务类别的销售情况，以提供更深入的业绩洞察。对于新推出的产品，可以说明其具体的销售表现和市场反馈。在阐述未来规划时，可以增加一些具体的阶段性目标和时间节点，以便更好地跟踪和评估进展。总体而言，这是一份质量较高的述职报告，如果能够根据上述建议进行适当补充和完善，将会更加出色。

## 6.9 制定公司规章制度

公司规章制度是指公司为了规范自身的经营管理活动、保障公司的正常运转以及维护公司和员工的合法权益，而制定的一系列具有普遍约束力的规则、程序和准则的总和。公司规章制度是公司管理的重要依据，有助于建立良好的工作秩序，提高工作效率，促进公司的稳定发展。

公司规章制度涵盖了公司运营的多个方面，如组织架构与职责、员工行为规范、招聘与离职规定、薪酬与福利标准、绩效考核方法、培训与发展规定、安全与保密制度等。

【示例】制定公司绩效考核方法。

> 我是一家小型IT公司的人事，请帮我制定公司绩效考核的规章制度，字数控制在300字内，规定内容不要太烦琐，具有可操作性和通俗性。

这里采纳了豆包制定的公司规章制度，简洁明了，适合小型公司的人事管理。

> 以下是300字左右的小型IT公司绩效考核规章制度。
> 《[公司名称]绩效考核规章制度》
> 一、目的
> 激励员工，提升工作成效，推动公司进步。
> 二、适用人员
> 公司全体正式员工。
> 三、考核周期
> 月度考核与季度考核相结合。
> 四、考核内容
> 工作业绩（任务完成情况、质量等）、工作能力（技术水平、创新能力等）、工作态度（责任心、团队合作等）。
> 五、考核流程
> 月初定目标，员工与上级沟通确认。月末员工自评，上级评价并与员工面谈，指出优缺

点，共同制订改进计划。
六、结果应用
影响薪酬和奖金，是晋升、调岗的参考。
七、申诉
对结果有异议，可在公布后3天内申诉，人事5天内处理。
本制度解释权归人事部，自发布日执行。
希望这份制度能对您有所帮助，如有其他需求，可随时告诉我。

## 6.10 设计办公PPT

办公PPT是指在办公场景中使用的演示文稿，它是一种通过图文并茂、多媒体元素结合的方式，将复杂的信息进行直观、清晰、有条理地展示和传达的工具。例如，在公司内部，可能会用办公PPT来做销售业绩汇报、市场趋势分析、产品介绍；在对外商务活动中，用于向客户展示解决方案、投标方案等。它可以帮助演讲者更有效地与观众沟通，提高信息传达的效率和效果。

办公PPT涵盖了多种类型，如工作汇报型PPT、培训教学型PPT、产品推广型PPT、企业介绍型PPT、项目策划型PPT、数据分析型PPT，可以满足不同的工作需求和场景。不同类型的办公PPT在内容侧重点、设计风格和展示方式上会有所不同，但都旨在清晰有效地传达信息，辅助达成工作目标。

【示例】先使用AI大模型快速生成办公PPT的文案（大纲），然后使用AI生成精美的PPT。
第1步，生成办公文案。

> 我是公司人事部经理，明天晚上将要举办一场新员工培训会议，会议主题为企业文化与价值观培训，请帮我生成一份PPT大纲。

文心一言回复如下：

> 当然，作为公司人事部经理，为新员工准备一场关于企业文化与价值观的培训会议，PPT是一个重要任务。以下是一个建议的PPT大纲，您可以根据具体情况进行调整和补充：
> PPT标题页
> ● 标题：企业文化与价值观培训
> ● 副标题：共筑企业梦想，携手共创辉煌
> ● 日期：[具体日期]
> ● 时间：晚上8点
> ● 地点：科技楼2楼会议室
> ● 主讲人：[您的姓名] 或 [指定讲师姓名]
> ● 参与人员：新员工（入职1年内）
> 目录页
> 1. 欢迎与介绍
> 2. 公司概况
> 3. 企业文化的定义与重要性
> 4. 我们的企业文化

- 核心价值观
- 企业使命与愿景
- 企业精神

5. 企业文化实践案例分享
6. 如何融入企业文化
- 个人行为准则
- 团队协作与沟通
- 成长与发展路径

7. 企业价值观在日常工作中的体现
8. 互动环节：问答与分享
9. 结语与期望
10. 后续行动计划

**PPT内容页示例**

1. 欢迎与介绍
- 简短自我介绍
- 培训目的与意义
- 培训流程概览

2. 公司概况
- 公司历史沿革
- 行业地位与影响力
- 主要业务与产品/服务介绍

3. 企业文化的定义与重要性
- 什么是企业文化
- 企业文化的作用：凝聚力、导向力、激励力、约束力等
- 企业文化与企业发展的关系

4. 我们的企业文化
- 核心价值观：列出并解释公司的核心价值观（如诚信、创新、责任等）
- 企业使命与愿景：明确公司的使命和长远愿景
- 企业精神：阐述公司特有的精神风貌和态度

5. 企业文化实践案例分享
- 成功案例：展示企业文化如何促进项目成功、员工成长等
- 挑战与应对：分享面对困难时如何坚持企业文化，克服挑战

6. 如何融入企业文化
- 个人行为准则：强调符合企业文化的行为规范
- 团队协作与沟通：促进新员工了解并实践团队协作的重要性
- 成长与发展路径：介绍公司为员工提供的成长机会和发展平台

7. 企业价值观在日常工作中的体现
- 通过具体工作场景说明企业价值观的实际应用
- 鼓励新员工在日常工作中践行企业价值观

8. 互动环节：问答与分享
- 准备一些与企业文化相关的问题供新员工提问
- 邀请新员工分享自己对企业文化的理解和感受

> 9. 结语与期望
> - 总结培训要点
> - 对新员工提出期望与鼓励
> - 强调企业文化对公司和个人发展的重要性
> 10. 后续行动计划
> - 安排新员工阅读相关材料或观看视频进一步学习
> - 定期组织企业文化交流活动
> - 设立反馈机制，鼓励新员工提出意见和建议
> 
> 希望这个大纲能为您的PPT制作提供一些有用的参考！

第2步，根据上一步生成的PPT大纲，使用文心一言智能体生成精美的PPT页面。具体操作方法可以参考1.3.5小节示例。提示，让智能体生成PPT时，可以同步提交上一步生成的PPT大纲。

第3步，由于智能体的局限性，下面推荐国内更专业的AI生成PPT平台。

◎ 讯飞智文（https://zhiwen.xfyun.cn/）：由科大讯飞推出的一款AI智能PPT生成工具，旨在通过AI技术帮助用户快速创建专业的演示文稿。

◎ 美图设计室AiPPT（https://www.designkit.com/）：由美图公司推出的AI辅助PPT生成制作工具，旨在帮助用户快速创建专业的PPT。

例如，访问讯飞智文官网首页，根据提示只需简单的两步操作。第1步，提交PPT大纲，可以上传文档，也可以直接复制PPT大纲文字；第2步，选择PPT页面风格。然后讯飞智文会根据大纲逐页生成PPT，完成后可以在线编辑PPT。最后，下载PPT到本地即可再编辑或直接使用，如图6.1所示。

图6.1 使用讯飞智文生成精美的PPT

## 6.11 设计办公表格

办公表格是一种用于组织、整理和分析数据的工具，通常以行和列的形式呈现信息。常见的办公表格形式如下。

◎ 数据表：用于记录和整理大量的数据信息，如员工基本信息表、销售数据记录表等。
◎ 清单表：如采购清单、任务清单等，主要用于罗列一系列的项目或任务，每行代表一个单独的项，可标记其状态（如已完成、未完成）。
◎ 日程表：用于安排和记录工作或活动的时间安排，如会议日程表、项目进度日程表等。通常包含日期、时间、事项描述等列。
◎ 财务报表：如资产负债表、利润表、现金流量表等，遵循特定的财务会计准则和格式，反映企业的财务状况和经营成果。
◎ 考勤表：记录员工的出勤情况，包括上班时间、下班时间、请假、旷工等信息。
◎ 库存表：用于管理库存物品的数量、入库、出库情况，以便及时掌握库存水平。
◎ 绩效评估表：对员工的工作表现进行评估和打分，包含工作成果、工作态度、能力等方面的评价指标。
◎ 费用报销表：员工填写费用的用途、金额等信息，用于申请费用报销。
◎ 客户信息表：记录客户的基本资料、联系方式、购买记录等，便于客户管理和营销。

以上只是办公中常见的表格形式的一部分，具体的表格形式会根据不同的工作需求和行业特点有所不同。

【示例】AI能够按照用户的要求生成各种各样的表格。只要输入数据和要求，AI会开始制作表格，并允许按需求修改表格。

> 请把下面会议日程生成一个表格，表格的标题为会议主题，表格尾部添加日期、地点信息。
> 会议主题：AI在医疗领域的应用与挑战
> 日期：2024年7月19日
> 地点：大学学术报告厅
> 上午：
> 8:30—9:00 参会人员签到
> 9:00—9:30 开幕致辞，介绍会议背景和目的
> 9:30—10:30 专家主题演讲：AI在医疗影像诊断中的应用
> 10:30—11:30 学者报告：AI辅助疾病预测模型的研究
> 中午：
> 11:30—13:00 午餐与休息
> 下午：
> 13:00—14:00 案例分享：某医院AI系统的实践经验
> 14:00—15:00 分组讨论：AI在医疗领域面临的伦理问题
> 15:00—15:30 茶歇
> 15:30—16:30 研究成果展示与交流
> 16:30—17:00 会议总结与展望

豆包生成的会议日程表如图6.2所示。进一步提出要求：

> 把会议主题设置为标题并显示在表格头部

结果如图6.3所示。

| 时间 | 活动内容 |
|---|---|
| 8:30 - 9:00 | 参会人员签到 |
| 9:00 - 9:30 | 开幕致辞，介绍会议背景和目的 |
| 9:30 - 10:30 | 专家主题演讲：人工智能在医疗影像诊断中的应用 |
| 10:30 - 11:30 | 学者报告：人工智能辅助疾病预测模型的研究 |
| 11:30 - 13:00 | 午餐与休息 |
| 13:00 - 14:00 | 案例分享：某医院人工智能系统的实践经验 |
| 14:00 - 15:00 | 分组讨论：人工智能在医疗领域面临的伦理问题 |
| 15:00 - 15:30 | 茶歇 |
| 15:30 - 16:30 | 研究成果展示与交流 |
| 16:30 - 17:00 | 会议总结与展望 |

日期：2024 年 7 月 19 日
地点：大学学术报告厅

图6.2　豆包生成的会议日程表

| 会议主题：人工智能在医疗领域的应用与挑战 | |
|---|---|
| 时间 | 活动内容 |
| ---- | ---- |
| 8:30 - 9:00 | 参会人员签到 |
| 9:00 - 9:30 | 开幕致辞，介绍会议背景和目的 |
| 9:30 - 10:30 | 专家主题演讲：人工智能在医疗影像诊断中的应用 |
| 10:30 - 11:30 | 学者报告：人工智能辅助疾病预测模型的研究 |
| 11:30 - 13:00 | 午餐与休息 |
| 13:00 - 14:00 | 案例分享：某医院人工智能系统的实践经验 |
| 14:00 - 15:00 | 分组讨论：人工智能在医疗领域面临的伦理问题 |
| 15:00 - 15:30 | 茶歇 |
| 15:30 - 16:30 | 研究成果展示与交流 |
| 16:30 - 17:00 | 会议总结与展望 |

日期：2024 年 7 月 19 日
地点：大学学术报告厅

图6.3　为表格添加表头标题

## 6.12　使用Excel函数

Excel函数是预定义的公式，用于在Excel中进行计算、数据分析、文本处理、日期和时间操作等各种任务。使用Excel函数可以大大提高数据处理的效率和准确性，减少手动计算和操作的错误。

为了提高工作效率，日常办公中经常会使用Excel函数来处理数据。当为了完成某种功能却不知道该用什么Excel函数时，可以直接向AI求助。

【示例】对公司员工的工资表进行汇总分析。

第1步，设计一张工资表，如表6.1所示。

表6.1　工资表

| 员工姓名 | 基本工资 | 绩效工资 | 加班工资 | 津贴 | 扣税 | 实发工资 |
|---|---|---|---|---|---|---|
| 张三 | 8000 | 2000 | 500 | 800 | 500 | 10800 |
| 李四 | 7500 | 1800 | 300 | 500 | 400 | 9700 |
| 王五 | 9000 | 2500 | 600 | 1000 | 600 | 12500 |

第2步，分析公司员工的平均工资水平。

> 我有一份Excel格式的员工工资表，A列为员工姓名，B列为基本工资，C列为绩效工资，D列为加班工资，E列为津贴，F列为扣税，G列为实发工资。请问使用什么Excel函数可以统计出员工的实发平均工资。

第3步，Kimi回复如下。提示，使用其他AI大模型也能够获得大致相同的内容。

要计算员工的实发平均工资，你可以使用Excel中的AVERAGE函数来对G列（实发工资）中的数据求平均值。以下是具体的步骤。

选择一个空白单元格，这将是你输入公式的地方。

输入公式：=AVERAGE(G2:G最后一行)，其中G2是实发工资列的第一个数据单元格，"G最后一行"是指包含数据的最后一行。例如，如果数据到G100，公式将是=AVERAGE(G2:G100)。

按下Enter键，Excel将计算出所有员工的实发平均工资。

这个公式会计算G列中从第二行到最后一行的所有实发工资的平均值。如果你的工资表中包含标题行，确保公式是从第二行开始的。如果你不确定最后一行的行号，可以使用Excel的COUNTA函数来确定G列中包含数据的最后一个单元格的行号，然后手动将这个数字替换到公式中。例如，如果G列中的最后一个数据单元格是G100，可以使用以下公式来确定这个行号。

=COUNTA(G:G)

这将返回G列中非空单元格的数量，可以根据这个数字来调整AVERAGE函数的范围。

第4步，复制"=AVERAGE(G2:G最后一行)"到一个空单元格中，然后修改为"=AVERAGE(G2:G4)"，按Enter键即可快速获得公司员工的实发平均工资水平。

第5步，进一步的咨询。

使用什么函数可以根据工资表对员工进行评优。

第6步，Kimi回复如下。

在Excel中，根据工资表对员工进行评优可以通过以下步骤实现。

1）确定评分标准
● 确定哪些工资分项（如基本工资、绩效工资、加班工资、津贴等）将被用于评分。
● 为每个工资分项设定一个权重，表示其在总评分中的重要性。

2）计算加权总分
使用SUMPRODUCT函数来计算每个员工的加权总分。公式如下：
=SUMPRODUCT(B2:E2, {权重1, 权重2, 权重3, 权重4}) – F2
其中，B2:E2是基本工资、绩效工资、加班工资和津贴的范围；权重1到权重4是对应的权重；F2是扣税。

3）计算排名
使用RANK.EQ或RANK.AVG函数来计算每个员工的排名。公式如下：
=RANK.EQ(加权总分单元格, 加权总分范围)
例如，如果加权总分在H2单元格，并且应用于H2:H100，则公式为
=RANK.EQ(H2, H2:H100)

4）确定评优比例
根据公司政策和员工总数，确定评优的比例或名额。例如，如果公司决定前10%的员工将被评为优秀，则根据员工总数计算出具体的名额。

5）应用评优标准
根据排名和评优比例，确定哪些员工将被评为优秀。可以使用IF函数来实现这一点。公式如下：
=IF(RANK.EQ(H2, H2:H100) <= 总员工数 * 评优比例,"优秀","一般")
例如，如果员工总数为100，评优比例为0.1，则公式为

=IF(RANK.EQ(H2, H2:H100) <= 10, "优秀", "一般")

6）审核和调整
- 审核计算结果，确保没有错误。
- 根据实际情况调整评优标准或比例。

7）公布结果
将评优结果公布给所有员工，并解释评优的标准和过程。
以下是具体的Excel操作步骤。
步骤1：在工资表中，选择一个空白列（如H列）来计算加权总分。
步骤2：在H2单元格中输入以下公式，并向下拖动填充到所有员工。
=SUMPRODUCT(B2:E2, {权重1, 权重2, 权重3, 权重4}) – F2
步骤3：在I2单元格中输入以下公式，并向下拖动填充到所有员工。
=RANK.EQ(H2, H$2:H$最后一行)
步骤4：在J2单元格中输入以下公式，并向下拖动填充到所有员工。
=IF(I2 <= 总员工数*评优比例, "优秀", "一般")
确保替换公式中的权重、总员工数和评优比例为实际的数值。这样就可以根据工资表对员工进行评优了。

【提示】

函数通过特定的名称和参数来执行特定的操作。例如，SUM函数用于求和；AVERAGE函数用于计算平均值；VLOOKUP函数用于在表格中垂直查找数据。函数的参数可以是数值、单元格引用、数组或其他函数的结果。以SUM函数为例，其语法为SUM(number1,[number2,...])。其中，number1是必选参数；[number2,...]是可选参数。例如，要计算A1～A10单元格的数值总和，可以输入=SUM(A1:A10)。

## 6.13 使用Excel宏

Excel宏是一系列命令和函数的组合，能自动执行重复性的任务，提高工作效率。宏可以记录用户在Excel中的操作步骤，如格式设置、数据输入、公式应用等，然后在需要时重复执行这些步骤。

例如，如果每天都需要对一个特定格式的工作表进行相同的数据处理和格式调整，就可以录制一个宏，之后只需运行宏就能快速完成这些操作，而无须手动一步步重复。或者需要从大量数据中按照特定的规则筛选并提取数据，通过编写宏代码，可以实现自动化处理，节省大量时间和精力。

【示例】使用Excel宏对上面示例中公司员工工资表进行评优排名。在Kimi窗口中提问：

请编写一段VBA代码，针对上面的工资表，对员工进行评优排名，并把名称插入H列，其中，基本工资权重为1、绩效工资权重为3、加班工资权重为2、津贴权重为2。

Kimi回复如下：

以下是一个VBA宏示例，它将根据您提供的工资分项权重对员工进行评优排名，并将结果插入H列。此代码假设您的工资表数据从第二行开始，并且工资表没有合并单元格。

```vb
Sub EvaluateEmployees()
    Dim ws As Worksheet
    Set ws = ActiveSheet '假设当前活动的工作表就是工资表
    Dim lastRow As Long
    lastRow = ws.Cells(ws.Rows.Count, "A").End(xlUp).Row  '获取A列最后一个员工的行号
    Dim basicWeight As Double
    Dim performanceWeight As Double
    Dim overtimeWeight As Double
    Dim allowanceWeight As Double
    Dim i As Long
    Dim weightedScore As Double
    Dim rank As Double
    '设置权重
    basicWeight = 1
    performanceWeight = 3
    overtimeWeight = 2
    allowanceWeight = 2
    '计算加权得分并排名
    For i = 2 To lastRow
        weightedScore = ws.Cells(i, "B").Value * basicWeight + _
                        ws.Cells(i, "C").Value * performanceWeight + _
                        ws.Cells(i, "D").Value * overtimeWeight + _
                        ws.Cells(i, "E").Value * allowanceWeight
        '减去扣税
        weightedScore = weightedScore – ws.Cells(i, "F").Value
        '将加权得分写入H列
        ws.Cells(i, "H").Value = weightedScore
    Next i
    '根据加权得分排名
    ws.Range("H2:H" & lastRow).Sort Key1:=ws.Range("H2"), Order1:=xlDescending, Header:=xlNo
    '确定评优名额
    Dim totalEmployees As Long
    totalEmployees = lastRow – 1 '减去标题行
    Dim topPercentage As Double
    topPercentage = 0.1 '假设10%的员工被评为优秀
    Dim topRank As Long
    topRank = Round(totalEmployees * topPercentage)
    '标记评优员工
    For i = 2 To topRank + 1
        ws.Cells(i, "H").Value = "优秀"
    Next i
    MsgBox "评优排名已完成。"
End Sub
```

要运行此宏，请按照以下步骤操作。
（1）打开Excel，然后打开包含工资表的工作簿。
（2）按下Alt+F11组合键，打开VBA编辑器。
在VBA编辑器中，选择"插入"→"模块"，在打开的模块窗口中粘贴上述代码。
（3）按下F5键运行宏或关闭VBA编辑器，然后在Excel中选择宏并运行。
请注意，此代码将直接修改工作表，因此在运行之前，请确保备份数据。此外，根据实际的工资表结构，可能需要对代码进行适当的调整。

要运行此宏，可以根据Kimi提示的步骤进行操作。运行上面VBA代码片段之后，则Excel工作表效果如图6.4所示。

| | A | B | C | D | E | F | G | H | I | J |
|---|---|---|---|---|---|---|---|---|---|---|
| 1 | 员工姓名 | 基本工资 | 绩效工资 | 加班工资 | 津贴 | 扣税 | 实发工资 | 加权评优排名 | | 平均工资 |
| 2 | 张三 | 8000 | 2000 | 500 | 800 | 500 | 10800 | | 19100 | 11000 |
| 3 | 李四 | 7500 | 1800 | 300 | 500 | 400 | 9700 | | 16100 | |
| 4 | 王五 | 9000 | 2500 | 600 | 1000 | 600 | 12500 | | 14700 | |

图6.4 对员工进行加权评优排名效果

◁》【提示】

宏的使用需要一定的编程知识，但其强大的功能可以为复杂和重复性的工作带来极大的便利。借助AI智能辅助功能，用户可以轻松完成这种比较专业的编程应用。

## 6.14 使用Word宏

Word宏与Excel宏一样，也是一段VBA代码。它是一系列 Word 命令和指令的集合，可以自动执行重复或复杂的任务。例如，如果经常需要在文档的特定位置插入相同格式的文本块，如版权声明、公司地址等，就可以创建一个宏来实现自动插入；如果需要对大量文档进行统一的格式修改，如将所有标题的字体设为特定的样式和大小，将段落间距调整为固定值等，通过宏可以一次性完成这些操作，而不必逐个文档手动修改；如果需要在文档中根据特定的条件查找并替换一些文本，宏也可以自动完成这个过程。

【示例】使用宏快速替换Word文档中的错误词语。

请在Word中编写一段VBA代码，把文档中的"迫不急待"替换为"迫不及待"。

Kimi回复如下：

在Word中使用VBA进行文本替换是一个简单的任务。以下是一个VBA宏示例，它将搜索文档中的所有"迫不急待"实例，并将其替换为"迫不及待"。

```
Sub ReplaceText()
    Dim findText As String
    Dim replaceText As String
    ' 设置要查找的文本和替换的文本
    findText = "迫不急待"
    replaceText = "迫不及待"
```

```
        '执行替换操作
        With ActiveDocument.Content.Find
            .Text = findText                            '设置要查找的文本
            .Replacement.Text = replaceText             '设置替换文本
            .Forward = True
            .Wrap = wdFindContinue
            .Format = False
            .MatchCase = False
            .MatchWholeWord = False
            .MatchWildcards = False
            .MatchSoundsLike = False
            .MatchAllWordForms = False
            '执行替换操作
            .Execute Replace:=wdReplaceAll
        End With
        MsgBox "文本替换完成。"
    End Sub
```

要运行此宏，请按照以下步骤操作。

打开Word文档，然后按下Alt+F11组合键打开VBA编辑器。

在VBA编辑器中，选择"插入"→"模块"，在打开的模块窗口中粘贴上述代码。

按下F5键运行宏或关闭VBA编辑器，在Word中选择宏并运行。

此宏会查找文档中所有的"迫不急待"并将其替换为"迫不及待"。请注意，此代码中的.MatchWholeWord设置为False，这意味着它将替换任何包含"迫不急待"的文本，而不仅仅是完整的单词。如果你只想替换完整的单词，可以将.MatchWholeWord设置为True。

此外，.MatchCase设置为False，这意味着替换操作将不区分大小写。如果需要区分大小写，请将.MatchCase设置为True。

请确保在运行宏之前保存文档，以防万一需要撤销替换操作。

按照Kimi回复的操作步骤，运行这段VBA代码，会自动替换当前文档中的"迫不急待"为"迫不及待"。

## 6.15 制作思维导图

思维导图是一种以放射性思考为基础的图形化工具，用于帮助人们组织和表达思维。它通过将主题或中心概念放在中心位置，然后从中心向四周发散出分支，每个分支代表与中心概念相关的一个子主题或想法。分支上还可以继续细分出更小的分支，形成一个层次分明、结构清晰的思维网络。思维导图可以应用于学习、工作、生活的各个方面，帮助人们更高效地整理思路、提高创造力和解决问题的能力。

AI大模型是一个基于文本的语言模型，专注于理解和生成自然语言文本，因此无法直接创建或绘制视觉化的思维导图，但可以帮助用户构思和设计思维导图的内容和结构，或者提供关于如何创建思维导图的指导和建议。

【示例1】使用AI大模型快速生成思维导图结构。

我准备写一篇关于"环境保护"的论文，中心主题是"环境保护"，分支可能有"污染现状""治理措施""公众意识"等。在"污染现状"分支下，可以进一步细分出"大气污染""水污染""土壤污染"等。请帮我生成一个思维导图结构，层级不要超过两级，二级项目不要超过3个。

智谱清言生成的思维导图结构如下：

一、引言
1. 环境保护的重要性
2. 论文研究目的与意义
二、环境保护的分支主题
1. 污染现状
- 大气污染
- 水污染
- 土壤污染
2. 治理措施
- 法律法规建设
- 技术创新与应用
- 政策扶持与监管
3. 公众意识
- 环保教育普及
- 媒体宣传引导
- 社会参与与监督
三、结论
1. 当前环境保护面临的挑战
2. 未来环境保护的发展方向与建议

国内可制作思维导图的AI平台很多，如boardmix AI（https://boardmix.cn/）、ProcessOn（https://www.processon.com/）等。这些平台都利用了AI技术来帮助用户更高效地创建思维导图。用户可以根据自己的需求和使用习惯选择适合的平台。在使用过程中，具体的功能和效果可能会因平台的更新和个人需求的不同而有所差异。

【示例2】使用boardmix AI制作"环境保护"的论文思维导图。

访问https://boardmix.cn/，在首页选择"AI一键生成思维导图"，然后在AI助手面板中输入下面思维导图结构。注意，以空格缩进显示思维导图的结构。

```
环境保护
    引言
        环境保护的重要性
        论文研究目的与意义
    环境保护的分支主题
        污染现状
            大气污染
            水污染
            土壤污染
        治理措施
```

　　　　法律法规建设
　　　　技术创新与应用
　　　　政策扶持与监管
　　公众意识
　　　　环保教育普及
　　　　媒体宣传引导
　　　　社会参与与监督
结论
　　当前环境保护面临的挑战
　　未来环境保护的发展方向与建议

最后，在AI助手面板右下角单击"提问"按钮图标➤，生成思维导图，效果如图6.5所示。

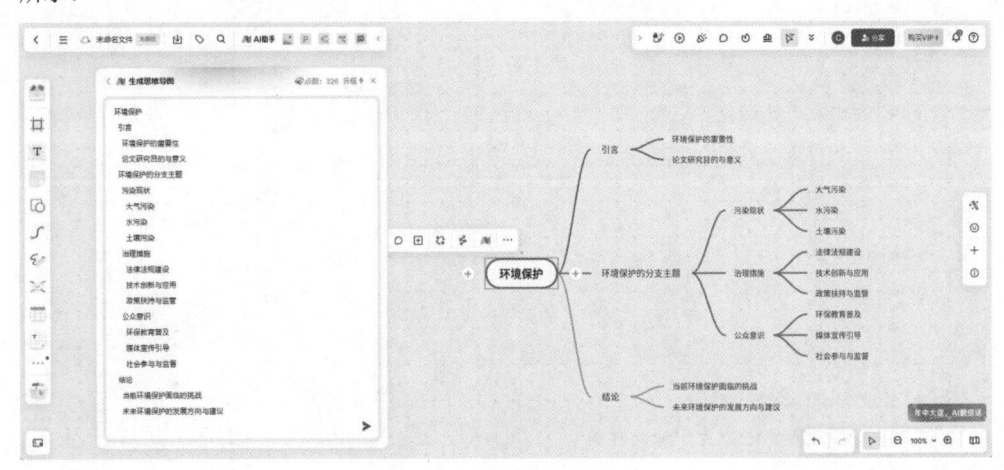

图6.5　生成的思维导图效果

📢【提示】

也可以以问题的方式让AI帮助生成思维导图，不需要提供详细的思维导图结果。例如：

我准备写一篇关于"环境保护"的论文，请帮我生成一个思维导图。

此时，AI会根据训练的数据生成一个完整的思维导图，然后用户可以根据需要进行增加、删除或修改。

## 6.16　办公软件咨询

日常办公中会用到各种软件，以协助日常事务处理，如Word文字处理、Excel电子表格制作、PowerPoint演示文稿设计、Outlook邮件管理等。使用这些软件时不可避免地会遇到各种难题，传统方法是借助搜索引擎寻找答案，但这样费时费力，而现在使用AI进行咨询，就可以快速获取准确、有用的解决方法。

【示例1】在Word中如何删除分页符？

360智脑解答如下：

> 在Microsoft Word中删除分页符可以通过几种方法实现。以下是几种常见的方法。
> 
> 1. 使用键盘快捷键
> 
> 将光标放在分页符之前或之后。
> 
> 按下Delete键（如果光标在分页符之后）或Backspace键（如果光标在分页符之前），分页符将被删除。
> 
> 2. 在普通视图或页面视图中删除
> 
> 切换到"普通视图"或"页面视图"模式。
> 
> 找到分页符，它通常显示为一条虚线。
> 
> 选中分页符，然后按下Delete键或Backspace键将其删除。
> 
> 3. 使用查找和替换功能
> 
> 打开"查找和替换"对话框（Ctrl+H）。
> 
> 在"查找内容"框中，单击"特殊格式"，选择"分页符"。
> 
> 在"替换为"框中，不输入任何内容（即为空）。
> 
> 单击"全部替换"，Word将自动删除所有分页符。
> 
> 4. 在大纲视图中删除
> 
> 切换到"大纲视图"模式。
> 
> 分页符会显示为一个带有"分页符"字样的图标。
> 
> 选中分页符，然后按下Delete键或Backspace键将其删除。
> 
> 通过以上方法，你可以在Microsoft Word中轻松删除分页符。如果你有具体的Word版本或其他相关问题，请随时告知，以便提供更详细的帮助。

【示例2】使用Excel如何跨工作表引用数据，只推荐一种最容易操作的方法。

豆包解答如下：

> 在Excel中，最容易操作的跨工作表引用数据的方法是直接引用，格式为：='工作表名称'!单元格地址。
> 
> 例如，如果要在Sheet1中引用Sheet2工作表中A1单元格的数据，您只需在Sheet1的单元格中输入：='Sheet2'!A1。
> 
> 这种方法直观且简单，您只需明确要引用的工作表名称和具体单元格地址即可。

## 6.17 调色咨询

AI调色板可以利用AI技术来生成、优化或辅助色彩搭配，它能够快速提供大量新颖且协调的色彩组合方案。例如，在设计领域，当设计师需要为一个品牌标识或者网站页面选择配色时，AI调色板可以根据输入的主题、风格等参数，瞬间生成一系列合适的色彩方案，节省了设计师反复尝试和调整的时间。

AI调色板能够基于大数据和深度学习算法，精准地匹配用户的需求和偏好。例如，如果用户希望获得一组适合儿童产品的活泼色彩，AI调色板会分析大量相关的成功案例，给出令人满意的结果。AI调色板还能适应不同的应用场景和媒介，无论是用于印刷品、数字界面还是视频制作，它都能提供适合的色彩模式和亮度、对比度等参数。

【示例】公司年会主题板色彩设计。

> 我公司Logo主色调是绿色和鹅黄色，公司准备举办年会庆祝活动，请结合公司Logo色和年会的喜庆气氛生成十六进制的主题背板的配色方案。

文心一言的配色方案说明比较详细，具体内容如下：

> 为了结合您公司Logo的绿色与鹅黄色主色调，并融入年会喜庆的氛围，我们可以设计一套既体现公司品牌特色又富有节日喜庆感的十六进制配色方案。以下是一个建议的配色方案。
>
> 1. 主背景色（绿色基调，增添活力与和谐）
>
> #4CAF50：这是一种鲜亮的绿色，既保持了绿色的自然与生机，又带有一定的活力感，非常适合作为年会的背景基调，与公司Logo的绿色相呼应。
>
> 2. 辅助色1（鹅黄色，温暖而明亮）
>
> #FFFACD：这是一种浅鹅黄色，温暖而明亮，能够很好地与绿色背景搭配，增添年会的温馨与喜庆氛围，直接体现公司Logo的鹅黄色元素。
>
> 3. 点缀色1（金色，增添奢华与庆典感）
>
> #FFD700：金色作为点缀色，能够瞬间提升整个场景的奢华感和庆典氛围，适合用于文字、边框或装饰元素的强调。
>
> 4. 点缀色2（深红色，增加对比与活力）
>
> #8B0000：虽然不直接来源于Logo色，但深红色作为对比色，能够增加画面的层次感和活力，特别是在需要突出某些重要信息或元素时非常有效。
>
> 5. 高光色（浅白色，提升整体明亮度）
>
> #FFFFFF：纯白色作为高光色，可以用于文字、图标或装饰元素的边缘，提升整体的明亮度和清晰度，使画面更加干净利落。
>
> 6. 阴影色（深绿色，增加立体感）
>
> #2E8B57：这是一种比主背景色稍深的绿色，适合用于创建阴影效果，增加画面的立体感和深度，使设计更加精致。
>
> 综合以上配色方案，您可以根据年会的具体场景和需求，灵活运用这些颜色进行搭配，创造出既符合公司品牌形象又充满喜庆氛围的年会主题背板。例如，主背景可以采用#4CAF50绿色，搭配#FFFACD鹅黄色作为装饰或文字颜色，同时用#FFD700金色进行点缀，增加奢华感；在需要强调的部分，可以使用#8B0000深红色作为对比色；最后，通过#FFFFFF白色和#2E8B57深绿色调整细节，提升整体视觉效果。

豆包的配色方案比较简单，但提供了4套方案。其他AI大模型也提出了不同的配色方案，可以比较参考，根据个人需要进行选择，限于篇幅，这里就不再展示了。

【注意】

> AI调色板为色彩搭配提供了创新和高效的解决方案，但在使用时仍需结合人类的审美判断和文化背景进行综合考量。有时它生成的色彩组合可能过于新颖或独特，不符合某些传统的审美标准。而且在一些特殊的文化和地域背景下，某些色彩的含义和象征可能被误解。

## 6.18 生成图表

AI生成图表是一项具有创新性和高效性的技术，它能够快速处理大量的数据，并根据数据的特点和关系自动选择最合适的图表类型。例如，如果数据呈现的是时间序列的趋势，AI可能会生成折线图；如果是不同类别之间的数据比较，可能会生成柱状图或饼图。

同时，AI生成图表在外观设计上也能做到美观和专业。它会考虑配色的协调性、字体的大小和风格、图表元素的布局等因素，使图表不仅清晰易读，还具有视觉吸引力，而且AI能够实时更新图表。当数据发生变化时，无须手动重新制作，图表能够自动更新以反映最新的数据情况。

在实际应用中，AI生成图表已经广泛应用于各个领域。在金融行业，用于快速生成财务报表和数据分析图表；在市场营销中，用于帮助呈现销售数据和市场趋势；在科研领域，用于清晰展示实验数据和研究结果等。

【示例1】生成中国人口趋势表。

> 请根据中国人口从1980年到现在的变化，使用高清图表逐年展示人口变化趋势。

仅有智谱清言按要求生成了中国人口折线图，如图6.6所示。

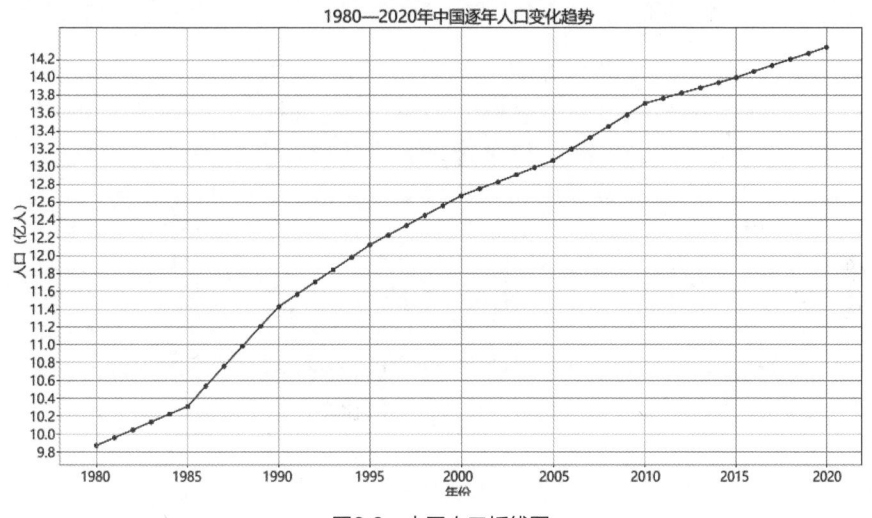

图6.6 中国人口折线图

> 我已经根据1980年至2020年中国人口的变化数据，制作了一张逐年展示人口变化趋势的高清图表。您可以通过链接下载查看。

智谱清言首先从官网获取中国人口数据，然后根据时间轴选择使用折线图展示人口变化的趋势。

【示例2】生成主要国家人口比较表。

> 请根据中国、美国、英国、法国、俄罗斯、印度最新的人口总数数据，绘制一张高清比较图表。

智谱清言按要求自动使用柱状图比较6国人口总数，如图6.7所示。

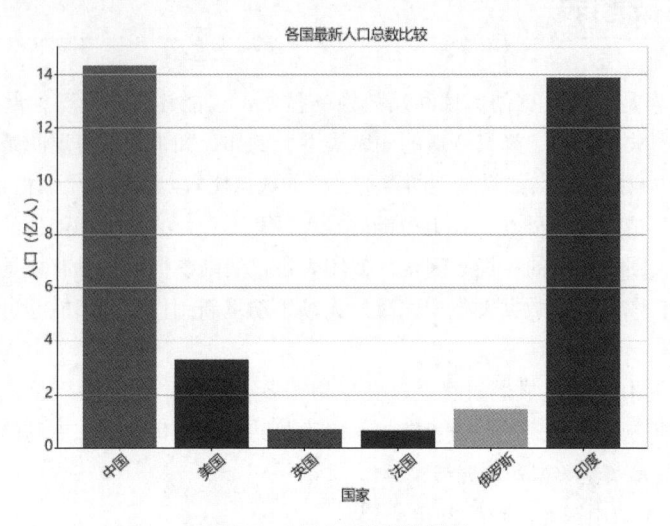

图6.7　6国人口总数柱状图

> 我已经根据中国、美国、英国、法国、俄罗斯、印度最新的人口总数数据，制作了一张比较图表。您可以通过链接下载查看高清图表。

【示例3】绘制公司资产和负债表。

第1步，在智谱清言对话文本框中单击"上传文件"图标，上传"公司资产和负债表.xlsx"文件。该文件包含2张表：资产表和负债表，如图6.8所示。

图6.8　公司资产和负债表

第2步，输入提示词。对话文本框如图6.9所示。

> 请根据"公司资产和负债表.xlsx"文件数据绘制资产表和负债表的高清图表。

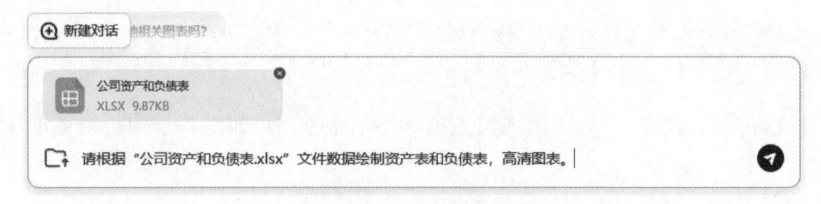

图6.9　提交文件和提示词

第3步，单击对话文本框右下角的"提交"图标，提交对话内容。

第4步，智谱清言回答如下：

代码生成：已完成
结果
['资产表','负债表']
代码生成：已完成
结果

（指标 金额（亿元）占比 0 货币资金 5.8170 0.1844 1 应收账款 5.2660 0.1669 2 存货 6.4850 0.2055 3 预付账款 0.6656 0.0211 4 固定资产 2.1230 0.0673, 指标 金额（亿元）占比 0 流动负债 9.4780 0.9848 1 非流动负债 0.1461 0.0152）

代码生成：已完成
结果

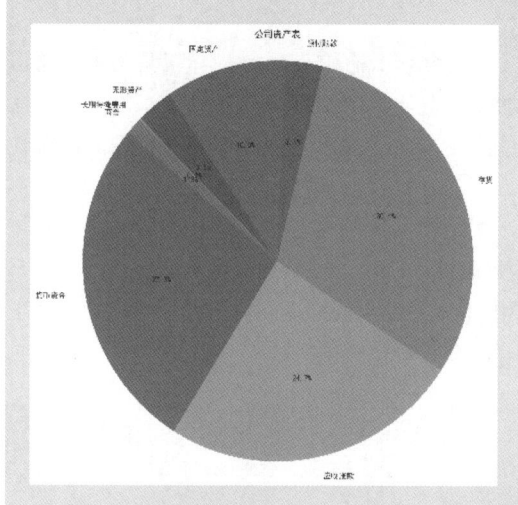

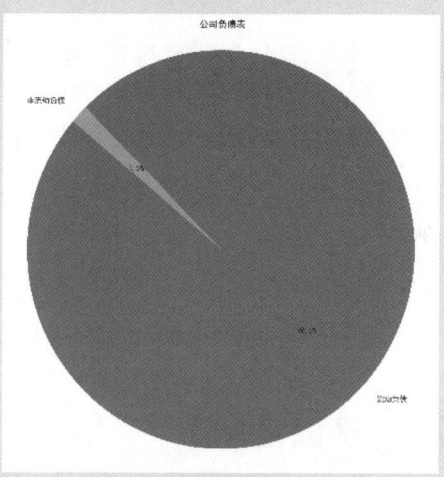

我已经根据新的数据绘制了资产表和负债表的高清饼图。请注意，由于平台限制，显示在这里的图像可能不是真正的"高清"，但它们是以高分辨率绘制的。如果你需要下载这些图表的原始高清版本，请告诉我，我将为你提供下载链接。

📢【提示】

　　AI为数据的可视化展示提供了便捷高效的途径，但仍需要与人工的审核和调整相结合，以达到最佳的效果。例如，对于一些复杂或特殊的数据关系，AI可能无法准确理解和呈现。在某些情况下，生成的图表可能需要人工进一步调整和优化，以确保完全符合特定的需求和要求。

# 第 7 章 翻 译

在日常办公中，经常会用到谷歌翻译、百度翻译或有道翻译等翻译工具来处理跨语言阅读障碍。AI也可以实现翻译，并且更加高效、便捷。AI翻译通常基于深度学习算法和大规模的语料库训练，能够快速处理大量的文本，并在一定程度上提高翻译的准确性和效率。

AI翻译在很多场景中发挥了重要作用，如帮助阅读外文资料、进行国际交流、跨境电商中的产品描述翻译等，但它也存在一些局限性。例如，在处理一些具有文化内涵、专业术语或语境复杂的内容时，可能会出现不准确或不恰当的翻译。对于比较重要的翻译工作，建议结合人工翻译，或者与其他专业翻译工具进行比对核实。

## 7.1 多语言翻译

多语言翻译是指将一种语言的文本或口语内容转换为多种其他语言的过程，在促进全球交流与合作、推动文化传播等方面发挥着重要作用。多语言翻译的应用场景十分广泛，具体说明如下。

◎ 国际贸易：帮助企业与不同国家的合作伙伴进行有效的商务沟通，包括合同、产品说明等文件的翻译。
◎ 旅游行业：为游客提供景点介绍、菜单、路牌等的多语言版本，方便游客在异国他乡的出行和体验。
◎ 学术研究：使学术成果能够在全球范围内传播和交流，学者可以阅读不同语言的研究文献。
◎ 互联网和软件开发：确保网站、应用程序能够被全球用户理解和使用。

实现多语言翻译的方式有多种：人工翻译、机器翻译、混合模式（先用机器翻译初稿，再由人工进行校对和修正）。

【示例】使用文心一言翻译下面一段文字。

> 请把下面一段文字分别翻译为英文、法文和日文。
> "当你决定坚持一件事情，全世界都会为你让路。"

文心一言翻译如下：

英文：
"When you decide to persist in something, the whole world will make way for you."
法文：
"Quand vous décidez de persévérer dans quelque chose, le monde entier vous laissera la place."
日文：
「何かにこだわり続ける決意を固めたとき、全世界があなたの前を開けてくれる。」

AI可以顺畅地翻译多种语言，包括但不限于英语、中文（简体和繁体）、西班牙语、法语、德语、葡萄牙语、俄语、日语、韩语和阿拉伯语等。

🚓【注意】

对于一些小语种语言，翻译质量可能不高。在处理某些涉及高度技术性或特定领域的翻译任务时，还需要人工介入提高翻译质量。

## 7.2 多语言发音

音标是记录音素的符号，也是音素的标写符号。英语音标是用来标注英语发音的符号系统，如同汉语拼音是标注汉字读音的符号系统一样。

🔊【提示】

音标能够帮助学习者准确地掌握单词的发音，对于学习外语、纠正发音错误以及提高口语表达能力都具有重要的作用。

【示例1】汉语拼音。

请给下面一段话进行拼音。
"一分耕耘，一分收获。"

文心一言回答如下：

yī fēn gēng yún, yī fēn shōu huò.

【示例2】英语音标。

下面一段话的音标是什么？
"No pain, no gain."

文心一言回答如下：

No pain, no gain. 的音标为：
/noʊ peɪn, noʊ geɪn/
其中，
- No的音标是 /noʊ/
- pain的音标是 /peɪn/
- 第二个no的音标同样是 /noʊ/
- gain的音标是 /geɪn/

> 【注意】
> 音标可能会根据不同的英语方言或发音习惯有所差异,但上述音标是基于一般的美式英语发音。

## 7.3 英汉互译

在日常办公中,经常需要将英文和中文进行相互转换。

【示例1】把英文翻译为中文。

> 请把下面一段英文翻译为中文。
> "Where there is a will, there is a way."

文心一言翻译如下:

> "有志者事竟成。"

【示例2】把中文翻译为英文。

> 请把下面一段中文翻译为英文。
> "一分耕耘,一分收获。"

文心一言翻译如下:

> "No pain, no gain."

【示例3】英汉互译。

> 请你进行英汉互译,如果我输入中文,你翻译为英文;如果我输入英文,你翻译为中文。

文心一言回答:

> 好的,我会尽力进行英汉互译。请您输入想要翻译的内容,然后我会给出对应的翻译结果。

我的输入:

> 吃得苦中苦,方为人上人。

文心一言翻译:

> Only by enduring the hardest of hardships can one become superior to others.

我的输入:

> Believe you can and you're halfway there.

文心一言翻译:

> 相信你能做到,你就成功了一半。

## 7.4 语言识别

AI能够识别不同的语言，这对于经常处理国际交流或贸易相关事务的办公白领来说非常重要。人们可以轻松识别一般的英文，但是对于法文、俄文、德文，以及很多小语种的语言，很难一下判断它是什么语言。

【示例1】识别语言。

> 下面一段话是什么语言，并把它翻译为中文。
> "Croyez en vous et tout est possible."

文心一言回答如下：

> 这段话是法语，翻译为中文是："相信自己，一切皆有可能。"

【示例2】连续识别不同的语言。

> 我输入不同的语言，请告诉我它是什么语言，并把它翻译为中文。

文心一言回答如下：

> 当然可以，请输入您想要翻译的语言文本。

我的输入：

> Tue jeden Tag etwas, das dich deinem Ziel näher bringt.

文心一言出现失误，暂停对话：

> 抱歉，这个功能暂未开放上线。您也可以用中文或英文问我一些其他的问题，我会尽力为您解答。

重新使用智谱清言进行测试：

> 我输入不同的语言，请告诉我它是什么语言，并把它翻译为中文。

智谱清言回答如下：

> 当然可以，请您输入不同的语言文本，我会尽力识别它们并翻译成中文。需要注意的是，我无法识别所有的语言，但我会尽力帮助您。

我的输入：

> Tue jeden Tag etwas, das dich deinem Ziel näher bringt.

智谱清言回答如下：

> 这句话是德语，翻译成中文是："每天做一点让你更接近目标的事情。"

我的输入：

> Упорство - это путь к достижению цели.

智谱清言回答如下：

> 这句话是俄语，翻译成中文是："坚持是达成目标的道路。"

我的输入：

> Confía en ti mismo y todo es posible.

智谱清言回答如下：

> 这句话是西班牙语，翻译成中文是："相信自己，一切皆有可能。"

## 7.5 修改病句

AI可以利用AI技术和相关的语言模型算法，对存在语法错误、逻辑不通、表述不准确等问题的句子进行识别和修正。

【示例1】修改中文病句。

> 下面一句话对吗？并给出修改意见。
> "我今天很快乐，和朋友一起去玩了，还吃了很多美食，心情非常好和放松。"

文心一言回答如下：

> 这句话在表达上是通顺的，但可以进行一些微调以提升语言的流畅性和精练度。
> 原句："我今天很快乐，和朋友一起去玩了，还吃了很多美食，心情非常好和放松。"
> 修改建议：
> "心情非常好和放松"可以简化为"心情既愉快又放松"，这样的表述更为自然和流畅。
> 句子整体结构已经很清晰，但可以适当调整语序，使表达更加地道。
> 修改后的句子："我今天很快乐，和朋友一起去玩，还品尝了许多美食，心情既愉快又放松。"
>
> 这样的修改保留了原句的意思，同时使表达更加精练和流畅。

【示例2】修改英文病句。

> 下面一句话对吗？并给出修改意见。
> He don't like apples.

文心一言回答如下：

> 这句话在语法上是不正确的。
> 修改意见：
> 由于主语He是第三人称单数，因此动词don't应该使用第三人称单数的形式doesn't。
> 正确的句子应该是："He doesn't like apples."

【示例3】翻译检查。

> 请检查一下下面翻译是否正确，并给出修改意见。
> Time flies：时间飞走

文心一言回答如下：

> 这个翻译存在一点问题，它没有准确地传达出Time flies的常用含义。

Time flies这个短语通常被翻译为"光阴似箭"或"时间飞逝",这样的翻译更能体现时间的流逝速度很快,就像箭一样快速,或者时间流逝得非常快,给人一种时间流逝得特别快的感觉。

因此,句子最终翻译为:

Time flies:光阴似箭/时间飞逝

📢【提示】

AI通过对大量文本的学习和模式识别,能够快速分析句子的结构和语义,找出问题并给出较为合理的修改建议或直接进行修改,以提高文本的质量和准确性。

# 第 8 章 教 育

AI技术在教育领域的应用，可以为教育带来创新和变革，有助于提升教育质量，改善教学方法、提高教学效果和学生学习体验。例如，通过智能辅导系统，根据学生的学习进度和特点提供个性化的学习方案；利用自然语言处理技术实现自动批改作业和评估学生的写作能力；借助虚拟现实和增强现实技术创建沉浸式的学习环境，让学生更直观地理解复杂的概念。

AI还可以进行学情分析，帮助教师更精准地了解学生的学习情况，从而调整教学策略。例如，通过分析学生在在线学习平台上的行为数据，发现学生的知识薄弱点和学习习惯。智能教学助手可以回答学生的常见问题，随时为学生提供帮助。

## 8.1 课程设计

课程设计是指对一门课程进行规划和组织的过程，包括确定课程的目标、内容、教学方法、评估方式以及课程资源等，以确保课程能够有效地满足学习者的需求，并实现预期的教育目标。

【示例】AI可以为课程设计提供创意和思路，帮助教师轻松设计出更具创新性和吸引力的课程。

> 请为大学计算机科学专业的"数据结构与算法"课程进行教学设计。

文心一言生成的课程设计如下：

大学计算机科学专业"数据结构与算法"课程教学设计
一、课程概述
课程名称：数据结构与算法
课程性质：专业核心课
先修课程：计算机导论、程序设计基础
教学目标：
1. 使学生掌握常见数据结构（如数组、链表、栈、队列、树、图等）的基本概念、性质、存储结构及其操作实现。
2. 培养学生分析问题、设计算法和编写程序解决实际问题的能力。
3. 深入理解算法的基本概念、复杂度分析、排序与搜索等基本算法的设计原理与实现技巧。
4. 培养学生的逻辑思维能力和计算思维能力，为后续课程及职业生涯打下坚实的基础。

## 二、教学内容与安排

### 第1部分：数据结构基础
- 课时安排：4周
- 内容要点：
  - 数据结构概述：基本概念、分类、作用。
  - 线性表：数组与链表（单向、双向、循环链表）。
  - 栈与队列：定义、特性、应用场景及实现。
  - 递归与迭代：概念对比、应用实例。

### 第2部分：树与图
- 课时安排：6周
- 内容要点：
  - 树：基本概念、二叉树（性质、遍历、构建）、平衡二叉树（AVL、红黑树）、B树/B+树。
  - 图：基本概念、存储结构（邻接矩阵、邻接表）、遍历算法（DFS、BFS）、最短路径算法（Dijkstra、Floyd-Warshall）、最小生成树（Prim、Kruskal）。

### 第3部分：算法基础与复杂度分析
- 课时安排：3周
- 内容要点：
  - 算法基本概念：定义、特性、描述方法。
  - 算法复杂度分析：时间复杂度、空间复杂度、渐进表示法。
  - 分治法、贪心法、动态规划等算法设计策略。

### 第4部分：排序与搜索算法
- 课时安排：4周
- 内容要点：
  - 排序算法：冒泡排序、选择排序、插入排序、希尔排序、快速排序、归并排序、堆排序、基数排序等，分析其优缺点及适用场景。
  - 搜索算法：顺序搜索、二分搜索、哈希表搜索等。

### 第5部分：综合应用与实战
- 课时安排：3周
- 内容要点：
  - 案例分析：通过具体项目（如社交网络分析、路径规划等）引导学生运用所学数据结构与算法解决问题。
  - 编程实践：分组完成小型项目，强调团队协作与代码规范。
  - 算法优化与性能测试：鼓励学生优化算法，并进行性能对比测试。

## 三、教学方法
- 理论讲授：结合PPT、视频、动画等多种教学手段，深入浅出地讲解理论知识。
- 实验实践：设置丰富的编程实验，让学生在实践中理解和掌握数据结构与算法。
- 讨论交流：组织课堂讨论、小组汇报，促进学生之间的思想碰撞与知识共享。
- 项目驱动：通过实际项目引导学生综合运用所学知识，培养解决实际问题的能力。
- 在线资源：利用MOOCs、课程网站等在线资源，提供额外的学习材料和习题，支持自主学习。

## 四、考核方式
- 平时成绩（40%）：包括作业、课堂表现、小组讨论等。
- 实验成绩（30%）：根据实验完成情况、代码质量、创新点等进行评分。

- 期末考试（30%）：闭卷考试，涵盖课程主要知识点，重点考查学生的理解能力和应用能力。

**五、教学建议**
- 强调理论与实践相结合，鼓励学生多动手编程。
- 引入最新的科研成果和技术趋势，拓宽学生视野。
- 注重学生创新能力和批判性思维的培养。
- 鼓励学生参加ACM竞赛、算法设计比赛等活动，提升实战能力。

上面示例展示的课程设计结构清晰、内容全面、实践性强、课时安排合理。这样全面的课程设计，能够为教师提供系统、丰富且有效的数据结构与算法教学体验。

## 8.2 教学设计

教学设计是根据教学对象和教学目标，确定合适的教学起点与终点，将教学诸要素有序、优化地安排，形成教学方案的过程。它是为了提高教学效率和教学质量，使学生在单位时间内能够学到更多的知识，更大幅度地提高学生各方面的能力，从而使学生获得良好的发展。

【示例】备课是教师的基础性、日常性工作。善于使用AI可以帮助教师科学、高效地完成日常教案的写作工作。

> 我是一名小学语文老师，请帮我撰写一篇《静夜思》课堂教学案例，课时1节课，要求互动环节丰富、生动、有趣。

文心一言生成的教学设计如下：

《静夜思》课堂教学案例设计
**课程基本信息：**
- 课程名称：《静夜思》古诗词赏析
- 年级与学科：小学二年级语文
- 课时安排：40分钟
- 教学目标：
1. 学生能够正确、流利地朗读并背诵《静夜思》。
2. 理解诗中描绘的月夜景象及诗人思乡之情。
3. 培养学生的想象力与情感共鸣能力。
4. 通过互动环节，激发学生对古诗词的兴趣。

**教学过程：**
一、导入新课（5分钟）
活动设计："月光下的秘密"故事引入
教师讲述：在一个宁静的夜晚，月亮悄悄地爬上了天空，洒下银白色的光芒。这时，有一位远在他乡的诗人，望着这轮明月，心中涌起了无限的思绪。同学们，你们想知道这位诗人在想什么吗？让我们一起走进他的世界，学习他的诗——《静夜思》。

二、初读感知（10分钟）
活动设计：
1. 示范朗读：教师先以富有感情的语调朗读《静夜思》，引导学生注意停顿、节奏和语调变化。
2. 学生跟读：学生模仿老师的朗读，尝试感受诗中的情感。
3. 自由朗读：学生自由朗读，要求读准字音，注意诗句的连贯性。

**三、深入理解（15分钟）**
互动环节设计：
1. 画面联想："画中寻诗"
  - 活动说明：教师展示几幅描绘月夜景象的图片（如明亮的月光、床前、地上的霜等），让学生闭眼想象，并说出自己脑海中浮现的画面，再与诗句对应起来。
  - 目的：帮助学生直观理解诗中意象，增强画面感。
2. 角色扮演："诗人的一天"
  - 分组活动：学生分小组，每组选择诗中一个场景（如诗人独坐床前、抬头望月、低头思乡），进行简短的角色扮演，用现代语言描述诗人当时的情感与心境。
  - 展示分享：每组派代表上台表演，其他同学观看后讨论感受。
3. 情感共鸣："我的思乡情"
  - 引导思考：提问学生是否有过离开家人或熟悉环境时的感受，引导学生分享自己的"思乡"经历或情感。
  - 情感升华：引导学生理解诗人李白在诗中表达的不仅仅是个人的思乡之情，更是人类共有的对家的眷恋和向往。

**四、巩固拓展（5分钟）**
活动设计："创意改写"
- 任务说明：鼓励学生发挥想象力，尝试用现代语言或儿歌的形式改写《静夜思》中的一两句，使其更加贴近他们的生活体验。
- 分享展示：邀请几位学生分享他们的创意改写，全班共同欣赏并给予鼓励。

**五、总结回顾（5分钟）**
活动设计：
- 回顾内容：师生共同回顾本课学习的内容，强调《静夜思》的诗意美及诗人情感。
- 情感升华：引导学生思考，无论身在何处，家永远是最温暖的港湾，珍惜与家人团聚的时光。
- 布置作业：背诵《静夜思》，并尝试创作一首简短的关于月亮或夜晚的小诗。

结束语：同学们，今天我们一起走进了李白的《静夜思》，感受了诗人深深的思乡之情。希望你们在未来的日子里，无论走到哪里，都能像诗人一样，拥有一颗敏感而温暖的心，去感受生活中的美好与温情。

文心一言生成的这套教案符合小学二年级学生的认知特点和学习习惯，通过互动的形式展开教学，既能让学生在愉悦的氛围中学习唐诗，也能激发学生的兴趣，提高他们的学习积极性。

🔊【提示】

教学设计和课程设计是教育领域中两个重要但有所区别的概念。教学设计主要关注的是在较短时间内（通常是一节课或一个教学单元）的教学活动规划。它侧重于明确教学目标、选择合适的教学方法和策略、安排教学流程、设计教学活动以及评估教学效果等方面，以确保在特定的教学情境中，学生能够有效地获取知识和技能。

课程设计则是在一个更宏观和长期的层面上进行规划。它涵盖整个课程的框架、内容组织、课程目标的设定、课程资源的整合以及课程的整体评估方式等。课程设计需要考虑学科的系统性、学生的发展阶段和需求、教育政策等多方面因素。

## 8.3 教学实例设计

教学实例是指在教学过程中发生的具体、真实且具有代表性的教学事件或情境。它通常包含了详细的教学背景、教学目标、教学内容、教学方法、教师和学生的活动以及最终的教学效果等方面的描述。

例如，一位数学老师在讲解乘法运算时，通过一个实际的购物情境（买几个相同价格的商品）来引导学生理解乘法的概念和应用，这就是一个教学实例。在语文写作课上，老师以一篇学生的优秀作文为例，详细分析其优点和可改进之处，以此指导其他同学的写作，这也属于教学实例。

【示例】为语文课《静夜思》设计教学实例。

> 我是小学语文老师，准备教学唐诗《静夜思》，请你帮我设计一个导入环节的教学实例，教学实例要有意境、可操作性，能够快速把学生带入到月夜静谧的气氛之中。

文心一言和讯飞星火的教学实例设计比较优秀，可操作性强。限于篇幅，这里仅展示文心一言的教学实例设计。

> 当然，针对小学语文课堂上《静夜思》的教学，我们可以设计一个既富有意境又易于实施的导入环节，旨在迅速营造出月夜静谧的氛围，激发学生的学习兴趣。以下是一个具体的教学实例。
>
> 导入环节：《月夜寻梦》
> 准备材料：
> - 轻柔的古筝或钢琴曲背景音乐（如《渔舟唱晚》片段，选择旋律悠扬、节奏缓慢的曲目）。
> - 一幅描绘月夜景象的挂图或PPT幻灯片（画面包括明亮的圆月、稀疏的星星、静谧的庭院、远处的山影等）。
> - 几个提前准备好的小道具，如月光下摇曳的纸灯笼（可用手电筒代替灯光效果）、模拟的"床前"小桌和"地上"的"霜"（可用白色纱巾轻轻铺在地上模仿）。
>
> 教学步骤：
> 1. 情境营造
> - 上课前几分钟，教师轻声走进教室，开启背景音乐，音量调至适中，让悠扬的音乐缓缓回荡在整个教室。
> - 教师挂上准备好的月夜景象挂图或打开PPT，让画面中的静谧与美好第一时间吸引学生的注意。
>
> 2. 语言引导
> - 音乐与画面准备就绪后，教师用温柔而神秘的语气开始说话："同学们，闭上眼睛，让我们一起穿越时空，去到一个遥远而又熟悉的地方。那里，有一个明亮的圆月挂在夜空，星星点点，像是撒在黑色绒布上的钻石。风，轻轻地吹过，带来一丝丝凉意，却也让人感到无比的宁

静和安详。现在，请慢慢地睁开眼睛，看看我们眼前的这幅画，是不是已经能感受到那份月夜的静谧了呢？"

3. 互动体验
- 引导学生观察挂图或PPT，鼓励他用自己的话描述所看到的景象。例如："我看到了一个大大的月亮，好圆好亮！""地上好像铺了一层白白的霜，但又不像是真的霜。"
- 教师利用小道具，模拟"床前明月光"的场景，让学生想象自己就是那位在异乡的诗人，正独自坐在床边，凝视着窗外的月光。教师可以邀请几位学生上前，轻轻触碰"地上的霜"，感受那份清冷与孤独。

4. 情感铺垫
在学生沉浸于月夜氛围后，教师话锋一转，略带感伤地说："同学们，当我们远离家乡，独自面对这样一个月夜时，心中会不会涌起一股思乡之情呢？就像一千多年前的李白，他就是在这样一个夜晚，写下了那首流传千古的《静夜思》。"

5. 引出课题
教师正式引出课题："今天，就让我们一起走进李白的内心世界，学习他的这首《静夜思》，感受那份跨越时空的思乡之情吧！"

通过这样的导入环节，不仅可以快速将学生带入月夜静谧的气氛之中，还激发了他们对《静夜思》这首诗的好奇心和探索欲，为后续的教学打下了良好的情感基础。

🔊【提示】

教学实例可以是成功的经验，也可以是失败的教训，它们能够为教学研究、教师培训以及教学方法的改进提供有价值的参考和借鉴。

## 8.4 课堂互动

AI在课堂互动中可以扮演重要的角色，通过在教学过程中引入AI技术，能够极大地增强学生与教学内容、教师以及其他学生之间的互动体验。AI课堂互动能够丰富教学形式，提高学生的参与度，更好地满足个性化学习需求，提升教学效果。

例如，通过智能问答系统，学生可以随时向AI提问，获取即时的解答和指导。AI还能根据学生的提问和回答情况，分析其知识掌握程度，提供个性化的反馈和建议。

在课堂讨论环节，AI可以辅助组织和引导讨论。例如，自动总结学生的观点，提供相关的补充资料和拓展思考方向。

另外，利用虚拟角色或智能助教，与学生进行对话、游戏等形式的互动，增加学习的趣味性。例如，在语言学习课堂上，有基于AI的语音对话练习，它能准确地识别学生的发音并给予纠正和鼓励。还有基于AI的在线测试和竞赛，实时评估学生的表现，激发学生的竞争意识和学习积极性。

【示例】在教学《静夜思》一课时，有同学问道："李白为什么深夜不好好睡觉呢？"

请问李白在写《静夜思》时，为什么深夜不好好睡觉？

文心一言的回答比较有趣：

李白在写《静夜思》时，深夜未能好好睡觉的原因并非直接由历史记载或确切的生平细节所揭示，但我们可以通过对诗歌内容及李白创作习惯的分析来合理推测他当时的情感状态与创作背景。

《静夜思》是唐代大诗人李白创作的一首脍炙人口的五言绝句，全诗如下："床前明月光，疑是地上霜。举头望明月，低头思故乡。"这首诗以简洁明快的语言表达了诗人在寂静的夜晚，因看到明亮的月光而引发的思乡之情。

- 情感触发：从诗歌内容来看，李白深夜未眠很可能是因为被窗外的月光所吸引。月光皎洁，如同地面上的霜雪，这种景象触动了诗人内心深处的思乡情感。在这样的情境下，诗人难以入眠，思绪万千，最终化作了这首流传千古的诗篇。
- 创作灵感：李白作为一位才华横溢的诗人，他的创作往往是在灵感迸发的瞬间完成的。深夜的宁静与月光的皎洁为他提供了一个绝佳的创作环境，使得他能够沉浸在自己的思绪中，将思乡之情转化为文字，流传后世。
- 个人习惯：此外，我们也不能排除李白个人习惯的因素。历史上许多文人墨客都有深夜创作或独处的习惯，他们往往在这样的时刻更能感受到内心的宁静与自由，从而激发出更多的创作灵感。

综上所述，李白在写《静夜思》时深夜未能好好睡觉，很可能是因为被月光触发了思乡之情，同时深夜的宁静也为他提供了创作的灵感和环境。这种情感与环境的交织，使得他能够创作出这首流传千古的佳作。

继续提问：

你能否用通俗的语言介绍一下李白的人生经历，字数不要超过300字。

文心一言的回答：

李白，唐代著名诗人，被誉为"诗仙"。他的一生充满传奇色彩。早年，李白游历四方，增长见识，结交了许多名士。中年时，他因才华出众得到唐玄宗赏识，进入朝廷成为翰林供奉，但不久因性格豪放不羁而遭排挤，离开长安。此后，李白继续游历，写下大量脍炙人口的诗篇。晚年，他因安史之乱而漂泊不定，生活困顿，最终在当涂病逝。李白的一生，既是诗酒人生的写照，也是追求自由与理想的象征。

## 8.5 预习和复习设计

预习是指在正式学习某项知识或课程之前，预先自主地对相关内容进行学习和了解的过程。预习的目的在于熟悉新知识、发现问题、提高学习效率、培养自主学习能力。

复习是对已经学过的知识、技能或经历进行再次学习、回顾和巩固的过程。其主要作用包括强化记忆、查漏补缺、整合知识、提高应用能力、为后续学习做准备。复习的方式多种多样，可以通过阅读教材、整理笔记、做练习题、与同学讨论、向老师请教等方法来进行。

【示例1】预习《静夜思》。

请结合小学语文《静夜思》一课设计一份预习提纲，内容不要太多，最多设计3个任务。

豆包的预习设计比较优秀，采纳如下：

以下是一份较为简洁的小学语文《静夜思》的预习提纲。

> 《静夜思》预习提纲
> 一、朗读与识字
> 1. 大声朗读《静夜思》至少三遍，读准字音。
> 2. 认读"思、床、光、疑、举、望、低、故"这几个生字，并练习书写。
> 二、诗句理解
> 1. 借助课文中的注释，尝试理解诗句的意思。
> 2. 思考诗人看到了什么，想到了什么。
> 三、情感体会
> 体会诗人在诗中所表达的情感，想一想自己在什么时候也会有类似的感受。

这份预习提纲任务明确且数量适中，基本符合一般设计需求。

预习是一种积极主动的学习策略，能够为有效的正式学习打下良好的基础。

【示例2】复习《静夜思》。

> 请结合小学语文《静夜思》一课设计一份复习指导，重点练习，最多设计3个任务。

豆包的复习指导如下：

> 以下是一份关于小学语文《静夜思》的复习指导。
> 《静夜思》复习指导
> 一、背诵与默写
> 1. 熟练背诵《静夜思》，做到字音准确、节奏恰当。
> 2. 默写全诗，注意书写规范，不写错别字。
> 二、诗意讲解
> 1. 向家人或小伙伴清晰地讲解《静夜思》每句诗的意思。
> 2. 回答他们关于诗意理解的提问，加深自己的理解。
> 三、拓展创作
> 1. 模仿《静夜思》的写作手法，写一首自己的小诗，表达某种情感。
> 2. 给小诗配上简单的图画。

这篇复习提纲比较简洁，对于学生的复习指导有很大帮助。

## 8.6 作业设计

在教学过程中，可以借助AI技术来设计、布置、批改和分析作业。例如，老师可以利用AI功能的教学平台，根据课程知识点和学生的学习情况，自动生成个性化的作业题目。这些题目难度适中，与每个学生的学习进度和能力相匹配。

在学生完成作业后，AI可以自动批改客观题，快速给出分数和正误判断，并提供详细的解析。对于主观题，AI可以辅助老师进行初步的评估和筛选，指出可能存在的问题和亮点。

同时，AI还能对学生的作业完成情况进行数据分析，如统计错题率、知识点掌握程度、答题时间等，为老师提供教学反馈，帮助老师了解学生的学习状况，调整教学策略和重点。

此外，AI课堂作业还可以通过互动式的形式呈现，如在线游戏、虚拟实验等，增加作业的趣味性和吸引力，提高学生的参与度。

【示例】在教学《静夜思》一课后，让AI帮助生成一套简单的课堂练习。

> 请结合小学语文《静夜思》一课内容编写一套练习,包含2道选择题、2道判断题、1道问答题,并给出参考答案。

比较之后,采纳了豆包生成的练习题,该试题难度适宜,适合小学生年龄段。具体内容如下:

以下是结合小学语文《静夜思》一课内容编写的一套练习及参考答案。
**选择题:**
1.《静夜思》这首诗表达了诗人怎样的情感?(  )
　A.喜悦　　　　B.思乡　　　　C.愤怒　　　　D.悲伤
2."疑是地上霜"中的"疑"是什么意思?(  )
　A.怀疑　　　　B.好像　　　　C.疑问　　　　D.疑惑
**判断题:**
1.《静夜思》描写的是白天的景象。(  )
2.诗人看到月光,以为是地上的霜。(  )
**问答题:**
请说一说你从《静夜思》这首诗中体会到了什么?

**参考答案:**
选择题:1.B　2.B
判断题:
1.错。《静夜思》描写的是夜晚的景象。
2.对。诗人把洒在床前的月光误以为是地上的霜。
问答题:
从《静夜思》这首诗中,我体会到了诗人在寂静的月夜中深深的思乡之情。他看着床前的月光,恍惚间以为是地上的霜,这种对家乡的思念之情真挚而动人,让我感受到了离家在外之人对故乡的眷恋和牵挂。

## 8.7 试卷设计

AI可以生成试卷,而且能够提高效率、保证科学性和客观性,为教育教学提供更精准有效的评价工具。具体操作步骤如下:

第1步,确定考试目标和范围。例如,是对某学科的阶段性检测,还是针对特定知识点的考查。

第2步,分析教学大纲和课程标准。明确重点、难点和学生应掌握的知识与技能。

第3步,收集和整理题目素材。从大量的题库、教材、网络资源等获取题目。

第4步,运用算法生成题目。根据设定的难度级别、题型分布、知识点覆盖等要求,自动生成新的题目或改编已有的题目。

第5步,优化题目组合。确保试卷题目之间具有合理性和逻辑性,避免重复和过于相似的题目。

第6步,进行预测性评估。通过对以往学生的学习数据和考试表现进行分析,预测新试卷的难度和学生可能的得分情况。

第7步，人工审核和调整。尽管AI发挥了重要作用，但仍需要教师进行最后的审核和必要的调整，以确保试卷的质量和适应性。

【示例】为一场小学数学期中考试设计试卷。

> 我是小学三年级数学老师，教材类型和范围：人教版、上册。请帮设计一套期中教学评测试卷，题型包括填空题、选择题、计算题和应用题，按照容易、中等、较难的比例进行组合，分值设计合理，同时预估学生完成试卷所需的时间和平均得分，最后给出参考答案和评分标准。

比较各AI大模型生成的试卷，文心一言的试卷难度适宜，但是没有按要求给出答案、评分标准等附加服务。智谱清言、通义千问、讯飞星火、Kimi、腾讯元宝、360智脑生成的试卷按要求进行设计，但是难度过于简单，不适宜采用。最后，采纳豆包生成的试卷，具体内容如下：

### 小学三年级数学上册期中测试卷

考试时间：60分钟
总分：100分

**一、填空题（每空1分，共20分）**

1. 3厘米=（　　）毫米　　　　5000米=（　　）千米
2. 测量较长的路程通常用（　　）作单位。
3. 秒针从数字3走到数字6，经过了（　　）秒。

（容易题，共4分）

4. 25比38少（　　），比27多18的数是（　　）。
5. 用0、2、5组成最大的三位数是（　　），最小的三位数是（　　），它们的和是（　　），差是（　　）。

（中等题，共6分）

6. 估算498+303时，可以把498看作（　　），303看作（　　），结果大约是（　　）。
7. 小明7:30从家出发，7:55到达学校，他在路上用了（　　）分钟。

（较难题，共4分）

**二、选择题（每题2分，共10分）**

1. 下面物品的厚度最接近1毫米的是（　　）。
   A. 一张纸　　　　　B. 一本数学书　　　C. 身份证
2. 不能验算500−185=315的算式是（　　）。
   A. 500−315　　　　B. 185+315　　　　C. 315−185
3. 操场跑道一圈是400米，跑了2圈后，还差（　　）米是1千米。
   A. 200　　　　　　B. 600　　　　　　C. 800

（容易题，共6分）

4. 下面算式中，得数最接近800的是（　　）。
   A. 298+502　　　B. 900−108　　　　C. 388+412
5. 一台电风扇245元，一个电饭煲187元，妈妈有400元，买这两件商品够吗？（　　）
   A. 够　　　　　　B. 不够　　　　　　C. 无法确定

（中等题，共4分）

**三、计算题（共30分）**

1. 直接写出得数（每题1分，共10分）

34 + 25 = 63 - 27 = 150 + 80 = 300 - 180 =
240 - 120 = 45 + 27 = 72 - 48 = 56 + 34 =
400 + 600 = 80 - 26 =
（容易题，共10分）
2. 列竖式计算，带*的要验算（每题3分，共12分）
378 + 122 = 546 - 315 = *700 - 264 = *489 + 511 =
（中等题，共12分）
3. 脱式计算（每题4分，共8分）
8 × 9 - 27　（42 + 18）÷ 6
（较难题，共8分）

### 四、应用题（每题10分，共40分）

1. 学校图书馆有故事书380本，科技书比故事书多70本，科技书有多少本？
（容易题，共10分）
2. 三年级有288人去参观科技馆，平均分成6队，每队平均分成4组，每组有多少人？
（中等题，共10分）
3. 一条裤子128元，一件上衣比裤子贵37元，买这套衣服一共要花多少钱？
（中等题，共10分）
4. 小明家、小红家和学校在同一条路上，小明家离学校350米，小红家离学校520米，小明家到小红家有多远？（考虑两种情况）
（较难题，共10分）

预估学生完成试卷所需时间：约50～60分钟。
预估平均得分：70～80分。
参考答案及评分标准：
一、填空题
30，5　　千米　　15（每空1分，共4分）
13，45　　520，205，725，315（每空1分，共6分）
500，300，800　　25（每空1分，共4分）
二、选择题
C　　　C　　　A（每题2分，共6分）
C　　　B（每题2分，共4分）
三、计算题
59，36，230，120，120，72，24，90，1000，54（每题1分，共10分）
500，231，436，1000（竖式及验算略）（每题3分，共12分）
45，10（每题4分，共8分）
四、应用题
380 + 70 = 450（本）答：科技书有450本。（10分）
列式正确得6分，计算正确得3分，答语完整得1分。
288 ÷ 6 ÷ 4 = 12（人）答：每组有12人。（10分）
列式正确得6分，计算正确得3分，答语完整得1分。
128 + 37 + 128 = 293（元）答：买这套衣服一共要花293元。（10分）
求出上衣价格得4分，求出总价得5分，答语完整得1分。
情况一：520 - 350 = 170（米）情况二：520 + 350 = 870（米）答：小明家到小红家可能是170米，也可能是870米。（10分）

*每种情况列式正确得4分，计算正确得4分，答语完整得2分。*

这套试卷能满足本示例设计需求，不过在印发之前，教师还需要根据本地实际教学情况进行调整和修改，使其更适合本校学生的学情。

## 8.8 社会实践案例设计

学生社会实践活动是指学生在课堂教学之外，有组织、有目的地参与社会实际生活，以获取知识、锻炼能力、培养社会责任感和提高综合素质为目的的一系列活动。社会实践活动的形式多种多样，常见形式如下。

◎ 社会调查：学生针对某个社会现象、问题或课题，通过问卷、访谈、观察等方法收集数据，并进行分析和总结。例如，关于社区垃圾分类情况的调查。

◎ 志愿服务：参与各类公益活动，为社会提供无偿服务，如在敬老院照顾老人、参与环保志愿活动、为贫困地区儿童募捐等。

◎ 实习体验：到企业、单位进行短期的实习，了解职业工作环境和要求，积累实践经验。例如，到报社实习了解新闻采编流程。

◎ 文化传承与宣传：参与传统文化的传承和宣传活动，如学习和展示民间艺术、宣传非物质文化遗产等。

◎ 社区服务：为社区居民提供各种帮助和服务，如组织社区文化活动、参与社区环境整治等。

【示例】设计"中原传统文化探索之旅"社会实践活动案例。

> 我是北京市某中学初二年级组长，学校准备组织本年级段学生进行"中原传统文化探索之旅"的社会实践活动，活动时间共3天，活动地点：洛阳、郑州、开封。请帮我设计一个社会实践活动的案例，重点写清楚活动流程及每个时间段安排，以及安全细节和注意事项。

比较之后，采纳文心一言的设计。文心一言的社会实践活动案例内容具体、结构清晰，主题鲜明，提示到位，具体内容如下：

"中原传统文化探索之旅"社会实践活动案例设计
一、活动背景与目的
为了让学生近距离感受中原地区深厚的历史文化底蕴，增强对中华优秀传统文化的认同感和自豪感，同时培养学生的团队协作能力、社会实践能力和独立生活能力，特组织本次"中原传统文化探索之旅"社会实践活动。
二、活动时间
● 日期：××月××日至××月××日（共3天）。
● 出发时间：每日早晨7:00集合，7:30准时出发。
● 返回时间：每日傍晚根据具体行程安排，预计晚上8:00前返回住宿地。
三、活动地点及流程安排
第一天：北京—洛阳
● 上午
■ 7:00—7:30：学校集合，进行安全教育及行前动员。

- 7:30—12:00：乘坐大巴前往洛阳，途中进行团队建设游戏，增进同学间了解。
- 中午

12:00—13:30：抵达洛阳，享用午餐，休息调整。
- 下午
  - 14:00—16:00：参观龙门石窟，了解佛教艺术与中国石刻的辉煌成就。
  - 16:00—17:30：游览白马寺，探索佛教传入中国的第一座官办寺院。
- 晚上
  - 18:00：晚餐。
  - 19:00—20:30：分组进行今日收获分享会，准备明日行程资料。
  - 21:00：就寝，确保充足休息。

第二天：洛阳—郑州
- 上午
  - 7:00—7:30：早餐，整理行李。
  - 8:00—12:00：前往郑州，途中进行传统文化知识小竞赛。
- 中午

12:00—13:30：抵达郑州，享用午餐。
- 下午
  - 14:00—16:00：参观河南博物院，深入了解中原地区的历史变迁与文化瑰宝。
  - 16:00—17:30：游览黄河游览区，感受黄河母亲的壮阔与中华文明的摇篮。
- 晚上

重复前一日晚餐、分享会及就寝流程。

第三天：郑州—开封—北京
- 上午
  - 7:00—7:30：早餐，检查行李有无遗漏。
  - 8:00—10:30：前往开封，途中进行自由交流，分享前两日感悟。
- 中午

11:00—12:30：抵达开封，享用午餐。
- 下午
  - 13:00—15:00：游览清明上河园，体验宋代市井生活与民俗文化。
  - 15:00—16:30：参观开封府，了解古代官署文化及包青天故事。
  - 16:30—17:30：集合整理，准备返程。
- 返程

18:00：乘坐大巴返回北京。
途中进行活动总结，分享个人心得与收获。
- 晚上

预计22:00左右抵达北京，家长接回，结束愉快旅程。

四、安全细节与注意事项
- 安全教育：行前进行全面的安全教育，包括交通安全、饮食卫生、紧急避险等。
- 分组管理：学生按小组行动，每组配备一名教师或负责人，确保不脱离集体。
- 通讯畅通：确保每位学生及教师携带手机并保持电量充足，设置紧急联系人。
- 健康监测：每日早晚测量体温，关注学生健康状况，备好常用药品。
- 饮食安全：选择卫生条件好的餐馆就餐，避免食用生冷食物。
- 应急预案：制定详细的应急预案，包括走失、受伤、突发疾病等情况的处理流程。
- 环保意识：提醒学生爱护环境，不乱扔垃圾，保持景区清洁。

- 文化尊重：教育学生尊重当地风俗习惯，文明参观，不损坏文物古迹。

通过此次活动，相信学生们能够深刻感受到中原传统文化的魅力，增进对中华文明的自豪感，同时也在实践中成长、学习。

通过社会实践活动，学生能够更好地了解社会、增长见识、锻炼自己的沟通能力、团队协作能力、解决问题的能力，同时培养社会责任感、创新精神和实践能力，促进自身的全面发展。

## 8.9 写教学总结

教学总结是教师对自己所进行的教学活动进行的全面回顾、分析和评价。它涵盖了对教学目标的达成情况、教学内容的传授效果、教学方法和策略的运用、学生的学习表现和参与度、教学过程中的优点和不足等方面的思考和总结。

教学总结的目的在于自我提升、反馈改进、交流分享。教学总结的形式可以是书面的教学反思、教学报告，也可以是口头的交流和讨论。其内容通常包括对教学过程的详细描述、数据和案例的分析、得出的结论以及未来教学的改进措施和计划等。

【示例】语文课《静夜思》的教学总结。

> 我是小学语文老师，由本人执教的市级公开课《静夜思》取得圆满成功，为了分享个人经验和教训，与同事分享，请帮我写一篇教学总结，字数不要太多，重点介绍成功经验和不足之处。

文心一言和通义千问的教学总结写得比较好，符合本示例设计需求。限于篇幅，这里仅展示文心一言的教学总结，具体内容如下：

> **《静夜思》公开课教学总结**
>
> 在上周的市级公开课中，我有幸执教了经典唐诗《静夜思》，经过精心准备与课堂实践，此次公开课取得了圆满成功。在此，我愿与同事们分享我的一些成功经验及反思其中的不足之处，以期共同进步。
>
> **成功经验：**
>
> - 情境创设，情感共鸣：课前，我通过播放轻柔的古筝曲、展示月夜景象的图片，以及模拟"床前明月光"的情境，成功营造了一个静谧而富有诗意的课堂氛围。这样的情境创设迅速吸引了学生的注意力，让他们仿佛置身于诗中描绘的月夜之中，与诗人产生了情感共鸣。
> - 互动引导，激发思考：在教学过程中，我注重学生的主体地位，通过提问、讨论等互动方式引导学生深入理解诗意。例如，让学生用自己的话描述诗中的景象，鼓励他们想象诗人当时的情感状态。这种互动式学习不仅激发了学生的思考，还提高了他们的语言表达能力和想象力。
> - 诵读品味，感悟诗韵：我强调了诗歌的诵读环节，通过教师范读、学生自由读、分组读等多种形式，让学生在反复诵读中感受诗歌的韵律美和意境美。同时，引导学生注意诗歌的停顿、重音等诵读技巧，使他们在诵读中更加深入地领悟诗歌的内涵。
>
> **不足之处与反思：**
>
> - 时间分配需更精细：虽然整体课堂流程顺畅，但在某些环节上时间分配仍有待优化。特别是当学生讨论热烈时，我未能及时控制时间，导致部分预设内容未能充分展开。未来

教学中，我将更加注重时间的精细管理，确保每个环节都能得到充分的探讨和展示。
- 学生差异性关注不足：在互动环节中，我发现部分学生在理解和表达上存在困难，但由于课堂时间有限，未能给予他们足够的个别指导和关注。这提醒我在日后的教学中要更加关注学生的差异性，采用更加灵活多样的教学策略来满足不同学生的学习需求。
- 拓展延伸需加强：虽然本次教学围绕《静夜思》本身进行了深入的挖掘和探讨，但在拓展延伸方面做得还不够充分。未来我可以尝试引入更多与月夜、思乡相关的诗词或故事，引导学生进行比较阅读和跨学科学习，以拓宽他们的视野和知识面。

总之，这次公开课既是一次宝贵的实践经历，也是一次深刻的自我反思过程。我将继续努力探索更加有效的教学方法和策略，为学生的语文学习贡献自己的力量。

这篇教学总结结构清晰、层次分明、逻辑严谨，让人一目了然。对每个方面的阐述都较为具体，不是空洞的泛泛而谈。例如，在情境创设中，详细描述了通过播放古筝曲、展示图片和模拟情境来营造氛围。这篇总结能够客观地认识到自己在教学中的优点和不足，并且提出了切实可行的改进措施。

本文可改进之处：部分表述较为常规，可以适当增加一些生动、形象的词汇和语句，以增强总结的吸引力和感染力。在反思不足的部分，可以补充一些具体的学生案例，以便更加直观地说明问题。例如，在提到学生差异性关注不足时，可以具体举例某个学生的表现和自己当时的处理方式，这样能让反思更具说服力。

总体而言，这是一篇质量较高的教学总结，既对成功经验进行了有效总结，又对不足之处进行了深入反思，对今后的教学改进具有重要的指导意义。

## 8.10 写工作周报和月报

周报和月报是对工作进行阶段性总结和规划的报告形式。周报通常涵盖一周（从周一到周五）的工作内容，主要包括本周完成的任务、工作进展、遇到的问题及解决方案、下周的工作计划和目标等。月报通常总结一个月内的工作情况，相比周报更加全面和深入。除了包含这一个月的工作成果、重点项目的推进程度、存在的问题和解决措施，还可能会有对月度工作的整体分析、与上月的工作对比、下个月的工作重点和目标等。

【示例】写学校教学工作周报。

> 我是一名小学老师，本周是学校开放日，全校、年级、班级组织了多场教育、教学活动，家校互动、师生互动、家长与学生互动，形式多样。请结合本周情况写一份教学周报。

各AI大模型都写得不错，各有特色，读者可以酌情选用。这里采纳了豆包的教学周报，个人认为它写得结构清晰、内容简洁、恰当。

> 《[您的姓名]教学周报》
> 周报日期：[具体日期]
> 一、本周教学工作概述
> 本周是学校开放日，学校、年级和班级组织了丰富多彩的教育教学活动，旨在促进家校互动、师生互动以及家长与学生互动。

## 二、本周活动总结

1. 全校活动
- 举办了"亲子运动会",学生与家长共同参与各类体育项目,增强了亲子关系和团队合作精神。
- 开展了"校园文化展览",展示了学生的优秀作品,包括绘画、书法、手工等,让家长了解学生的才艺发展。

2. 年级活动
- 组织了"家长进课堂"活动,邀请家长为学生讲解不同职业的知识和故事,拓宽了学生的视野。
- 进行了"学科知识竞赛",激发了学生的学习兴趣和竞争意识。

3. 班级活动
- 开展了"主题班会",围绕"感恩与成长",让学生分享自己的成长故事,增进了同学之间的感情。
- 举行了"亲子阅读分享会",家长与学生共同分享阅读心得,培养了学生的阅读习惯。

## 三、教学成果与反馈

1. 学生方面
- 通过各种活动,学生的团队协作能力、表达能力和自信心都有了明显的提高。
- 学生在学科知识竞赛中表现出色,对所学知识有了更深入的理解和掌握。

2. 家长方面
- 家长积极参与活动,对学校的教育教学工作有了更直观的了解和认识。
- 收到了许多家长的积极反馈,对活动的组织和学生的表现给予了高度评价。

## 四、下周教学计划

1. 继续巩固本周所学知识,加强学生对重点难点的理解和掌握。
2. 针对学科知识竞赛中反映出的问题,进行有针对性的辅导和强化训练。
3. 筹备班级的"小小演讲家"活动,提高学生的口头表达能力。

## 五、总结

本周的学校开放日活动取得了圆满成功,为学生、家长和教师提供了一个良好的交流与互动平台。在今后的教学工作中,我将继续努力,不断创新教学方法,为学生的成长和发展创造更好的条件。

---

这是一篇较为全面和规范的教学周报,能够清晰地反映本周的教学工作情况和下周的计划。本文的优点是结构完整、内容丰富、重点突出、计划明确。本文的不足之处体现在细节不足。例如,在活动总结部分,可以适当增加一些活动的具体细节和亮点;成果量化不够,如果能够提供一些具体的数据或量化的指标来支撑学生能力的提高,会更有说服力;反思较少。例如,在总结部分可以适当增加对本周活动组织和教学过程中的一些反思,以便更好地改进未来的工作。若能在上述三个方面进行完善,会更加出色。

# 8.11 作业批改

AI可以在一定程度上批改作业,帮助教师提高工作效率。现在有一些教育科技公司开发了基于AI的作业批改系统,可以自动对学生的作业进行评分和反馈。

例如,对于一些客观题,如选择题、填空题等,AI可以通过模式识别和自然语言处理技术来判断学生的答案是否正确。对于主观题，如作文、简答题等，AI可以分析学生的文本内容，评估其语言表达、逻辑结构、内容相关性等方面，并提供一些参考性的评价和建议。

【示例】对于语文老师来说，批改作文是最繁重的任务。借助AI辅助功能，可以在一定程度上减轻这种负担。

> 下面是初中一年级的一篇记事作文，请帮批改一下，明确指出该文的优点、缺点，重点关注文章结构是否合理，语言是否通顺，句子是否存在语病，生动的修饰有多少。
>
> 《难忘的一件事》
>
> 在我的记忆中，有许多事情像繁星一样闪闪发光，其中最亮的一颗，就是那次参加志愿者活动的经历。
>
> 那是一个阳光明媚的周末，我和同学们一起参加了社区组织的志愿者活动，去帮助孤寡老人打扫卫生。我们来到了一位老奶奶的家，她的家虽然不大，但显得有些杂乱。
>
> 我们分成几个小组，有的负责打扫房间，有的负责擦窗户，有的负责整理物品。我和几个同学负责打扫客厅，我们先扫地，然后用拖把拖地，不一会儿，地面就变得干净整洁了。
>
> 在打扫的过程中，我发现老奶奶的眼神中透露出一种孤独和无助。于是，我主动和她聊天，听她讲述自己的故事。原来，老奶奶的子女都在外地工作，很少有时间回来看望她，她一个人生活很孤单。我听了心里很难过，我想，我们应该多关心这些老人，让他们感受到社会的温暖。
>
> 打扫完卫生后，我们还给老奶奶表演了节目，唱歌、跳舞、讲笑话，老奶奶的脸上露出了开心的笑容。看到老奶奶这么高兴，我们也感到很欣慰。
>
> 通过这次志愿者活动，我不仅学会了如何帮助别人，还懂得了关爱他人的重要性。我相信，只要我们每个人都献出一点爱，世界将会变得更加美好。
>
> 这件事让我难以忘怀，它将永远留在我的记忆中。

各AI大模型都能够正确指出本作文的优点和缺点。但是相对而言，文心一言提供更详细的批语，同时指出了3处修改建议。采纳如下：

> 优点
>
> 1. 主题明确：文章围绕"难忘的一件事"——参加志愿者活动展开，主题鲜明，易于读者理解和共鸣。
>
> 2. 结构清晰：采用了时间顺序叙述，从活动前、活动中到活动后的感受，层次分明，逻辑性强。
>
> 3. 情感真挚：通过描写与老奶奶的互动，展现了作者对孤寡老人的同情和关爱，情感真挚动人。
>
> 4. 语言流畅：整体语言通顺，没有大的语法错误，表达自然。
>
> 5. 正面价值传递：文章传递了关爱老人、奉献社会的正能量，具有积极的教育意义。
>
> 缺点
>
> 1. 细节描写不足：虽然文章整体流畅，但在具体活动过程的描述上略显简单，如打扫卫生的具体细节、与老奶奶聊天的具体内容等可以更加丰富细腻。
>
> 2. 修饰语使用较少：虽然语言通顺，但缺乏一些生动的修饰语来增强文章的表现力，使文章稍显平淡。
>
> 3. 结尾略显重复：结尾处"这件事让我难以忘怀，它将永远留在我的记忆中"与前文"在我的记忆中，有许多事像繁星一样闪闪发光，其中最亮的一颗，就是那次参加志愿者活动的经历"有重复之嫌，可以稍作调整以避免冗余。

**修改建议**

1. 增加细节描写：例如，在打扫卫生的部分，可以加入"我们小心翼翼地移开堆满灰尘的家具，用湿布一寸一寸地擦拭着每一个角落，直到它们重新焕发光彩。"

与老奶奶聊天的部分，可以具体描述老奶奶的讲述内容，如"老奶奶轻轻抚摸着一张泛黄的照片，眼含泪光地讲述着过去与家人的温馨时光。"

2. 运用修饰语：在描述阳光、老奶奶的笑容等时，可以加入一些修饰语，如"温暖的阳光透过窗户洒进屋内，给这个略显冷清的小屋带来了一丝生机。""老奶奶的脸上绽放出了久违的、如同春日暖阳般温暖的笑容。"

3. 调整结尾：可以将结尾改为"这次志愿者活动如同一颗璀璨的星辰，永远镶嵌在我记忆的夜空中，照亮我前行的道路，提醒我时刻不忘关爱他人，传递温暖。"这样既能保持主题的连贯性，又避免了重复。

**总结**

这篇作文在结构、情感和主题表达上均表现良好，通过适当增加细节描写、运用修饰语和调整结尾，可以使文章更加生动、丰富，增强了感染力。

**【注意】**

作业批改的目的是帮助学生了解自己的学习情况，发现问题并及时纠正，促进学生的学习进步，同时也有助于教师了解学生的学习状况，调整教学策略和方法，提高教学质量。但是，AI批改作业仍然存在一些局限性。首先，它可能无法完全理解学生的意图和思维过程，对于一些创造性或开放性的答案，可能难以做出准确的评价。其次，AI批改作业也不能替代教师的角色，教师在教学中仍然起着至关重要的作用，他们可以根据学生的具体情况提供个性化的指导和反馈。

# 第 9 章 学 习

AI可以辅助和改进学习过程。它可以根据学习者的学习历史、偏好、能力和进度，为其定制个性化的学习路径和内容，并且能够根据学习者的实时表现和反馈，动态调整学习内容和难度，实现自适应学习。通过自然语言处理，AI也可以像老师一样回答学生的问题，并提供解释和指导。基于对大量学习资源的分析和理解，AI可以为学习者推荐相关的书籍、文章、视频等，并利用数据分析预测学习者在考试或评估中的表现，提前发现可能出现的问题。因此，AI能够提高学习效率、增强学习效果、满足不同学习者的独特需求，使学习变得更加智能、便捷和高效。

## 9.1 制订学习计划

学习计划是为了实现特定的学习目标而对学习时间、内容、方法和步骤等进行的合理安排和规划。学习计划通常具有目标导向性、系统性、时间性、可操作性和灵活性，是提高学习效率、保证学习效果、培养良好学习习惯的重要工具。

【示例】高考前30天复习计划。

> 我是一名高三备考考生，二模考试已经结束，剩下的时间内，我不知道如何复习，请帮我制订一份短期学习计划，以周为单位，不要太琐碎，提示重点复习的方向。

文心一言制订的学习计划如下：

> 针对你作为高三备考考生，二模考试后需要高效复习的情况，以下是一个以周为单位的短期学习计划建议，旨在帮助你明确复习重点和方向。
>
> **第一周：全面评估与调整**
> 目标：
> - 全面评估：仔细分析二模考试成绩，识别强项与弱项。
> - 制订计划：根据个人情况，制订针对性的复习计划。
> - 心态调整：保持积极心态，合理安排休息与娱乐时间，避免过度紧张。
>
> 重点复习方向：
> - 弱项突破：选择1~2门最弱的科目作为本周的重点突破对象，集中时间加强练习。
> - 基础知识巩固：回顾并巩固所有科目的基础知识，确保没有遗漏。
>
> **第二周：专题强化与模拟测试**
> 目标：

- 专题强化：针对各科目的重点、难点和易错点，进行专题强化训练。
- 模拟测试：至少完成一套完整的模拟题，模拟高考环境进行自测。

重点复习方向：
- 解题技巧：总结各类题型的解题技巧，提高答题速度和准确率。
- 时间管理：在模拟测试中练习时间分配，确保每道题都有合理的答题时间。

第三周：错题回顾与查漏补缺

目标：
- 错题回顾：仔细分析模拟测试和平时练习中的错题，找出错误原因。
- 查漏补缺：根据错题情况，有针对性地进行知识点查漏补缺。

重点复习方向：
- 知识点串联：将相关知识点串联起来，形成完整的知识体系。
- 真题演练：精选历年高考真题进行演练，熟悉高考命题风格。

第四周：全真模拟与心态调整

目标：
- 全真模拟：完成至少两套全真模拟题，严格按照高考时间进行。
- 心态调整：保持平和心态，进行考前心理调适，减轻焦虑情绪。

重点复习方向：
- 考试策略：总结适合自己的考试策略，包括答题顺序、时间分配等。
- 身体准备：保证充足的睡眠和适当的运动，保持良好的身体状态。

注意事项：
- 灵活调整：根据个人实际情况和学习进度，灵活调整学习计划。
- 坚持执行：制订计划后要坚持执行，避免拖延和懒散。
- 交流互动：多与老师、同学交流学习心得，互相帮助，共同进步。

希望这份学习计划能够帮助你高效备考，祝你高考取得优异成绩！

这是一份较为全面和系统的高考复习计划，对于高三考生在二模后的复习具有较强的指导作用。这份复习计划的优点是结构清晰、目标明确、内容全面、重点突出、注重细节。不足之处在于资源推荐缺乏，可以推荐一些优质的复习资料或辅导课程，帮助考生更好地选择；个性化不足，对于不同基础和学科特点的考生的个性化差异考虑相对较少；激励措施缺失，可以适当增加一些完成阶段性目标后的奖励措施，以提高考生执行计划的积极性。如果这份复习计划能在上述三个方面进一步细化，将更加完善和实用。

## 9.2 辅助解题

AI可以辅助学生解题。例如，在数学解题方面，学生遇到求解一个多元方程或者几何证明题，可以将题目提交给AI大模型。AI会对题目进行分析，提供解题思路、关键步骤、可能用到的公式和定理，并逐步引导学生完成解题过程。在语文写作中，如果学生不知道如何构思一篇议论文，AI可以根据给定的主题，提供文章结构、论点论据的示例，甚至生成一些开头和结尾的范例供学生参考。

【示例1】解数学题。

请帮我解一下下面这道数学题。

已知a、b是方程$x^2-3x-2=0$的两个根，求$a^2+b^2$的值。

比较之后，豆包的解题过程更容易让人理解，如图9.1所示。

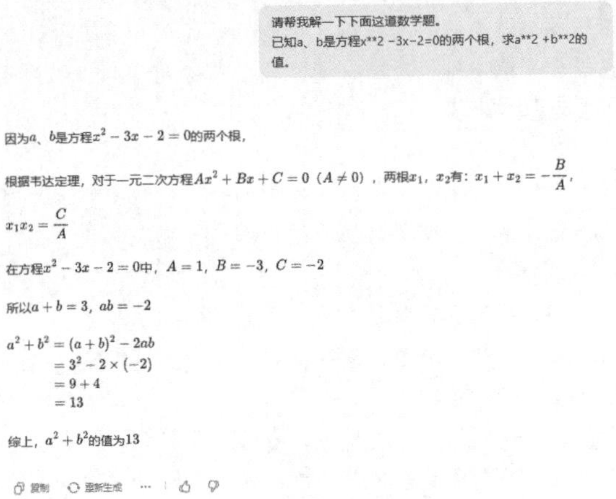

> 请帮我解一下下面这道数学题。
> 已知a、b是方程x**2-3x-2=0的两个根，求a**2+b**2的值。

> 因为$a$、$b$是方程$x^2-3x-2=0$的两个根，
> 根据韦达定理，对于一元二次方程$Ax^2+Bx+C=0\ (A\neq 0)$，两根$x_1$，$x_2$有：$x_1+x_2=-\dfrac{B}{A}$，
> $x_1 x_2=\dfrac{C}{A}$
> 在方程$x^2-3x-2=0$中，$A=1$，$B=-3$，$C=-2$
> 所以$a+b=3$，$ab=-2$
> $a^2+b^2=(a+b)^2-2ab$
> $\qquad = 3^2-2\times(-2)$
> $\qquad = 9+4$
> $\qquad = 13$
> 综上，$a^2+b^2$的值为13

图9.1 豆包的解题过程

【示例2】解语文题。

> 请帮我完成如下古诗句默写。
> 博学而笃志，切问而近思，_____。（《论语·子张》）

文心一言回答如下：

> 博学而笃志，切问而近思，仁在其中矣。（《论语·子张》）
> 这是《论语》中的一句名言，意思是广泛地学习，坚守自己的志向，恳切地发问求教，多考虑当前的事情，仁德就在其中了。这句话强调了学习、立志、问学和思考的重要性，以及它们与仁德之间的紧密联系。

AI辅助解题能够快速提供思路和方法，提高解题效率和质量，但同时也需要使用者具备一定的判断能力，不能完全依赖AI的结果。

## 9.3 辅助备考

AI可以辅助学生备考，帮助考生更高效、更有针对性地准备考试。例如：

◎ 在语言类考试（如英语四六级、雅思、托福等）的备考中，考生可以利用AI进行智能口语练习，AI会根据发音、语法和流利度给出即时反馈和改进建议。AI也可以模拟写作评估，考生提交作文后，AI能够指出语法错误、逻辑结构问题，并提供优化的表达示例。

◎ 对于学科类考试（如数学、物理等），AI可以利用智能题库，根据考生的学习进度和薄弱环节生成个性化的练习题。当遇到难题时，考生可以向AI提问，获取详细的解题思路和步骤。

◎ 在准备公务员考试、职业资格考试等时，AI可以根据历年真题和考纲，分析考试重点

和趋势，为考生制订学习计划。提供知识点的智能讲解和记忆方法，帮助考生更好地理解和记住复杂的概念。

【示例】高考备考专项练习。

> 我是一名北京市的高考备考考生，在二模考试后发现古诗文默写比较弱，请帮我设计一份古诗文默写的专项练习。

文心一言和通义千问没有正确理解我的意思，仅提供建议，其他AI大模型都能够根据我的要求设计一份专项练习。这里摘录展示豆包的练习试题如下。

> 以下是一份针对北京市高考考生的古诗文默写专项练习。
> 一、直接型默写
> 1. 海内存知己，_____。（王勃《送杜少府之任蜀州》）
> 2. 大漠孤烟直，_____。（王维《使至塞上》）
> 3. 但愿人长久，_____。（苏轼《水调歌头》）
> 4. 忽如一夜春风来，_____。（岑参《白雪歌送武判官归京》）
> 5. 不以物喜，_____。（范仲淹《岳阳楼记》）
> 二、理解型默写
> 1. 李白在《行路难》（其一）中通过"_____，_____"两句的动作细节刻画，形象地揭示了他内心的苦闷抑郁。
> 2. 刘禹锡在《酬乐天扬州初逢席上见赠》中蕴含新事物必将取代旧事物这一哲理的诗句是："_____，_____。"
> 3. 《出师表》中，诸葛亮向后主刘禅提出的三条建议是：广开言路、_____、_____。
> 三、情境型默写
> 1. 中秋佳节，远在他乡的游子常常会想起苏轼《水调歌头》中的"_____，_____"，借明月寄托对亲人的思念和祝福。
> 2. 登上泰山之巅，俯瞰群山，我们会情不自禁地想起杜甫《望岳》中的"_____，_____"，感受其雄伟壮观的气势。
> 3. 当朋友遇到挫折，意志消沉时，你可以用李白《行路难》（其一）中的"_____，_____"，鼓励他坚定信心，勇往直前。
> 四、易错字填空
> 1. 怀旧空吟闻笛（　），到乡翻似烂柯人。（刘禹锡《酬乐天扬州初逢席上见赠》）
> 2. 停杯投（　）不能食，拔剑四顾心茫然。（李白《行路难》（其一））
> 3. 沙鸥翔集，锦（　）游泳。（范仲淹《岳阳楼记》）
> 答案：
> （省略）

AI辅助备考能够充分利用大数据和智能算法，为考生提供个性化、精准化的学习支持，提高备考效率和效果。

## 9.4 读文言文

文言文是中国古代的一种书面语言，在现代社会的日常交流中已不常用，主要包括以先秦时期的口语为基础而形成的书面语。文言文是学生最畏惧的一种文体之一，由于时空相去甚远，阅读和理解都变得非常吃力，特别是先秦散文。

作为AI助手，AI可以阅读并理解文言文，还可以提供各种帮助，如解释文章内容、分析文学特点和历史意义等。

【示例】使用AI可以帮助学生阅读和理解文言文，下面以《过秦论》一课为例演示如何与AI进行对话，实现阅读和理解这一篇文言文。由于豆包的回答一般都比较简洁，因此选择豆包作为对话对象。

◎ 学生问：

我是一名高中生，你读过《过秦论》了吗？

◎ 豆包答：

我读过的。《过秦论》是一篇很经典的文言文作品，对于高中生来说，理解和学习这篇文章是很有意义和挑战的。你是在学习这篇文章的过程中遇到了什么问题，还是对它有特别的感受想和我交流呢？

◎ 学生问：

这篇文言文的主要观点是什么？

◎ 豆包答：

《过秦论》的主要观点是"仁义不施而攻守之势异也"。

文章通过叙述秦从秦孝公至秦二世历代君主的兴衰历程，展现了秦孝公至秦始皇时期，秦凭借商鞅变法等一系列举措迅速崛起并统一六国，然而在秦始皇统一后，由于不施行仁义，采取严苛暴政，最终导致陈涉起义，秦迅速灭亡。

作者贾谊认为，秦在夺取天下时能够顺应形势，采取积极有效的策略；但在守天下时，没有改变策略，对百姓施行仁政，而是滥用民力，最终导致了国家的灭亡。

◎ 学生问：

文中最能表现秦始皇统一天下势不可挡的句子是什么？

◎ 豆包答：

文中最能表现秦始皇统一天下势不可挡的句子是："振长策而御宇内，吞二周而亡诸侯，履至尊而制六合，执敲扑而鞭笞天下，威振四海。"这句话形象地描绘出秦始皇挥动长鞭驾驭天下，吞并东周、西周和各诸侯国，登上皇帝宝座控制天下，用严酷的刑罚来奴役天下百姓，威风震慑四海的强大气势。

◎ 学生问：

秦始皇统一中国后采取了哪些防御措施？

◎ 豆包答：

秦始皇统一中国后采取的防御措施主要有以下几点。

"乃使蒙恬北筑长城而守藩篱，却匈奴七百余里"：派遣蒙恬在北方修筑长城，抵御匈奴的入侵，将匈奴击退七百多里。

"南取百越之地，以为桂林、象郡"：向南攻取百越的土地，设置桂林郡和象郡，拓展了南方的疆土。

通过这些措施，秦始皇试图巩固新统一的帝国，加强边疆防御，保障国家的安全和稳定。

◎ 学生问：

文章中是如何通过对比手法来突出秦朝灭亡原因的？简单概括。

◎ 豆包答：

文章主要通过以下对比来突出秦朝灭亡的原因。
秦与山东六国对比：秦以弱胜强并吞六国，而六国地广人众、贤才众多却败。
陈涉与六国对比：陈涉出身低微、装备简陋却能亡秦，六国实力强大却不能胜秦。
秦统一前后对比：统一前施行正确策略而崛起，统一后施行暴政导致灭亡。

◎ 学生问：

秦始皇施行暴政表现在哪些方面？

◎ 豆包答：

在《过秦论》中，秦始皇施行暴政主要表现在以下几个方面。
文化专制："焚百家之言，以愚黔首"，焚烧诸子百家的著作，来使百姓愚昧。
摧残人才："隳名城，杀豪杰"，毁坏名城，杀害豪杰。
削弱军事："收天下之兵，聚之咸阳，销锋镝，铸以为金人十二，以弱天下之民"，收缴天下的兵器，集中到咸阳，销毁兵刃和箭头，铸成十二个金属人像，来削弱百姓的反抗力量。
施行酷法："执敲扑而鞭笞天下"，用严酷的刑罚来奴役天下百姓。

📢【提示】

AI可以为用户提供各种书籍或文章的相关信息和知识点，帮助用户更好地理解其内容，如阅读理解、内容推荐、读书建议、知识问答、阅读笔记等。

## 9.5 读现代文

现代文是指"五四"运动以来，以现代汉语口语为基础，经过加工的书面语形式的文章。现代文的特点通常包括语言通俗易懂、贴近现实生活、表现形式多样、反映当代社会思想和价值观等。

【示例】有些现代文因其独特的写作风格、深奥的主题或复杂的结构，被很多读者扣上较难理解的标签。例如，残雪的部分作品，她的写作风格独特，充满了荒诞、变形和象征，让读者难以捉摸其中的深意。

◎ 学生问：

你读过残雪的《山上的小屋》吗？

◎ 豆包答：

我了解残雪的《山上的小屋》这篇作品。
这篇小说充满了荒诞、诡异的色彩和独特的象征意味。作者通过独特的叙事和描写，营造出一种令人不安和迷茫的氛围。

文中的"山上的小屋"并非一个实际存在的实体，更像是一种虚幻的、象征着某种精神追求或内心渴望的意象。

您是正在阅读这篇作品，还是对它有什么特别的想法想要交流呢？

◎ 学生问：

这篇小说的主题是什么？

◎ 豆包答：

《山上的小屋》的主题具有多义性和复杂性，不同的读者可能有不同的解读，但大致包含以下几个方面。

揭示人性的荒诞与扭曲：小说中家庭成员之间关系冷漠、互相猜疑和敌视，展现出人性中的恶与荒诞。

表达个体的孤独与疏离：主人公在家庭和社会中感到极度孤独，无法与他人建立正常的沟通和理解，反映了个体在世界中的孤立状态。

对生存困境的思考：通过荒诞离奇的情节和环境描写，暗示人们在现实生活中面临的种种困境和无法摆脱的精神压力。

批判社会的压抑与束缚：以象征性的手法批判了社会对个体自由和个性的压抑，以及由此带来的痛苦和扭曲。

总之，这篇小说通过独特的写作风格和象征手法，深入探讨了人性、社会和个体生存等诸多层面的问题。

◎ 学生问：

小说主要叙事手法是什么？

◎ 豆包答：

《山上的小屋》主要运用了以下叙事手法。

荒诞叙事：小说充满了荒诞离奇的情节和场景，如主人公总觉得山上有个小屋，但家人却否认，家中的种种奇怪现象等，打破了现实的逻辑和常理，营造出一种荒诞不经的氛围。

意识流手法：通过主人公跳跃、破碎、无序的内心独白和意识流动来推动故事发展，展现其混乱、恐惧和不安的精神世界。

象征手法："山上的小屋"象征着主人公内心渴望的理想世界或精神寄托；家中的各种物品和人物的行为也都具有象征意义。例如，父亲的眼睛象征着监视和控制。

变形夸张：对人物形象和环境进行变形和夸张的描写，增强了作品的荒诞感和批判性。

这些叙事手法的运用，使小说呈现出独特的艺术风格和深刻的内涵。

◎ 学生问：

为什么说抽屉永生永世也清理不好？

◎ 豆包答：

在《山上的小屋》中，"抽屉永生永世也清理不好"具有深层的象征意义。

它可能象征着生活中的混乱和无序是无法彻底消除的。无论主人公如何努力去整理和改变，那些混乱的、压抑的因素始终存在，暗示着生活中的困境和痛苦是一种永恒的存在，无法通过简单的努力就能得到解决。

也可以理解为这代表着人性中的阴暗面和精神世界的混乱是难以彻底清理和纠正的。就像抽屉里不断出现新的"脏东西",人的内心也会不断产生负面的情绪和想法。

还可能象征着外界的压迫和干扰是无穷无尽的。主人公想要清理抽屉,象征着她试图改变现状、获得内心的平静和秩序,但外界的力量总是在破坏她的努力,让她永远无法达成目标。

总之,这句话反映了小说中所呈现的那种绝望、无助和无法摆脱的困境。

读现代文需要综合运用多种方法,细心品味,才能更好地理解和欣赏。一般需要注意以下几个方面。

◎ 理解文章主旨:关注标题,分析开头和结尾。
◎ 把握文章结构:明确段落层次,寻找过渡段落和语句,它们能帮助理解文章的逻辑关系。
◎ 关注写作手法:如修辞手法(比喻、拟人、排比、夸张等)、表现手法(象征、对比、衬托等)。
◎ 理解关键语句:如中心句、含义深刻的语句。
◎ 留意作者情感:从用词和语气中体会作者的态度和情感倾向,注意细节描写中蕴含的情感。
◎ 联系实际思考:将文中的观点、道理与自己的生活经验和社会现实相联系,加深对文章的理解。

## 9.6 读英文

与文言文一样,英文也是很多学生畏惧的一种文章形式,特别是比较专业的英文论文,对于英文底子比较弱的学生来说,阅读起来会非常吃力。AI支持阅读不同语言类型的文章,并能够自由与用户进行交流,交流方式可以是英文,也可以是中文。

【示例】除了指定书名或文章名称外,用户也可以直接上传文章,AI会自动阅读上传的文件内容,然后根据上传文件内容完成用户的各种阅读要求。

上传The Power of Reading.txt文件,该文件的内容就不再展示,读者可以参考本章提供的练习素材。同时输入下面要求。

> The theme of this article

◎ 豆包答:

> The theme of this article is the power of reading and its numerous benefits, including expanding vocabulary, improving critical thinking skills, having a positive impact on emotional well-being, and connecting us with others and ourselves.

◎ 学生问:

> 把答案翻译为中文

◎ 豆包答:

> 这篇文章的主题是阅读的力量及其众多益处,包括扩大词汇量、提高批判性思维能力、对情绪健康产生积极影响,以及将我们与他人和自己联系起来。

◎ 学生问：

阅读的力量体现在哪些方面？

◎ 豆包答：

阅读的力量体现在以下几个方面。
- 打开知识和想象的世界，带我们去从未去过的地方，结识从未见过的人。
- 能够激励、教育和娱乐我们，是个人成长和发展的宝贵资源。
- 可以扩大我们的词汇量，帮助我们更有效地交流，拓宽对周围世界的理解。
- 能够提高我们的批判性思维能力，让我们学会质疑假设、评估证据并形成自己的观点。
- 对我们的情绪健康有深远影响，能提供逃避日常生活压力的感觉，在困难时期给予安慰和慰藉。
- 能够将我们与他人和自己联系起来，打开通向新思想、新体验和新视角的大门，丰富我们的生活。

◎ 学生问：

The article emphasizes what the benefits of reading are?

◎ 豆包答：

The article emphasizes the following benefits of reading:
- Opening up a world of knowledge and imagination, taking us to new places and introducing us to new people.
- Inspiring, educating, and entertaining us, being an invaluable resource for personal growth and development.
- Expanding our vocabulary, helping us communicate more effectively and broadening our understanding of the world.
- Improving our critical thinking skills by analyzing arguments and perspectives in books.
- Having a profound impact on our emotional well-being, providing an escape from daily stresses and serving as a source of comfort during difficult times.
- Connecting us with others and ourselves, opening doors to new ideas, experiences, and perspectives, and enriching our lives.

通过上面对话可以看到，AI能够自由切换中文和英文对话方式，只要用户使用什么语言，它就会自动使用该语言进行回答。

## 9.7 实习报告

实习报告是指学生在实习期间，对实习单位的基本情况、实习过程、实习收获和体会等进行总结和记录的一种书面报告。它是对实习经历的全面回顾和反思，旨在展示实习的成果和价值，同时也为学校或实习单位提供反馈和评估的依据。实习报告通常包括以下内容。

◎ 实习单位的基本情况介绍，如单位名称、性质、规模、业务范围等。

◎ 实习的目的、时间、地点和具体内容。

◎ 实习过程中的主要工作和任务，包括所参与的项目、完成的任务、遇到的问题及解决方法等。
◎ 实习收获和体会，包括对专业知识的应用和理解、职业技能的提升、团队合作能力的锻炼、对行业和职业的认识等。
◎ 对实习单位的评价和建议，包括对单位管理、工作环境、业务发展等方面的看法和建议。
◎ 总结实习的经验教训，对未来的学习和职业发展的规划和展望。

实习报告的形式可以根据学校或实习单位的要求进行调整，一般包括文字叙述、图表展示、数据分析等。它是实习学生对实习经历的重要总结，也是展示自己实习成果和能力的重要方式。

【示例】撰写大学生实习报告。

> 我是北京化工大学大四学生，专业为化学工程与工艺，上学期刚完成社会实习，实习单位：中国石化北京分公司，请为我撰写一份实习报告，重点介绍实习过程、工作成果。

讯飞星火撰写的报告最为详细、全面，其他AI的报告也符合要求，限于篇幅，这里仅显示文心一言生成的实习报告。

> 实习报告
> 一、实习基本情况
> 实习单位：中国石化北京分公司
> 实习时间：[具体起止日期，如20××年××月××日至20××年××月××日]
> 实习岗位：化学工程与工艺实习生
> 指导老师：（若有指定，填写姓名；若无，可略）
> 学生信息：
> 姓名：[您的姓名]
> 专业：化学工程与工艺
> 年级：大四
> 学校：北京化工大学
> 二、实习目的与意义
> 本次实习旨在将我在校所学的化学工程与工艺理论知识与实际应用相结合，通过在中国石化北京分公司的实践工作，深入了解化工行业的生产流程、工艺控制、设备操作及安全管理等方面的内容，提升我的专业技能、团队协作能力及解决实际问题的能力，为未来的职业生涯打下坚实的基础。
> 三、实习内容与过程
> 　1. 入职培训：实习初期，我参加了公司组织的入职培训，内容涵盖了企业文化、安全生产知识、工艺流程简介及岗位操作规程等，使我对公司运营有了初步认识，并掌握了基本的安全生产技能。
> 　2. 车间实习：随后，我被分配到某化工生产车间进行实地学习。在车间师傅的指导下，我深入了解了从原料预处理、反应釜操作、产品分离提纯到成品包装的全过程。特别关注了工艺参数的监控与调整、设备的日常维护与故障排除等关键环节。
> 　3. 项目参与：实习期间，我还有幸参与了某项工艺优化项目的辅助工作。通过查阅资料、数据分析及与团队成员的讨论，我提出了几项改进建议，虽然部分建议尚在评估阶段，但这一过程极大地锻炼了我的创新思维和问题解决能力。
> 　4. 安全环保实践：在整个实习过程中，我始终严格遵守公司的安全环保规定，参与了多次

应急演练，增强了安全意识和环保责任感。

**四、工作成果**

1. 技能提升：通过实际操作，我熟练掌握了化工生产中的基本操作技能，如反应釜的温度压力控制、物料投加与配比调整等，同时加深了对化工原理的理解。
2. 项目贡献：在参与工艺优化项目的过程中，我的建议虽未直接实施，但为团队提供了不同的思考角度，促进了项目的深入讨论与改进。此外，我负责的数据整理与分析工作为项目决策提供了有力支持。
3. 团队合作：实习期间，我积极与同事沟通交流，建立了良好的工作关系，通过团队协作完成了多项任务，提升了我的沟通能力和团队协作精神。
4. 报告撰写：根据实习经历，我撰写了详细的实习日志，并在此基础上完成了本实习报告，不仅记录了我的成长与收获，也为未来的学习与工作提供了宝贵的参考。

**五、实习体会与展望**

此次在中国石化北京分公司的实习经历，让我深刻体会到了理论与实践相结合的重要性。我认识到，作为化学工程与工艺专业的学生，不仅要掌握扎实的专业知识，更要具备将知识应用于实际工作的能力。未来，我将继续努力学习，不断提升自己的专业素养和实践能力，为成为一名优秀的化工工程师而不懈奋斗。

请根据实际情况调整具体日期、姓名等信息。希望这份实习报告能够符合您的要求。

这是一篇较为规范和全面的实习报告，实习报告结构完整、层次分明，内容丰富具体、目标明确、总结深刻。不足之处在于缺乏深度分析。例如，在工艺优化项目中，对于建议未被直接实施的原因可以进行更深入的探讨和反思；语言表述稍显平淡，可以适当增加一些生动的描述或具体的案例，增强报告的吸引力和可读性。

## 9.8 就业指导

AI在就业指导方面能够发挥重要作用，为求职者提供多方面的支持和帮助。例如，通过分析大量的招聘数据和职业信息，AI可以做以下工作。

◎ 职业规划：根据求职者的教育背景、技能、兴趣等因素，为其推荐适合的职业方向和发展路径。

◎ 简历优化：评估求职者的简历，指出存在的问题，并提供改进建议，如突出关键技能、优化语言表述等。

◎ 面试准备：模拟面试场景，提问常见的面试问题，并根据回答给予反馈和改进建议，还可以提供关于面试技巧、礼仪等方面的指导。

◎ 岗位匹配：快速筛选出与求职者条件相匹配的招聘岗位，并提供详细的岗位描述和要求分析。

◎ 行业趋势分析：帮助求职者了解不同行业的发展趋势、就业前景和薪资水平，以便做出更明智的职业选择。

一些具体的AI就业指导工具和平台，如智能招聘软件、职业规划应用程序等，都在不断地优化和完善其功能，为求职者提供更精准、个性化和高效的就业指导服务。

【示例】毕业就业指导。

> 我是北京化工大学大四学生，专业为化学工程与工艺，请为我提供个性化的就业指导。

各AI大模型都能够给出合理的就业指导。相对而言，豆包的建议较务实，内容简练，没有过多务虚指导。采纳如下：

> 以下是为您提供的个性化就业指导。
> 一、行业分析
> 化学工程与工艺专业的就业前景广阔，涵盖多个领域。
> 1. 化工行业：包括石油化工、煤化工、精细化工等。您可以在大型化工企业从事生产工艺优化、质量控制、新产品研发等工作。
> 2. 制药行业：参与药物合成、制剂工艺开发等环节。
> 3. 环保行业：随着环保要求的提高，对化工专业人才在废水处理、废气治理等方面的需求增加。
> 4. 新能源领域：如电池材料研发、新能源化工工艺等。
> 二、自身评估
> 1. 回顾您在大学期间的课程学习情况，确定自己在化学工程原理、化学反应工程、化工热力学等核心课程方面的掌握程度。
> 2. 评估自己的实践能力，包括实验操作、工厂实习等经历。
> 3. 思考自己的兴趣点，是更倾向于研发、生产管理还是技术销售等方向。
> 三、职业选择
> 1. 工艺工程师：负责优化化工生产工艺，提高生产效率和产品质量。
> 2. 研发工程师：从事新产品、新技术的开发工作。
> 3. 质量控制工程师：对原材料和产品进行检测和质量监控。
> 4. 销售工程师：结合技术知识，推广化工产品和解决方案。
> 5. 安全工程师：确保化工生产过程符合安全标准和法规。
> 四、求职准备
> 1. 简历制作：突出专业课程成绩、实践项目经验、相关技能证书等。
> 2. 准备面试：熟悉常见的面试问题，尤其是关于化工工艺流程、安全措施等方面的问题。
> 3. 建立人际关系网络：与校友、老师和业内人士保持联系，获取内部推荐和行业信息。
> 五、提升建议
> 1. 如果您的目标是研发岗位，可以考虑参加一些相关的学术研讨会或在线课程，提升自己的研究能力。
> 2. 对于销售岗位，加强沟通和谈判技巧的训练。
> 希望以上指导对您有所帮助，祝您顺利找到理想的工作！

这篇个性化就业指导内容全面且具体，为化学工程与工艺专业的学生提供了从行业分析到求职准备及提升建议的全方位指导，具有较高的参考价值。虽然指导内容已经较为全面，但若能加入一些成功案例或失败教训的案例分析，可能会更加生动具体，从而帮助学生更好地理解职业选择和求职过程中的实际问题。通过进一步完善和细化相关内容，这篇就业指导可以更加贴近学生的实际需求，帮助学生更好地规划职业生涯和顺利就业。

# 第 10 章 营销

AI在营销领域有着广泛的应用,可以帮助企业提高营销效率、精准定位目标客户、优化营销策略等。企业可以通过合理应用AI技术,提升自身的竞争力,实现更好的营销效果。AI在营销中的常见应用包括客户细分与定位、个性化推荐、营销自动化、聊天机器人、情感分析、预测分析,以及内容创作。例如,AI可以生成文章、广告语、图片等营销内容,为企业节省时间和成本。

## 10.1 小红书营销

小红书平台以其独特的内容生态、用户群体和功能特点,成了一个备受关注的社交电商平台。小红书平台具有以下几个特点。

◎ 以分享和推荐为主:用户在小红书上分享各种生活经验、购物心得、美食旅游等内容,通过文字、图片、视频等形式展示,具有很强的社交性和互动性。

◎ 年轻女性用户占比较高:小红书的用户群体主要是年轻女性,她们对时尚、美妆、生活方式等方面有较高的关注度和消费需求。

◎ 内容种草能力强:用户的分享和推荐往往能够激发其他用户的购买欲望,具有很强的种草能力,对品牌推广和产品销售有很大的帮助。

◎ 标签和话题功能:用户可以通过添加标签和参与话题来分类和组织内容,方便其他用户搜索和发现相关的信息。

◎ 电商功能:小红书不仅是一个内容分享平台,还具备电商功能,用户可以直接在平台上购买推荐的产品,实现了内容到购买的无缝连接。

◎ 算法推荐:小红书的算法会根据用户的兴趣和行为,为用户推荐个性化的内容,提高用户发现感兴趣内容的效率。

◎ 品牌合作和达人营销:许多品牌会与小红书上的知名达人合作,进行产品推广和品牌宣传,达人的影响力和粉丝基础能够帮助品牌快速传播和推广。

◎ 注重美感和品质:小红书上的内容通常注重美感和品质,图片和视频制作精良,文字表达简洁明了,给用户带来良好的视觉和阅读体验。

【示例】设计小红书营销文案。

我是丝巾经销商,希望在小红书上推广本店经营的中国风丝巾,请帮我写一篇小红书文案,

> 正文要包含丝绸、中国元素、设计精美、色彩鲜艳，展现出浪漫与优雅的风格。文案要包含本店店名（苏州故事）、地址（北京王府井××号××柜）、产品推荐和环境介绍。

比较各家AI平台生成的文案，通义千问最优秀，文案完全符合小红书的行文风格和语言特色。文心一言的文案比较优秀，豆包、腾讯元宝、讯飞星火基本合格，其他AI生成的文案不符合小红书网红风格。下面采纳通义千问的文案，具体内容如下。

✨👗【苏州故事】一抹东方神韵，邂逅王府井的浪漫丝滑✨🎨

🎨在繁华的北京王府井大街，有一处静谧之地，藏着江南水乡的温柔梦——苏州故事，位于王府井××号××柜，等你来探索那一抹古典与现代交织的东方美学。🏮💖

🎨走进我们的店铺，就像步入了一幅流动的画卷。每一条丝巾，都是匠心独运的杰作，选用顶级桑蚕丝，质地细腻柔滑，色彩浓郁而不失高雅，仿佛春日里绽放的牡丹，艳而不俗，雅而不淡。🌸

🎨设计上，我们融合了中国传统的吉祥纹样与现代审美，龙凤呈祥、梅兰竹菊、山水墨画……每一条丝巾都是一段未完的故事，等待着你的解读。🎐

👗不论是搭配日常的休闲装，还是点缀正式场合的晚礼服，【苏州故事】的丝巾都能让你瞬间提升气质，展现女性独有的温婉与知性。不论是送给自己的一份宠爱，还是赠予亲朋好友的佳礼，都将是不可多得的选择。🎁💗

📍地址：北京王府井大街××号××柜

📩邀请您莅临【苏州故事】，一起感受那份属于东方的浪漫与优雅。我们在这里，等风也等你，共赴一场关于色彩与梦想的盛宴。🎀🔑

🏷#苏州故事 #王府井风情 #中国风丝巾

快来【苏州故事】，体验这份只属于你的东方魅力吧！👀✨

想象一下，在北京王府井的熙攘人群中，你手持一条色彩斑斓的丝巾，那是【苏州故事】带给你的独特风采。快来加入我们，一起编织属于你的丝绸梦想！✨💗

记得关注我们，获取更多丝巾搭配灵感和优惠信息哦！📩

🏷#丝绸之梦 #东方美学 #王府井购物

如果你有任何疑问或需要帮助，欢迎随时私信咨询！💬📩

## 10.2 抖音短视频营销

抖音平台以其独特的短视频形式、个性化推荐、社交互动和创意娱乐性,成了一个深受用户喜爱的社交媒体平台,具有很大的影响力和商业价值。抖音平台具有以下几个特点。

◎ **短视频内容为主**:抖音以短视频为主要形式,用户可以通过拍摄、编辑和分享15秒到60秒的视频来展示自己的创意、生活点滴或才艺。

◎ **个性化推荐**:抖音利用算法根据用户的兴趣、行为和偏好,为用户提供个性化的视频推荐,使用户能够发现感兴趣的内容。

◎ **创意和娱乐性强**:抖音上的视频内容丰富多样,包括音乐、舞蹈、搞笑、美食、旅游、时尚等,具有很强的创意和娱乐性,能够吸引用户的注意力。

◎ **社交互动性高**:用户可以关注感兴趣的人、点赞、评论、分享视频,还可以与其他用户进行私信互动,形成社交圈子。

◎ **易于创作和分享**:抖音提供了丰富的视频编辑工具和特效,使普通用户也能够轻松创作有趣的视频,并方便地分享到其他社交平台。

◎ **流行文化影响力大**:抖音上的一些热门话题、挑战和音乐往往能够迅速传播,形成流行文化现象,对年轻人的审美和娱乐方式产生一定的影响。

◎ **商业潜力巨大**:抖音为品牌和商家提供了广告投放和营销的机会,通过创意的视频内容和合作形式,能够有效地推广产品和服务。

◎ **用户基数大**:抖音拥有庞大的用户群体,涵盖了各个年龄段和地区,为内容创作者和品牌提供了广阔的受众市场。

【示例】设计抖音短视频带货脚本。

> 我是丝巾经销商,希望在抖音上推广本店经营的丝巾,请帮我写一篇抖音平台口播的短视频脚本。商品信息如下。
> 商品名称:中国风丝巾。
> 商品特点:纯丝绸、富含中国元素、设计精美、色彩鲜艳
> 文案要适合直播带货口播风格,强调产品特色。

通义千问、文心一言和智谱清言生成的带货脚本符合本示例要求:主播口语风格、环节设计合理细致、重点突出鲜明。限于篇幅,下面仅展示通义千问的脚本。

> 视频开场(镜头聚焦主播,背景展示店铺和丝巾)
> 主播:(活力十足地)嗨,宝贝们!今天我要带你们走进一个充满东方魅力的世界,一起探索那些可以让你瞬间提升气质的秘密武器——那就是我们家的"中国风丝巾"!
> 镜头拉近,展示丝巾细节
> 主播:看这里,看这里!每一条丝巾都是100%纯丝绸打造,手感细腻到仿佛能听到指尖轻轻滑过丝绸的声音。这不仅仅是围巾,更是艺术品,是行走的风景线!
> 切换镜头,展示丝巾上的中国元素图案
> 主播:宝贝们,你们看到这些图案了吗?每一笔每一画都蕴含着深厚的中国传统文化,龙凤呈祥、花鸟鱼虫,还有那经典的青花瓷纹样,简直美得不像话!穿上它,你就是行走的中国

文化大使!
　　镜头快速切换,展示丝巾不同颜色与搭配
　　主播:而且啊,色彩上我们也是下足了功夫!红的热情、蓝的宁静、黄的明媚、绿的生机,每一种颜色都能点亮你的穿搭,让你成为人群中最亮眼的那颗星!
　　镜头回到主播,主播演示丝巾的不同系法
　　主播:(边说边示范)丝巾的玩法可多了,它可以是颈间的风情,可以是头上的装饰,还可以是手腕上的点缀。看我这样系,是不是又多了一份神秘的东方韵味?
　　镜头切换至店铺全景,展示其他款式
　　主播:我们店里还有很多款式的中国风丝巾,每一条都有它的故事,每一条都能让你爱不释手。现在下单,还有惊喜优惠哦!
　　视频结尾,主播面向镜头微笑
　　主播:(热情洋溢地)亲爱的朋友们,让我们一起用这条丝巾连接过去与未来、东方与西方。喜欢的话,记得点赞、关注、转发,把这份美丽分享给更多的人!我们下次直播见,拜拜!
　　结束语(背景音乐渐弱,主播挥手告别)
　　主播:(轻声)记住,美丽是一种态度,选择中国风丝巾,让每一天都成为你的时尚秀场。

短视频带货脚本是一种为短视频创作提供指导和框架的书面计划。一个精心编写的短视频带货脚本能够使视频内容紧凑、有条理,有效地传递产品信息,激发观众的购买欲望。短视频带货脚本通常会涵盖开场导入、产品展示、使用演示、优势讲解、用户评价、引导购买等环节。以上脚本结合了产品特点和直播带货的互动性,旨在通过主播的介绍和展示,激发观众的兴趣和购买欲望。

## 10.3 朋友圈营销

微信朋友圈平台具有多个显著特点,这些特点不仅反映了其作为社交媒体的独特性,也体现了其在用户日常生活和信息传播中的重要地位。微信朋友圈平台的主要特点如下。

- ◎ 即时传播速度快:用户可以随时随地将自己的日常生活点滴分享到朋友圈,只要好友微信在线,就能即时看到这些分享的内容,包括文字、图片或视频等。
- ◎ 传播对象的私密性:朋友圈中的内容只有互为好友的人才能看到,这种私密性使得用户更愿意在朋友圈分享自己的生活和感受。通过朋友圈分组功能,还可以更精细地控制信息公开面对的对象和信息暴露的范围程度,增加了用户分享的自由度和选择性。
- ◎ 传播内容的多元化:用户可以在朋友圈分享多种类型的信息,如图片、诗作美文、音乐、攻略、时事新闻、游戏网页等。
- ◎ 庞大的用户基础和高活跃度:微信月活用户数量庞大,据数据显示,微信月活用户已超过9亿,这为朋友圈的广泛传播提供了坚实的基础。朋友圈每天发表量超过10亿+,浏览量更是超过100亿+,显示出用户极高的活跃度和参与度。
- ◎ 数据反馈及时:微信朋友圈广告提供了实时数据反馈功能,广告主可以通过微信广告管理后台实时查看广告的投放效果和数据,及时调整投放策略和优化广告效果。
- ◎ 传播空间的虚拟性:朋友圈好友信息的分享虽然能让我们有身临其境之感,但由于网络的虚拟性，部分信息在传播过程中会带有一定的虚化和美化成分。

【示例】设计朋友圈带货文案。

> 我是丝巾经销商，希望在微信朋友圈推广本店经营的丝巾，请帮我写一篇朋友圈推广文案。商品信息如下：
> 商品名称：中国风丝巾。
> 商品特点：纯丝绸、富含中国元素、设计精美、色彩鲜艳。
> 文案要有标题，标题简短、新颖，正文不要太长，多配图，宣传文字不要太夸张，务实亲和。

各AI生成的文案都不是特别让人满意，不完全符合朋友圈的私密、务实、亲和的特性。可能是AI接触的同类语料不多所致。下面仅摘录通义千问的文案作为参考。

> 【朋友圈推广文案】
> 🌸🌸【东方雅韵，一抹丝滑】🌸🌸
> 在这个夏天，让一抹纯正的中国风为你的衣橱添彩！
> 👗每一条【中国风丝巾】都是匠心独运的艺术品，选用上等纯丝绸面料，触感柔滑，如同晨露般细腻。🍃
> 🎨图案设计灵感源自中国传统文化，龙飞凤舞、梅兰竹菊，每一笔都讲述着古老的故事，每一色都绽放着东方的魅力。🌈
> 👗无论是优雅地环绕颈间，还是随性地搭于肩头，都能让你的穿搭瞬间升级，成为人群中的一道亮丽风景线。👧
> 📷多图预警！请下滑查看丝巾实拍图，感受那份不可复制的精致与美丽。✨
> 💌想要拥有一份独特的东方韵味吗？欢迎私信咨询，我们将为您送上最真诚的服务与建议。💌
> 【结语】
> 在这个快节奏的时代，给自己一点温柔的呵护。我们的【中国风丝巾】，不仅是一件配饰，更是一份对生活品质的追求。期待与您共享这份美好。💖

记得在文案中配以丝巾的高清图片，展示其不同的系法和搭配效果，让朋友们能够直观感受到丝巾的魅力。同时，保持语言的温馨和诚恳，让推广信息更加贴近人心。

🚨【注意】

> 由于微信朋友圈的熟人社交特性，在设计带货文案时要注意真实宣传、优质内容、独特卖点、避免纯广告、标题吸引人、语言简洁明了、强调情感共鸣、鼓励分享、合理控制频率、把握发布时机等要素。

## 10.4 京东营销

京东是国内头部电商平台，它具有优质商品与正品保障、高效物流配送、丰富的商品种类、良好的售后服务、大数据精准推荐、品牌影响力大、营销活动多样等显著特点。

【示例】熟悉京东营销套路。

> 我是丝巾经销商，如何在京东上做营销？

豆包提供的营销方案比较务实，具有可操作性。

作为丝巾经销商在京东上做营销,您可以参考以下策略。

1. 品牌塑造与店铺装修
- 为您的丝巾品牌创建一个独特且吸引人的品牌名称和标识。
- 精心设计店铺页面,包括店招、海报、分类导航等,营造出专业、时尚的氛围。

2. 商品优化
- 确保每条丝巾的图片清晰、美观,从不同角度和场景展示其效果。
- 撰写详细且有吸引力的商品标题和描述,突出丝巾的材质(纯丝绸)、中国风元素、精美设计和鲜艳色彩等特点。例如:"纯丝绸打造 中国风精美印花 色彩鲜艳时尚百搭丝巾"。

3. 客户评价管理
- 积极邀请购买过的客户留下评价,对于好评进行回复和感谢。
- 对于中差评,及时与客户沟通解决问题,改进产品和服务。

4. 京东快车与广告投放
- 利用京东快车工具,选择与丝巾相关的关键词进行精准投放,提高商品的曝光率。
- 考虑投放京东的展示广告,在相关页面展示您的丝巾产品。

5. 内容营销

撰写关于丝巾搭配、保养、中国风时尚趋势等方面的文章或视频,发布在京东的发现频道或店铺动态中,吸引潜在客户。

6. 参加平台活动
- 积极参与京东的各类促销活动,如"618""双11"等,提前准备充足库存,制订优惠策略。
- 报名参加京东的日常促销活动,如满减、赠品、限时折扣等。

7. 直播推广
- 定期开展直播活动,展示丝巾的佩戴方式、搭配效果,与观众互动,回答他们的问题。
- 可以邀请时尚达人或模特进行合作直播,提升直播的吸引力。

8. 京挑客推广

设置合理的佣金比例,吸引京挑客帮助推广您的丝巾产品。

9. 数据分析与优化

定期分析店铺数据,如流量来源、转化率、客单价等,根据数据调整营销策略和商品布局。

例如,你可以在京东618期间推出一款限量版的中国风丝巾,通过直播展示其独特之处,并设置限时折扣和满减活动,同时利用京东快车加大推广力度,吸引更多消费者关注和购买。你对于这些营销方法有什么具体的疑问或者想法吗?

整体而言,这是一个较为全面和可行的营销策略框架,能够有效提升丝巾经销商在京东平台上的销售业绩。如果要在这些策略中进一步挖掘潜力,可以考虑在内容营销和直播推广方面加大投入,通过高质量的内容和创新的直播形式,吸引更多年轻、追求时尚的消费者。同时,也可以考虑与时尚博主或网红进行合作,通过他们的影响力来扩大品牌知名度和影响力。当然在实施过程中需要根据实际情况进一步细化和优化,同时关注成本和竞争等因素。

## 10.5 拼多多营销

拼多多在竞争激烈的电商市场中迅速崛起,改变了中国电商市场的格局,为消费者提供了更多的购物选择和实惠。拼多多平台的特点是社交电商模式、低价策略、商品种类丰富、下沉市场优势、营销活动多样、算法推荐精准。

【示例】熟悉拼多多营销套路。

> 我是农产品经销商,主要销售山东西红柿,请问如何在拼多多上做营销?重点介绍拼多多平台的推广模式。

通义千问的回答比较符合要求:希望了解拼多多平台的各种独特推广方法。具体内容如下:

在拼多多平台上销售农产品,尤其是山东西红柿,可以利用平台特有的营销和推广模式来提高销量和品牌知名度。以下是拼多多平台的主要推广模式和具体应用建议。

### 1. 流量裂变模式(社交电商模式)

拼多多的核心优势之一是其社交属性,通过用户之间的分享和拼团,可以快速裂变传播。你可以鼓励买家将产品链接分享给亲朋好友,参与拼团享受更低的价格。这种模式可以迅速扩大产品的曝光度和销量。

### 2. 全站推广

拼多多的全站推广是一种以优化投入产出比(ROI)为目标的推广产品,可以撬动大量的搜索和场景流量,提升店铺的交易额。设置合理的投产比,系统会自动优化广告投放,以达到最佳的推广效果。

### 3. 聚焦展位推广

这是一种通过低价格竞争获得首页曝光位置的推广方式,可以自行选择单品或店铺推广,同时圈定目标人群,提升产品在目标市场的曝光率。

### 4. CPT推广

即按时间收费的广告位,可以帮助商家获得全站用户关注,对品牌进行强力推广,增加品牌的知名度和影响力。

### 5. 搜索和场景推广

通过关键词优化和竞价,提高产品在搜索结果中的排名,同时利用场景推广在类目页展示,增加产品的曝光度。注意优化关键词和图片,以吸引更多的点击和转化。

### 6. 明星店铺推广

通过明星店铺推广,使店铺在搜索关键词时出现在搜索页顶部,不仅能推广商品,还能提升品牌形象,实现商品和品牌双重推广。

### 7. 拼多多直通车广告

这是付费推广工具,允许商家在拼多多平台上购买广告位,通过设置预算和关键词出价,提高商品的曝光度和搜索排名。

### 8. 团购和折扣活动

利用拼多多的团购特性,定期举办折扣活动,如2人成团、3人成团等,吸引更多的客户参与,增加销量。

### 9. 内容营销

发布关于西红柿的营养价值、烹饪食谱、存储技巧等内容,提升店铺的专业形象,同时增加用户黏性和转化率。

### 10. 自动推广模式

利用拼多多的自动化推广工具,如搜索推广,通过关键词优化,吸引更多精准客户。

**实施策略建议:**

- 精细化运营:关注用户评价,优化产品详情页,提供高清图片和详细描述,提升用户体验。

- 供应链管理：确保货源稳定，快速响应市场需求，特别是季节性农产品要及时上架。
- 客户服务：提供优质的售前咨询和售后服务，处理好每一个客户反馈，维护良好的口碑。
- 数据分析：定期分析销售数据和推广效果，调整策略，优化推广投入。

通过上述推广模式和策略的应用，你可以在拼多多上有效地提升山东西红柿的销售业绩。

这篇针对拼多多平台销售山东西红柿的营销策略非常全面且细致，充分利用了拼多多平台的各项功能和特性，从多个方面提出了切实可行的推广和运营建议。如果能够有效执行这些策略，相信能够显著提升山东西红柿在拼多多平台上的销售业绩。但在成本控制和竞争应对方面可以进一步完善，同时可以更深入地挖掘产品的独特卖点。

## 10.6 天猫营销

天猫是中国最大的电商平台，它的特点是品牌销售为主、商品质量保障、海量商品选择、营销推广能力、用户体验优化、社交化营销、多元化营销手段、推广优势、国际业务拓展等。

【示例】了解在天猫做营销的方法。

> 我是手机外壳经销商，主要销售苹果系列、华为系列和小米系列手机外壳，品类多，价格实惠，请问如何在天猫上快速推广？重点介绍天猫特有且高效的方式，以及每一种推广方法的性价比及收费情况。

通义千问的回答如下：

> 在天猫平台上，作为手机外壳经销商，你有多种推广方式可以选择，每种方式都有其特点和成本效益比。以下是一些推广方法及其性价比分析。
> 
> 1. 天猫直通车（Tmall Direct Express）
> - 特点：关键词竞价排名，通过精准的关键词设置，让你的产品在搜索结果中获得更高的曝光度。
> - 性价比：高性价比，因为你可以控制预算，并且只在有人点击你的广告时才付费（CPC模式）。适用于需要快速提升产品曝光度的情况。
> - 收费情况：按点击次数收费，具体费用取决于关键词的竞争程度和出价。
> 
> 2. 超级品牌日（Super Brand Day）
> - 特点：专为品牌设计的营销活动，提供全站资源，包括首页曝光、定制化营销方案等。
> - 性价比：高影响力但成本相对较高，适合有足够预算的品牌，能够显著提升品牌知名度和销量。
> - 收费情况：需要与天猫商务经理协商，通常包含一定的固定费用和额外的推广费用。
> 
> 3. 聚划算（Juhuasuan）
> - 特点：限时折扣活动，能够吸引大量流量，快速提升销量。
> - 性价比：较高，尤其是对于库存清理和快速回笼资金非常有效。
> - 收费情况：需要支付一定的参与费用和成功费（根据销售额比例收取）。
> 
> 4. 内容营销（如微淘、淘宝头条）
> - 特点：通过发布产品评测、使用心得等内容，提高用户对你品牌的认知度。
> - 性价比：中等至高，内容营销能够建立长期的品牌价值，提高用户黏性。
> - 收费情况：主要成本在于内容创作，如果自己操作则成本较低，外包则需支付服务费用。

5. 直播营销
- 特点：利用网红或KOL进行直播带货，能够迅速吸引大量观众并促成转化。
- 性价比：高，尤其是在热门时段和节假日，但需要找到合适的主播合作。
- 收费情况：包括主播的合作费用和可能的佣金分成。

6. 天猫U先
- 特点：新品试用计划，通过免费或低价试用来吸引用户，增加产品曝光。
- 性价比：中等，适合新品推广，成本在于试用产品的成本。
- 收费情况：可能需要承担试用品的成本和一定的平台服务费。

7. 品牌号
- 特点：官方品牌内容发布平台，用于品牌故事和产品资讯的发布，增强与消费者的互动。
- 性价比：高，成本相对较低，主要是内容创建和维护的成本。
- 收费情况：基本服务免费，高级功能或定制服务可能需要额外付费。

8. 联盟营销
- 特点：利用淘宝联盟的站外推广，按照实际成交支付佣金。
- 性价比：高，因为你只需在产品售出后才支付费用。
- 收费情况：按成交金额的一定比例支付佣金。

在选择推广方式时，需要考虑你的预算、目标客户群、产品特性以及市场时机。通常，组合使用多种推广方法可以达到最佳效果。记得持续监测和分析数据，以便优化你的推广策略。

这个营销策略提供了多种有效的推广方式，商家应根据自身情况选择合适的推广组合。同时，持续监测和分析数据对于优化推广策略至关重要。通过灵活运用这些推广方式，手机外壳经销商可以在天猫平台上取得更好的销售业绩。但在风险提示和创新方面可以进一步补充完善，以提高其全面性和前瞻性。

## 10.7 地推话术

地推是通过在实地场所，如商场、街头、社区等人流量较大的地方，直接与潜在客户进行面对面的宣传、推广和销售活动。地推的形式多种多样。例如，推广人员可以设立摊位，展示产品或服务，并向过往行人介绍和发放宣传资料；也可以拿着产品样品，进行现场演示和讲解，吸引人们的注意；还可以通过问卷调查、小游戏等互动方式，收集潜在客户的信息，建立联系。

【示例】设计地推话术。

请为儿童教育培训课程设计一段地推话术。

通义千问生成的话术如下：

【地推话术设计】
开场白：（面带微笑，眼神亲切）
您好，家长朋友！我是来自[培训品牌名]的[您的名字]，非常高兴能在这么美好的一天遇见您。我们专注于为孩子们提供高质量的教育体验，致力于培养他们的好奇心、创造力和学习能力。

引起兴趣：
您知道吗？在孩子的成长过程中，早期的教育引导至关重要。我们特别设计了一系列寓教于乐的课程，如创意美术、科学实验、编程启蒙等，旨在激发孩子的兴趣，让他们在快乐中学习，在学习中成长。

**介绍课程亮点：**
我们的课程有以下几个独特之处。
- 专业师资：所有老师都经过严格筛选和专业培训，拥有丰富的教学经验。
- 小班教学：确保每个孩子都能得到足够的关注和指导。
- 个性化辅导：根据孩子的兴趣和能力制订学习计划，让每个孩子都能在自己的节奏中进步。
- 实践操作：除了理论知识，我们更注重实践，让孩子在动手做中学，培养解决问题的能力。

**邀请体验：**
今天，我们正好有一个免费试听体验课的机会，您可以带着您的孩子来体验一下，看看我们的课程是否适合他/她。这将是一个了解我们教学理念和方法的好机会，相信您的孩子会喜欢的。

**提供资料与联系方式：**
这是我们的课程手册和我的名片，上面有详细的信息和联系方式。如果您有任何疑问，或者想了解更多详情，随时欢迎给我打电话或发信息。我非常乐意为您解答。

**结束语：**
再次感谢您花时间听我介绍，我们非常期待能与您和您的孩子共同开启这段美妙的学习旅程。希望很快能在课堂上见到你们！

这样的地推话术旨在建立信任，展示课程价值，并鼓励家长采取行动。记得在交流时保持耐心和热情，尊重每一位家长的时间和决定。

## 10.8 电销话术

电销话术是指在电话销售过程中使用的语言技巧和沟通策略。它是一套经过精心设计和优化的表述方式，旨在通过电话与潜在客户建立良好的沟通，引起客户的兴趣，并有效地传递产品或服务的价值，解决客户的疑虑，最终促使客户做出购买决策或达成其他销售目标。

电销话术通常包括开场白、产品介绍、挖掘需求、处理异议、促成交易等多个环节。

【示例】设计电销话术。

> 请为海南海景房别墅设计一段电销话术。语言要通俗、亲切、简练，要突出养生、大海、环境优美、价格低等要素。

豆包的话术亲切、完全口语化，表述简练，符合要求，具体文字如下：

> 以下是为您设计的一段海南海景房别墅电销话术。
> "您好呀，请问是[客户姓名]先生/女士吗？我是海南海景房别墅的销售[您的名字]。
> 今天给您打电话，是想跟您分享一个特别棒的消息！我们在海南有一批绝美的海景房别墅。您想想，每天一推开窗就能看到蔚蓝的大海，那感觉多惬意！
> 这边环境优美得没话说，空气清新，对养生特别好。没事儿您就在海边散散步，吹吹海风，心情别提多舒畅了。
> 而且我们现在价格特别低，性价比超高。用在别的地方买普通房子的钱，在这儿就能拥有一套海景别墅。
> 您看，我给您详细介绍介绍，说不定这就是您一直梦想中的家呢！"

通义千问的话术把不同的语境都设计出来，可供电销人员参考，灵活引用。

【电销话术设计】
开场问候：
您好！这里是[公司名]，我是[您的名字]。今天想带您去海南岛的海边散散步，怎么样？
引入话题：
想象一下，每天早上，阳光透过窗帘，海风轻轻拂过脸庞，您睁开眼就能看见碧蓝的大海，这不就是梦寐以求的海边生活吗？
突出卖点：
我们最近推出了一套海南海景别墅，它就坐落在椰林树影间，面朝大海，春暖花开。这里四季如春，空气质量极佳，是养生的绝佳之地。清晨的瑜伽，傍晚的海边漫步，都能让您的身心得到彻底的放松和滋养。
价格优势：
而且，好消息是，现在购买这套别墅，您将享受到前所未有的优惠价。我们承诺，同样的海景，更低的价格，让您不必为梦想付出高昂代价。
询问兴趣：
不知道这样的生活方式是否触动了您的心弦？如果您愿意，我可以发一些别墅的实景照片给您，让您感受一下这份来自海南的海风和温暖。
结束语：
非常感谢您接听我的电话，不管怎样，希望今天的一番话能给您的生活增添一抹色彩。如果有任何疑问，或者您想了解更多详情，随时欢迎来电。祝您心情愉快，期待与您再次交流！

这种话术结合了海南的地域特色，用生动的语言描绘出一幅海边生活的美好画面，同时强调了价格优势，旨在激发潜在客户的兴趣和购买欲望。

## 10.9 广告文案

广告文案是为了宣传产品、服务、品牌或活动等而创作的文字内容。它的主要目的是吸引目标受众的注意力，激发他们的兴趣，传达关键信息，并促使他们购买产品、使用服务、参加活动或改变对某个品牌的看法。广告文案可以是长文推广（包含商品的详细介绍）和广告词（经典的短文）。

【示例】创作新产品广告词。

本公司设计了一款智能机器人，它能够与人进行互动，明白人类的自然语言，可以帮助完成家庭日常事务，如扫地、值守、清洗、时间管理、陪伴老人或小孩、信息服务等。请帮助设计一段广告文案，要求：简洁明了、富有吸引力、强调智能化。

经过比较，智谱清言的广告文案设计得非常好，符合本示例的设计要求，具体内容如下：

"家，因智能而美好——探索未来生活，从拥有一台全能智能机器人开始。它不仅能听懂你的话，更懂得你的需求。扫地、值守、清洗，一键搞定家务；时间管理、老人小孩陪伴、信息服务，一键解锁智慧生活。让智能成为家的守护者。拥抱智能，享受非凡——这就是我们的智能机器人，你的家庭新伙伴！"

其他AI大模型都把广告词写成了一篇广告推文。例如，文心一言的推文风格类似网红体，但不符合本示例的设计初衷，限于篇幅就不再逐一展示。

## 10.10 软广告文案

软广告（又称软文）是一种相对隐蔽、委婉的广告形式。它不像传统的硬广告那样直接、明显地宣传产品或服务，而是将广告信息巧妙地融入到看似普通的文章、故事、报道、评论等内容中。软广告的特点包括内容具有价值、形式多样、隐蔽性强、强调情感连接。软广告的目的是在不引起读者反感的情况下，潜移默化地影响读者的消费观念和购买决策。

【示例】在微博推广商品。

> 我是丝巾经销商，希望在微博上推广本店经营的中国风丝巾，但各微博大V希望提供的推文不要太直接，请帮我写一段软广告文案，正文中隐藏着本店店名（苏州故事）、地址（北京王府井××号××柜）。文章主题最好写女性舒适、散漫的生活场景。

微博文字一般都比较简短，随性而发，很少有长文，长文不适合传播。经过筛选，360智脑和智谱清言写的软文符合本示例要求。

◎ 360智脑软文：

> 在一个阳光洒满窗台的午后，王府井的喧嚣仿佛离我很远。我走进了那家隐秘在××号××柜的小店，一股淡淡的木质香气扑面而来。这里的每一条丝巾都有着自己的故事，仿佛诉说着苏州的烟雨朦胧和历史的沉淀。
> 我挑选了一条色彩斑斓的中国风丝巾，轻轻抚摸，丝绸的质感如同肌肤般细腻。系在颈间，仿佛置身于江南水乡的小桥流水之间，耳边似乎还能听到吴侬软语的呢喃。
> 走出小店，北京的繁华依旧，但我心中多了一份宁静与舒适。这样的时刻，属于我，属于每一个懂得享受生活的女人。苏州故事，不仅仅是一家店，更是一种生活的态度，一种对美的追求和热爱。
> #女性舒适生活##苏州故事##王府井探店#

通过本人王府井逛街探店，展示丝巾的故事。

◎ 智谱清言软文：

> "在繁华的北京王府井，有一个角落，流淌着苏州的故事。在这里，每一缕丝绸都诉说着古老与现代的交织。午后，阳光懒洋洋地洒在××号××柜，一位女士轻轻展开手中的丝巾，中国风的图案在光影中跳跃，仿佛带她穿越到了宁静的江南水乡。她闭上眼，感受着这份舒适与散漫，丝滑的触感如同初春的微风，温柔拂过。在这里，每个细节都是对品质生活的致敬，每个瞬间都是一段苏州故事的续写。#苏州故事##中国风丝巾#悠然生活，等你来续写。"

通过一个女士的故事，展示丝巾的柔美。

# 第 11 章 求职招聘

AI 在求职招聘领域正发挥着越来越重要的作用。对于求职者来说，AI可以提供简历优化的建议；能够精准推荐符合其条件的职位，节省求职者筛选的时间；还能够提供模拟面试功能，帮助求职者进行练习和改进回答。对于招聘者而言，AI可以根据预设的条件和关键词，挑选出符合要求的候选人；可以对人才库中的候选人进行分类和标记，方便招聘者随时查找和联系合适的人选；可以分析员工数据，提前预测可能离职的人员，以便及时采取措施等。

## 11.1 优化简历

AI能够根据招聘信息对求职者的原始简历进行分析和改进，使其内容更贴合特定招聘职位的要求和期望。首先，AI会对招聘信息中的关键要点进行提取，如所需的工作经验年限、特定技能、项目经历、性格特质等。其次，对比求职者的原始简历，找出其中与招聘要点相关的内容，并进行强调、细化和突出展示。

同时，AI可能会对简历中表述不够清晰、不够准确或重点不突出的部分进行修改和完善，补充一些可能会被招聘方看重但简历中未提及的关键信息。例如，如果招聘信息强调需要具备项目管理经验和熟练使用某种数据分析软件的技能，而求职者的原始简历中只是简单提到参与过项目和了解一些相关软件，AI可能会将相关表述修改为"成功主导过多个重要项目，具备丰富的项目管理经验"以及"熟练掌握并应用[具体数据分析软件名称]进行数据处理和分析"。通过这种方式，优化后的简历能够更精准地匹配招聘需求，提高求职者获得面试机会的可能性。

【示例】根据招聘信息优化个人简历。

> 请根据下面的招聘信息优化一下我的原始简历。
> 招聘信息如下：
> 职位：市场营销经理
> 要求：
> 1.具有5年以上市场营销工作经验，熟悉数字营销渠道。
> 2.成功策划并执行过至少3个大型营销活动，具备良好的项目管理能力。
> 3.熟练掌握市场分析工具，能够制订精准的营销策略。
> 4.拥有出色的沟通和团队协作能力，带领团队完成营销目标。

原始简历如下：
一、工作经历
1. 在[公司名称]担任市场专员，负责社交媒体管理和内容创作，通过优化发布策略，粉丝增长了20%。
2. 参与了公司小型营销活动的策划和执行，协助团队完成活动目标。
二、技能
1. 熟悉社交媒体平台的运营规则。
2. 掌握基本的市场分析方法。
三、个人优势
具备良好的沟通能力，能够与不同部门协作。

各AI优化后的简历各有所长，建议读者可以根据个人需要酌情选用。这里展示文心一言的优化简历，具体内容如下：

优化后的简历
个人信息
[您的姓名]
[联系电话]|[电子邮箱]
职业目标
致力于市场营销经理职位，凭借超过5年的市场营销工作经验，特别是在数字营销领域的深厚积累，结合成功策划与执行多项大型营销活动的实战能力，为贵公司制定并实施高效精准的营销策略，领导团队达成营销目标。
工作经历
1. 市场营销经理（或高级市场专员，视实际职位调整）
[公司名称]|[时间段]
- 数字营销领航：在任职期间，深度参与并主导了多个数字营销项目，包括但不限于社交媒体管理、内容营销及SEO/SEM策略优化，成功推动品牌曝光量提升30%以上。
- 大型活动策划与执行：作为核心成员，成功策划并执行了3场以上大型营销活动，包括线上线下整合营销、跨界合作及用户互动活动，通过精细的项目管理和创新思维，确保活动圆满成功，实现销售额显著增长。
- 市场分析与策略制定：熟练运用市场分析工具（如Google Analytics、百度统计等），深入洞察市场趋势与消费者行为，为公司量身定制精准营销策略，有效提升了市场占有率和用户转化率。
- 团队领导与协作：作为团队关键成员，展现了卓越的沟通和团队协作能力，成功领导跨部门团队完成多项高难度任务，增强了团队凝聚力和执行力。

2. 市场专员
[公司名称]|[时间段]
- 社交媒体与内容创作：全面负责社交媒体平台的日常运营与内容创作，通过创新的发布策略和高质量的内容产出，实现了粉丝数20%的稳健增长，同时增强了用户黏性和品牌认知度。
- 小型活动策划与执行：积极参与并贡献于公司小型营销活动的策划与执行，通过细致入微的筹备和高效的执行，助力团队顺利完成活动目标，积累了宝贵的实战经验。

技能专长
- 数字营销渠道：精通各类数字营销渠道，包括社交媒体、搜索引擎营销、内容营销等，能够灵活运用多种手段实现营销目标。
- 市场分析：熟练掌握市场分析工具，具备强大的数据分析能力，能够准确把握市场动态，为决策提供有力支持。
- 项目管理：具备良好的项目管理能力，能够高效规划、执行并监控项目进展，确保项目按时按质完成。
- 沟通与团队协作：拥有出色的沟通和团队协作能力，能够迅速融入团队，与不同部门紧密合作，共同推动项目成功。

**个人优势**
- 丰富的市场营销实战经验，擅长将策略转化为实际成果。
- 强大的领导力和团队协作能力，能够激发团队潜能，共同面对挑战。
- 持续学习的态度，紧跟市场趋势，不断提升自我。

一篇优化后的简历应当在目标明确性、内容精练、成就突出、技能与经验匹配、格式整洁、个性化与定制化以及无错误与遗漏等方面表现更出色。这样完善的简历更有可能在众多简历中脱颖而出，赢得招聘者的青睐。

## 11.2 写自我介绍

自我介绍是向他人展示自己、介绍个人基本情况、特点、经历和目标等方面的一种陈述。它的目的是让别人在短时间内对自己有一个初步的了解和认识。

【示例】AI可以根据用户输入的信息，使用自然语言处理技术自动生成符合规范的自我介绍。

> 请为我写一段自我介绍。我的基本信息如下。
> 姓名：张三
> 教育背景：北京理工大学材料科学与工程专业本科毕业
> 个人经历：
> 1.竞赛经历：全国大学生材料创新设计大赛二等奖。
> 2.社团经历：材料科学与工程协会会员
> 3.科研经历：金属材料的疲劳性能研究。
> 4.实习经历：在A公司进行材料研发实习
> 5.项目经历：研究纳米材料的制备方法，如化学气相沉积法、溶胶-凝胶法等，成功合成了具有特定形貌和尺寸的纳米材料。

通义千问生成的自我介绍如下：

> 【自我介绍】
> 尊敬的各位老师、同仁们，大家好！我叫张三，毕业于北京理工大学材料科学与工程专业，对材料领域充满了热情与探索精神。
> 在校期间，我积极参与各类学术活动，曾荣获全国大学生材料创新设计大赛二等奖，这一荣誉不仅体现了我在理论知识上的扎实基础，更证明了我将创意转化为实践的能力。同时，作为材料科学与工程协会的一员，我有幸与众多志同道合的伙伴共同探讨学术前沿，拓宽了视野，培养了团队协作和组织协调能力。
> 科研方面，我对金属材料的疲劳性能研究尤为投入，通过对微观结构的深入分析，探索材料

在不同条件下的表现,这不仅锻炼了我的实验技能,还加深了我对材料科学原理的理解。在A公司的实习经历中,我担任材料研发实习生,将课堂所学应用于实际项目,进一步巩固了我的专业技能,同时也学会了如何在快节奏的工业环境中高效工作。

值得一提的是,我曾主导一项纳米材料制备方法的研究,通过化学气相沉积法、溶胶-凝胶法等多种技术路线,成功合成了一系列具有特定形貌和尺寸的纳米材料。这个项目不仅考验了我的创新能力,也让我深刻体会到科学研究的严谨与乐趣。

我热爱材料科学,渴望将所学知识转化为推动社会进步的实际成果。在未来的职业生涯中,我期待与更多优秀的人才合作,共同探索材料世界的奥秘,为新材料的研发贡献自己的力量。谢谢大家!

这段自我介绍充分展示了个人的教育背景、竞赛获奖、社团活动、科研经历、实习经验以及项目成就,同时也表达了个人对材料科学的热情和对未来职业的憧憬。这样的介绍能够给听众留下深刻的印象,并展现出个人的专业素养和魅力。

## 11.3 写求职信

求职信是求职者向潜在雇主发送的一种书面信函,用于表达对特定职位的兴趣,并说明自己为何适合该职位。求职信的格式通常包括以下几个部分。

◎ 称呼:写上雇主的姓名或称谓,如"尊敬的招聘经理"。
◎ 开头:简要介绍写求职信的目的和申请的职位。
◎ 主体内容:首先介绍自己的相关背景,包括教育背景、工作经历、技能和成就。其次,强调与目标职位相关的经验、能力和优势。最后,解释为什么对该公司和职位感兴趣。
◎ 结尾:表达对获得面试机会的期待。感谢对方抽出时间阅读信件。
◎ 署名:签署个人的姓名和联系方式。

【示例】使用AI快速生成求职信。

> 请为我写一封求职信。我的基本信息如下。
> 姓名:张三
> 教育背景:北京理工大学材料科学与工程专业本科毕业
> 个人经历:
> 1.竞赛经历:全国大学生材料创新设计大赛二等奖。
> 2.社团经历:材料科学与工程协会会员
> 3.科研经历:金属材料的疲劳性能研究。
> 4.实习经历:在A公司进行材料研发实习
> 5.项目经历:研究纳米材料的制备方法,如化学气相沉积法、溶胶-凝胶法等,成功合成了具有特定形貌和尺寸的纳米材料。
> 求职单位:北京市B公司材料处理岗位。

文心一言生成的求职信如下:

> [公司信头,如果有的话,可省略]
> 尊敬的B公司招聘负责人:

您好！

我叫张三，通过深入了解贵公司在材料科学领域的卓越成就与不断创新的精神，我深感敬佩并充满向往。在此，我怀着极大的热情向您提交我的求职信，申请贵公司材料处理岗位一职。

我毕业于北京理工大学材料科学与工程专业，四年的系统学习不仅为我奠定了坚实的理论基础，还培养了我对材料性能、结构及其应用的深刻理解。在校期间，我积极参与各类学术与实践活动，力求将所学知识转化为解决实际问题的能力。

在学术竞赛方面，我荣获了全国大学生材料创新设计大赛二等奖。这一荣誉不仅是对我创新思维和团队协作能力的肯定，也激励我不断探索材料科学的新领域、新方法。同时，作为材料科学与工程协会的一员，我积极参与组织学术交流和技术研讨，拓宽了视野，增强了沟通与协调能力。

科研经历是我宝贵的财富之一。我深入研究了金属材料的疲劳性能，通过实验设计与数据分析，掌握了材料性能测试与评估的关键技术。此外，我还主导了一项关于纳米材料制备的研究项目，运用化学气相沉积法、溶胶-凝胶法等先进方法，成功合成了具有特定形貌和尺寸的纳米材料。这一过程不仅锻炼了我的科研思维和实践能力，也让我对材料制备的精细控制和性能优化有了更深刻的认识。

为了将理论知识更好地应用于实践，我在A公司担任了材料研发实习生。在实习期间，我参与了多个材料研发项目，从材料选择、配方设计到性能测试，每一个环节都亲身参与并贡献了自己的力量。这段经历让我深刻理解了材料研发的全过程，也锻炼了我在企业环境中的工作能力和团队协作精神。

基于以上背景和经验，我自信能够胜任贵公司材料处理岗位的工作。我渴望将我的专业知识、创新思维和实践能力带入贵公司，为贵公司在材料处理领域的进一步发展贡献自己的力量。同时，我也期待在贵公司这个充满活力与创新精神的平台上，不断学习、成长，实现个人价值与企业发展的双赢。

感谢您花时间阅读我的求职信。随信附上我的简历，以便您进一步了解我的详细情况。我期待着有机会与您面谈，更深入地探讨我如何能为贵公司带来价值。

此致

敬礼！

张三

[联系电话]

[电子邮箱]

[日期]

这篇求职信写得非常出色，展现了求职者的专业素养、积极态度和良好的沟通技巧，为求职者赢得了更多的机会和可能性。

## 11.4 模拟面试

AI可以创建一种模拟面试体验。在这种模拟环境中，AI充当面试官的角色，向求职者提出各种面试问题，包括常见的行为问题、技术问题、情景问题等。求职者回答问题后，AI会根据预设的标准和算法对回答进行评估和分析。AI模拟面试的特点包括随时可用、个性化、反复练习、即时反馈。

【示例】使用AI模拟面试场景。

假设你是一位面试老师，我是将要应聘前端开发的学生，请你根据北京市该岗位的实际需求和具体情况向我提问。

比较而言，文心一言的问题分类比较细致，问题质量相对较高，具体问题如下。当然读者可以尝试在不同AI平台中进行模拟面试，以适应不同的语境和各种复杂的问题。

很高兴作为面试老师与你进行这次模拟面试。针对北京市前端开发岗位的实际需求和情况，我会围绕技术能力、项目经验、学习态度和职业规划等方面来提问。以下是一些可能的问题。

1. 技术基础方面
- 请简要介绍一下你对HTML5、CSS3和JavaScript的掌握程度，并举例说明你在项目中是如何运用这些技术来优化用户体验的。
- ES6及以上版本的JavaScript引入了哪些新特性？你在实际开发中有没有使用过这些新特性？如果有，请具体说明。
- CSS选择器有哪些类型？它们之间的优先级是如何确定的？在项目中，你是如何管理CSS样式以保持代码的可维护性的？

2. 前端框架与库
- 你对React、Vue或Angular等前端框架有何了解？你最熟悉哪一个？请分享一个你使用该框架开发的项目经历，并谈谈它的优点和你在使用过程中遇到的挑战。
- 对于前端状态管理，你有何了解？在React中，你可能会使用Redux或Context API，请谈谈它们的区别以及你在项目中的选择依据。
- Webpack、Gulp等构建工具在前端开发中扮演着重要角色。请描述一下你使用这些工具进行项目构建的经验，包括如何配置loader、plugin以及优化打包结果。

3. 性能优化与响应式设计
- 你是如何理解前端性能优化的？请列举几种常用的前端性能优化策略，并说明它们在实践中的应用场景。
- 在实现响应式设计时，你会采用哪些技术和方法？如媒体查询、Flexbox、Grid布局等，请谈谈它们各自的优缺点以及你的选择原则。

4. 团队协作与版本控制
- 在团队项目中，你是如何与后端开发人员、UI/UX设计师等角色进行协作的？有没有遇到过沟通障碍？你是如何解决的？
- Git是前端开发中常用的版本控制系统。请描述一下你的Git使用经验，包括分支管理、代码合并、冲突解决等方面的实践。

5. 持续学习与行业趋势
- 前端技术日新月异，你是如何保持自己的技术更新和学习的？有没有关注过哪些前端技术博客、论坛或社区？
- 对于当前前端领域的一些新兴技术或趋势（如PWA、Serverless、GraphQL等），你有何了解？你认为它们将对前端开发产生怎样的影响？

6. 职业规划与自我认知
- 你为什么选择前端开发作为你的职业方向？你对自己的未来职业发展有哪些规划和期望？
- 在你看来，一个优秀的前端开发者应该具备哪些素质和能力？你认为自己目前在哪些方面还有提升空间？

这些问题旨在全面评估你的技术实力、项目经验、学习能力以及职业规划，希望能帮助你更好地准备面试。祝你面试成功！

这个模拟面试内容设计得相当出色，能够全面而深入地评估应聘者在前端开发岗位上的综合能力。对于应聘者来说，认真准备这些问题并思考如何回答，将有助于提高面试表现并获得更好的职业机会。

## 11.5 写招聘信息

招聘信息是用人单位发布的关于招聘职位、要求、职责、待遇等相关内容的公告，旨在吸引符合条件的求职者前来应聘。自己写招聘信息，由于对招聘市场和专业竞争情况不熟悉，容易导致设置的条件过高或过低，不利于公司招到满意的人才。

【示例】使用AI写招聘信息，能够根据地区和行业情况匹配恰当的岗位要求。

> 我是某公司的部门经理，由于发展需要，准备招聘10名前端高级开发人员，月薪定位在1.2万元左右，包五险一金，偶有加班。请结合北京市互联网行业具体情况，以及我公司给出的基本要求，写一则招聘信息。设置条件能够匹配公司薪水，以及北京市互联网行业现状。

文心一言生成的招聘信息如下：

【招聘启事】
职位名称：前端高级开发人员（10名）
公司简介：
我们是一家位于北京市，正处于快速发展阶段的小型IT公司，专注于利用前沿技术为客户提供创新、高效的解决方案。在这里，你将与一群充满激情、才华横溢的团队成员共事，共同探索技术的无限可能，推动公司产品与服务的持续优化与升级。
职位描述：
我们正在寻找10名经验丰富的前端高级开发人员，加入我们充满活力的技术团队。作为前端领域的佼佼者，你将负责设计并实现高质量的用户界面，优化前端性能，提升用户体验，与产品、设计、后端等多部门紧密合作，共同打造行业领先的产品。
职位要求：
1. 计算机科学或相关专业本科及以上学历，拥有3年以上前端开发经验。
2. 精通HTML5、CSS3、JavaScript等前端基础技术，熟悉ES6+规范及现代前端框架（如React、Vue、Angular等）并有实际项目开发经验。
3. 具备良好的前端架构能力，能够独立完成复杂前端页面的设计与开发，熟悉前端工程化及模块化开发流程。
4. 对前端性能优化、SEO、响应式布局、跨浏览器兼容性等有深入理解和实践经验。
5. 具备良好的团队合作精神和沟通能力，能够主动承担责任，解决技术难题，与团队成员共同成长。
6. 熟悉Node.js、Webpack、Gulp等前后端交互及构建工具者优先。
7. 有大型互联网项目、移动端Web开发、小程序或PWA开发经验者优先。
薪资待遇：
- 月薪范围：12000～15000元（根据个人能力和经验面议）。
- 五险一金齐全，按国家规定缴纳。
- 弹性工作制，根据项目进度偶有加班，公司将提供合理的加班补偿或调休安排。
- 丰富的团队建设活动，营造轻松愉悦的工作氛围。
- 广阔的职业发展空间和晋升机会，支持个人职业规划与成长。

● 工作地点：北京市（具体地址面试时告知）。
应聘方式：
请将您的简历发送至[mailto:hr@yourcompany.com]，邮件主题请注明"应聘前端高级开发人员-姓名-来自××渠道"。我们将在收到简历后的一周内与合适的候选人联系，安排面试事宜。期待您的加入，一起创造不凡！

注：本招聘信息基于北京市互联网行业现状及我公司实际情况制定，旨在吸引符合职位要求且对前端技术充满热情的高级人才。我们坚信，优秀的您将是推动我们不断前行的关键力量！

这只是一个简单的招聘信息示例，实际的招聘信息可能会根据不同的公司和职位有更详细和具体的内容。

## 11.6 设计面试问题

AI可以帮助设计面试问题，这对于职务繁忙的人事经理来说确实能够减轻准备工作的负担。

【示例】设计保安面试问题。

> 我是某物业公司的人事部经理，公司近期准备招聘20名保安人员。由于本人对保安行业不是很熟悉，担心面试时提问露怯，请帮我设计10道面试问题，以及参考答案和评价标准。

各AI平台设计的问题都很好，可以根据公司情况酌情选用。限于篇幅，这里仅展示文心一言的问题。

> 为了帮助您更有效地进行保安人员的面试，以下是一些精心设计的问题、参考答案示例及评价标准。请注意，参考答案仅供参考，实际面试时应根据应聘者的回答内容、态度、表达能力等多方面进行综合评价。
>
> 1. 问题：请简单介绍一下您之前的工作经历，特别是与保安相关的工作经验。
> 参考答案：无固定答案，期望听到应聘者如何履行职责、处理紧急情况、团队合作等经历。
> 评价标准：关注其工作经验的丰富度、与岗位的匹配度、解决问题的能力及态度。
>
> 2. 问题：您认为一名优秀的保安人员应具备哪些核心素质？
> 参考答案：责任心、警觉性、沟通能力、应变能力、遵守规章制度等。
> 评价标准：考查应聘者对行业要求的理解深度，以及其自我认知与岗位需求的契合度。
>
> 3. 问题：遇到业主或访客不遵守小区规定时，您会如何处理？
> 参考答案：首先礼貌提醒，解释规定的重要性；若对方仍不配合，则上报给上级或相关部门处理，同时保持冷静和专业。
> 评价标准：评估其沟通能力、应变能力以及处理冲突的方式方法。
>
> 4. 问题：请描述一次您成功预防或处理安全事件的经历。
> 参考答案：无固定答案，期望听到具体事例，如及时发现并制止可疑人员、协助处理火灾初期等。
> 评价标准：关注其实际操作能力、判断力及危机处理经验。
>
> 5. 问题：在巡逻过程中，您如何确保小区的安全无死角？
> 参考答案：制定详细的巡逻路线和时间表，使用巡逻记录本记录情况，利用监控设备辅助观察，与同事保持沟通等。

评价标准：考查其工作规划性、细致程度及团队协作能力。

6. 问题：您如何理解并遵守公司的保密制度？

参考答案：认识到保密工作的重要性，不泄露任何与工作相关的敏感信息，包括业主信息、公司内部事务等。

评价标准：评估其保密意识及职业道德水平。

7. 问题：面对紧急情况（如火灾、盗窃等），您的第一反应是什么？

参考答案：立即启动应急预案，迅速报警并通知相关人员，同时根据现场情况采取初步控制措施。

评价标准：考查其应急反应速度和决策能力。

8. 问题：您认为团队合作在保安工作中有多重要？请举例说明。

参考答案：非常重要，如换班交接时信息的准确传递、协同处理突发事件等都需要团队合作。

评价标准：评估其团队观念及实际合作经验。

9. 问题：您如何保持身体健康，以应对保安工作的体力需求？

参考答案：定期锻炼、合理饮食、保证充足睡眠等。

评价标准：了解其自我管理能力及对工作的投入程度。

10. 问题：对于未来的职业规划，您有什么想法或目标？

参考答案：无固定答案，期望听到积极向上的职业规划，如提升专业技能、争取晋升机会等。

评价标准：考查其职业态度、自我驱动力及与公司发展的契合度。

希望这些问题和评价标准能够帮助您更好地进行保安人员的面试工作。

这套面试问题集为保安人员的面试工作提供了一个科学、全面、系统的评估框架，表现出高度的专业性和实用性，有助于企业选拔出具备高度责任心、专业素养和良好职业态度的优秀人才。

# 第4篇

## 专业应用篇

# 第 12 章 理 财

AI利用AI技术和算法提供理财服务和投资建议，能够快速处理和分析大量的金融数据，包括市场趋势、经济指标、企业财务数据等，从而更准确地评估投资机会和风险。AI能够根据个人的财务状况、投资目标、风险承受能力等因素，为每个投资者定制个性化的投资组合和理财方案，还可以实时监控投资组合的表现和市场变化，及时进行调整和优化，以适应新的情况。AI能够减少人为因素的干扰和错误，提高投资决策的效率和准确性。当然，AI理财也存在一些潜在的风险和挑战，如算法的复杂性和不透明性、对数据质量的高度依赖、可能出现技术故障等。

## 12.1 动态收集财经信息

在财经信息动态收集方面，AI拥有得天独厚的优势。它可以快速收集和整合来自多个数据源的大量财经数据，如股票市场数据、公司财务报表、宏观经济指标等，并对复杂的数据进行深入挖掘和分析，发现潜在的趋势、模式和关联，为用户提供有价值的洞察。

AI还可以将财经新闻快速翻译成可读内容，以满足全球视野的需求。例如，将一篇关于美国或欧洲的经济政策的新闻迅速翻译成中文。根据用户的浏览历史和偏好，利用AI算法推荐个性化的财经新闻。对金融市场进行实时监测，一旦出现重大异常情况，及时发出警报等。

通过这种方式使得财经信息的汇总更加高效、精准和个性化，能够更好地满足用户对及时、准确和有价值财经信息的需求。

【示例】新闻事件评价。

7月21日，拜登宣布退选美国总统。请分析一下该事件对美国大选、中美关系会产生什么影响。

比较阅读之后，采纳了豆包的动态信息收集与整理结果，该信息比较具有针对性和明确性，内容显示如下：

当地时间2024年7月21日，美国总统拜登在社交平台上宣布，将退出2024年美国总统竞选，并支持其副手、现任美国副总统哈里斯接替参选。这一事件对美国大选和中美关系可能产生一定影响，具体如下：

- 对美国大选的影响
  - 增加选举不确定性：拜登的退选重塑了今年总统选举的进程和焦点，为选战注入更多不确定性。民主党内需要重新确定一位候选人，而这位候选人可能需要时间来建立知名度和竞选基础。此外，选民可能对新的候选人持有不同的看法，这可能导致选民的投票意向发生变化。
- 改变竞选策略：其他候选人可能会调整他们的竞选策略，以适应新的竞争环境。这可能包括调整政策主张、竞选宣传的重点以及争取选民支持的方式。
- 影响选民投票率：拜登的退选可能会对选民的投票率产生影响。一些选民可能对新的候选人缺乏了解或信任，从而导致他们对选举的参与度降低。

● 对中美关系的影响
- 政策连续性存疑：中美关系在拜登政府时期经历了一些挑战和变化，如果拜登退选，新的总统可能会带来不同的政策观点和优先事项，这可能导致中美关系的政策连续性受到影响。
- 经济和贸易政策调整：中美之间的经济和贸易关系一直是重要议题。新的总统可能会对贸易政策、关税、市场准入等方面有不同的看法。这可能对中美贸易和经济合作产生影响。
- 外交政策重点变化：不同的总统可能有不同的外交政策重点和方式。这可能影响美国在亚洲地区的战略布局、对华军事政策、台海问题以及在国际组织中的对华政策等。

然而，需要注意的是，美国大选的结果受到众多因素的影响，包括候选人的竞选表现、选民的意愿、国内外的政治经济形势等。因此，最终的影响将取决于选举的结果和新总统的政策取向。同时，中美关系的发展也受到双方的互动和全球形势的影响。这不仅仅取决于美国一方的变化，对于中美关系的未来，需要双方通过对话、合作和建立互信来推动稳定和健康的发展。

## 12.2 风险控制

AI在风险控制领域发挥着日益重要的作用，带来了许多显著的优势和变革。例如：
◎ 信用风险评估：利用大数据分析和机器学习算法，对个人和企业的信用进行准确评估。
◎ 市场风险预测：通过分析历史市场数据、宏观经济指标、政治事件等多种因素，提前预警潜在的市场风险。
◎ 欺诈检测：AI可以分析交易模式、用户行为等特征，发现异常和可疑的活动。
◎ 操作风险管理：监控和优化业务流程，降低操作失误带来的风险。例如，通过AI监控生产设备的运行状况，提前预测可能的故障，减少生产中断的风险。
◎ 供应链风险管理：实时跟踪供应链中的物流、库存和需求信息，预测潜在的供应中断或需求波动。

【示例】股市风险预测。

> 中国股市十几年都徘徊在上证指数3000点左右，而世界绝大部分国家的股市都在不断地创历史新高，这种反常现象已经脱离了经济基本面的规律。请问一下是不是股市点位越低，风险就越低。

比较之后，讯飞星火给出的提示相对比较全面和合理，具体内容展示如下：

> 股市点位与风险的关系并不是简单的正比或反比关系。股市点位的高低并不能直接决定投资风险的大小，因为风险是由多种因素决定的，包括但不限于公司的基本面、市场的波动性、经济环境、政策因素等。

中国股市长期徘徊在上证指数3000点左右，而其他国家股市不断创历史新高，这种现象可能受到多方面因素的影响。
1. 市场成熟度：不同国家的股市发展阶段不同，新兴市场可能波动较大，成熟市场则相对稳定。
2. 经济结构：不同国家的经济结构差异导致股市表现不同。例如，服务业和高科技产业驱动的市场可能增长更快。
3. 政策环境：政府的监管政策、货币政策、财政政策等都会对股市产生影响。
4. 投资者结构：机构投资者和个人投资者的比例、投资风格等也会影响股市的表现。
5. 国际资本流动：全球资金的流向会影响各国股市的表现。
6. 市场预期：市场对未来经济增长和企业盈利的预期会影响股价。

至于股市点位越低是否意味着风险越低，这并不绝对。一方面，低估值可能意味着投资机会，如果市场低估了某些股票或资产的价值，那么在价格回升时可能会获得较高的回报。另一方面，低股市点位可能是由于市场对公司未来盈利能力的悲观预期，或者是宏观经济存在问题，这些因素都可能增加投资风险。

因此，评估股市风险需要综合考虑多个因素，而不是单纯依据股市点位来判断。投资者应该基于深入的市场分析、公司研究和经济趋势来做出投资决策。

【注意】

AI为风险控制提供了强大的工具和手段，但在应用过程中需要谨慎管理，必须结合人类的智慧和经验，以实现更有效的风险管理。因为AI是通过大量数据和算法来实现风险控制的，如果数据有假、不全面，或者算法漏洞等，都会带来更大的风险。

## 12.3 量化交易

量化交易是一种利用数学模型和计算机程序进行投资决策和交易执行的方式。它基于大量的历史数据和统计分析，通过设定明确的交易规则和策略，以实现系统化、纪律化的交易过程。量化交易旨在消除人为情绪和主观判断对交易决策的影响，依靠数据和模型来发现潜在的市场机会，并精确控制风险和收益。

量化交易的关键步骤如下：

第1步，数据收集和预处理。收集包括价格、成交量、财务数据等各类市场数据，并进行清理和整理，使其适合分析。

第2步，策略开发。基于数学、统计学和金融理论，构建交易策略模型，如均值回归、趋势跟踪等。

第3步，回测验证。使用历史数据对策略进行模拟交易，评估其盈利能力和风险特征。

第4步，优化调整。根据回测结果对策略进行优化，调整参数以提高性能。

第5步，实盘交易。在实际市场中应用经过验证和优化的策略。

AI与量化交易有着密切的关系。AI的机器学习和深度学习算法能够处理海量、高维度的数据，发现更复杂和隐藏的市场模式。通过对历史数据的学习，AI模型能够更准确地预测价格走势、市场趋势等，为交易决策提供更有价值的信息。AI还可以使量化交易策略更好地适应不断变化的市场环境，自动调整和优化策略。帮助优化投资组合的配置，提高风险调整后的资产收益。

例如，在数据上，有人使用K线图数据，有人使用时序数据；在神经网络上，有人使用循环神经网络（RNN），有人使用卷积神经网络（CNN）等。

目前，纯AI量化的常见方法包括：

◎ 运用于高频交易，训练AI交易员代替手工下单和算法下单。
◎ AI作为核心算法与深度学习预测、神经网络择时结合，通过大量识别股市历史K线图来拟合预测后续市场的涨跌概率，进而进行买卖。
◎ 运用于多因子挖掘，用大模型自主挖掘多因子。

【示例】设计均线量化交易策略。

> 请使用聚宽量化平台的API编写一个量化交易策略代码。量化交易策略：若昨日收盘价高于5日平均价，今日开盘就买入该股票；若昨日收盘价低于5日平均价，今日开盘就卖出该股票。

文心一言的回答如下：

> 在聚宽量化平台上编写一个基于您描述的量化交易策略相对直接。首先，您需要确保已经熟悉聚宽量化平台的基本架构和API使用。下面是一个简单的策略实现示例，使用Python编写，并在聚宽量化平台上运行。
>
> 这个策略会检查某只股票昨日收盘价是否高于其5日平均收盘价，如果高于，则在今天开盘时买入；如果低于，则在今天开盘时卖出（或者如果已持仓，则卖出）。请注意，聚宽量化平台上的实际操作可能因市场情况和平台限制而有所不同。例如，开盘价格可能不是立即可得的，或者实际交易可能受到滑点、交易费用等因素的影响。
>
> ```python
> # 导入聚宽量化平台所需的库
> from jqdata import *
> # 初始化函数，设定基本参数
> def initialize(context):
>     # 设置策略需要的数据
>     context.set_benchmark('000300.XSHG')    # 将沪深300指数作为业绩基准
>     # 设置回测的起止时间
>     set_start_date('20200101')
>     set_end_date('20230101')
>     # 设置调仓频率为每天
>     set_option('use_real_price', True)
>     set_option('order_volume_ratio', 0.99)
>     # 订阅需要的股票
>     subscribe('600519.XSHG')                 # 用贵州茅台的股票代码作为示例
> # 每日开盘前运行的函数
> def before_market_open(context):
>     # 获取股票
>     stock = '600519.XSHG'
>     # 获取昨日的收盘价和5日平均收盘价
>     close_yesterday = history(1, '1d', 'close')[0][stock]
>     ma5_yesterday = history(5, '1d', 'close').mean()[stock]
> ```

```
        # 检查持仓
        current_position = context.portfolio.positions[stock].amount if stock in context.portfolio.
    positions else 0
        # 根据策略逻辑进行买入或卖出
        if close_yesterday > ma5_yesterday:
            # 昨日收盘价高于5日平均收盘价，且当前无持仓，则买入
            if current_position == 0:
                order_target_percent(stock, 0.1)        # 假设买入该股票总资产的10%
        else:
            # 昨日收盘价低于5日平均收盘价，则卖出
            order_target_percent(stock, 0)              # 卖出至清仓
# 初始化并运行策略
if __name__ == '__main__':
    run_strategy()
```

注意：
1. set_benchmark 设定了沪深300指数作为业绩基准，用于评估策略的表现。
2. set_start_date 和 set_end_date 设置了回测的时间范围。
3. subscribe 函数用于订阅股票数据，这里以贵州茅台（600519.XSHG）为例。
4. before_market_open 函数在每天开盘前执行，用于根据策略逻辑进行买入或卖出操作。
5. order_target_percent 用于设置目标持仓比例，正数表示买入，0表示清仓。
6. 请确保您已经在聚宽平台上注册并创建了策略项目，将上述代码粘贴到策略编辑器中，并调整股票代码和参数以符合您的需求。
这个策略是非常基础的，实际应用中可能需要更复杂的逻辑和风险管理措施。

【注意】
上面是一个基于聚宽量化平台API的简单交易策略代码示例。这个策略非常基础，不包含资金管理、风险控制等关键因素，实际交易时请谨慎使用。

【提示】
AI量化交易是一种具有潜力的交易方式，但仍需要不断研究、优化和适应市场的变化。在实际应用中，也不能完全依赖AI，还需要结合人的经验和判断进行综合决策。同时，投资者在选择相关产品或服务时，也应该充分了解其原理、风险和潜在收益，并根据自身的风险承受能力做出决策。

## 12.4 投资咨询

投资咨询是指为投资者提供有关投资决策、资产配置、风险管理等方面的专业建议和指导服务。投资咨询顾问通常会根据投资者的财务状况、投资目标、风险承受能力等因素，进行深入的市场研究和分析，为投资者制定个性化的投资方案，并在投资过程中提供持续的跟踪和调整建议。

AI正在逐渐改变投资咨询的方式和效率，提升投资咨询服务的质量和水平。

◎ AI可以帮助投资顾问更高效地收集、整理和分析大量的金融数据。例如，通过自然语言处理技术，快速筛选和解读财经新闻、公司财报等信息，为投资决策提供更全面、及时的依据。

◎ AI还可以利用机器学习算法进行预测和建模。例如，预测股票价格的走势、评估投资组合的风险等，从而为投资者提供更精准的投资建议。

【示例1】家庭理财咨询。

> 我有闲余资金100万元，目前家庭暂不需要这些资金。请问我该如何理财，实现资产增值和抵抗通胀风险。

经过比较和认真分析，智谱清言的投资建议比较务实和适合家庭参考。

> 在考虑通过理财以实现资产增值和抵抗通胀风险时，重要的是要根据自己的风险承受能力、投资目标和时间范围来制定合适的投资策略。以下是一些建议。
>
> 1. 风险评估与规划
> - 确定自己的风险承受能力。不同的投资产品风险和回报不同，了解自己的风险偏好是关键。
> - 制订投资目标和计划。明确是希望资产稳健增长，还是愿意承担一定风险以追求更高回报。
>
> 2. 资产配置
> - 分散投资：不要将所有资金投入单一资产类别，分散投资可以降低风险。
> - 多元化组合：可以考虑以下几种资产配置方式。例如，a.固定收益产品：如国债、企业债、银行理财产品等，这些通常风险较低，可以提供稳定的收益。b.股票市场：通过购买股票或股票基金参与股市，长期来看通常能获得较高的回报，但短期内波动较大。c.房地产：在不考虑当前房地产市场状况的情况下，房地产投资可以提供资产增值和租金收入。d.黄金和其他贵金属：作为避险资产，可以在通胀期间保值。e.基金：包括股票型基金、债券型基金、货币市场基金等，专业管理且分散投资。f.保险产品：如分红型保险，可以在提供保障的同时实现资产增值。
>
> 3. 定期评估与调整
> 定期检查投资组合的表现，并根据市场变化、个人情况调整投资策略。
> 以下是一个简单的资产配置示例。
> - 保守型（风险承受能力较低）：
>   - 国债、银行理财产品：40%
>   - 债券型基金：30%
>   - 股票或股票型基金：20%
>   - 黄金或其他：10%
> - 平衡型（风险承受能力中等）：
>   - 股票或股票型基金：40%
>   - 债券型基金：30%
>   - 房地产投资（如REITs）：20%
>   - 黄金或其他：10%
> - 成长型（风险承受能力较高）：
>   - 股票或股票型基金：60%
>   - 创业投资、私募股权：20%
>   - 房地产投资（如REITs）：10%
>   - 黄金或其他：10%

请记住，以上仅为示例，实际投资决策应基于个人情况和市场环境进行调整。建议在做出投资决策前咨询财务顾问，以获得更专业的意见和指导。同时，关注税务影响也是理财规划的一个重要方面。

【示例2】专业投资咨询。

> 我是一名专业投资人，目前手上还有100万元剩余资金，准备投资A股，本人风险承受能力为C级。请帮我做一个投资组合，具体说明各板块或各股配置比例，长线投资（3年），从2025年到2028年，请结合未来3年的A股趋势预测，不做短线交易。

各AI平台都给出了很详细的投资组合建议，用户可以根据个人偏好进行取舍。由于未来的不确定性，因此任何投资建议都仅供参考。下面采纳文心一言的投资组合建议。

针对您的情况，我将为您设计一个基于长线投资（3年）的投资组合。该组合将结合未来3年A股市场的可能趋势，并考虑到您的风险承受能力为C级。请注意，以下建议是基于当前市场分析和预测，未来市场情况可能会有所变化，因此建议定期审视和调整投资组合。

一、投资组合概述

总投资额：100万元

投资期限：2025—2028年

风险承受能力：C级（中等风险）

二、板块配置比例

考虑到未来3年A股市场的可能趋势，以下是各板块的推荐配置比例。

消费：30%，内需消费有望复苏，特别是疫情后的报复性消费增长。

科技：30%，科技创新是国家战略，未来增长潜力大，尤其是AI、半导体等领域。

医药健康：20%，人口老龄化趋势明显，医药健康行业需求持续增长。

制造业：15%，制造业是实体经济的基础，特别是高端制造和智能制造领域。

能源与资源：5%，能源需求稳定，资源品价格受全球经济影响，但波动性较大，适合小比例配置。

三、个股选择建议

由于个股选择涉及具体公司分析，以下提供一般性的选股标准和思路，而非具体股票推荐。

1. 消费板块
- 关注具有品牌优势、市场份额稳定、产品创新能力强的消费品公司。
- 优选具备线上线下融合能力、能够抓住新零售机遇的企业。

2. 科技板块
- 聚焦AI、半导体、云计算、大数据等前沿技术领域的龙头企业。
- 关注具有核心技术壁垒、研发投入大、市场前景广阔的公司。

3. 医药健康板块
- 选择具备创新药研发能力、产品线丰富的制药企业。
- 关注医疗器械、医疗服务等细分领域的优质公司。

4. 制造业板块
- 优选高端制造、智能制造领域的领军企业。
- 关注新能源汽车、工业机器人、智能制造装备等细分市场的龙头。

5. 能源与资源板块
- 考虑到能源价格的波动性，建议小比例配置。
- 关注具有资源储备优势、成本控制能力强的能源企业。

#### 四、投资策略与风险管理

1. 分散投资：通过配置不同板块和个股来分散风险。
2. 长期持有：避免频繁交易，减少交易成本和市场波动对投资收益的影响。
3. 定期审视：每年至少审视一次投资组合，根据市场变化和个人风险承受能力进行调整。
4. 止损与止盈：设定合理的止损和止盈点，控制投资风险。

#### 五、注意事项

- 以上建议仅供参考，具体投资决策需结合个人实际情况和市场变化。
- 股市有风险，投资需谨慎。在做出投资决策前，请务必进行充分的市场调研和风险评估。
- 考虑到市场的不确定性，建议保持一定的现金储备以应对可能的市场波动。

最后，希望以上建议能对您的投资决策有所帮助。祝您投资顺利！

## 12.5 财务规划

财务规划是指通过对个人或家庭的财务状况进行全面分析，包括收入、支出、资产、负债等方面，然后根据设定的财务目标，如养老储备、子女教育金准备、购房购车等，制定一系列合理的财务策略和计划。财务规划的目的是帮助个人或家庭实现财务安全、财务独立，并在不同的人生阶段实现特定的财务目标，同时有效应对可能出现的财务风险。

AI为财务规划带来了更高的效率、准确性和个性化服务，有助于提升财务规划的质量和效果。通过处理和分析大量的财务数据，AI可以快速整合和评估个人或家庭的复杂财务信息，包括各种投资组合的表现、消费模式等，为财务规划提供更准确和全面的数据基础。

另外，AI借助机器学习算法和预测模型，能对市场趋势和经济环境进行预测。这有助于在财务规划中做出更明智的投资决策，优化资产配置，降低风险。AI还可以为个人提供个性化的财务规划建议，根据每个人独特的财务状况和目标，制定专属的规划方案。

【示例】个人财务规划。

> 我今年40岁，事业单位，工作稳定，月薪1.2万元，家庭主要开支：一个孩子的教育支出，每年3万元，家庭生活基本开支每月5千元。根据以上基本情况，请为我做一个财务规划。

比较各家AI的规划，智谱清言的建议比较务实，可操作性强，具体内容如下：

> 根据您提供的信息，以下是一个基本的财务规划建议。
>
> 1. 现金流管理
>
> 收入：
>
> - 月薪：1.2万元。
> - 年收入：1.2万元 × 12 = 14.4万元。
>
> 支出：
>
> - 孩子教育支出：3万元/年。
> - 家庭生活开支：0.5万元/月 × 12 = 6万元/年。
> - 总年支出：3万元 + 6万元 = 9万元。
>
> 年度可支配收入：
>
> 14.4万元 − 9万元 = 5.4万元。
>
> 2. 紧急备用金
>
> 建议保留至少3~6个月的生活支出作为紧急备用金，以应对突发事件。

- 6个月生活支出：0.5万元/月 × 6 = 3万元。
- 将3万元存入活期存款或货币市场基金，保持流动性。

3. 教育基金

孩子的教育支出是中期财务目标，建议通过以下方式规划。
- 教育储蓄账户：定期存入一定金额，利用教育储蓄账户的税收优惠。
- 基金定投：选择一些教育类基金或稳定增长的混合型基金进行定期投资。

4. 退休规划

40岁开始规划退休，时间相对充足，可以考虑以下方式。
- 养老保险：参加国家基本养老保险，如果有企业年金或职业年金，积极参与。
- 个人投资：利用个人可支配收入进行长期投资，如股票、债券、基金等。

5. 投资规划

在确保紧急备用金和教育基金的前提下，剩余的可支配收入可以用于投资。
- 股票/基金：30%的资金可以投资于股票或股票型基金，追求长期增值。
- 债券/债券型基金：40%的资金可以投资于债券或债券型基金，稳健收益。
- 其他投资：30%的资金可以考虑房地产投资（如REITs）、黄金、P2P等，分散风险。

6. 风险管理

保险规划：购买适量的保险，包括但不限于健康保险、意外险、重大疾病险等。

7. 月度预算与储蓄
- 月度预算：控制家庭开支在5000元以内，尽量避免不必要的消费。
- 月度储蓄：每月至少储蓄1.2万元 − 0.5万元 = 0.7万元。

8. 定期审视与调整

每年至少审视一次财务规划，根据家庭情况、市场变化和收入变动进行相应调整。

【注意】

以上规划仅为建议，具体实施时还需考虑个人实际情况和市场环境。建议在做出重要财务决策前咨询专业财务顾问。同时，保持良好的消费习惯和持续学习金融知识，对长期财务健康至关重要。

## 12.6 理财欺诈预警

理财欺诈通常涉及不法分子以虚假的承诺、误导性的信息或非法手段骗取投资者的资金。而理财欺诈预警的目的就是在欺诈行为发生之前，或者在其造成严重损失之前，及时发现相关的迹象和信号。

AI可以为理财欺诈预警提供强大的支持和创新手段。一方面，AI能够通过大数据分析来增强预警的准确性和全面性。另一方面，AI利用机器学习算法能够不断学习和更新欺诈模式的认知。随着新型欺诈手段的不断出现，传统的预警方法可能会滞后。而AI可以自动从新的数据中学习，识别出以前未曾出现过的欺诈特征，从而及时调整和优化预警模型。

例如，某款理财产品的宣传语中过度强调高收益却对风险只字不提，AI可以通过对大量类似文本的学习和分析，将其标记为潜在的欺诈预警信号。

【示例】个人理财防火墙。

下面是杭州甲壳虫金融信息服务有限公司发布的融资广告摘要内容。

新手专享标15%预期年化收益率。并列举了多种还款来源，第一还款来源：融资方到期自有资金还款；第二还款来源：融资方法人无限连带责任担保；第三还款来源：担保企业到期无条件回购；第四还款来源：质押物处置变现。

请分析一下上面广告内容是否真实、可信，并说明原因。

◎ 豆包对该则广告的点评简洁、明了，内容如下：

这则广告内容存在可疑之处，不太真实可信，原因如下。

1. 过高的预期年化收益率：新手专享标15%的预期年化收益率过高，远远超出了当前正常的市场水平。过高的收益率往往是欺诈的常见特征，因为在正常的金融市场环境中，很难持续稳定地实现如此高的回报。

2. 还款来源描述模糊：虽然列举了多种还款来源，但缺乏具体的细节和可验证性。例如，融资方到期自有资金还款，没有说明融资方的财务状况和资金实力；融资方法人无限连带责任担保，未提供法人的资产和信用情况；担保企业到期无条件回购，未说明担保企业的资质和回购能力；质押物处置变现，没有明确质押物的具体价值和变现的难易程度。

3. 缺乏监管和合规信息：广告中未提及该融资活动是否经过相关金融监管部门的审批和监管，合规性存疑。

综上所述，这则广告内容在真实性和可信度上存在较大问题，投资者在面对此类融资广告时应保持高度警惕，避免盲目投资导致资金损失。

◎ 智谱清言对该则广告的分析比较细致、全面，内容如下：

该广告内容存在几个可能的问题，其真实性值得怀疑。

1. 预期年化收益率15%：这一收益率远高于市场平均水平，特别是在当前的经济环境下。高收益往往伴随着高风险，而广告中未提及任何可能的风险。这种高收益承诺可能是为了吸引投资者，而不一定能够实际实现。

2. 还款来源列举：虽然广告中列举了四种还款来源，但这些来源的真实性和可靠性并未得到证实。以下是对每个来源的具体分析。

- 融资方到期自有资金还款：这取决于融资方的财务状况，如果融资方财务出现问题，这一还款来源可能无法实现。
- 融资方法人无限连带责任担保：这种担保通常需要法律文件支持，但广告中并未提供任何具体的法律文件或担保细节。
- 担保企业到期无条件回购：担保企业的财务状况和回购能力同样重要，如果担保企业自身财务状况不佳，这一承诺也可能无法兑现。
- 质押物处置变现：质押物的价值、可处置性以及市场状况都是关键因素。如果质押物价值下降或难以变现，这一还款来源也可能失效。

3. 缺乏风险提示：广告中未提及任何可能的风险或不确定性，这不符合金融产品广告的常规做法。按照相关法律法规，金融产品广告应当合理提示投资风险。

4. 未提供详细信息：广告中没有提供关于融资项目的详细信息，如融资方的具体信息、项目的具体情况等，这不利于投资者进行全面的风险评估。

综上所述，该广告内容存在多处可疑之处，可能并不真实可信。投资者在考虑此类投资时，应当谨慎行事，要求提供更多详细信息，并进行全面的风险评估。同时，建议投资者选择正规金融机构和产品，避免因追求高收益而陷入投资陷阱。

# 第 13 章 法律

AI可以协助律师和法律工作者处理大量的文件和数据。通过大数据分析和机器学习算法，AI能够对案件的结果进行预测，帮助法律从业者更好地评估风险和制定策略。在司法领域，AI可以用于开发在线法律咨询平台，为公众提供更便捷、高效的法律服务。当然，很多法律条文的规定是比较抽象或笼统的，单凭AI做决策很容易误判或错判，还必须以人类的决策作为最终结果。

## 13.1 检索法律条文

与人工检索相比，使用AI检索法律条文具有显著的优势和重要意义。AI能够在短时间内快速搜索和筛选大量的法律条文，大大节省了人工检索的时间和精力。通过智能算法和自然语言处理技术，AI能够更精准地理解用户的需求，提供更符合实际情况的法律条文。AI检索可以涵盖各种法律法规数据库，包括国家法律、地方法规、部门规章等，确保检索结果的全面性。

例如，在处理一起知识产权纠纷案件时，AI检索可以快速提供相关的法律法规、司法解释以及类似案例，为律师的辩护策略提供有力支持。企业法务人员在进行合同审核、合规审查等工作时，利用AI检索法律条文，能够确保企业的经营活动符合法律规定。学者和教师可以借助AI更便捷地获取和整理法律条文，进行深入的研究和教学工作。

【示例1】企业在考虑开展新业务模式时，法务人员可以通过AI检索，了解是否存在相关的法律限制和要求。

> 我是一家高科技创新企业，公司最近研发的低空无人飞机准备投放市场，请帮检索一下国内法律条文，是否存在法律限制的规定。

文心一言检索的法律条文比较完备、清晰，具体内容展示如下：

> 针对您公司准备投放市场的低空无人飞机，国内确实存在一系列的法律条文和规定，主要涉及无人驾驶航空器的飞行管理和安全要求。以下是一些关键的法律条文和规定，供您参考。
> 1.《无人驾驶航空器飞行管理暂行条例》
> - 实施时间：自2024年1月1日起施行。
> - 主要内容：
>   - 实名登记：所有民用无人驾驶航空器所有者需依法进行实名登记，不分类型和重量。

未经实名登记实施飞行活动的，由公安机关责令改正，并可处以罚款。
- 飞行空域管理：真高120米以下空域为适飞空域，可自由飞行（无须提交飞行活动申请），但真高120米以上空域及特定区域（如空中禁区、机场周边等）为管制空域，需提前申请飞行许可。
- 操控人员资质：操控小型、中型、大型民用无人驾驶航空器的人员须取得相应操控员执照。
- 禁止行为：包括违法拍摄涉密场所、扰乱公共秩序、危及公共安全等行为。

2. 《中华人民共和国治安管理处罚法》

该法虽未直接针对无人驾驶航空器制定详细条款，但违规飞行可能扰乱公共秩序，公安机关有权依据该法进行处罚，如拘留、罚款等。

3. 其他相关法规和通知
- 地方性法规：如江西省公安厅发布的《关于加强民用无人驾驶航空器飞行管理的通告》，规定了未经批准严禁在特定区域上空飞行的具体要求。
- 行业规范：中国民航局等部门发布的相关通知和规定，也可能对无人机的飞行管理提出具体要求。

4. 注意事项
- 飞行前准备：在投放市场前，建议详细了解并遵守上述法律法规，确保无人机的实名登记、飞行空域申请、操控人员资质等事项合规。
- 安全飞行：飞行过程中应严格遵守飞行管理规定，确保飞行安全，避免对公共安全造成威胁。
- 合规宣传：在市场推广过程中，应明确告知用户相关法律法规和飞行要求，引导用户合规使用无人机。

综上所述，国内对无人驾驶航空器的飞行管理有着较为完善的法律体系，您公司在投放低空无人飞机前，务必全面了解并遵守相关法律法规，以确保产品的合法合规运营。

【示例2】家庭财产分割的相关法律条文。

我与妻子因感情破裂准备分割家庭财产，请帮检索一下相关的法律条文。

通义千问比较精准、简洁地列举了相关法律条文，具体内容展示如下：

在中国，夫妻离婚时的财产分割主要受《中华人民共和国民法典》婚姻家庭编和最高人民法院关于适用《中华人民共和国民法典》婚姻家庭编的解释的规范。以下是一些关键的法律条文和原则。

1. 夫妻共同财产的定义

根据《中华人民共和国民法典》第一千零六十二条，夫妻在婚姻关系存续期间所得的下列财产，为夫妻的共同财产，归夫妻共同所有：
- 工资、奖金、劳务报酬。
- 生产、经营、投资的收益。
- 知识产权的收益。
- 继承或者受赠的财产，但是遗嘱或者赠与合同中确定只归一方的财产除外。
- 其他应当归共同所有的财产。

2. 夫妻共同财产的分割原则

《中华人民共和国民法典》第一千零八十七条规定，离婚时，夫妻的共同财产由双方协议处理；协议不成的，由人民法院根据财产的具体情况，按照照顾子女、女方和无过错方权益的原则判决。

3. 特别财产的处理

《中华人民共和国民法典》第一千零六十三条规定了属于夫妻一方的个人财产，包括：
- 一方的婚前财产。
- 一方因受到人身损害获得的赔偿或者补偿。
- 遗嘱或者赠与合同中确定只归一方的财产。
- 一方专用的生活用品。
- 其他应当归一方的财产。

4. 财产分割的方式
- 可以协议分割，即夫妻双方协商一致，按照双方的意愿进行财产分割。
- 如果协议不成，可以向人民法院提起诉讼，由法院根据实际情况进行判决。

5. 特殊情况下财产的处理

《中华人民共和国民法典》及相关司法解释中有关于养老保险金、股票、债券、投资基金份额等有价证券的处理规定。

6. 分割的时间和方式

根据《中华人民共和国民法典》及相关司法解释，法院在审理此类案件时，会根据具体情况适用简易程序或普通程序，审理时间分别为三个月和六个月。

在处理离婚财产分割时，建议双方尽量通过协商解决，这样可以节省时间和精力，减少对立情绪。如果协商不成，可以聘请律师协助，通过法律途径解决，确保自己的合法权益得到保护。

## 13.2 写法律文书

使用AI写法律文书具有一定的便利性和效率优势，它能够快速生成初稿，节省律师或法律工作者的时间和精力，让他们能够将更多的精力用于对文书内容的审核和优化。AI可以遵循标准的法律文书格式，减少格式错误和不规范的问题。对于一些常见类型的法律文书，AI生成的内容可以为撰写者提供思路和参考。

【示例1】版权合同。

> 张三准备与A文化传播公司合作出版一本网红小说，请帮忙写一个出版合同的范本。

文心一言给出的出版合同如下：

图书出版合同
甲方（著作权人）：张三
身份证号码：[张三的身份证号码]
联系方式：[张三的联系方式]

乙方（出版单位）：A文化传播公司
营业执照号码：[A文化传播公司的营业执照号码]
法定代表人：[法定代表人姓名]
联系方式：[A文化传播公司的联系方式]

作品名称：[网红小说的名称]

作者署名：[张三或张三指定的笔名]
甲乙双方经协商一致，就上述作品的出版达成如下协议。

### 第一条　作品内容、形式与著作权归属

1. 甲方授权乙方出版上述作品，该作品为原创，未侵犯任何第三方的合法权益。
2. 作品的著作权（包括但不限于复制权、发行权、信息网络传播权等）归甲方所有，但乙方在合同有效期内享有独家出版及依本合同约定的方式使用作品的权利。

### 第二条　出版事宜

1. 乙方负责作品的编辑、校对、设计、印刷、发行及营销等工作。
2. 出版形式：纸质书及/或电子书。
3. 出版语言：中文简体。
4. 出版时间：乙方应在合同生效后[具体时间，如一年内]完成出版工作。

### 第三条　稿酬与支付方式

1. 甲方同意乙方以版税制方式支付稿酬，版税率为[具体比例，如8%]，计算基数为作品的实际销售收入。
2. 乙方每[具体时间，如半年]向甲方提供一次销售报告，并根据报告支付稿酬。
3. 首次支付稿酬的时间为作品正式出版后[具体时间，如三个月]内。

### 第四条　权利与义务

1. 甲方有权监督作品的出版过程，确保作品内容不被擅自修改。
2. 乙方有权对作品进行必要的编辑和修改，但应事先征得甲方同意。
3. 乙方应尽力推广作品，提高作品的知名度和销售量。

### 第五条　合同的变更与解除

1. 双方可协商一致变更或解除本合同。
2. 如一方严重违反合同条款，另一方有权单方面解除本合同。

### 第六条　违约责任

1. 如乙方未按时支付稿酬，应向甲方支付违约金，违约金为未支付稿酬的[具体比例，如10%]。
2. 如甲方违反著作权归属的保证，应赔偿乙方因此遭受的一切损失。

### 第七条　争议解决

1. 双方因执行本合同发生争议，应首先通过友好协商解决。
2. 协商不成时，任何一方可向乙方所在地人民法院提起诉讼。

### 第八条　其他

1. 本合同自双方签字盖章之日起生效。
2. 本合同一式两份，甲乙双方各执一份，具有同等法律效力。

甲方（签字）：_____
日期：____年__月__日

乙方（盖章）：_____
法定代表人（签字）：_____
日期：____年__月__日

**【注意】**

以上仅为一个基本的出版合同范本，具体条款应根据实际情况和法律规定由专业律师或法律顾问进行定制和审核。在签订任何合同之前，请务必咨询专业人士。

【示例2】专利申请。

本人发明了一项低空飞行器高效、节能滞空技术,请帮助写一份技术专利申请书范本。

文心一言写的申请书范本如下:

技术专利申请书范本

一、基本信息

申请号:[待专利局分配]

申请日:[填写具体日期,如2023年××月××日]

发明名称:一种低空飞行器高效、节能滞空技术

发明人:×××

申请人:[您的姓名/公司名称]

地址:[您的联系地址]

联系电话:[您的联系电话]

电子邮箱:[您的电子邮箱]

二、说明书摘要

本发明涉及飞行器技术领域,具体是一种低空飞行器高效、节能滞空技术。该技术通过优化飞行器的动力系统和结构设计,实现了在保持滞空状态的同时,显著降低能耗,提高了飞行效率和续航能力。该技术对于低空无人机、侦察机、环境监测等应用场景具有重要意义。

三、技术领域

本实用新型属于飞行器技术领域,具体是一种针对低空飞行器的高效、节能滞空技术。

四、背景技术

目前,低空飞行器在滞空能力、能耗控制方面存在诸多不足。传统飞行器在长时间滞空时,往往能耗较高,续航能力有限,难以满足长时间任务需求。此外,现有技术中的滞空方式多依赖于复杂的机械结构或高能耗的推进系统,不仅增加了飞行器的重量和成本,还限制了其应用范围的拓展。

五、发明内容

1. 要解决的技术问题

针对现有技术中存在的滞空能耗高、续航能力差的问题,本发明提供了一种低空飞行器高效、节能滞空技术,旨在通过优化飞行器的动力系统和结构设计,实现低能耗、长续航的滞空目标。

2. 技术方案

为实现上述发明目的,本发明采用的技术方案主要包括以下几个方面:

- 动力系统优化:采用新型高效能发动机,结合智能能量管理系统,根据飞行状态实时调整发动机输出功率,降低非必要能耗。
- 结构设计创新:通过优化飞行器的气动布局和轻量化材料应用,减少飞行阻力,提高升阻比,从而在保证滞空稳定性的同时降低能耗。
- 滞空策略制定:结合飞行任务需求,制定智能滞空策略,利用环境能量(如风力、太阳能)辅助滞空,进一步降低能耗。

3. 有益效果

本发明的低空飞行器高效、节能滞空技术具有以下有益效果:

- 显著降低飞行器在滞空状态下的能耗,提高续航能力。
- 优化飞行器的气动布局和结构设计,减少飞行阻力,提高飞行效率。
- 结合智能滞空策略和环境能量利用,实现更加灵活、高效的滞空方式。
- 拓宽低空飞行器的应用范围,满足长时间、多任务需求。

#### 六、附图说明

[此处应附上相关图纸,如飞行器结构设计图、动力系统示意图、滞空策略流程图等,并逐一说明每幅图的名称、编号及内容概要。]

#### 七、具体实施方式

以下为本发明的具体实施方式之一,但不限于此。

**1. 动力系统优化实施**

选用高效能电动发动机作为主动力源,结合锂电池组和太阳能板作为能源供应系统。通过智能能量管理系统实时监测飞行状态和电池电量,动态调整发动机输出功率,确保在保持滞空稳定性的同时最大化能源利用效率。

**2. 结构设计优化实施**

采用流线型气动布局设计,减少飞行阻力。选用轻质高强度材料制造机身和机翼等关键部件,进一步降低飞行器重量。同时,在机翼上安装可变形翼梢小翼,根据飞行状态调整翼梢形状,提高升阻比。

**3. 滞空策略制定实施**

根据飞行任务需求制定智能滞空策略。在风力条件允许的情况下,利用风力辅助滞空;在晴朗天气下,通过太阳能板为电池充电,延长续航时间。同时,结合地面控制中心的实时指令调整飞行姿态和高度,确保飞行任务的顺利完成。

#### 八、权利要求书

一种低空飞行器高效、节能滞空技术,其特征在于包括……[详细列出各项权利要求内容]。

[注:权利要求书应具体、清晰地列出本发明所要求保护的技术特征和技术方案,以便专利审查员进行审查。]

请根据实际情况填写上述模板中的空白部分,并根据需要调整和完善具体内容。在提交专利申请前,建议咨询专业专利代理人或律师的意见,以确保申请文件的准确性和完整性。

【提示】

> 在使用AI写法律文书时,应当将其作为辅助工具,由专业的法律人士进行仔细的审核、修改和完善,以确保文书的合法性、准确性和有效性。

## 13.3 审核法律文书

用AI审核法律文书是一种新兴的应用,具有以下优势。

◎ 能够在短时间内处理大量的法律文书,迅速给出初步的审核结果。
◎ 基于设定的规则和算法,对同类问题的审核标准保持一致,减少人为因素导致的偏差和错误。
◎ 善于发现重复出现的问题、格式错误或常见的法律条款引用错误等。

【示例】个人欠条审核。

> 请审核一下下面借条是否合规。
> 借条
> 本人向张三借1万元,保证1个月归还。

比较而言,通义千问的审核结果更具有法律参考意见,具体内容如下:

您提供的借条表述简单，但缺乏一些重要的法律要素，以确保其充分的法律效力和避免未来的纠纷。一个有效的借条通常应该包含以下几个关键点。

1. 标题：明确表明文档性质，如"借条"或"借款合同"。
2. 借贷双方的全称或姓名：包括出借人（债权人）和借款人（债务人）的全称或姓名，最好是法定名称，并且应附上身份证号码或营业执照号，以明确身份。
3. 借款金额：具体数额，包括大写和小写，以防篡改。
4. 借款日期：确切的借款日期。
5. 还款日期：明确的还款期限或分期还款计划。
6. 借款用途（可选）：虽然不是强制要求，但有时可以增加借条的清晰度。
7. 利息条款：是否约定利息，利率是多少，如何计算。
8. 违约条款：如果借款人未能按时还款，将采取何种措施。
9. 管辖权：指明发生纠纷时，应向哪个地区的法院提起诉讼。
10. 签字和日期：借款人和出借人的亲笔签名，以及签署日期。

考虑到以上要点，您可以参照以下更完整的借条模板。

借条

出借人（债权人）：张三

身份证号码：××××××××××××××××

借款人（债务人）：李四

身份证号码：××××××××××××××××

借款人李四，今向出借人张三借款人民币（大写）壹万元整（￥10000.00），用于个人消费。借款日期为2024年7月24日，保证于2024年8月24日前一次性归还本金。双方约定借款期间不计利息。

若借款人未能按时足额偿还借款，应承担由此产生的法律责任，并同意在发生争议时，提交出借人所在地人民法院诉讼解决。

借款人声明：以上信息真实无误，已阅读并理解上述条款，同意遵守本借条的约定。

借款人签字：_____

日期：2024年7月24日

出借人签字：_____

日期：2024年7月24日

注意：每个国家或地区的法律规定可能有所不同，上述模板仅供参考，具体应用时应咨询当地的法律专业人士，以确保借条的合法性与有效性。

【提示】

在审核一份合同纠纷的法律文书时，AI可以快速检查合同的格式、条款的完整性和一些常见的法律表述错误。但对于合同中涉及的特殊商业背景、双方的真实意图以及潜在的法律风险，可能需要人类律师凭借经验和专业知识进行更深入的分析。因此，在实际应用中，AI审核可以作为辅助工具，与人类律师的专业审核相结合，以提高审核的效率和质量。

## 13.4 法律咨询

利用AI可以为用户提供法律问题解答和相关建议的服务。AI法律咨询具有以下特点。

◎ 便捷高效：用户能够随时随地通过网络获取咨询服务，无须亲自前往律师事务所或预约等待。
◎ 快速响应：能够在短时间内给出初步的回答和建议，节省用户时间。
◎ 成本较低：相比聘请专业律师进行咨询，AI法律咨询通常费用更低或者免费。

【示例1】合同纠纷。

> 张三请搬运公司帮助搬运物品，工作人员不慎碰坏了一个收藏的花瓶，价值在5万元左右，现在张三想咨询一下是否可以通过法律程序进行索赔，有没有法律依据。

文心一言提供了比较详细的法律咨询建议，具体内容如下：

> 张三的情况涉及搬运公司因工作人员不慎造成客户财产损失的问题，他完全可以通过法律程序进行索赔，并有明确的法律依据支持。以下是对此问题的详细分析。
>
> 一、法律依据
> 1.《中华人民共和国民法典》第八百三十二条
> 明确规定承运人对运输过程中货物的毁损、灭失承担赔偿责任。这意味着，如果搬运公司在搬运过程中不慎造成客户物品损坏，搬运公司应承担相应的赔偿责任。
> 2.《中华人民共和国民法典》第八百三十三条
> 进一步指出，货物的毁损、灭失的赔偿额，当事人有约定的，按照其约定；没有约定或者约定不明确的，依据本法第五百一十条的规定仍不能确定的，按照交付或者应当交付时货物到达地的市场价格计算。这为赔偿金额的计算提供了明确的指导。
>
> 二、索赔流程
> 1. 收集证据
> 张三应首先收集所有与此次搬运和花瓶损坏相关的证据，包括但不限于搬运合同、花瓶的购买凭证或估价报告、损坏现场的照片或视频等。
> 2. 与搬运公司协商
> 在收集到足够证据后，张三可以尝试与搬运公司进行协商，要求其按照花瓶的实际价值进行赔偿。如果搬运公司有明确的损坏赔偿制度，也应按照该制度进行处理。
> 3. 法律途径
> 如果协商不成，张三可以选择通过法律途径解决纠纷。他可以向当地人民法院提起诉讼，要求搬运公司承担赔偿责任。在诉讼过程中，张三需要提交相关证据以证明自己的主张。
>
> 三、注意事项
> 1. 时间限制
> 根据相关法律规定，消费者通常需要在搬运完成后的一定时间内（如3日内或10日内，具体视情况而定）向搬运公司告知物品损坏情况。因此，张三应尽快行动以免错过索赔时效。
> 2. 价值评估
> 对于花瓶的价值评估可能是一个关键问题。张三应提供充分的证据来证明花瓶的实际价值，如购买凭证、专业估价报告等。如果无法提供这些证据，则可能需要通过其他方式（如法院指定的评估机构）来确定花瓶的价值。
> 3. 合同条款
> 如果张三与搬运公司签订了搬运合同并且合同中有关于损坏赔偿的条款，那么这些条款将直接影响索赔的结果。因此，张三应仔细阅读合同条款并了解自己的权利和义务。
>
> 综上所述，张三完全可以通过法律程序向搬运公司索赔因工作人员不慎碰坏的花瓶损失，并有明确的法律依据支持其主张。在索赔过程中，张三应注意收集证据、与搬运公司协商以及遵守相

关法律程序和时间限制。

**【示例2】** 劳务纠纷。

张三因为家里有急事儿提前下班回家，导致被公司解聘。请问张三的行为是否合适？有没有维权的途径和正当理由？

通义千问的答复比较务实，对于弱势人群来说，具有参考价值和可操作性。

张三因为家里有急事提前下班回家，这本身并不违法，但如果他的行为违反了公司的规章制度或者劳动合同中的相关约定，公司可能会根据内部规定作出相应的纪律处分，包括解聘。《中华人民共和国劳动法》和《中华人民共和国劳动合同法》对此类情形提供了基本框架，但也允许企业制定自己的管理规则，只要这些规则不违反国家法律。

张三的行为是否合适
- 合理性：从人道主义角度看，家庭紧急情况确实需要优先处理，张三的行为在情理上是合理的。
- 合规性：然而，合规性取决于公司的政策和张三是否遵循了正确的请假流程。如果张三没有按照公司的请假制度提前申请并获得批准，那么他的行为可能被视为违规。

维权途径和正当理由
1. 审查公司规定：首先，张三需要检查公司的员工手册或相关规章制度，了解是否有紧急情况下的请假流程。如果公司规定了这种情况下可以请假，而张三按照规定操作，公司解聘则不合理。
2. 沟通与协商：张三应首先与直接上级或人力资源部门沟通，解释情况，寻求理解和支持，尝试协商解决。
3. 申诉：如果内部沟通无效，张三可以根据公司内部的申诉程序提出正式申诉。
4. 劳动仲裁：如果公司坚持解聘，张三可以向当地的劳动争议仲裁委员会申请仲裁。根据《中华人民共和国劳动争议调解仲裁法》，劳动者有权就劳动争议申请仲裁。
5. 法院诉讼：如果仲裁结果不满意，张三还可以向人民法院提起诉讼，要求恢复劳动关系或赔偿损失。

正当理由
- 不可抗力或紧急情况：如果张三能证明家庭急事属于不可预见的紧急情况，这可能是其维权的正当理由之一。
- 公司规定与实际执行的不一致：如果公司规定允许紧急情况下的请假，但实践中并未执行，这也是张三可以主张的理由。

在整个过程中，张三需要收集并保存所有相关证据，包括与公司沟通的记录、请假申请、家庭紧急情况的证明文件等，以备不时之需。同时，建议张三咨询专业的法律顾问，以获得针对具体情况的法律建议。

## 13.5 法律探索

AI为法律研究提供了强大的工具和新的视角。通过自然语言处理技术，AI能够快速检索和分析海量的法律文献和案例，大大提高了研究的效率。例如，利用AI驱动的法律数据库，研究者可以在短时间内找到与特定法律问题相关的众多案例，从而更全面地了解法律的适用和演变。

**【示例】** 社会舆情与法律的问题。

近几年校园暴力、校园欺凌现象不断发生，但是碍于未成年人保护法，学校和社会都无力解决这个问题，请您从法律的角度探析一下这种社会矛盾的根源和解决意见。

各AI平台都能够提出不同的思考角度和解决方法，值得借鉴和参考。比较之后，采纳豆包生成的内容，它以文章探析的方式进行回答，适合系统参考。

### 校园暴力与欺凌现象的法律探析

校园暴力和欺凌现象的频繁发生，是一个令人深感忧虑的社会问题。尽管有《中华人民共和国未成年人保护法》的存在，但解决此类问题时面临困境，其中的矛盾根源是多方面的。

从法律角度来看，根源之一在于未成年人保护法在某些情况下可能被误解或滥用。法律旨在保护未成年人的合法权益，但有时被一些实施暴力和欺凌行为的未成年人及其监护人当作"保护伞"，导致对这类行为的惩处力度不足。

另外，法律对于校园暴力和欺凌行为的界定不够清晰和具体。这使得在实际处理中，对于一些处于模糊边界的行为难以准确判断和定性，从而影响了及时有效的干预和处理。

再者，法律在预防校园暴力和欺凌方面的规定不够完善。缺乏明确的预防机制和责任主体，导致学校、家庭和社会在预防工作中的职责不明确，难以形成有效的预防合力。

为解决这一社会矛盾，以下是一些法律层面的建议。

首先，应当对未成年人保护法进行进一步的细化和完善。明确对于实施严重校园暴力和欺凌行为的未成年人的惩处措施，同时建立相应的教育矫正机制，确保法律既能保护未成年人的合法权益，又能对不良行为进行有效的约束和纠正。

例如，可以设立专门的未成年人矫正机构，对有严重暴力倾向的未成年人进行集中教育和矫正。

其次，清晰界定校园暴力和欺凌行为的法律概念和标准。制定详细的行为清单和判断标准，以便于学校、执法部门等能够准确识别和处理相关问题。

例如，明确身体伤害、言语侮辱、网络欺凌等不同形式的具体表现和认定标准。

再次，加强法律在预防方面的规定。明确学校、家庭和社会在预防校园暴力和欺凌中的具体责任和义务，建立健全监督机制和考核制度，确保预防工作落到实处。

例如，规定学校必须定期开展反校园暴力和欺凌的教育活动，并对其效果进行评估。

最后，建立校园暴力和欺凌事件的快速处理机制。简化处理流程，提高处理效率，确保受害者能够及时得到保护和救助，施害者能够尽快受到应有的惩处和教育。

例如，设立专门的校园纠纷调解机构，快速处理轻微的校园暴力和欺凌事件。

总之，解决校园暴力和欺凌问题需要法律的不断完善和有效执行，同时也需要学校、家庭和社会各方的共同努力，形成全方位的保护和治理体系。

这篇文章对校园暴力和欺凌问题进行了深入的法律视角分析，并提出了针对性的解决方案，体现了作者对这一问题的深刻理解和高度关注。全文内容充实、分析深入、建议具体，对于推动校园暴力和欺凌问题的解决具有重要的参考价值。

## 13.6 司法行为裁量

AI在司法行为裁量中的应用具有巨大潜力，具体说明如下。

◎ 提高效率：AI可以快速处理和分析大量的法律数据、案例和法规，帮助法官更快地获取相关信息，从而提高司法决策的效率。

◎ 辅助决策：通过机器学习和数据分析，AI可以提供类案参考、量刑建议等，为法官的裁量提供辅助支持，减少主观偏见。

◎ 一致性和准确性：有助于在类似案件中实现更一致的判决结果，提高司法的准确性和可预测性。

◎ 风险预警：能够对可能出现的问题或风险进行预警，如量刑偏离的提示，增强司法监督。

【示例】是正当防卫还是过失杀人？

> 张三加夜班回家，途中遭遇抢劫，厮打过程中张三勇夺劫匪的刀具，劫匪逃跑，张三追杀了劫匪。请问张三的行为是正当防卫，还是过失杀人？

分析各AI平台的观点，存在3种情况。

◎ 张三属于防卫过当：360智脑、通义千问、豆包。

◎ 前段行为为正当防卫，后段行为为故意杀人：腾讯元宝、智谱清言、文心一言。

◎ 观点模糊，还需要进一步证据：Kimi、讯飞星火。

下面显示文心一言的回复内容如下：

> 这是一个涉及法律判断的问题，我们需要基于案件的具体情况和相关法律规定进行分析。
> 
> 1. 案件梳理
> - 张三在回家途中遭遇抢劫。
> - 在厮打过程中，张三勇夺劫匪的刀具。
> - 劫匪逃跑，张三随后追杀劫匪。
> 
> 2. 关键信息分析
> - 正当防卫的定义：正当防卫是指为了使公共利益、本人或者他人的人身和其他权利免受正在进行的不法侵害，而对实施侵害的人采取的合理防卫行为。
> - 过失杀人的定义：过失杀人，或称事后防卫，是指在不法侵害行为尚未开始，或者已经结束的情况下，对不法侵害者实行的防卫行为。
> 
> 3. 推理过程
> - 在张三勇夺劫匪刀具的过程中，其行为属于正当防卫，因为这是在面对正在进行的不法侵害时采取的合理防卫行为。
> - 然而，当劫匪逃跑后，不法侵害已经结束，此时张三继续追杀劫匪的行为，就不再属于正当防卫的范畴，而是构成了过失杀人或事后防卫。
> 
> 4. 结论
> - 张三在厮打过程中勇夺劫匪刀具的行为属于正当防卫。
> - 张三在劫匪逃跑后继续追杀的行为，构成了过失杀人或事后防卫，不再是正当防卫。
> 
> 因此，张三的行为在劫匪逃跑前属于正当防卫，在劫匪逃跑后的追杀行为则属于过失杀人。

# 第 14 章 投 资

AI为投资领域带来了新的机遇和挑战，合理利用AI技术，并结合人类的智慧和经验，将有助于实现更有效的投资决策和资产增值。通过大数据分析和机器学习算法，AI能够快速处理海量的市场数据、公司财务信息、宏观经济指标等，从而发现潜在的投资机会和风险。AI根据投资者的风险偏好、收益目标等因素，智能地调整投资组合的资产配置，提高投资组合的绩效。

## 14.1 投资分析

AI为投资分析带来了诸多显著的优势和变革。

◎ AI能够处理海量的数据。金融市场产生了庞大的数据量，包括公司财务报表、市场交易数据、宏观经济指标等。AI凭借其强大的计算能力和算法，可以快速且准确地挖掘和分析这些数据中的潜在模式和趋势。例如，通过深度学习算法预测股票价格的短期波动。

◎ AI有助于提高投资分析的效率和准确性。传统的投资分析往往依赖人工收集和处理数据，容易出现疏漏和错误。而AI可以避免人为因素的干扰，以更客观和精准的方式进行分析。例如，利用自然语言处理技术对大量的财经新闻和研究报告进行自动解读和分析。

◎ AI能够实现实时监控和动态调整。金融市场瞬息万变，AI可以实时跟踪市场动态，根据新的信息及时调整投资策略和模型。

【示例】创业投资分析。

> 张三准备投资一家低空飞行器运营公司，但考虑到该行业为新兴行业，存在很多风险和不确定性，请你帮忙分析一下该行业的前景、主要风险、主要考量因素。

各AI平台的分析都非常不错，限于篇幅，这里仅显示文心一言的投资分析。

> 张三考虑投资一家低空飞行器运营公司，确实是一个充满机遇与挑战的决定。以下是对该行业前景、主要风险及主要考量因素的分析。
>
> **行业前景**
>
> 1.市场增长潜力巨大：低空经济作为新兴的战略性产业，正快速发展。据《中国低空经济发展研究报告(2024)》显示，2023年我国低空经济市场规模已达到5059.5亿元，同比增长

33.8%，预计到2026年将突破万亿元。随着城市化进程加速和交通拥堵问题日益严重，低空飞行器如eVTOL（电动垂直起降飞行器）在高效、安全、环保出行方面的优势愈发明显，市场需求持续增长。

2. 政策支持力度加大：近年来，国家和地方政府密集出台了一系列支持低空经济发展的政策措施，如《无人驾驶航空器飞行管理暂行条例》的实施，以及低空经济首次写入《政府工作报告》等，为行业发展提供了有力保障。

3. 技术不断进步：电池技术、材料科学、控制算法等领域的突破，将进一步提升低空飞行器的性能，降低运营成本，扩大应用场景。

**主要风险**

1. 监管政策不确定性：尽管政策支持力度加大，但低空管理涉及军航、民航、通航等多个领域，空域划分和使用权限的协调难度大，监管政策的不确定性仍是主要风险之一。

2. 飞行安全挑战：低空交通系统复杂，如何确保众多飞行器在低空空域安全飞行是一大挑战。特别是小型无人机，由于适航标准相对较低，其安全性问题尤为突出。

3. 技术成熟度不足：尽管技术进步迅速，但低空飞行器技术整体上仍处于发展阶段，包括电池续航、飞行控制系统、自动飞行技术等方面仍需进一步成熟和完善。

4. 社会接受度问题：低空飞行器在城市上空密集穿梭，可能引发公众对飞行安全、噪声污染、隐私保护等方面的担忧，影响社会接受度。

**主要考量因素**

1. 政策环境：需密切关注国家和地方政府的政策动态，了解低空经济相关法规的完善情况，以及空域管理制度的改革方向。

2. 市场需求：深入分析低空飞行器在载人客运、载物货运、公共服务、警务安防、国防军事及私人飞行等领域的应用前景，评估市场需求的增长潜力。

3. 技术实力：考查目标公司的技术研发能力，包括电池技术、飞行控制系统、自动飞行技术等方面的创新能力和成果。

4. 运营管理能力：低空飞行器运营涉及空域申请、飞行计划制订、安全保障等多个环节，须评估目标公司的运营管理能力，确保其能够有效应对复杂多变的运营环境。

5. 成本控制与盈利模式：分析目标公司的成本控制策略和盈利模式，评估其在激烈的市场竞争中能否保持盈利能力和竞争优势。

综上所述，张三在投资低空飞行器运营公司时，应全面考虑行业前景、主要风险及主要考量因素，做出理性决策。

这篇投资分析文章对低空飞行器运营公司的投资前景进行了全面而深入的分析，展现了对行业机遇、挑战及关键考量因素的深刻理解，具有较高的参考价值。本文优点：行业前景分析全面、风险分析深入、考量因素具体、结论明确。

建议改进之处：为确保分析的时效性，可以进一步查找最新的行业数据和政策动态，以更贴近当前的市场环境；增加一些成功或失败的案例分析；对于主要风险的分析，可以尝试量化评估；在给出投资建议时，可以根据行业特点和目标公司的具体情况，提出更具体的投资建议或策略。

🔊【提示】

投资分析与AI的融合是未来投资领域的重要趋势，但在充分利用其优势的同时，也需要谨慎应对相关的挑战，以实现更有效的投资分析和资产增值。

## 14.2 宏观分析

宏观分析是对一个国家或地区整体经济、政治、社会等方面的综合性研究和评估。在经济领域，宏观分析主要关注以下几个方面。

- ◎ 经济增长：通过观察国内生产总值（GDP）的增长速度、就业情况、工业生产指数等指标，来判断经济的总体发展态势。例如，GDP持续稳定增长通常表示经济处于扩张阶段，而GDP增速放缓或下降可能意味着经济面临衰退风险。
- ◎ 通货膨胀：衡量物价水平的普遍上涨程度，常用消费者价格指数（CPI）和生产者价格指数（PPI）等指标。适度的通货膨胀有利于经济发展，但过高的通货膨胀会削弱货币购买力，影响经济稳定。
- ◎ 利率政策：中央银行调整利率水平会对借贷成本、投资和消费产生影响。低利率通常刺激经济活动，而高利率则有助于抑制通货膨胀。
- ◎ 财政政策：政府通过税收和支出政策来影响经济。例如，增加政府支出可以刺激经济增长，而提高税收可能抑制经济活动。

政治方面的宏观分析包括以下方面。

- ◎ 政府稳定性：政治局势的稳定与否对经济发展至关重要。政府频繁更迭或政治动荡可能导致政策不确定性增加，影响投资者信心。
- ◎ 政策法规：政府出台的各种政策法规，如贸易政策、产业政策、环保政策等，会对不同行业和企业产生直接或间接的影响。

社会方面的宏观分析涵盖以下内容。

- ◎ 人口结构：人口的年龄分布、增长率、劳动力参与率等因素会影响消费需求、劳动力市场和社会保障体系。
- ◎ 教育水平：高素质的劳动力有助于提高生产力和创新能力，促进经济的长期发展。

宏观分析还会考虑以下国际因素。

- ◎ 国际贸易关系：贸易摩擦、关税调整等会影响一国的进出口，进而影响经济增长。
- ◎ 全球经济形势：其他国家的经济增长、通货膨胀、利率等情况会通过贸易、金融市场等渠道对本国经济产生溢出效应。

宏观分析的目的是帮助投资者、企业决策者、政策制定者等了解宏观环境的变化趋势，从而做出更明智的投资、经营和政策决策。

【示例】当前国内经济形势分析。

> 我是一名小企业主，明显感觉当前经济形势压力增大，行业内卷严重。请结合国内外经济环境，对我国目前的宏观形势进行简要分析，字数不要太多。

比较之后，文心一言的宏观分析条理清晰，以数据说理，比较信服，采纳如下：

> 作为一名小企业主，您对当前经济形势的感受非常直观且重要。当前，我国宏观经济环境确实面临一些挑战与机遇并存的局面，国内外因素交织影响。
>
> **国内经济环境**
>
> 1. 经济增长放缓但韧性犹存：上半年，中国国内生产总值（GDP）同比增长5%左右，显示

出较强的韧性。尽管增速较往年有所放缓，但在全球范围内仍保持领先。这得益于宏观政策的有效实施，如大规模设备更新、消费品以旧换新政策等，有效支撑了经济稳定运行。

2. 内需不足与结构调整：当前，国内经济面临内需不足的挑战，消费和投资增长动力有待增强。尤其是消费方面，居民收入增速放缓和预期不稳抑制了消费需求的扩张。同时，国内结构调整持续深化，部分行业面临转型升级的压力，加剧了行业内的竞争。

3. 房地产市场调整：房地产市场持续调整，对固定资产投资和整体经济产生一定影响。政府正积极出台政策稳定房地产市场，以期通过改善房地产市场来提振经济和信心。

4. 高技术产业发展：值得注意的是，高技术产业和战略性新兴产业持续保持高速增长，成为推动经济增长的重要动力。这表明中国经济在转型升级过程中，新动能正在加速形成。

**国际经济环境**

1. 全球经济增长放缓：受地缘政治冲突、全球需求疲软等因素影响，全球经济增速普遍放缓。国际货币基金组织（IMF）预计2024年全球经济增速为2.9%，低于历史平均水平。这对我国外需形成一定压力。

2. 贸易环境复杂：国际贸易环境复杂多变，贸易保护主义抬头，加之全球供应链重构，给我国外贸出口带来不确定性。然而，我国出口依然表现出较强韧性，尤其是机电产品等高技术含量产品出口增长显著。

3. 货币政策分化：主要经济体货币政策分化明显，美国等发达经济体可能进入降息周期，而部分新兴经济体则继续维持紧缩政策。这将对全球资本流动和汇率稳定产生影响，也可能间接影响我国企业的融资成本和市场环境。

**总结**

面对当前国内外经济环境，我国小企业主需保持战略定力，积极应对挑战。一方面，要关注政策导向，充分利用政府出台的各类扶持政策；另一方面，要加快企业转型升级，提高产品质量和服务水平，增强核心竞争力。同时，加强市场分析和风险管理，灵活应对外部环境变化。在挑战中寻找机遇，在困境中谋求发展。

宏观分析是一个综合性、系统性的工作，需要综合考虑多个因素，并持续跟踪和评估其变化对经济和社会的影响。

## 14.3 行业分析

行业分析是对特定行业的深入研究和评估，旨在了解该行业的整体状况、发展趋势、竞争格局以及影响其发展的各种因素。行业分析通常包括以下几个关键方面。

◎ **市场规模与增长趋势**：研究行业的当前市场规模以及过去一段时间的增长情况，并预测未来的发展趋势。这涉及对市场需求、消费者行为和宏观经济环境等因素的考量。

◎ **竞争格局**：分析行业内现有企业之间的竞争程度，包括主要竞争对手的市场份额、竞争策略和优势劣势。还需关注潜在进入者和替代品的威胁。

◎ **产业链分析**：了解行业的上下游产业链，包括供应商、生产商、分销商和客户等各个环节的情况，以及它们之间的关系和相互影响。

◎ **驱动因素与限制因素**：识别推动行业发展的因素，如技术创新、政策支持、消费者需求变化等，同时也要关注限制行业发展的因素，如资源短缺、法规限制、行业壁垒等。

◎ **行业生命周期**：判断行业所处的生命周期阶段，如初创期、成长期、成熟期或衰退期，不同阶段具有不同的特点和投资机会。
◎ **技术发展趋势**：研究行业内的技术创新和进步趋势，以及这些技术变革对行业的影响。
◎ **政策环境**：关注政府出台的与该行业相关的政策法规，这些政策可能会直接或间接地影响行业的发展方向和企业的经营策略。

【示例】新能源汽车行业的分析。

> 请对中国新能源汽车行业进行分析，重点关注市场规模、核心技术、价格、供应链。

下面显示智谱清言的分析，内容简洁、证据充分。

> 中国新能源汽车行业近年来发展迅速，市场规模不断扩大，核心技术持续进步，价格逐渐亲民，同时供应链体系也日益完善。
> 1. 市场规模：2023年，中国新能源汽车市场规模达到11500亿元，同比增长16.2%，预计到2025年将达到23100亿元。
> 2. 核心技术：新能源汽车的核心技术包括动力电池、电控系统和电机。中国的动力电池技术在不断提升，三元电池因其高能量密度和低温性能而受到青睐。同时，电控系统和电机技术也在不断进步。
> 3. 价格：随着技术的成熟和规模化生产，新能源汽车的价格逐渐下降，变得更加亲民。同时，政府补贴和优惠政策也在一定程度上降低了消费者的购车成本。
> 4. 供应链：新能源汽车的供应链包括上游的矿产资源（如稀土、锂、钴等），中游的动力电池生产，以及下游的整车制造和充电设施建设。中国的供应链体系日益完善，不仅满足了国内市场的需求，也开始向国际市场出口。
> 
> 综上所述，中国新能源汽车行业正处于快速发展阶段，市场规模不断扩大，技术持续进步，价格逐渐降低，供应链体系日益完善。这些因素共同推动了中国新能源汽车行业的快速发展，并使其在全球新能源汽车市场中占据重要地位。

通过全面深入的行业分析，企业可以制定更有效的战略规划，投资者可以做出更明智的投资决策，政府可以制定更合理的产业政策。

## 14.4 营销分析

营销分析是对市场营销活动进行系统评估和深入研究的过程，旨在了解市场动态、消费者行为、竞争对手策略以及自身营销效果，从而为制定有效的营销策略提供依据。营销分析通常涵盖以下几个主要方面。

◎ **市场分析**：包括市场规模和潜力、市场细分（确定目标市场）、市场趋势等。
◎ **消费者分析**：包括消费者需求和偏好、消费者行为、消费者满意度和忠诚度等。
◎ **竞争对手分析**：包括竞争对手识别、竞争对手策略、竞争优势和劣势等。
◎ **产品或服务分析**：包括产品或服务特点、产品或服务生命周期等。
◎ **营销渠道分析**：包括销售渠道评估、渠道效率和成本等。
◎ **价格分析**：包括价格策略、价格弹性等。
◎ **促销活动分析**：包括促销手段效果、促销投入产出比等。
◎ **营销绩效评估**：包括销售业绩、营销目标达成度等。

通过综合以上各个方面的营销分析，企业可以发现问题、识别机会，制定更具针对性和有效性的营销策略，提高市场竞争力，实现营销目标。

【示例】校外培训营销分析。

> 本人新成立了一家中小学教育公司，主要经营地：北京市主城区。主要经营范围：体能训练、智力拓展、艺术培养，请进行营销分析。重点关注：目标市场中的学生群体倾向，以及竞争对手的营销策略。

经过比较分析，豆包提供的营销策略具有实操性，具体内容如下：

> 中小学教育公司营销分析
> **目标市场中的学生群体倾向：**
> - 北京市主城区的学生家长普遍重视孩子的全面发展，对体能训练的需求不仅在于增强身体素质，还希望培养孩子的团队合作和竞争意识。
> - 智力拓展方面，家长期望通过课程提升孩子的思维能力、创新能力和解决问题的能力，以应对日益激烈的学业竞争和未来的社会挑战。
> - 对于艺术培养，更多家长倾向于让孩子接触多元化的艺术形式，如音乐、绘画、舞蹈等，旨在培养孩子的审美和创造力，同时也作为一种特长培养。
>
> **竞争对手的营销策略：**
> - 通过与学校建立合作关系，直接进入校园开展推广活动，获取学生资源。
> - 注重品牌建设，投入大量资金进行广告宣传，包括在主流媒体、网络平台投放广告，提升品牌知名度。
> - 利用线上渠道，如开设直播课程、线上讲座等，吸引潜在客户，并通过在线互动了解家长和学生的需求。
> - 举办各类竞赛和活动，如智力竞赛、艺术表演等，为学生提供展示平台，同时也宣传了自身的教学成果。
> - 推出免费试听课程、优惠套餐等促销手段，吸引家长和学生报名。
>
> 针对以上情况，您的公司可以采取以下营销策略。
> - 加强与周边学校、社区的合作，开展公益性质的体能训练活动、智力拓展讲座等，树立良好的品牌形象。
> - 优化公司的官方网站和社交媒体账号，定期发布优质的教学内容和学生成果，吸引潜在客户。
> - 设计有特色的课程套餐和优惠活动，如新生报名优惠、老带新奖励等。
> - 举办公司内部的学生才艺展示活动，并邀请家长参与，增强客户黏性。
>
> 总之，在竞争激烈的北京市主城区教育市场中，了解目标市场学生群体倾向和竞争对手营销策略，有助于您的公司找准定位，制定出有效的营销方案，从而实现快速发展。

这篇营销分析文章从目标市场的学生群体倾向、竞争对手的营销策略以及针对这些分析提出的营销策略三个方面进行了深入剖析，整体逻辑清晰，内容全面。文章整体结构严谨，分析深入，既关注了目标市场的需求变化，又详细剖析了竞争对手的营销策略，最后提出了针对性的营销策略建议。这些建议具有较强的可操作性和针对性，有助于公司在竞争激烈的市场中找准定位，实现快速发展。但在数据支撑、创新和风险预估方面，文章还可以进一步完善。

## 14.5 企业分析

企业分析是对一个企业进行全面、深入和系统的研究与评估,旨在了解企业的各个方面,包括其内部运营、外部环境、竞争地位、财务状况、发展潜力等,以帮助利益相关者做出明智的决策。企业分析通常涵盖以下几个主要方面。

◎ 内部运营分析:包括组织架构、人力资源、生产与服务流程、技术与创新能力等。
◎ 财务分析:包括财务报表解读、财务比率分析、财务预测等。
◎ 市场与竞争分析:包括市场定位、市场趋势、竞争对手分析等。
◎ 战略分析:包括企业使命与愿景、战略选择、战略实施与调整等。
◎ 宏观环境分析:包括政治法律环境、经济环境、社会文化环境、技术环境等。

企业分析的目的因分析者的不同而有所差异。投资者通过企业分析来评估投资价值;管理层用于制定战略和改进运营;债权人用于评估信贷风险;潜在合作伙伴用于判断合作的可行性等。

总之,企业分析是一个多维度、综合性的过程,需要运用各种分析方法和工具,收集大量的信息和数据,以形成对企业全面、客观和准确的认识。

【示例】造车新势力企业分析。

> 造车新势力通常指的是近年来进入汽车制造领域的新兴企业,它们通常具有创新的商业模式和技术理念,如蔚来、小鹏、理想、问界、小米、极氪等。请简要分析一下这些企业的财务状况、核心竞争力、市场占有率。

下面是豆包的企业分析报告,内容简洁,分析条理清晰。

> 造车新势力通常指的是近年来进入汽车制造领域的新兴企业,它们通常具有创新的商业模式和技术理念,如蔚来、小鹏、理想、问界、小米、极氪等。以下是对这些企业的财务状况、核心竞争力和市场占有率的简要分析。
>
> - 财务状况
>   - 蔚来:根据其2023年年报,蔚来全年营业收入达到556.2亿元,同比增长12.9%;全年研发投入134.3亿元,连续两年突破百亿。截至2023年年底,蔚来的现金储备已飙升至573亿元,较上季度大幅增加121亿元。
>   - 小鹏:截至2024年3月31日,小鹏汽车收入总额65.48亿元人民币,同比增长62.35%;归母净利润-13.68亿元人民币,同比增长41.47%。
>   - 理想:根据2024年一季报,理想汽车收入总额256.34亿元人民币,同比增长36.44%;归母净利润5.93亿元人民币,同比减少36.26%。
>   - 问界:问界是华为与赛力斯联合推出的新能源汽车品牌,目前尚未公开其财务数据。
>   - 小米:小米汽车尚未正式上市,因此没有公开的财务数据。
>   - 极氪:极氪是吉利汽车旗下的高端智能电动汽车品牌,目前尚未公开其财务数据。
> - 核心竞争力
>   - 蔚来:蔚来的核心竞争力在于其高端品牌形象、用户服务和换电技术。蔚来致力于为用户提供高品质的电动汽车和优质的服务体验,其换电技术也为用户提供了更加便捷的充电方式。
>   - 小鹏:小鹏汽车的核心竞争力在于其技术创新和智能化。小鹏汽车在自动驾驶、智能

座舱等领域拥有较强的技术实力，其产品也具有较高的智能化水平。
- 理想：理想汽车的核心竞争力在于其增程式电动汽车技术和产品定位。理想汽车的产品主要面向家庭用户，其增程式电动汽车技术可以有效解决用户的里程焦虑。
- 问界：问界的核心竞争力在于其华为的技术支持和智能化。问界的产品搭载了华为的鸿蒙操作系统和智能驾驶技术，具有较高的智能化水平。
- 小米：小米汽车的核心竞争力在于其品牌影响力和智能化。小米在智能手机和智能家居领域拥有广泛的用户基础和品牌影响力，其汽车产品也有望延续其智能化的特点。
- 极氪：极氪的核心竞争力在于其吉利汽车的技术支持和产品品质。极氪的产品定位高端，其技术和品质也得到了市场的认可。

● 市场占有率
- 蔚来：根据2023年数据，蔚来在中国高端纯电市场的份额为40.2%，排名第一。
- 小鹏：根据2023年数据，小鹏汽车在中国新能源汽车市场的份额为3.5%，排名第五。
- 理想：根据2023年数据，理想汽车在中国新能源汽车市场的份额为3.3%，排名第六。
- 问界：根据2024年2月数据，问界首次夺得造车新势力月度销量冠军，交付量超过了理想汽车。
- 小米：小米汽车尚未正式上市，因此没有市场占有率数据。
- 极氪：根据2023年数据，极氪在中国新能源汽车市场的份额为1.9%，排名第七。

需要注意的是，以上数据仅为参考，具体数据可能会随着时间和市场情况的变化而有所不同。此外，不同的企业在不同的市场和领域可能具有不同的优势和竞争力，因此在评估这些企业时，需要综合考虑多个因素。

【提示】

这些造车新势力在推动汽车行业的电动化、智能化和创新发展方面发挥了重要作用。不过，造车新势力的范围和定义可能会随着时间和市场的变化而有所不同。

## 14.6 基本面分析

基本面分析是一种通过评估影响证券（如股票、债券、商品等）价值的基本经济因素来确定其内在价值的方法。对于股票而言，基本面分析通常涵盖以下几个关键方面。

◎ 公司财务状况：包括研究公司的资产负债表、利润表和现金流量表。评估指标，如营收增长、利润率、资产负债率、现金流健康程度等，以了解公司的盈利能力、偿债能力和资金运作情况。例如，一家公司连续多年保持营收和利润的稳定增长，且现金流充足，通常被认为财务状况良好。

◎ 行业前景：分析公司所处行业的发展趋势、竞争格局、市场规模和增长潜力。例如，处于新兴且快速增长行业的公司，可能具有更大的发展机会。

◎ 宏观经济环境：考虑整体经济的状况，如经济增长、通货膨胀、利率、汇率、政策法规等因素对公司业绩的影响。高通货膨胀时期，成本上升可能会影响企业的利润。

◎ 公司管理团队：评估管理层的经验、能力和声誉，他们的决策和战略对公司的发展至关重要。

◎ 竞争力和竞争优势：研究公司的产品或服务在市场中的独特性、品牌影响力、技术壁垒、成本优势等。拥有专利技术或强大品牌的公司往往更具竞争力。

【示例】股票标的的基本面分析。

请分析一下A股中大恒科技的基本面情况。

各AI的综合评价如下：
◎ 谨慎：豆包、智谱清言、Kimi、360智脑
◎ 积极：讯飞星火、腾讯元宝
◎ 消极：文心一言、通义千问

其中，文心一言、豆包、腾讯元宝能够结合最新数据进行分析。智谱清言仍然以2020年9月30日的数据进行分析，数据滞后性比较严重。通义千问和360智脑能够结合最新的股价、趋势进行分析，具有技术面分析的特性，脱离了基本面分析。讯飞星火的分析比较简略、抽象，没有具体数据的支撑，信服力较弱。Kimi的分析比较独特，基本面分析比较零碎，与技术面结合，不构成系统性分析，以所掌握的单个数据源为依据进行判断，很容易以偏概全，观点也不够明确，但可以参考如下：

大恒科技（股票代码：600288）是一家位于中国北京的公司，主要从事机器视觉行业。以下是对其基本面情况的分析。

1. 公司竞争力：根据3（引用的数据源）的分析，大恒科技的竞争力评分为35分，表明其竞争力相对较弱。公司所处的机器视觉行业未来中长期增速约为5%，说明行业增长潜力有限。

2. 财务业绩：大恒科技的业绩波动风险居中，其历史收入波动性和毛利率波动性均显示出一定的稳定性。根据3的分析，大恒科技的合理动态市盈率被估计为9~11倍。

3. 盈利能力：从提供的数据来看，大恒科技的净资产收益率（ROE）为1.35%，而杠杆倍数为1.70，这可能表明公司的财务杠杆使用相对保守。

4. 估值分析：根据4的数据，大恒科技的市盈率（TTM）为225.13，市净率（MRQ）为1.48，这些指标可能表明公司当前的估值水平。同时，5也提供了基于过去几年每股收益均值和长期市盈率中位数的估值方法，给出的估值为9.15元，安全边际率为18.99%。

5. 财务比率：根据6的数据，大恒科技的毛利率（TTM）为30.48%，净利率（TTM）为0.57%，显示了公司在成本控制和盈利能力方面的表现。同时，公司的每股收益增长率（MRQ）为-234.42%，销售增长率（MRQ）为-40.62%，这可能表明公司近期面临一些盈利和销售上的挑战。

6. 市场表现：从提供的数据来看，大恒科技的股价在近期有波动，卖价和买价分别为6.26元和6.27元，当日波动幅度在6.07元至6.29元之间。

综上所述，大恒科技的基本面情况显示公司在某些财务指标上存在一定的挑战，但也有一些积极的方面，如相对稳定的毛利率和一定的安全边际。投资者在考虑投资大恒科技时，应综合考虑公司的行业地位、财务状况、市场估值以及行业前景等多方面因素。

通过基本面分析，投资者试图确定证券的价值是否被低估或高估，从而做出投资决策。例如，如果经过基本面分析，发现一家公司的股票价格低于其内在价值，可能是一个买入的好机会；反之，如果价格高于其内在价值，则可能考虑卖出或避免投资。

【注意】

基本面分析是一种长期投资视角的方法，需要对大量数据和信息进行收集、分析和评估，但其结论并不一定能准确预测短期的市场价格波动。

## 14.7 技术面分析

技术面分析是一种通过研究市场历史交易数据，主要包括价格、成交量等，来预测金融资产未来价格走势的方法。技术面分析基于以下几个核心假设。

- ◎ 市场行为涵盖一切信息：这意味着所有影响资产价格的因素，包括基本面因素、政治、经济等，都已经反映在资产的价格和成交量等交易数据中。
- ◎ 价格沿趋势运动：一旦价格形成了某种趋势，在没有强大外力的作用下，这种趋势往往会持续下去。
- ◎ 历史会重演：投资者的心理和行为在不同的时期往往具有相似性，从而导致市场的价格走势也会呈现出一定的重复性。

技术面分析中常用的工具和指标包括以下方面。

- ◎ 趋势线：用于识别价格的上升、下降或横向趋势。例如，当价格多次在某一位置得到支撑，连接这些低点就可以画出上升趋势线；反之，连接多次价格受阻的高点，可画出下降趋势线。
- ◎ 移动平均线：如5日、10日、30日等移动平均线，帮助判断价格的短期趋势和长期趋势。当短期移动平均线向上穿过长期移动平均线时，可能是买入信号；反之，则可能是卖出信号。
- ◎ 成交量：反映市场的活跃程度和资金的参与程度。成交量放大通常伴随着价格的大幅上涨或下跌，表明市场情绪强烈。
- ◎ 相对强弱指标（RSI）：衡量资产价格上涨和下跌的力度。当RSI超过70时，资产可能处于超买状态，价格可能回调；当RSI低于30时，资产可能处于超卖状态，价格可能反弹。

技术面分析的优点在于能够提供较为明确的买卖信号和时机，适用于短期和中期的交易策略。但它也存在一定的局限性，如无法考虑公司的基本面情况、容易受到市场操纵的影响、对突发事件的反应不足等。

【示例】股票标的的技术面分析。

> 请分析一下A股中大恒科技的技术面情况。

各AI的技术面分析都比较抽象、理论，没有结合标的进行具体分析，不具备参考性。当然，技术面分析也很容易失败，因为它是一种短期趋势分析，具有非常大的不确定，无法通过历史数据进行预测。

下面选取通义千问的技术面分析，虽然不建议参考，但是值得阅读。

> 技术面分析主要关注的是股票价格的历史走势、成交量以及其他技术指标，以预测未来的走势。以下是针对大恒科技（600288）的一些技术面分析要点。
>
> 股价走势
> - 最近的价格表现：2024年7月24日，大恒科技的收盘价为6.15元，开盘价为6.18元，最高达到6.29元，最低下探至6.07元。这表明当日股价有一定程度的波动。
> - 短期趋势：根据2024年7月19日的诊断结果，短期趋势被认为是弱势下跌过程，建议逢高卖出，暂不考虑买入。
> - 长期趋势：长期趋势的具体分析没有给出，但可以结合短期趋势和其他技术指标进行推测。

技术指标
- BOLL值（布林带）：BOLL值出现异动，表明布林带可能处于阶段性的低位或开口收窄的情况。这种情况下，历史数据显示20日内的上涨概率较大。
- 赢家十二宫星级模型：根据赢家江恩工具星级模型，大恒科技的星级为某特定等级，具体星级未给出，但这种模型通常用来预测股票的支撑位和压力位。

成交量与资金流向
- 成交量：2024年7月24日的换手率为0.75%，这反映了市场的活跃程度。
- 资金流向：2024年7月19日的信息显示，大恒科技的主力资金净卖出了227.33万元，这可能表明主力投资者对该股持谨慎态度。

图表分析
- 日K线图：可以通过查看日K线图来分析股票的短期走势，包括支撑位、压力位、趋势线等。
- 技术图形：如头肩顶、双顶、双底等，这些可以帮助识别股票的反转或持续形态。

综合分析
- 大恒科技的短期技术面呈现出弱势特征，可能意味着短期内股价有继续下跌的风险。
- BOLL值的变化提示可能存在短期反弹的机会，但需要结合其他指标和市场情绪来判断。
- 由于股价处于下跌结构的底部附近，如果能够有效突破该结构，可能会形成反转。

注意事项
- 技术分析仅仅是投资决策的一部分，还需要结合基本面分析、市场情绪、宏观经济等因素综合考量。
- 技术指标和图形分析需要结合实际市场情况灵活应用，因为历史数据不能保证未来的表现。
- 对于具体的买卖决策，建议参考最新的市场数据和专业的金融顾问意见。

请记住，市场情况随时变化，上述分析仅基于已有的信息，最新的技术面情况可能已经有所改变。如果您计划进行投资，请确保获取最新的数据并做出审慎的决定。

【提示】

技术面分析是金融投资中一种重要的分析方法，但投资者在使用时通常会结合基本面分析等其他方法，以做出更全面和准确的投资决策。

## 14.8 趋势分析

趋势分析是一种通过研究数据随时间的变化模式和方向，以预测未来发展趋势和做出决策的方法。在金融领域，趋势分析主要用于股票、债券、外汇等市场的研究。例如，分析股票价格的上升、下降或横向波动的趋势，以判断投资的时机和方向。

趋势分析具有以下关键特点。

◎ 时间序列数据：依赖按时间顺序收集的数据，如每日、每周、每月或每年的价格、成交量等。

◎ 识别模式：旨在发现数据中的重复模式、周期性变化或长期的方向性移动。

趋势分析可以分为以下几种类型。

◎ 上升趋势：价格持续走高，每次回调的低点都高于前一次回调的低点，高点也不断创新高。例如，某只股票从10元开始上涨，经过一段时间后达到15元，回调到

12元后又继续上涨超过15元。
- ◎ 下降趋势：价格不断下跌，每次反弹的高点都低于前一次反弹的高点，低点也持续刷新。例如，某只股票从20元开始下跌，跌到15元后反弹到18元，然后继续下跌低于15元。
- ◎ 横向趋势（也称盘整趋势）：价格在一个相对狭窄的范围内波动，没有明显的上升或下降趋势。

趋势分析的方法包括绘制趋势线、使用移动平均线、分析价格形态等。

【示例】股票标的的趋势分析。

> 请简单分析一下A股中大恒科技的趋势情况。

各AI的趋势分析都比较抽象、散乱，参考价值一般。只有豆包的趋势分析比较具体，实操性较强，适合短线技术派参考。但是本示例的豆包分析与实际趋势相反，说明AI在预测短期趋势时是不靠谱的。具体内容如下：

> 截至2024年7月25日13时44分，大恒科技（600288）的股价为6.23元，较昨日收盘价上涨1.30%，总市值为27.21亿元。最近5日，该股的主力资金净流出1512.2万元，整体筹码还不扎实。
>
> 从技术面来看，大恒科技股价在短期和长期移动平均线上方运行，形成了"多头排列"的形态，显示出市场的整体趋势向上。相对强弱指数（RSI）也显示其股价处于强势区域，短期内上涨动能充足。此外，近期成交量显著放大，显示市场对其股票的关注度和参与度大幅提升，这一现象通常预示着股价将继续上涨。
>
> 不过，需要注意的是，大恒科技的业绩表现并不理想。2024年一季度，公司实现营业收入2.96亿元，同比下降40.62%；归母净利润为–2164.85万元，同比下降234.35%。公司的运营状况也不佳，暂时未获得多数机构的显著认同，长期投资价值一般。
>
> 对于投资者来说，在做出投资决策时，需要综合考虑公司的基本面、技术面以及市场环境等多方面的因素。同时，也需要注意控制风险，避免盲目跟风和过度投资。

🔊【提示】

> 趋势分析是一种帮助投资者、分析师和决策者了解市场动态、预测未来走向以及制定相应策略的重要工具。但需要注意的是，趋势并非总是持续不变的，市场可能会受到各种意外因素的影响而打破原有趋势。

## 14.9 波段分析

波段分析是一种投资分析方法，主要关注股票或其他金融资产价格在一段时间内的波动区间和趋势变化。波段分析的核心思想是通过捕捉资产价格的短期上涨和下跌波段来获取利润。它不是着眼于长期的投资持有，而是试图在相对较短的周期内，利用价格的波动进行多次买卖操作。

波段分析通常基于以下几个方面。
- ◎ 价格波动幅度：确定资产价格在一定时期内的高低点之间的差距，以此来判断波段的大小。
- ◎ 时间周期：可以是几天、几周甚至几个月，具体取决于投资者的交易策略和市场情况。
- ◎ 技术指标：运用各种技术分析工具，如移动平均线、布林线、MACD等，来识别价格的趋势反转和波段的起点与终点。

例如，如果一只股票的价格在一段时间内从10元上涨到15元，然后回调到12元，接着又上涨到18元，波段分析师会试图在每次价格上涨和下跌的波段中进行相应的买入和卖出操作，以获取差价收益。

【示例】股票标的的波段分析。

> 请简单分析一下A股中中芯国际的波段情况。

通义千问的分析符合波段分析的特征，可以参考阅读，具体内容如下：

> 中芯国际是中国大陆的一家领先的半导体制造商，在A股市场上的代码为688981。为了分析中芯国际的波段情况，我们需要回顾其股价的历史表现以及相关的市场观点和技术分析。
>
> 历史股价表现
> - 2020年7月26日：有评论认为中芯国际A股的股价高达70多元人民币，而港股价格仅为25港元，认为A股股价过高，不看好股价涨到300元。
> - 2021年7月10日：中芯国际A股上市一年后，股价从上市第一天的最高价95元跌至56.91元，跌幅约40%。
> - 2024年7月11日：近期平均成本为50.30元，显示了股价的一个水平点。
>
> 技术分析
> - 短期：2024年7月11日的诊断结果显示，股价的强势特征已经确立，但短线可能出现回调。
> - 中期：没有具体的中期趋势分析信息，但可以从短期和长期的观点推断。
> - 长期：89家主力机构持有中芯国际股份，占流通A股的20.06%，显示有一定的机构支持。
>
> 波段分析
> - 波段操作：波段操作通常是指利用股票的短期波动来进行买卖以获取利润。根据2020年的观点，有人认为中芯国际A股价格过高，不适合进行波段操作。
> - 当前波段：从2024年7月11日的分析来看，中芯国际的股价呈现出强势特征，但短线可能回调。这意味着在短期内，如果投资者希望进行波段操作，可能会寻找适当的时机卖出以规避潜在的回调风险。
>
> 综合分析
> - 短期：中芯国际的股价表现出强势特征，但短线可能回调，因此短期波段操作者可能考虑在股价回调时寻找买入机会，或者在股价上升时考虑卖出以锁定利润。
> - 中期：由于没有具体的中期趋势分析，中期波段操作者可能需要密切关注市场动态和技术指标的变化，以便抓住更好的买卖时机。
> - 长期：长期来看，中芯国际作为中国大陆的重要半导体企业，其发展前景仍然值得关注。长期波段操作者可能更注重公司的基本面变化以及行业发展前景，而非短期价格波动。
>
> 注意事项
> - 波段操作是一种高风险的投资策略，需要对市场有深入的理解和敏锐的判断力。
> - 市场情况随时变化，以上分析基于已有的信息，最新的波段操作建议需要结合最新的市场数据和技术分析。
>
> 综上所述，中芯国际的波段操作需谨慎，投资者应结合市场趋势、技术分析和个人投资策略作出决策。

🔊【提示】

波段分析的优点在于能够在较短时间内实现盈利，并且相对灵活，可以适应不同的市场环境。然而，它也具有一定的风险和挑战，如对市场判断失误可能导致频繁交易造成损失，同时需要投资者具备较高的技术分析能力和市场敏感度。

# 第5篇

## 生活应用篇

# 第 15 章 医　疗

AI正以前所未有的速度改变着医疗服务的提供方式和质量。在诊断、疾病预测、药物研发、医疗服务等方面都发挥着重要作用。过去市场上涌现出大量移动医疗服务App。这些App根据用户输入的症状和治疗选项进行自我诊断和病症严重程度的评估。然而，这些App的准确性不尽如人意，AI大模型的出现颠覆了这一格局，在医疗领域展现出令人瞩目的性能。

## 15.1 医药知识问答

在当今数字化时代，医药知识问答与AI的融合正逐渐改变着人们获取医疗信息和解决健康问题的方式。AI在医药知识问答中的应用具有高效性、准确性、个性化服务等显著优势。

例如，一些在线医疗咨询平台已经开始引入AI辅助问答系统，为用户提供初步的健康咨询服务。但在关键和复杂的医疗问题上，仍建议用户咨询专业的医生。

【示例1】问病情。

> 糖尿病二期是怎么回事？

文心一言的回答比较准确和全面，具体内容如下：

> 糖尿病二期通常指的是已经被诊断为糖尿病的患者，且需要进行治疗来控制和管理其血糖水平的阶段。这一阶段也被称为"成年起始糖尿病"，意味着糖尿病主要发生在成年人身上，而非儿童或青少年。以下是关于糖尿病二期的详细解释。
> 一、定义与背景
> - 定义：糖尿病二期是糖尿病病程中的一个阶段，患者已明确被诊断为糖尿病，并需要采取相应的治疗措施。
> - 背景：糖尿病是一种由多种病因引起的以慢性高血糖为特征的代谢性疾病，是由于胰岛素分泌或（和）作用缺陷所引起。糖尿病二期是这一疾病过程中的一个重要阶段。
>
> 二、症状表现
> 糖尿病二期的症状主要与患者体内胰岛素相对缺乏和血糖水平升高有关，具体表现如下：
> - 体重骤减：由于胰岛素不足，患者不能有效利用葡萄糖产生能量，转而分解体内脂肪和蛋白质，导致体重下降。
> - 多尿：血糖升高导致尿糖量增加，进而引起尿量增多。
> - 饮水量增加：多尿导致血浆渗透压升高，刺激口渴中枢，使患者饮水量增加。

- **多食**：尽管患者食欲增加，但由于胰岛素不足，身体无法有效利用食物中的糖分，因此常感饥饿。
- **精神不济、疲乏无力**：长期的高血糖状态会对身体各系统造成损害，导致患者精神不振、疲乏无力。

### 三、治疗与管理

糖尿病二期的治疗与管理主要包括以下几个方面。

- **药物治疗**：在医生指导下，服用降糖药物以控制血糖水平。常用的降糖药物包括格列本脲、盐酸吡格列酮、格列喹酮等。
- **饮食调整**：控制饮食总热量摄入，合理分配糖类、脂类和蛋白质类。减少高胆固醇和油腻食物的摄入，避免肥胖和不利于病情恢复的情况。
- **运动锻炼**：坚持进行长期、合理的有氧运动，如跳绳、游泳、骑自行车、散步或慢跑等。运动有助于减轻体重、改善胰岛素抵抗、增强胰岛素敏感性。
- **定期监测**：定期检查血糖水平和并发症情况，以便及时调整治疗方案并预防并发症的发生。

### 四、预防与注意事项

- **合理膳食**：保持饮食多样化，控制总热量摄入，避免发胖。
- **规律运动**：坚持长期、合理的有氧运动，增强体质并控制体重。
- **控制体重**：避免肥胖，肥胖是糖尿病二期发病的主要原因之一。
- **定期检查**：对于糖尿病高危人群和家族中有糖尿病史的人群，应定期复查血糖水平。

综上所述，糖尿病二期是糖尿病病程中的一个重要阶段，需要患者积极治疗和管理以控制血糖水平并预防并发症的发生。通过药物治疗、饮食调整、运动锻炼和定期监测等措施的综合应用，大多数患者可以像正常人一样生活和工作。

【示例2】问症状。

> 半夜醒来总感觉喉咙干、嘴干，这个是什么情况？

各AI的回答基本相同，但豆包的回答比较简洁，具体内容显示如下：

> 半夜醒来感觉喉咙干、嘴干可能由多种原因引起。
> 
> **环境因素**
> - **空气过于干燥**：特别是在冬季使用暖气或空调时，室内空气湿度降低，容易导致口鼻黏膜水分散失，引起干燥感。
> - **睡眠环境通风不良**：空气不流通，氧气含量相对减少，也可能导致这种情况。
> 
> **生活习惯**
> - **睡前饮水不足**：如果白天和睡前没有摄入足够的水分，夜间身体缺水可引起口干、喉干。
> - **过度饮酒或吸烟**：酒精和烟草中的成分会刺激口腔和咽喉黏膜，导致干燥。
> 
> **致病因素**
> - **糖尿病**：血糖控制不佳时，可能出现多尿，导致身体水分丢失，引起口干。
> - **干燥综合征**：这是一种自身免疫性疾病，会影响唾液腺和泪腺的功能，导致唾液分泌减少，出现口干、眼干等症状。
> - **鼻咽炎**：鼻腔和咽喉部位的炎症可能影响呼吸，导致张口呼吸，从而使口腔和咽喉黏膜水分蒸发加快。
> - **甲状腺功能亢进**：代谢率增加，身体产热增多，出汗增加，水分丢失较多。
> - **药物副作用**：某些药物，如抗组胺药、降压药等，可能会引起口干的副作用。

例如，一位长期在空调房内睡觉且睡前很少喝水的人，可能会经常在半夜感到口干喉干。而一位患有糖尿病但血糖控制不理想的患者，也可能因为多尿导致身体缺水，从而出现这种症状。

如果这种情况频繁出现且持续时间较长，建议及时就医，进行相关检查以确定具体原因。

【示例3】问药理。

阿奇霉素和克拉霉素有什么区别？

各AI的回答各有侧重，差别很大，需要比较阅读，这与AI接触的数据源不同有关。下面采纳文心一言的回答，它侧重药理比较分析为主。

阿奇霉素和克拉霉素都属于大环内酯类抗生素，但它们在多个方面存在显著的区别。以下是它们之间主要差异的详细归纳。

一、类型与结构

- 阿奇霉素：是一种大环内酯类抗生素，具有十五元环结构。其常用的剂型包括胶囊、干混悬液、片剂、颗粒剂以及注射剂。
- 克拉霉素：是一种半合成的大环内酯类抗生素，具有十四元环结构。其剂型包括颗粒剂、片剂、干混悬剂以及注射剂等。

二、功效与应用

- 阿奇霉素：对衣原体感染有较好的作用，常用于治疗由敏感细菌引起的呼吸道、皮肤软组织感染，以及由衣原体所致的一些传播性疾病。阿奇霉素对流感杆菌、肺炎杆菌、慢性阻塞性肺疾病合并的感染、肺炎等也有良好的治疗效果。
- 克拉霉素：对厌氧细菌有较好的效果，并且可以用于根除幽门螺杆菌，而阿奇霉素则没有这种作用。克拉霉素也常用于治疗敏感细菌所致的上、下呼吸道疾病，如扁桃体炎、咽喉炎、鼻窦炎、支气管炎、肺炎等。

三、药物安全性

- 阿奇霉素：相对于克拉霉素，阿奇霉素的副作用可能较少。它可以用于孕妇，而克拉霉素则不能用于孕妇，因为可能对胎儿生长发育造成不良影响。
- 克拉霉素：虽然也是一种有效的抗生素，但其在药物安全性方面不如阿奇霉素，尤其是在孕妇使用上受到严格限制。

四、药物代谢与相互作用

- 药物代谢：克拉霉素的代谢时间短于阿奇霉素，这可能意味着克拉霉素在体内的作用时间相对较短。
- 药物相互作用：克拉霉素容易与其他药物发生相互作用，可能会对其他药物产生明显的抑制作用。而阿奇霉素与其他药物的相互作用较少，这使得阿奇霉素在某些情况下可能更安全或更适合与其他药物联合使用。

五、用法用量

两者在用法用量上也有所不同，具体取决于患者的病情、年龄、体重等因素。一般来说，阿奇霉素和克拉霉素都需要在医生的指导下使用，以确保安全有效。

综上所述，阿奇霉素和克拉霉素在类型与结构、功效与应用、药物安全性、药物代谢与相互作用以及用法用量等方面都存在显著的区别。因此，在选择使用哪种药物时，应根据患者的具体情况和医生的建议进行决策。

求医问药时要做好充分准备，如症状记录、病情发展、过往病历、用药清单、过敏信息、生活习惯、家族病史,以及一些特殊情况,如是否怀孕、哺乳期、从事特殊职业等。同时,建议患者提前想好要咨询的问题,保持平和的心态,积极配合诊疗。通过上述各个方面准备,患者可以获得准确的诊断和合适的治疗方案。

## 15.2 问诊

问诊是医疗过程中非常基础且重要的环节,它为后续的检查、诊断和治疗提供方向和依据。一般医生首先通过与患者或相关人员进行交流,获取关于疾病症状、病史、生活习惯、家族病史等方面的信息,以帮助诊断和制定治疗方案。

问诊的重要性不言而喻。例如,对于一个头痛的患者,医生通过问诊可以了解头痛的发作频率、疼痛程度、诱发因素(如劳累、情绪激动、睡眠不足等)、伴随症状(如恶心、呕吐、视力模糊等),还能知晓患者过往的健康状况、是否有长期服用的药物、家族中是否有类似疾病等。这些信息能够为医生判断头痛的原因提供关键线索,可能是偏头痛、紧张性头痛,或是由其他严重疾病如颅内肿瘤、脑血管疾病等引起。

【示例】AI可以通过对话模拟问诊流程,精准收集患者信息并提供合理的建议,提供医疗产品、推荐合适的医院,从而提升患者的满意度和便利性。

> 张三,男,40岁,时感头晕,四肢麻木,偶尔感觉心跳加快,这种症状持续了近半年,请问这是什么原因?

智谱清言和豆包的诊断比较认真、负责,其他AI给出的分析都有道理,但没有抓住重点,很容易麻痹患者,忽略了病情的严重性。下面是智谱清言的建议。

> 张先生的情况,考虑到他的年龄、性别以及症状表现,可能有几个不同的原因导致他的头晕、四肢麻木和心跳加快。以下是一些可能的原因。
> - 脑梗塞:根据人民网的报道,脑梗塞在年轻化趋势中越来越明显。张先生的不良生活习惯(如肥胖、长期抽烟)和长期高负荷的工作压力可能导致了脑梗塞的发生。脑梗塞的症状可能包括头晕、恶心、视觉模糊和半侧身体麻木。
> - 偏头痛:偏头痛不仅是一种头痛,而是一种遗传性神经系统疾病。偏头痛的症状可能包括头部剧烈跳痛、恶心、呕吐、对光和声音敏感等。先兆症状可能包括视觉障碍、面部或身体一侧的麻木感或刺痛感。
> - 高血压:根据MedSci.cn的病例分析,高血压可能导致头晕和血压波动。长期未经治疗的高血压可能导致心脏和血管的并发症,从而引起头晕和其他相关症状。
>
> 鉴于张先生的症状已经持续了近半年,强烈建议他尽快到医院进行全面检查,以确定具体原因并进行相应的治疗。可能的检查项目包括磁共振检查、脑血管造影检查、心电图、血压监测等。同时,改善生活习惯,如戒烟、减肥、减轻工作压力等,也是重要的辅助治疗措施。

【提示】

在中医领域,问诊也是四诊(望、闻、问、切)之一,通过详细的问诊来了解患者的整体情况,包括饮食口味、大小便情况、睡眠质量等,从而综合判断患者的身体状况和病因。

## 15.3 分诊

分诊是医疗服务中的重要环节,对于保障患者的安全和医疗系统的有序运行具有重要意义。一般是指在医疗场所,特别是医院的急诊部门或其他医疗服务入口,根据患者的病情严重程度、症状特点等,将患者快速分类并引导至相应的治疗区域或科室的过程。

【示例】AI能够根据用户的病情描述,快速告知应该就诊什么科室。

> 张三,男,40岁,时感头晕,四肢麻木,偶尔感觉心跳加快,这种症状持续了近半年,请问应该挂什么科室就诊?

讯飞星火的建议比较简练、明确,其他AI提供太多的科室,容易让人不知所措。

> 张三先生,根据您描述的症状,建议您挂神经内科和心血管内科进行就诊。
>
> 头晕和四肢麻木可能与神经系统或血液循环有关。神经内科专门处理脑、脊髓和周围神经系统的疾病,包括那些可能导致头晕和麻木的情况。心血管内科则负责心血管系统的疾病,心跳加快可能是该科室关注的症状之一。
>
> 在就诊时,医生可能会建议进行一些检查,如血压测量、颈椎X光片、心电图等,以帮助确定症状的原因。根据检查结果,医生会给出相应的治疗建议。
>
> 请您尽快预约挂号,并注意在等待就诊期间保持良好的休息和饮食习惯。如果症状有任何加重或出现其他不适,请立即就医。希望您早日康复。

【提示】

> 分诊的目的在于合理分配医疗资源,减少患者的等待时间,提高医疗服务的效率和质量,确保病情危急的患者能够得到及时救治,避免患者盲目挂号和排队。

## 15.4 病历问询

病历是医务人员对患者疾病的发生、发展、转归进行检查、诊断、治疗等医疗活动过程的记录。病历包括患者的基本信息(如姓名、年龄、性别、住址等)、主诉(患者就诊的主要原因和症状)、现病史(本次疾病的发生、发展、诊疗经过等详细情况)、既往史(过去的健康状况、疾病史、手术史、过敏史等)、家族史、体格检查结果(生命体征、身体各系统的检查情况)、辅助检查结果(如实验室检查、影像学检查等)、诊断、治疗方案、医嘱等内容。

病历具有重要的作用,它是医疗过程的真实反映,有助于医生了解患者的病情变化,为诊断和治疗提供依据;也是医疗纠纷处理、医疗保险理赔、医学研究等的重要资料。

【示例】病历描述一般都比较专业且精练,普通患者不容易理解,与医生面对面问询,可能时间不允许,或者就诊时疏忽,事后再想问已经来不及了,此时可以借助AI来解决这个难题。

> 张三近日去医院就诊,医生初步诊断为:植物神经功能紊乱。请问这是一种什么病,严重吗,需要注意什么问题?

各AI的回答差异很大，对于普通患者来说，建议比较阅读进行参考。下面是豆包的回答，相对比较简练、易懂且具有针对性。

> 植物神经功能紊乱是一种内脏功能失调的综合征。
> 　　植物神经又叫自主神经，包括交感神经和副交感神经，它们不受人的意志控制，主要支配心肌、平滑肌、内脏活动及腺体分泌等。当植物神经的平衡被打破时，就可能出现植物神经功能紊乱。
> 　　这种病的症状多种多样，可能涉及多个系统，如心血管系统可出现心慌、胸闷；消化系统可能有胃痛、胃胀、呕吐、腹泻等；神经系统可能表现为头痛、头晕、失眠、健忘；还可能有焦虑、抑郁、烦躁不安等情绪问题，以及多汗、手抖、四肢麻木等症状。
> 　　植物神经功能紊乱的严重程度因人而异。一般来说，如果症状较轻，通过调整生活方式和心理调节，往往可以得到较好的控制。但如果症状严重，长期得不到缓解，可能会严重影响患者的生活质量，甚至导致心理疾病的发生。
> 　　对于被诊断为植物神经功能紊乱的患者，需要注意以下问题。
> 　　1. 生活规律：保持充足的睡眠，定时作息，避免熬夜。例如，每天尽量在相同的时间上床睡觉和起床，建立良好的睡眠习惯。
> 　　2. 合理饮食：均衡饮食，多吃蔬菜、水果，避免刺激性食物和饮料，如咖啡、浓茶、辛辣食物等。又如，减少高糖、高脂肪食物的摄入，有助于维持身体的正常代谢。
> 　　3. 适度运动：适当进行有氧运动，如散步、慢跑、游泳等，但要避免过度劳累。例如，每周坚持至少150分钟的中等强度有氧运动。
> 　　4. 心理调节：学会放松，减轻压力，避免紧张、焦虑、抑郁等不良情绪。可以通过冥想、深呼吸、听音乐等方式来缓解情绪。例如，在感到压力大时，进行几次深呼吸，让自己的身心平静下来。
> 　　5. 避免刺激：减少吸烟、饮酒等不良习惯。
> 　　6. 定期复查：按照医生的建议定期复诊，以便及时调整治疗方案。
> 　　总之，虽然植物神经功能紊乱不是器质性疾病，但也需要引起重视，通过综合调理来促进恢复。

## 15.5 医疗术语

医疗术语是在医疗领域中使用的特定词汇和表达方式，具有专业性、准确性和规范性。医疗术语在医疗专业人员之间能够准确、高效地交流患者的病情、诊断和治疗方案等信息。

医疗术语的标准化尚未完全统一，不同医院间的术语标准存在差异，这对自动化处理效率造成了不利影响，并增加了人工识别的难度。然而，使用AI可以轻松解决医疗术语标准化的难题。

【示例】AI储备广泛的医学知识和词汇库，能够理解和解释各种医学术语，并且不受特定医院或地区的术语标准的限制。

◎ 患者询问：

> 肺CA表示什么意思，它的标准名称是什么？

◎ 豆包回答：

"肺CA"是"肺癌"的一种常见简写方式，其中"CA"是英文"Cancer"（癌症）的缩写。
它的标准名称就是"肺癌"。

◎ 患者继续询问：

腺癌与肺癌有什么关系？

◎ 豆包回答：

腺癌是肺癌的一种病理类型。
肺癌是一大类疾病的统称，根据病理组织学特点，可分为小细胞肺癌和非小细胞肺癌两大类。非小细胞肺癌又包括腺癌、鳞状细胞癌、大细胞癌等。
腺癌是肺癌中较为常见的一种类型。它通常起源于支气管黏膜上皮的腺体细胞，可以发生在肺的任何部位。与其他类型的肺癌相比，腺癌在不吸烟的人群、女性以及年轻患者中相对更为多见。
在临床表现、治疗方法和预后方面，腺癌与其他类型的肺癌也有所不同。例如，腺癌更容易出现血行转移，部分腺癌存在特定的驱动基因突变，针对这些基因突变的靶向治疗药物可以取得较好的疗效。
举例来说，如果一位患者经病理检查确诊为肺腺癌，医生会根据肿瘤的分期、患者的身体状况以及是否存在基因突变等因素，为患者制定个性化的治疗方案，可能包括手术、化疗、放疗、靶向治疗或免疫治疗等。

◎ 患者继续询问：

肺癌的同义词有哪些？

◎ 豆包回答：

以下是一些与"肺癌"意思相近的表述。
- "肺部恶性肿瘤"
- "支气管肺癌"
- "肺脏癌肿"

但在医学领域中，"肺癌"是最为常用和规范的表述。

## 15.6 医学信息抽取

医学信息抽取是指从大量的医学文本数据中，自动识别、提取和结构化有价值的信息的过程。这些医学文本可能包括电子病历、医学文献、临床试验报告、药品说明书等。抽取的信息种类繁多，如患者的基本信息（姓名、年龄、性别等）、症状、诊断结果、治疗方案、药物使用情况、检查检验数据等。

【示例】病历信息归档。

请对下面病历进行医学信息抽取。
李明，男，55岁，1个月前无明显诱因出现咳嗽，为阵发性干咳，逐渐出现咳痰，痰液为白色黏液痰，量不多。同时伴有右侧胸部隐痛，疼痛呈持续性，深呼吸及咳嗽时加重。自行服用止咳药（具体不详）效果不佳，遂来我院就诊。高血压病史10年，血压控制良好。否认糖尿病、心脏病等慢性病史，否认手术史、外伤史，否认药物过敏史。

通义千问整理的结构化数据如下：

> 根据提供的病历信息，我们可以进行以下医学信息抽取。
> **基本信息**
> - 姓名：李明
> - 性别：男
> - 年龄：55岁
>
> **主诉**
> - 主诉症状：咳嗽（阵发性干咳逐渐转为咳痰），右侧胸部隐痛。
> - 病程：1个月。
>
> **症状描述**
> - 咳嗽：阵发性干咳逐渐转为咳痰，痰液为白色黏液痰，量不多。
> - 胸部疼痛：右侧胸部隐痛，疼痛呈持续性，在深呼吸及咳嗽时加重。
>
> **个人病史**
> - 高血压病史：10年，血压控制良好。
> - 否认：糖尿病、心脏病等慢性病史，手术史、外伤史，药物过敏史。
>
> **就诊前处理**
> 自行处理：自行服用止咳药（具体不详），效果不佳。
>
> **临床意义**
> 基于以上信息，李明的症状提示可能存在肺部疾病，如肺炎、支气管炎或更严重的疾病如肺癌等。此外，由于患者有长期的高血压病史，也需要考虑是否存在心血管疾病相关的并发症。进一步的检查可能包括胸部X光、CT扫描、痰液检查、肺功能测试等，以明确诊断。
>
> 建议李明尽快完成相关检查，并根据检查结果制订治疗计划。如果症状持续或加重，应及时就医。

医学信息抽取具有重要意义。它能够将非结构化的文本转化为结构化的数据，便于后续的分析和利用。例如，从一份电子病历中抽取患者的过敏史、手术史等关键信息，将其整理成结构化的数据表格，以便快速查看和分析。

## 15.7 医保咨询

医保咨询通常涉及多个方面，包括医保的参保范围和条件、医保缴费、医保待遇、医保定点医疗机构、异地就医、医保报销流程、医保个人账户、医保政策的变化和更新等。

只要用户明确地说明在医保方面的具体问题或需求，如咨询某类疾病的报销、特定人群的参保政策，或者是对某个具体的医保操作流程有疑问，AI都可以提供更有针对性和详细的解答。

【示例】参保咨询。

> 张三糖尿病3年，想购买医疗保险，请问是否可以，如果可以的话，该买什么险种合适。

豆包的回答如下：

> 张三患有糖尿病 3 年的情况下，购买医疗保险会有一定的限制，但仍然有可能购买到合适的险种。
>
> 一般来说，普通的商业医疗险对被保险人的健康状况要求较为严格，糖尿病患者可能较难直接投保。但以下几种险种可能是适合的选择。
>
> - 防癌医疗险：主要保障癌症相关的医疗费用。由于糖尿病患者患癌的风险相对较高，这种保险可以提供一定的保障。
> - 糖尿病特定疾病医疗险：一些保险公司专门为糖尿病患者设计了医疗险产品，会针对糖尿病可能引发的并发症及相关治疗提供保障，但保障范围相对较窄，且保费可能较高。
> - 惠民保：这是一种由地方政府联合商业保险公司推出的普惠型补充医疗保险，通常投保门槛较低，对既往症的限制相对宽松，部分地区的惠民保可能会对糖尿病患者的相关治疗费用进行一定比例的报销。
>
> 需要注意的是，即使能够投保，可能会存在以下情况。
> - 保费较高：由于患病风险增加，保费可能比健康人群更高。
> - 除外责任：某些与糖尿病直接相关的并发症或治疗费用可能被列为除外责任，不予报销。
>
> 在购买保险时，张三应仔细阅读保险条款，了解保险责任、免责范围、理赔条件等重要信息，并如实告知自己的健康状况，避免在理赔时产生纠纷。

这是一个比较全面和有用的咨询答复，内容全面、针对性强、清晰明确、提醒到位，但在案例支撑和个体差异考虑方面可以进一步完善。

# 第 16 章 心理与情感

心理和情感是人类内在体验和表现的两个重要方面，它们相互关联但又有所区别。心理通常指人的内心活动和思维过程，包括认知、感知、记忆、想象、思维等。情感则更侧重于情绪和感受的方面，如喜怒哀乐、恐惧、爱、嫉妒等。

心理和情感相互影响。良好的心理状态有助于积极情感的产生和维持，而积极的情感又能促进心理的健康发展。反之，不良的心理状态可能导致消极情感的出现，而长期的消极情感也可能对心理造成损害。

## 16.1 心理咨询

心理咨询是指运用心理学的方法，对存在心理问题者提供心理援助的过程。心理咨询师通过与来访者建立信任关系，倾听其困扰、担忧和内心冲突，运用专业知识和技能，帮助来访者认识自己的情绪、思维和行为模式，并提供应对问题的策略和方法，以促进来访者的心理成长，提高其解决问题的能力。心理咨询的范围非常广泛，如情绪问题、人际关系问题、职业发展困惑、心理创伤、自我认知和成长等。

【示例1】职业发展困惑。

> 小李是一名大四学生，因为即将毕业面临就业压力，感到焦虑和迷茫，不知道自己适合什么工作，也对未来的生活感到担忧。请帮他疏解内心的焦虑。

豆包以对话的形式与小李进行亲切交流，其他AI则通过列表的形式进行说理，效果不及豆包的效果好。豆包回答的内容如下：

> 小李，我非常理解你现在的心情，即将毕业面对未知的就业和未来生活，感到焦虑和迷茫是很正常的。
>
> 首先，咱们要明白，这种不确定性是每个人在这个阶段都会经历的，不是只有你一个人有这样的感受。很多成功的人在他们年轻的时候也都经历过类似的困惑。
>
> 对于不知道自己适合什么工作，这是很常见的。你在大学期间学了很多知识和技能，可能还没有机会真正去实践和了解它们在工作中的应用。咱们可以先回顾一下你过去的经历，如做过的项目、参加过的实习、社团活动等，想想在哪些事情上你做得比较顺手，比较有成就感，这可能就是你的优势和兴趣所在。
>
> 而且，现在的就业市场是多元化的，有很多新兴的职业和机会。不要把自己局限在传统的行业和岗位里，多去了解一些新的领域，说不定会发现新的兴趣点。

关于对未来生活的担忧，其实未来是由一个个当下组成的。咱们先把眼前能做的事情做好，如完善简历、多参加招聘会、向已经工作的学长学姐请教经验。每完成一个小目标，都会让你更有信心和方向。

还有，不要给自己太大的压力。人生是一场长跑，不是一蹴而就的。即使一开始没有找到理想的工作，也不代表以后没有机会。每一段经历都是宝贵的财富，都会让你成长和进步。

最重要的是，要相信自己的能力和潜力，你经过了四年的大学学习，已经具备了一定的知识和素质，只要保持积极的心态，不断努力，一定能够找到属于自己的道路。

这是一个比较温暖、有引导性且实用的职业咨询答复，但在案例和资源提供、行业具体分析方面可以进一步完善和补充。

【示例2】情绪问题咨询。

> 我最近一直情绪不好，感觉闷闷不乐，很不快乐，说不出什么原因，你能否帮疏解一下。

豆包的疏解简洁、亲切，具体内容如下：

首先，我能理解你这种莫名的情绪低落，很多时候我们的心情就是会突然变得不好，却又找不到确切的原因，这是很常见的。

也许是最近生活中的一些小事情逐渐积累起来，虽然每一件单独看都不算什么，但累积在一起就影响了心情。又或者是长期的压力和忙碌，让你的身心没有得到充分的放松和休息。

有时候，人的情绪也会受到环境和季节的影响，如天气不好、周围氛围比较压抑等。

不过没关系，咱们先试着不去纠结具体的原因，而是尝试做一些能让自己感觉好一点的事情。例如，出去走走，呼吸一下新鲜空气，看看大自然的风景；或者听听喜欢的音乐，让旋律舒缓一下内心的烦闷；也可以找一本感兴趣的书，沉浸在书的世界里，暂时忘掉烦恼。

还有，和朋友聊聊天，分享一下彼此的生活，说不定在交流中就能找到一些让心情变好的灵感。

另外，适当地运动一下，哪怕只是简单的伸展运动，也能促进身体分泌内啡肽，让你的情绪变得积极一些。

不要给自己太大的压力，要允许自己有情绪不好的时候，这是正常的情绪波动。相信这种闷闷不乐的状态只是暂时的，很快就会过去，你会重新找回快乐的感觉。

这是一个富有同理心、提供了一定帮助的情绪咨询答复，但在分析原因的深度、个体差异考虑和后续跟进方面可以进一步完善。

## 16.2 心理健康

心理健康是指一种良好的心理状态，在这种状态下，个体能够适应环境，有效地应对各种挑战和压力，实现自身的成长和发展，同时保持内心的平衡和安宁。

健康的心理包括多个方面，如积极的情绪体验（喜悦、满足、平和等）、良好的人际关系、清晰的自我认知、有效的应对策略、正常的认知功能等。

不健康的心理表现多种多样，常见的情况如下：

◎ **情绪问题**：持续的焦虑和紧张，如过度担心未来的事情，对日常事务感到不安。长期的抑郁情绪，表现为感到悲伤、无助、失去兴趣、自责自罪等。情绪波动大，容易愤怒、暴躁，难以控制自己的脾气。

◎ **认知问题**：思维混乱，难以集中注意力，记忆力下降。过度猜疑，对他人缺乏信任，总是怀疑别人有不良动机。极端的思维方式，如非黑即白、以偏概全。

◎ **行为问题**：逃避社交，不愿意与他人交往，自我封闭。过度依赖某种物质，如酒精、药物等。出现自伤、自残甚至自杀的念头或行为。

◎ **生理反应**：由于心理压力导致身体出现各种不适，如头痛、失眠、食欲不振、消化不良等。

◎ **人际关系问题**：难以与他人建立和维持良好的关系，经常发生冲突和矛盾。在亲密关系中表现出过度依赖或过度控制。

【示例1】情绪失常。

> 最近情绪非常不好，时不时地要发火，自己都感觉莫名其妙，事后感觉非常懊悔，但是控制不住。我的心理健康是不是出了问题，该如何应对？

豆包的回答如下：

> 这种情况不一定意味着您的心理健康出现了严重问题，但确实表明您的情绪调节可能遇到了一些挑战。
> 
> 情绪不好且容易发火但难以控制，可能是由于近期积累的压力、未解决的问题、生活中的变化或者身体的疲劳等多种原因引起的。
> 
> 要应对这种情况，您可以尝试以下方法。
> - **自我觉察**：当您感觉到情绪即将爆发时，试着停下来，深呼吸几次，给自己几秒钟的时间冷静一下，意识到自己的情绪状态。
> - **分析原因**：找个安静的时间，回顾一下最近的生活，思考可能导致情绪不稳定的因素，是工作压力太大、人际关系紧张还是其他方面的问题。
> - **运动释放**：进行适度的运动，如跑步、瑜伽或者游泳，运动可以帮助释放身体内积压的能量和紧张情绪。
> - **改变思维方式**：尝试用更积极和宽容的心态看待事情，避免过度苛求自己和他人。
> - **放松练习**：如冥想、渐进性肌肉松弛等，帮助您在日常生活中放松身心。
> - **合理安排时间**：确保有足够的休息和娱乐时间，避免过度劳累。
> - **与人倾诉**：和亲朋好友分享您的感受，他们的理解和支持可能会让您感觉好一些。
> 
> 如果这种情况持续很长时间，严重影响到您的生活、工作和人际关系，或者您感到无法自行缓解，那么建议您寻求专业心理咨询师的帮助，他们可以更深入地了解您的情况，并提供更具针对性的建议和治疗。

这是一个较为全面和有条理的心理健康答复，对咨询者有一定的指导作用，但在案例、个体差异关注和资源推荐方面可以进一步加强。

【示例2】异常行为。

> 小李每天出门后总要多次返回检查是否锁好门，明知已经锁好但无法控制这种想法和行为。这是什么情况？

豆包回答如下：

小李这种情况可能是强迫症的表现。

强迫症是一种常见的心理障碍，其特点是反复出现的、不必要的、侵入性的想法（强迫观念）和重复性的行为或心理活动（强迫行为），患者通常感到这些想法和行为是不合理的，但难以抗拒去实施。

在小李的例子中，反复检查门锁的想法是强迫观念，多次返回检查的行为是强迫行为。他明知门已经锁好，但无法摆脱这种担忧和重复检查的冲动。

导致强迫症的原因可能是多方面的，包括遗传因素、神经生物学因素（如大脑神经递质失衡）、心理社会因素（如压力、童年经历、不良生活事件等）。

对于这种情况，如果对小李的日常生活造成了明显的困扰和影响，建议他寻求专业的帮助，如心理咨询或心理治疗。常见的治疗方法包括认知行为疗法、药物治疗等，以帮助他调整思维模式和行为习惯，减轻症状，提高生活质量。

这个答复对强迫症的判断和初步建议有一定的参考价值，诊断清晰、原因分析全面、建议合理，但在细节、个体差异、安抚和预防方面可以进一步完善。

## 16.3 心理治疗

心理治疗是一种通过专业的心理技术和方法，帮助患者解决心理问题、改善心理状态、促进个人成长和发展的过程。心理治疗有多种流派和方法，例如：

◎ 认知行为疗法（CBT）：通过改变不良的认知模式和行为习惯来改善情绪和心理状态。

◎ 精神分析疗法：探索潜意识中的冲突和情感，帮助患者理解自己的行为和情绪的深层原因。

◎ 人本主义疗法：强调尊重、理解和支持患者，激发其内在的成长动力。

◎ 家庭治疗：关注家庭成员之间的关系和互动模式，解决家庭中的问题。

【示例】强迫症行为治疗。

> 小李每天出门后总要多次返回检查是否锁好门，这种强迫症行为是否可以治愈。如果可以，请提供一套方案。

豆包回答如下：

小李的这种强迫症行为是有治愈的可能的，以下为您提供一套可能的治疗方案。

1. 认知行为疗法
- 与小李一起探讨他反复检查门锁这一行为背后的不合理信念。例如，"如果不检查就一定会发生不好的事情"，帮助他认识到这些想法的不合理性。
- 制订行为计划，逐步减少检查门锁的次数。例如，从每天多次减少到固定的几次，再逐渐减少到一次或不检查。

2. 暴露与反应预防
故意让小李处于没有检查门锁就出门的情境中，引发他的焦虑情绪，但阻止他返回检查的冲动，让他逐渐适应这种焦虑，直到焦虑自然消退。这个过程需要逐步进行，从较短时间的暴露开始，逐渐增加难度和时间。

**3. 放松训练**

教小李一些放松技巧，如深呼吸、渐进性肌肉松弛、冥想等，让他在感到焦虑时能够通过这些方法自我放松，减轻焦虑情绪。

**4. 自我监控**

让小李记录每次出现想要检查门锁的冲动以及实际的行为，包括时间、情境、焦虑程度等，帮助他更好地了解自己的行为模式和情绪变化。

**5. 运动疗法**

建议小李每周进行适量的运动，如散步、跑步、游泳等，运动可以促进大脑分泌内啡肽等神经递质，改善情绪状态。

**6. 生活调整**

帮助小李合理安排生活，保证充足的睡眠、健康的饮食，避免过度劳累和压力。

**7. 家庭支持**

与小李的家人沟通，让他们了解小李的情况，给予他理解、支持和鼓励，避免批评和指责。

**8. 定期评估**

定期与小李进行面谈，评估治疗效果，根据他的进展调整治疗方案。

需要注意的是，强迫症的治疗可能需要较长时间，而且在治疗过程中可能会出现反复，小李需要有耐心和毅力坚持治疗。如果症状严重，可能还需要结合药物治疗。同时，建议在专业心理治疗师的指导下进行治疗。

这个心理治疗答复在多个方面表现得相当专业且全面：准确诊断、症状描述清晰、原因探讨、建议具体可行、关注生活质量。因此这个治疗方案在准确性、全面性、具体性和人文关怀方面都表现得相当出色，能够有效地帮助小李及其周围人理解和应对强迫症问题，但在细节、个体差异、安抚和预防方面还可以进一步完善。

## 16.4 矛盾疏解

人际关系中不可避免地会包含矛盾，矛盾升级会引发冲突，而当事人往往难以有效地处理冲突。AI可以为解决人际关系矛盾提供一些解决问题的新途径，具体说明如下。

情绪分析工具：借助AI的情绪分析技术，更好地理解他人的情感状态，从而改善沟通和减少冲突。

冲突预测和预警：利用大数据和机器学习算法预测可能出现的人际关系矛盾，提前采取措施进行干预。

【示例1】夫妻矛盾疏解。

张三与妻子经常吵架，夫妻矛盾变得越来越尖锐，请问如何解决这种夫妻矛盾？

豆包回答如下：

解决张三与其妻子之间日益尖锐的夫妻矛盾，可以考虑以下方法。

**1. 建立有效沟通**

找一个双方都心情相对平静的时间，坐下来坦诚地交流，倾听对方的想法和感受，避免打断和指责。

学习使用"我"语言来表达自己的感受。例如，"我感到很伤心，当你……"而不是"你总是……"，以减少攻击性。

### 2. 寻找矛盾根源
共同探讨导致频繁吵架的根本原因，是经济压力、家务分工不均、子女教育观念不同，还是其他问题。

对每个问题进行深入分析，了解双方的立场和需求。

### 3. 学会换位思考
- 鼓励双方尝试站在对方的角度看待问题，理解对方的难处和感受。
- 例如，张三工作繁忙，妻子觉得他对家庭关注少，张三应试着理解妻子独自承担家庭事务的辛苦，妻子也应体谅张三工作的压力。

### 4. 制定解决方案
针对找出的问题，共同制定具体可行的解决方案。例如，如果是因为家务分工问题，制定详细的家务分工表，明确各自的责任。

### 5. 增加共同活动
- 一起参加一些喜欢的活动，如看电影、散步、旅行等，增进感情和默契。
- 在共同活动中创造愉快的回忆，缓解紧张的关系。

### 6. 寻求专业帮助
如果矛盾无法自行解决，可以考虑寻求婚姻辅导师或心理咨询师的帮助。专业人士能够提供客观的建议和有效的解决方法。

### 7. 给彼此空间和时间
尊重对方需要个人空间和时间来冷静和思考的需求，但也要确保在适当的时候重新回到问题的解决上。

### 8. 培养感恩之心
每天花一点时间，互相分享对方做的让自己感到温暖和感激的事情。

总之，解决夫妻矛盾需要双方的共同努力、理解和包容，通过积极的行动和改变，逐步修复和改善关系。

【示例2】同事矛盾疏解。

> 同事总爱说我出风头，拍领导的马屁，但是我总觉得他们爱嫉妒人，我与同事之间的关系不是很融洽，合作起来非常痛苦。请问我该如何破解当前的难题？

豆包回答如下：

这是一个在职场中比较常见但又棘手的问题。以下是一些可能有助于您破解当前难题的建议。

**自我反思：**
首先，静下心来仔细思考一下同事们的看法是否有一定的合理性。也许在某些情况下，您的行为无意中给了他们这样的误解。例如，您在向领导汇报工作时，是否过于突出个人成绩而忽略了团队的贡献？或者在与领导交流时，表现得过于热情和迎合？

**沟通交流：**
找一个合适的机会，与那些对您有看法的同事进行坦诚的沟通，以平和、开放的态度表达您的感受。例如："我注意到咱们之间可能存在一些误解，我只是想把工作做好，没有别的意思，可能有些做法让你们误会了，我很愿意听听你们的想法。"在交流过程中，要认真倾听他们的观点，不要急于反驳或辩解。

**关注团队：**
在工作中，更加注重团队的整体利益和合作。主动与同事分享工作经验和成果，积极参与团队活动，多强调"我们"而不是"我"。例如，在完成一个项目后，提议一起庆祝团队的成功，而不是只关注自己的表现。

**低调行事：**
即使您取得了不错的成绩，也尽量保持低调和谦逊。避免在同事面前过于张扬或炫耀。例如，得到领导表扬时，可以说："这都是大家共同努力的结果，我只是做了我应该做的。"

**提供帮助：**
主动为同事提供帮助和支持，建立良好的互助关系。当他们遇到困难时，伸出援手，这有助于改善他们对您的看法。例如，同事在处理一个复杂的任务时，您可以主动提供一些有用的建议或资源。

**尊重他人：**
平时多关注同事的优点和长处，给予真诚的赞美和尊重。不要在背后议论他人，保持良好的职场素养。

总之，改善与同事的关系需要时间和耐心，通过持续的努力，相信您能够逐渐破解当前的难题，营造一个和谐、高效的工作环境。

AI给出的这个解决思路强调了保持冷静、倾听、沟通、寻求共识、调整以及总结与反思等方面。这些步骤有助于解决冲突、促进团队合作和沟通。

## 16.5 异性感情

异性感情是一个广泛而复杂的话题。它可以涵盖从友谊到爱情的各种关系。在友谊方面，异性之间可以建立深厚且纯粹的友谊。他们能够互相理解、支持和分享彼此的生活经历。例如，一位男性和一位女性可以因为共同的兴趣爱好，如读书、旅行或运动而成为无话不谈的好友。他们在彼此遇到困难时给予鼓励，在取得成就时共同庆祝。

而谈到爱情，异性之间的吸引力和情感连接往往更加复杂和强烈。爱情可能源于最初的心动瞬间，也许是一个微笑、一个眼神，或者是共同经历的一段难忘时光。例如，两个人在一次志愿活动中相识，共同为了一个目标努力，过程中逐渐发现彼此的闪光点，从而产生了爱情的萌芽。

然而，异性感情也常常面临各种挑战和困惑。例如，在友谊向爱情转变的过程中，可能会出现对彼此感情认知的不一致，导致一方的期待落空，或者在恋爱关系中，由于性格、价值观的差异，以及外界的压力和诱惑，产生矛盾和冲突。

【示例】AI在处理异性感情方面可以提供一些辅助和分析。AI还能提供一些心理和情感方面的知识，帮助更好地理解自己和对方的情感需求。

张三特别喜欢同事王莉，她也很在意张三的言行，见面时总会脸红、不好意思，但是张三时不时感觉王莉刻意与自己保持一定的距离。这让张三很痛苦，到底王莉喜欢不喜欢自己，自己该如何做呢？

豆包的回答如下：

从您描述的情况来看，王莉对张三可能是有好感的。她在意张三的言行并且见面时会脸红、不好意思，这些表现通常是对某人有特殊关注和情感时会有的反应。

然而，她刻意保持距离可能有多种原因。也许她在工作环境中担心恋情会带来麻烦或影响职业发展；或者她自己还没有准备好进入一段感情，内心有所纠结和犹豫；也有可能她虽然有好感，但还不确定张三的真实想法，所以采取了一种谨慎的态度。

对于张三来说，首先要做的是保持冷静和耐心，不要急于求成。可以试着在工作之余，以朋友的身份更多地与王莉交流，了解她的兴趣爱好、生活理想等，增进彼此的了解。

例如，可以约她一起参加一些轻松的集体活动，如团队的户外运动或者聚餐，这样既不会显得太突兀，又能增加相处的机会。

在交流过程中，要真诚地表达自己的想法和感受，但注意不要给她过多的压力。可以说："我觉得和你交流很愉快，很希望能更了解你。"

同时，也要注意观察王莉的反应，如果她逐渐放下防备，不再刻意保持距离，那么可以考虑进一步表达自己的心意。但如果她依然有所顾虑，那可能需要给她更多的时间和空间。

🔊【提示】

虽然AI能提供一定的帮助，但它无法完全替代人类在处理感情问题时的直觉、同理心和丰富的情感体验。例如，AI可能无法真正感受到您内心深处的复杂情感，也不能像真正的朋友那样给予温暖的拥抱和鼓励。感情问题往往具有高度的个性化和独特性，AI给出的建议可能是基于普遍情况，不一定完全适用于具体情况。

## 16.6 恋爱技巧

恋爱技巧指的是在恋爱关系中，为了增进彼此的感情、解决矛盾、保持良好关系等方面所运用的方法和策略。例如，在与对方沟通时，懂得用温和、尊重的语气交流，避免争吵时说伤人的话，这就是一种技巧。在关心对方时，要注重细节。例如，知道对方喜欢的咖啡口味，在不经意间为其准备，这能让对方感到贴心。总之，恋爱技巧旨在帮助情侣更好地理解、尊重和支持彼此，让恋爱关系更加健康、稳定和幸福。

【示例】AI在恋爱方面可以提供诸多指导。例如，根据用户的需求和困惑，提供关于如何开始一段恋爱关系、如何与另一半保持良好关系、如何处理恋爱中的问题和冲突等方面的建议。

张三性格比较内向，不善于说话，在与女友见面时，经常会出现冷场现象，让彼此都很尴尬。请问有什么技巧可以化解这种尴尬的场景？

豆包的回答如下：

以下是一些可以帮助张三化解与女友见面时尴尬冷场情况的技巧。

一、提前准备话题

张三可以在见面之前思考一些可能的话题，如最近看的一部有趣的电影、一本好书，或者热门的旅游景点等。提前准备能让他在冷场时迅速找到话题开启交流。

例如，如果准备了关于热门电影的话题，他可以这样说："亲爱的，我最近看了那部很火的《××××》，里面的情节特别精彩，你有没有兴趣听我讲讲？"

二、学会倾听和回应

即使张三不太善于主动发起话题，当女友说话时，他要认真倾听，并给予积极的回应。通过点头、微笑、简单的附和如"嗯""真的吗"来表明自己在关注。

例如，女友说自己在工作中遇到了一些小麻烦，张三可以回应："那一定让你很苦恼，后来怎么样了？"

**三、分享日常生活**

聊聊自己当天的经历，哪怕是一些小事。例如，中午吃了一顿特别美味的饭菜，或者在上班路上看到了一只可爱的小狗。

例如，张三可以说："今天我在路上看到一只胖乎乎的小狗，走路一扭一扭，特别萌，让我一下子心情就好了。"

**四、借助外部环境找话题**

观察周围的环境，从所处的地方寻找话题。如果在公园，可以谈论花草树木；在餐厅，可以评价菜品和环境。

假设在公园，张三可以说："你看这片花海，颜色搭配得真美，感觉让人心情都变得很灿烂。"

**五、玩一些小游戏**

如简单的猜谜语、词语接龙等，既能活跃气氛，又能增加互动。

像玩词语接龙时，张三可以先说一个词"苹果"，然后让女友接一个以"果"字开头的词。

**六、学习幽默**

适当讲一些轻松的小笑话或者自嘲一下，缓解紧张的气氛。

例如，张三可以说："我这个人平时话不多，一紧张就更不会说了，你可别嫌弃我这个闷葫芦呀。"

总之，张三需要逐渐克服内向带来的障碍，多尝试与女友交流，不断练习和实践这些技巧，相信他们的相处会越来越自然和愉快。

豆包给出的这些建议旨在帮助张三克服不善言辞，鼓励其与女友主动交流。这些建议更注重于自信、倾听、寻找共同点、展现幽默等方面，这些都是在恋爱时非常重要的元素，有助于提高恋爱成功率。

## 16.7 夫妻关系

夫妻关系是一种复杂而多元的关系，需要双方用心经营和维护，才能长久、美满。在情感层面，夫妻关系意味着深度的相互理解、支持、信任和关爱。夫妻共同经历生活中的喜怒哀乐，分享彼此的梦想、目标和挫折。夫妻关系还包括相互的包容和妥协。同时，夫妻关系也是不断发展和变化的。从新婚时的激情与浪漫，到随着时间推移，逐渐转变为相互依赖、默契和深厚的亲情。

【示例】在婚姻生活中，夫妻之间可能会面临各种挑战，如家庭职责分配、亲子教育、金钱管理等。AI可以为用户提供指导和建议，有助于平衡婚姻生活的各个方面，增进夫妻间的理解和感情。当面临情感困扰时，如婚姻危机，AI可以给出有针对性的建议，帮助用户调整心态，重新找回幸福感。

妻子总抱怨丈夫无能，说张三挣钱多；说李四关系强，什么事儿都做得妥当；说王五家底厚实，家里有很多钱。弄得丈夫整天灰头土脸的，夫妻关系开始变得不融洽起来，请问丈夫该

### 如何做呢？

文心一言的回答如下：

面对妻子的持续抱怨和比较，丈夫确实可能会感到压力和挫败。为了改善夫妻关系，丈夫可以考虑以下几点建议。

1. 沟通理解
- 尝试与妻子进行深入的沟通，了解她抱怨背后的真正原因。是不是因为经济压力、对未来的担忧，还是其他方面的不满？
- 表达自己的感受，告诉妻子这种比较让自己感到沮丧和无助，希望她能理解并停止这种行为。

2. 自我反思与提升
- 反思自己在工作、家庭中的角色和表现，是否有可以改进的地方。
- 制订个人成长计划，努力提升自己的能力和收入，以减轻妻子的担忧。

3. 共同规划未来
- 与妻子一起制订家庭目标和计划，包括经济、职业、生活等方面。
- 强调团队合作的重要性，让妻子明白家庭的成功需要两人的共同努力。

4. 增强情感联系
- 通过共同活动、分享彼此的梦想和目标等方式，增强夫妻之间的情感联系。
- 表达对妻子的感激和爱意，让她感受到自己的价值和重要性。

5. 寻求外部支持

如果夫妻关系持续紧张，可以考虑寻求婚姻咨询师或心理医生的帮助。他们可以提供专业的建议和方法，帮助夫妻双方更好地沟通和解决问题。

6. 培养积极心态
- 鼓励妻子培养积极的心态，关注现有的优势和幸福，而不是过分关注他人的成就。
- 自己也要保持乐观和自信，相信通过努力可以改善现状。

7. 设定界限
- 如果妻子的抱怨和比较行为持续不改，丈夫需要设定明确的界限，表明这种行为是不可接受的。
- 同时，也要愿意倾听和考虑妻子的合理建议和需求，寻求双方都能接受的解决方案。

通过以上措施，丈夫可以积极地应对妻子的抱怨和比较行为，努力改善夫妻关系，共同创造一个更加和谐、幸福的家庭环境。

文心一言的建议旨在规劝丈夫需要以积极的态度去应对，通过沟通、理解和共同努力来改善夫妻关系。记住，婚姻是双方的共同努力，需要彼此的理解、尊重和包容。

## 16.8 情绪调节

情绪调节是指个体管理和改变自己或他人情绪的过程，以适应不同的情境和需求，保持心理平衡和健康。情绪调节是一项重要的心理技能，需要不断地学习和实践，才能更好地掌控自己的情绪，提高生活质量。

【示例】作为一种语言模型，AI可以提供许多关于情绪调节的建议和技巧，帮助用户更好地控制自己的情绪，减轻压力和焦虑，保持心理健康。

我经常会焦虑，也没有具体的原因，我该如何调节这种负面的情绪？

智谱清言的回答如下：

焦虑是一种常见的情绪反应，即使没有具体的原因，也可能随时出现。以下是一些帮助调节焦虑情绪的方法。

1. 深呼吸练习：当感到焦虑时，尝试进行深呼吸练习。深呼吸可以帮助放松身体，减轻紧张感。吸气时腹部膨胀，呼气时腹部收缩，重复几次。
2. 放松身体：进行一些放松身体的练习，如瑜伽、冥想或渐进性肌肉放松。
3. 规律运动：定期进行有氧运动，如快走、跑步、游泳或骑自行车，可以释放内啡肽，有助于减轻焦虑。
4. 良好的睡眠习惯：保证充足的睡眠，建立规律的睡眠习惯，有助于减少焦虑。
5. 健康饮食：保持均衡的饮食，减少咖啡因和糖的摄入，这些物质可能会加剧焦虑。
6. 正念冥想：通过正念冥想练习，专注于当下，接受而不是抗拒你的感受，可以帮助减少焦虑。
7. 记录感受：写日记或记录下你的焦虑感受，有助于你理解和处理这些情绪。
8. 分散注意力：当焦虑情绪出现时，尝试做一些让你集中注意力的活动，如阅读、绘画、做手工或玩智力游戏。
9. 社交支持：与朋友和家人交流你的感受，寻求他们的支持和理解。
10. 限制焦虑源：如果可能，尽量避免或减少接触让你感到焦虑的情境。
11. 专业帮助：如果焦虑严重影响了你的日常生活，考虑寻求心理健康专业人士的帮助，如心理咨询师或精神科医生。
12. 学习放松技巧：可以学习一些放松技巧，如芳香疗法、音乐疗法或艺术疗法。

记住，每个人对焦虑的反应都是不同的，所以可能需要尝试不同的方法来找到最适合你的调节方式。重要的是要有耐心，并且持之以恒地实践这些技巧。

🔊【提示】

每个人都有可能经历焦虑情绪，而寻求帮助和支持是勇敢且明智的选择。通过上述策略的实践，可以逐渐学会如何更好地管理自己的焦虑情绪，并享受更加平静和充实的生活。

## 16.9 压力管理

压力管理是指个体通过一系列策略和方法，有效地应对和减轻生活中各种压力所带来的负面影响，以保持身心健康和良好的生活状态。

【示例】通过交流，AI能够帮助用户识别压力源，提供应对压力的方法，为用户提供个性化的压力管理策略。

张三因为家庭经济负担过重而倍感压力山大，常常失眠，请问该如何管理压力，让自己轻松应对当前的困境。

文心一言的回答如下：

面对家庭经济负担带来的压力，确实可能让人感到力不从心，甚至影响到日常生活和健康。张三的情况很常见,但并非无解。以下是一些建议,希望能帮助张三有效管理压力,更轻松地应对当前的困境。

1. 接受现状,调整心态
- 首先,要认识到经济压力是当前生活的一部分,接受这一现实而不是逃避。
- 尝试用积极的心态去看待问题,相信困难只是暂时的,通过努力可以克服。

2. 制订实际可行的财务计划
- 详细列出家庭收入和支出,找出可以节省开支的地方。
- 制订一个预算计划,确保基本生活需求的同时,尽量减少不必要的支出。
- 探索增加收入的可能性,如兼职、副业或投资。

3. 寻求外部支持
- 和家人坦诚沟通,共同面对经济压力,寻找解决办法。
- 如果可能,向亲朋好友求助或寻求社区、政府的援助。

4. 关注自我健康
- 保证充足的睡眠,尽管可能失眠,但可以尝试建立规律的睡眠习惯,如定时上床、起床。
- 均衡饮食,多吃蔬菜水果,少吃油腻食物。
- 定期进行体育活动,如散步、慢跑或瑜伽,有助于释放压力。

5. 学会放松和减压
- 尝试冥想、深呼吸等放松技巧,帮助缓解紧张情绪。
- 找一些自己喜欢的放松活动,如听音乐、阅读或画画。

6. 寻求专业帮助
- 如果压力持续且严重影响生活,考虑寻求心理咨询师的帮助。
- 他们可以提供专业的指导和策略,帮助更有效地管理压力。

7. 设定小目标,庆祝进步
- 将长期目标分解为短期小目标,每达成一个小目标就给自己一些奖励。
- 这样做可以增加成就感,提升面对困境的信心。

通过以上这些策略,张三可以逐步减轻经济压力带来的心理负担,更轻松地应对当前的困境。重要的是要保持耐心和坚持,相信通过努力,生活会逐渐好转。

文心一言给出的这些方法包含了一系列具体策略,包括心理、生理和行为层面,以便用户能够从不同维度去理解和应对压力,帮助用户找出更适合的压力管理策略。

# 第 17 章 生活帮手

AI能够在生活中为人们提供支持，使我们的生活更加便捷、舒适和高效。AI能够通过数据分析和算法学习，理解用户的需求和习惯，从而提供精准、个性化的服务，成为更贴心的生活小帮手。同时AI还会在服务过程中，通过不断学习来提升其服务的准确性、智能性和适应性。

## 17.1 灵感师

灵感师是一个比较宽泛的概念，在不同领域和情境下可能有不同的含义，如创意工作者、超自然能力者、特定职业角色、心灵导师或启发者。

灵感师会运用各种方法来获取灵感，如冥想、旅行、阅读、观察自然、与他人交流等。他们也可能会培养自己的敏感性和直觉，以便更容易捕捉到灵感的闪现。灵感师不仅要能够获得灵感，还要能够将其有效地应用到实际工作或创作中。这可能涉及对灵感的筛选、提炼、发展和实施，以确保最终的成果具有价值和可行性。灵感师可以激发团队成员创造力，帮助团队打破思维定式，并找到新的解决方案。

【示例1】穿搭设计。

对于50岁以上的成年人来说，如何穿搭会让自己更容易融入年轻人群体中？

文心一言的回答如下：

对于50岁以上的成年人来说，想要通过穿搭更容易融入年轻人群体，关键在于保持时尚感、展现活力，同时不失个人风格与舒适度。以下是一些建议。

1. 选择经典与时尚结合的单品：经典款式，如简洁的T恤、牛仔裤、衬衫等，是跨越年龄界限的时尚单品。可以搭配一些具有年轻感的设计元素，如印花、破洞、不对称剪裁等，但要确保整体风格协调不突兀。

2. 注重色彩搭配：尝试一些明亮或活力的色彩，如天蓝色、淡粉色、珊瑚橙等，这些颜色能给人带来年轻活力的感觉。当然，也要考虑自己的肤色和喜好，选择最适合自己的颜色。

3. 关注流行趋势，适度跟随：了解当前的时尚趋势，如流行的鞋款、配饰等，并适度地融入到自己的穿搭中。不必完全照搬，选择适合自己风格的一两点进行尝试即可。

4. 注重细节与配饰：一顶时尚的帽子、一副个性的眼镜、一块简约的手表或是特色鲜明的包包，都能为整体造型增添亮点，显得更为年轻有活力。

5. 保持身材与仪态：良好的体态和自信的气质是任何年龄都能散发魅力的关键。适当运动，保持身材，同时注重站姿、坐姿，展现出积极向上的生活态度。

6. 舒适与个性并重：最重要的是，穿搭要让自己感到舒适，同时也要体现出个人特色。不必刻意模仿年轻人，保持自己的独特魅力，这样自然能吸引到不同年龄层的朋友。

总之，融入年轻人群体不仅仅是通过外表，更重要的是心态和兴趣上的共鸣。保持好奇心，尝试新事物，用开放和乐观的心态去交流，这样的"内在年轻"往往比外表更加吸引人。

【示例2】活动设计。

> 父亲今年90岁了，请帮我设计一场别开生面的生日活动为老父亲留下惊喜，也为后辈们留下难以忘却的记忆。

智谱清言的设计比较有新意，活动设计详细、周到，具体内容如下：

为90岁高龄的父亲设计一场别开生面且意义深远的生日活动，以下是一些建议，希望能帮助您创造一个难忘的时刻。

**活动主题：时光回溯，感恩同行**

**一、活动流程**

1. 开场欢迎

在家中或预订的场地布置温馨的欢迎区，挂上"欢迎来到90岁的时光之旅"的横幅。

2. 时光隧道

设立一个"时光隧道"展览区，展示父亲从出生到现在的照片、信件、奖状等珍贵物品，让来宾们一同回顾父亲的一生。

**二、主题活动**

1. 视频祝福

制作一个视频，收集亲朋好友以及远在他乡的亲人录制的祝福视频，播放给父亲看。

2. 故事分享会

邀请父亲的老朋友、邻居或家人上台分享与父亲之间的美好回忆和感人故事。

3. 主题演讲

由一位家庭成员发表主题演讲，讲述父亲的生平事迹，表达对父亲的敬爱和感激。

**三、互动环节**

1. 亲子游戏

设计一些简单的亲子游戏，让父亲与孙辈们互动，增进感情。

2. 手工艺品制作

准备材料，让来宾们一起制作手工艺品，如绘制祝福卡片或制作小礼物，送给父亲。

**四、惊喜环节**

1. 生日蛋糕

准备一个特别的生日蛋糕，上面可以插上"90岁生日快乐"的卡片。

2. 音乐表演

邀请父亲喜欢的乐队或歌手，现场演唱父亲喜欢的歌曲。

3. 全家福拍照

安排专业摄影师，在活动现场为全家人拍摄一张珍贵的全家福。

**五、感恩晚宴**

1. 家宴

准备一顿丰盛的家宴，让父亲品尝到家的味道。

2. 感恩致辞

在晚宴上，由家中的晚辈发表感恩致辞，感谢父亲的养育之恩。

> **六、结束仪式**
> 1. 放飞气球
> 准备一些写有祝福语的气球,全家人一起放飞,象征着祝福和希望。
> 2. 告别词
> 由主持人发表简短的告别词,感谢来宾的参与,并宣布活动结束。
> **注意事项**
> - 确保活动安排符合父亲的身体状况和喜好。
> - 考虑到父亲的健康,活动不宜过长,时间控制在2~3小时内为宜。
> - 确保场地的舒适和安全。
>
> 通过这样的活动,不仅能为父亲留下美好的回忆,也能让后辈们更加珍惜与长辈相处的时光。祝您的父亲生日快乐,健康长寿!

灵感是一个主观的概念,每个人对于灵感的需求和理解都可能不同。在获取灵感时,要保持开放的心态,积极探索各种来源,并结合自己的思考和判断,将灵感转化为实际的行动和成果。同时,也要认识到灵感只是创作过程中的一部分,还需要通过努力、实践和不断学习来提升自己的能力和实现目标。

## 17.2 装修师

AI可以利用AI技术为用户提供装修设计服务。例如,能够在短时间内根据用户的需求和房屋信息,生成多个装修设计方案,大大提高了效率;通过对用户喜好、生活习惯、预算等因素的分析,为用户打造专属的个性化装修方案;准确估算装修所需的材料和人工成本,帮助用户更好地控制预算等。

【示例1】装修询价。

> 在北京城区装修一套房子:旧房、89平方米、6层、无电梯、简装,请问在当前行情下需要多少钱才可以实现?

比较之后,通义千问的报价方案比较适中,大致符合实际行情,且报价比较详细,具有可参考性。

> 在北京城区对一套89平方米的老房子进行简装,我们需要综合考虑多个因素来估算成本。简装通常指的是基础装修,不涉及复杂的定制家具或豪华材料,主要目的是让房屋具备基本的居住条件。
>
> **装修成本估算**
> 根据之前提供的信息,我们可以参考以下几个价格范围。
> 1. 简装价格区间
> - 按照500~1000元/平方米的价格计算,89平方米的面积装修费用在4.45万元至8.9万元之间。
> - 2023年的数据显示,简装的全包价格是1000~1200元/平方米,那么89平方米的面积装修费用在8.9万元至10.68万元之间。
> 2. 具体项目费用
> - 水电改造:改电35元/米,改水40元/米,假设平均每个房间改造电线长度为30米,水

管长度为20米，那么对于两室一厅的户型，大约需要电线200米和水管120米，费用为7000元（电线）+4800元（水管）=11800元。
- 地砖铺设：假设80平方米的面积需要地砖铺设，那么地砖费用加上人工费用大约为8000元。
- 墙砖铺设：假设厨房和卫生间共20平方米需要墙砖铺设，那么墙砖费用加上人工费用大约为500元/平方米×20平方米=10000元。
- 其他材料及人工费用：考虑到油漆、木工、门窗等其他费用，可以预留约2万元。

3. 拆除费与垃圾清理费
- 拆除费：如果需要拆除旧装修，那么拆除费大约为1500元（客餐厅）+1000元（厨房），再加上其他房间的拆除费用，假设总计需要4000元。
- 垃圾清理费：一般按车次计费，假设一次清运费用为500元，可能需要多次清运。

总结
综合以上信息，我们可以做一个大致的估算。
- 基础装修（含材料与人工）：8.9万元至10.68万元。
- 水电改造：11800元。
- 地砖铺设：8000元。
- 墙砖铺设：10000元。
- 拆除费与垃圾清理费：4500元。

将上述费用相加，总装修费用大约在12.33万元至14.11万元之间。

请注意，这只是一个粗略的估算，实际费用会受到很多因素的影响，如具体的装修风格、使用的材料品质、施工难度、所在区域等因素。为了获得更准确的报价，建议联系几家当地的装修公司，获取详细的报价单。同时，还可以通过网络平台或者家政服务公司获取更多的报价信息，以便做出最终决定。

【示例2】装修问答。

在装修房子时，比较全包和半包，哪个性价比更高？

豆包回答如下：

全包和半包各有优缺点，性价比的高低取决于您的具体情况和需求。
全包是指装修公司负责设计、材料采购和施工等全部环节。
优点：
1. 省时省力：业主无须自己采购材料，节省时间和精力。
2. 责任明确：一旦出现问题，由装修公司承担全部责任。
缺点：
1. 费用较高：因为装修公司要承担更多的工作和风险，所以报价相对较高。
2. 材料选择受限：可能无法完全按照自己的意愿选择所有材料的品牌和款式。
半包则是业主自己购买主要材料，装修公司负责施工和辅料采购。
优点：
1. 费用相对较低：自己采购主要材料，可以更好地控制成本，选择符合预算的产品。
2. 材料自主选择：能根据个人喜好和预算挑选心仪的主材。
缺点：
1. 耗费时间和精力：需要自己去市场挑选材料，比较费时费力。
2. 责任划分较复杂：出现问题时，可能需要区分是材料问题还是施工问题，责任界定相对复杂。

如果您工作繁忙，没有太多时间和精力投入到装修中，且预算相对充足，那么全包可能更适合您。但如果您希望在材料选择上有更多自主权，并且愿意花费时间去采购，同时对控制成本有较高要求，那么半包的性价比可能更高。

您更倾向于哪种方式呢？或者您目前的时间和精力情况如何？

【示例3】生成效果图。

设计一个开放式厨房，面积8平方米，简约现代风格，帮我生成一张效果图。

各AI生成的效果图如下。通义千问和Kimi没有生成效果图，仅提供文字描述。

| 文心一言 | 豆包 | 智谱清言 |

| 讯飞星火 | 腾讯元宝 | 360智脑 |

AI装修师也存在一定的局限性，在某些方面可能无法像人类设计师那样注入独特的情感和创意灵感，对于一些现场施工中的复杂情况和特殊要求，可能无法充分考虑。

## 17.3 厨师

AI可以模拟厨师角色，提供食谱推荐、烹饪技巧、食材选择、饮食搭配等服务，帮助用户提高烹饪水平，轻松制作各种美味的佳肴。

【示例1】推荐食谱。

我想做麻婆豆腐，请问需要哪些食材？具体做法是什么？

文心一言的制作过程比较详细，服务比较周到，内容如下：

制作麻婆豆腐所需的食材及具体做法如下：
- 所需食材
  - 主料：嫩豆腐（内酯豆腐或石膏豆腐均可）。
  - 辅料：牛肉末（猪肉末也可）、青蒜苗（或葱花）、蒜、姜。
  - 调料：豆瓣酱（郫县豆瓣为佳）、辣椒面、花椒粉、盐、酱油（生抽、老抽）、糖、料酒、淀粉、食用油。
- 具体做法

1. 准备食材
- 豆腐切成小块，放入加盐的热水中焯水1～2分钟，去除豆腥味并使豆腐更加紧实，焯水后捞出沥干水分。
- 牛肉末加入少许盐、料酒和淀粉拌匀腌制备用。
- 青蒜苗切段，蒜和姜切末备用。
- 豆瓣酱剁碎备用（如果使用郫县豆瓣，可直接使用）。

2. 炒制肉末
锅中加入适量食用油，油热后下入腌制好的牛肉末，中小火煸炒至变色后盛出备用。

3. 炒制调料
- 锅中留底油，下入蒜末和姜末爆香。
- 加入豆瓣酱，小火炒出红油。
- 根据个人口味加入适量的辣椒面，继续翻炒均匀。

4. 炖煮豆腐
- 在锅中加入适量的热水或高汤，大火烧开后下入焯水后的豆腐块。
- 加入之前炒好的牛肉末，调入适量的盐、生抽、老抽（少量用于上色）、糖和料酒。
- 用锅铲轻轻推动豆腐，避免用力过猛导致豆腐破碎，转中小火炖煮几分钟，使豆腐充分入味。

5. 勾芡收汁
- 在小碗中加入适量的淀粉和水，调成水淀粉备用。
- 待锅中汤汁收至适量时，倒入水淀粉，大火快速翻炒均匀，使汤汁浓稠。

6. 出锅装盘
- 撒上青蒜苗段或葱花增加香味和色彩。
- 最后撒上适量的花椒粉提升麻味，即可出锅装盘享用。

小贴士
- 豆腐切块后焯水可以去除豆腥味并使豆腐更加紧实不易碎。
- 炒制豆瓣酱时要用小火慢炒，避免炒糊影响口感。
- 炖煮豆腐时要用中小火慢炖，使豆腐充分吸收汤汁的味道。
- 勾芡时要快速翻炒均匀，避免汤汁过于浓稠影响口感。

按照以上步骤制作麻婆豆腐，就能做出一道色香味俱佳的川菜佳肴。

文心一言提供了详细的制作过程和小贴士，但是没有说明每种配料的量，其他AI提供了配料的克数。

【示例2】饮食搭配。

> 我的血糖、血脂偏高，大夫建议少糖、少盐、少油，请为我推荐一套饮食方案。

通义千问提供了一周7天的早、中、晚餐方案,其他AI提供了一天早、中、晚餐方案。下面是文心一言的饮食方案。

> 针对您血糖和血脂偏高的情况,遵循"少糖、少盐、少油"的原则确实非常重要,以下是一套基于这些原则设计的饮食方案建议,旨在帮助您更好地管理血糖和血脂水平。
>
> **早餐**
> - 燕麦粥:使用无糖或低糖的即食燕麦片,加入少量牛奶或豆浆(选择低脂或无糖版),可以撒上一些坚果碎(如杏仁、核桃,但注意控制量)和新鲜蓝莓或草莓,既营养又控糖。
> - 全麦面包配鸡蛋:选择全麦或杂粮面包,搭配水煮蛋或蒸蛋羹,避免煎蛋等高油做法。
> - 绿茶:早餐时喝一杯绿茶,有助于促进代谢,但避免加糖。
>
> **午餐**
> - 蔬菜沙拉:大量绿叶蔬菜(如生菜、菠菜、苦菊)搭配胡萝卜丝、黄瓜条、樱桃番茄等,用橄榄油和醋调味,避免使用沙拉酱等高热量调料。
> - 瘦肉或鱼类:选择瘦肉(如鸡胸肉、瘦牛肉)或深海鱼(如三文鱼、鲈鱼),采用清蒸、煮或烤的方式烹饪,避免油炸。
> - 杂粮饭或薯类:用糙米、燕麦米、藜麦等杂粮代替白米饭,或者选择红薯、紫薯等作为主食,富含纤维,有助于控制血糖。
>
> **晚餐**
> - 清炖汤品:如冬瓜排骨汤(少油少盐),或蔬菜豆腐汤,注意控制盐分摄入。
> - 蒸菜:如蒸南瓜、蒸鱼、蒸茄子等,保持食物的原汁原味,减少油脂摄入。
> - 蔬菜炒饭:使用杂粮米,加入多种蔬菜(如豌豆、玉米、胡萝卜)和少量瘦肉或虾仁,用少量橄榄油快炒。
>
> **加餐(如有需要)**
> - 水果:选择低糖水果,如苹果、梨、柚子等,注意控制摄入量,避免餐后立即食用。
> - 坚果:一小把原味坚果(如杏仁、核桃),富含健康脂肪,但注意控制总量以免热量超标。
>
> **注意事项**
> - 多喝水:保持充足的水分摄入,有助于代谢废物,减少血液黏稠度。
> - 定时定量:规律饮食,避免暴饮暴食,控制每餐七分饱。
> - 减少外出就餐:尽量在家做饭,以便更好地控制食材和调料的使用。
> - 适量运动:结合适当的运动,如快走、游泳、瑜伽等,有助于改善血糖和血脂水平。
>
> 请根据您的具体情况和医生的指导适当调整饮食方案,必要时可咨询营养师进行个性化定制。

## 17.4 营养师

营养师在促进人们的健康和预防疾病方面发挥着重要作用,主要负责营养指导、饮食管理和健康促进。一名合格的营养师通常需要具备多种专业知识,如生物学、化学、食品科学、医学等,并通过专业的资格考试获得认证。

AI营养师是一种结合了AI技术的营养师服务模式,它具有个性化服务、数据驱动、实时反馈和调整、便捷性、效率提升等特点。例如,为一位想要减肥的人制订低热量、高纤维、营养均衡的饮食计划，同时教导他如何选择合适的食物和控制食量。在医院里，为患有慢性疾病的患者调整饮食，以辅助治疗。例如，为高血压患者推荐低盐、低脂的饮食。

【示例1】饮食计划。

> 我是南方人，喜食鱼、禽，不喜欢吃牛、羊肉，今年50岁，体重72kg，身高170cm，请为我制订一份饮食计划。

通义千问的饮食计划符合个人需求和爱好，内容如下：

> 考虑到您的饮食偏好和身体状况，下面是一份适合您的日常饮食计划示例。这份计划旨在保持营养均衡的同时，符合您的口味偏好，并有助于维持健康的体重。
>
> **早餐**
> - 主食：燕麦粥或全麦面包搭配少量坚果（如核桃或杏仁）。
> - 蛋白质：蒸鸡蛋或煮鸡蛋。
> - 蔬菜：一份新鲜蔬菜沙拉，如黄瓜、西红柿、生菜等，用橄榄油和柠檬汁调味。
> - 饮品：一杯低脂牛奶或豆浆。
>
> **午餐**
> - 主食：糙米饭或藜麦。
> - 蛋白质：清蒸鱼（如鲈鱼、草鱼）、鸡肉或鸭肉。
> - 蔬菜：炒青菜（如菠菜、小白菜）、清炒豆芽等。
> - 汤品：清淡的鱼头豆腐汤或鸡胸肉汤。
>
> **下午茶**
> - 水果：一份新鲜水果（如苹果、橙子、梨）。
> - 小食：一小杯无糖酸奶或低脂酸奶。
>
> **晚餐**
> - 主食：小米粥或紫薯。
> - 蛋白质：烤鱼或清蒸虾。
> - 蔬菜：凉拌海带丝、清炒西兰花等。
> - 汤品：清淡的蔬菜汤。
>
> **注意事项**
> - 饮水：每天保证至少喝8杯水，促进新陈代谢。
> - 零食：避免高糖、高盐、高脂肪的小食品。
> - 烹饪方法：多采用蒸、煮、炖的方式，少用油炸。
> - 分量控制：每餐不宜过饱，尤其是晚餐。
> - 多样化：确保食物种类多样，以获得全面的营养素。
>
> 此计划仅供参考，具体实施时可根据个人喜好和身体状况做适当调整。如果您有任何特定的健康问题或营养需求，建议咨询专业的营养师。

【示例2】饮食问答。

> 听说西瓜是寒性食物，寒性食物有什么特点？适合什么人吃？常见寒性食物包括哪些？

豆包回答如下：

> 寒性食物具有以下特点。
> 寒性食物通常性质寒凉，具有清热、泻火、解毒、凉血、滋阴等功效。它们能够减轻或消除体内的热象，如口干舌燥、咽喉肿痛、便秘、心烦失眠等。

寒性食物适合以下人群食用。

1. 热性体质者：表现为怕热、多汗、口渴、喜冷饮、面红目赤、烦躁易怒、大便干结等。食用寒性食物有助于平衡体内的燥热。
2. 患有实热病症者：如外感风热、肺热咳嗽、胃热疼痛、疮疡肿毒等，食用寒性食物可帮助缓解症状。

常见的寒性食物包括以下分类。

1. 水果类：西瓜、梨、香蕉、火龙果、猕猴桃、柚子、桑葚、山竹等。

例如，梨能润肺止咳、清热降火，对肺热咳嗽有一定缓解作用。

2. 蔬菜类：苦瓜、黄瓜、冬瓜、马齿苋、莲藕、茭白、紫菜、绿豆芽等。

例如，苦瓜具有清热解毒、明目消暑的功效。

3. 水产类：螃蟹、田螺、蚌肉、蛤蜊、生蚝等。

例如，螃蟹性寒，能清热散瘀，但不宜多食。

4. 饮品类：绿茶、苦丁茶等。

需要注意的是，寒性食物不宜过量食用，尤其是脾胃虚寒、寒性体质或在寒冷季节，以免损伤脾胃阳气，导致腹痛、腹泻等不适。在饮食中，应根据自身体质和季节特点，合理搭配食物，保持饮食的均衡和多样性。

例如，在炎热的夏季，热性体质的人可以适当多吃些寒性水果如西瓜、梨来清热解暑；但在秋冬季节，即使是热性体质的人也应减少寒性食物的摄入。您是在考虑根据自身体质调整饮食吗？

🔊【提示】

AI可以部分替代营养师的角色，如提供营养知识、个性化饮食计划、特殊饮食需求建议、膳食推荐、减肥策略、健康生活指导等。

## 17.5 形象设计师

形象设计师的工作内容广泛且多元化，如个人风格分析、色彩搭配、服装选择与搭配、发型设计、妆容设计、配饰搭配等。AI形象设计师则是利用AI技术来提供形象设计服务的新兴领域。其工作原理通常是：

第1步，用户输入个人信息，如身高、体重、肤色、发型、面部特征、职业、喜好的风格等。

第2步，AI运用其训练好的模型和算法，对这些数据进行处理和分析。

第3步，AI生成包括服装搭配、发型建议、妆容指导、配饰选择等在内的形象设计方案。

例如，用户上传自己的照片，并输入"适合商务场合的形象设计"，AI形象设计师可能会给出一套深色西装搭配简约白衬衫、利落短发和低调金属腕表的方案。

【示例1】职场形象设计。

> 我是一名金融圈职业女性，即将参加重要商务会议，请帮我设计一下形象，主要包括穿搭、发型、妆容，最好给出图示。

文心一言、豆包、通义千问、讯飞星火、Kimi给出了详细的文字说明和描述，其中豆包和Kimi提示无法生成图片，建议搜索相关的图片。

◎ 智谱清言提供了文字说明和图示，但生成的图片是外国人，具体内容如下：

> 好的，我将为您设计一款适合金融圈职业女性的商务会议形象。这个形象将包括：
> 1. 穿搭：推荐选择一套专业的西装套装，颜色以深蓝或灰色为主，展现专业与稳重。内搭一件简洁的白色或浅色衬衫，配以简约的项链作为点缀。
> 2. 发型：建议选择干净利落的短发或者将长发束成低马尾，以展现出职业女性的干练。
> 3. 妆容：妆容应自然、精致，重点在于突出自信和专业感。可以选择自然的眉型，淡雅的眼妆，以及自然的唇色。
> 
> 接下来，我会为您提供图示。稍等片刻。
> CogView AI绘图：已完成
> 
> 这是我为您设计的金融圈职业女性商务会议形象。如您所见，这位女性穿着深色西装套装，内搭浅色衬衫，展现出专业而优雅的风格。发型和妆容也都体现了简约而精致的特点。希望这个设计能够满足您的需求。

◎ 腾讯元宝提供了一位卡通女性形象，但是没有详细的穿搭、发型、妆容说明，具体内容如下所示。

> 风格为商务风格，一位亚洲职业女性，穿着简洁的黑色西装，发型是利落的短发，妆面保持日常干练，在她身后，是繁忙的会议中心，给人一种从容不迫，准备出发的感觉，图片取景为近景。

253

◎ 360智脑提供4张照片，没有更多文字说明，其中第3张照片的风格好像有点不吻合，具体内容如下：

**【示例2】穿搭咨询。**

> 我是一位男性，40岁，喜欢穿黑色NIKE运动鞋，请问穿什么类型的裤子和上衣？

文心一言根据不同的场景给出不同的穿搭，而360智脑根据不同的风格给出不同的穿搭。其他AI则没有细分。下面显示文心一言的穿搭建议。

作为一位40岁的男性，喜欢穿黑色NIKE运动鞋，你的搭配选择相当广泛，可以根据不同的场合和个人风格来搭配裤子和上衣。以下是一些建议，希望能激发你的灵感。

**休闲日常**
- 裤子：可以选择经典的直筒牛仔裤，深色或浅蓝色都能与黑色运动鞋形成良好搭配，既休闲又不失时尚感。另外，运动休闲裤或束脚裤也是不错的选择，它们更加轻松舒适，适合日常出行或轻度运动。
- 上衣：T恤（纯色或带有简单图案）、POLO衫、连帽卫衣或轻薄的针织衫都是很好的选择。颜色上，可以选择与鞋子形成对比的亮色，如白色、灰色或蓝色，也可以选择同色系的深色，如黑色、深灰或藏蓝，营造出沉稳内敛的气质。

**商务休闲**
- 裤子：西装裤或休闲西裤，选择深色系（如深灰、藏蓝或黑色）可以显得更为正式，同时又不失休闲感。避免过于宽松的款式，保持裤型整洁利落。
- 上衣：衬衫（牛津纺、棉质或丝绸材质）搭配领带，或者选择简单的针织衫搭配西装外套。颜色上，可以选择与鞋子相呼应的黑色，或是深蓝色、灰色等沉稳的颜色，展现成熟稳重的商务形象。

**运动风格**
- 裤子：运动裤、篮球裤或速干裤，这些裤子通常设计有弹性面料和舒适的剪裁，非常适合搭配运动鞋进行运动或日常休闲穿着。
- 上衣：运动T恤、运动卫衣或带有品牌LOGO的连帽外套，颜色上可以选择与鞋子形成对比的亮色，增加活力感。如果追求低调，也可以选择深色系上衣，与黑色运动鞋相得益彰。

**时尚混搭**
尝试将不同风格的单品混搭。例如，用一条宽松的西装裤搭配一件印花T恤，或者用一件剪裁合体的风衣搭配运动裤和运动鞋，这样的搭配能够展现出独特的时尚品位和个性。

总之，黑色NIKE运动鞋非常百搭，你可以根据自己的喜好、身材特点和场合需求来选择适合的裤子和上衣进行搭配。

> 【提示】
> AI形象设计师也存在一些局限性。例如，它可能无法完全理解人类的情感和文化背景对形象的影响，缺乏与人的情感交流和对细微需求的敏锐捕捉。

## 17.6 化妆师

AI化妆师是利用AI技术来提供化妆建议和设计妆容的新兴概念。其工作方式通常是：用户通过上传自己的面部照片，或者输入相关面部特征信息，AI系统运用图像识别和算法，分析用户的面部特点，然后推荐适合的妆容风格、色彩搭配、化妆品选择等。

【示例】职业妆设计。

> 我是一名前台女服务员，身高166cm，体重49kg，肤色白，鸭蛋脸，请为我提供一些化妆建议。

文心一言的建议如下：

根据您提供的信息，您拥有非常理想的身材比例和肤色，以及鸭蛋脸这样柔和而富有魅力的脸型。以下是一些化妆建议，旨在突出您的自然美，同时增添一份专业又不失个性的风采。

1. 底妆
- 粉底选择：鉴于您肤色白皙，建议选择接近您肤色的轻薄粉底液或气垫BB霜，避免过白造成不自然感。确保底妆产品有良好的遮瑕力，同时保持肌肤的透气性。
- 定妆：使用散粉或定妆喷雾来定妆，让妆容更持久，同时保持肌肤的自然光泽。

2. 眼妆
- 眼影：鸭蛋脸适合多种眼妆风格，但为了显得更加专业又不失温柔，可以选择大地色系的眼影，如浅棕、深棕和金色等，从眼窝处向外晕染，增加眼部深邃感。
- 眼线：细长的眼线能够拉长眼型，使眼睛更有神。可以选择棕色或黑色的眼线笔或眼线液笔，紧贴睫毛根部描绘。
- 睫毛：使用睫毛夹夹翘睫毛后，涂上几层防水睫毛膏，让双眼更有神采。
- 眉毛：保持眉毛的自然形态，用眉笔或眉粉稍微填补空隙，让眉毛看起来更加整齐有型。

3. 腮红

选择粉色系或珊瑚色的腮红，轻轻扫在颧骨上，提升气色，同时让脸型更加立体。注意不要打得太重，保持自然感。

4. 唇妆
- 唇膏/唇釉：根据您的服装和场合，可以选择淡粉色、裸色或豆沙色等自然系唇膏，既显气质又不会过于张扬。如果想要更加元气，也可以选择带有微微珠光的橘粉色或水红色。
- 唇妆技巧：用唇刷或直接涂抹，确保唇色均匀，边缘自然过渡。

**5. 修容与高光**
- 轻微的修容可以放在脸颊下方，从耳际向嘴角方向轻扫，增加脸部立体感。
- 高光则可以打在鼻梁、眉骨、颧骨上方和唇心，提升整体妆容的明亮度和立体感。

**6. 整体风格**

作为前台女服务员，妆容应以自然、亲切、专业为主，避免过于浓重或鲜艳的色彩，让顾客感受到您的温暖和专业。

希望这些建议能帮助您打造出既美丽又专业的妆容！

🔊【提示】

整体妆容的重点是要突出自然、清新和亲和力。例如，在工作时，这样的妆容会让自己看起来精神饱满又亲切友善，给客人留下良好的印象。而平时更倾向于淡妆。

## 17.7 瑜伽师

AI瑜伽师是将AI技术应用于瑜伽指导领域的创新概念。AI能够根据用户的身体状况、健康目标、运动能力和经验水平，为用户量身定制瑜伽练习计划。通过动作捕捉和分析技术，对用户的瑜伽动作进行实时评估，提供准确的反馈和动作纠正建议，帮助用户保持正确的姿势，减少受伤风险。用户可以在任何时间、任何地点进行瑜伽练习，并获得AI瑜伽师的指导和支持。AI还拥有大量的瑜伽课程、体式库和教学视频，能满足用户不同的需求和兴趣。

【示例1】瑜伽知识问答。

瑜伽有哪些姿势，请简单概括，并说明其作用。

豆包回答如下：

以下为您简单概括一些常见的瑜伽姿势及其作用。
1. 下犬式：双手和双脚着地，臀部抬高。作用：拉伸腿部后侧和背部肌肉，增强手臂和腿部力量。
2. 猫牛式：通过脊柱的弯曲和伸展。作用：灵活脊柱，缓解背部紧张。
3. 山式：双脚并拢站直，双手自然下垂。作用：改善体态，增强身体平衡。
4. 三角式：身体向一侧弯曲。作用：拉伸侧腰，增强腿部和腰部力量。
5. 船式：坐立，双腿抬起，身体后仰。作用：锻炼腹部核心肌群，提高身体平衡。
6. 骆驼式：跪立后向后弯曲身体。作用：打开胸腔，伸展前侧身体。
7. 鸽子式：单腿弯曲在前，另一条腿伸直在后。作用：深度拉伸髋部和臀部肌肉。
8. 仰卧扭转：仰卧后身体扭转。作用：放松脊柱，按摩腹部内脏。

瑜伽姿势的作用因人而异，需根据个人身体状况和练习目的选择合适的体式，并在专业指导下进行练习。

【示例2】瑜伽规划训练。

我是家庭主妇，36岁，日常空闲时想练练瑜伽，请你帮助我设计一套瑜伽动作。

讯飞星火的回答如下：

> 当然可以。瑜伽是一种很好的锻炼方式，适合所有年龄和体能水平的人。下面为您设计了一套简单的瑜伽动作序列，适合家庭主妇在没有太多时间的情况下进行。请记住，在开始任何新的锻炼程序之前，如果您有任何健康问题或限制，最好先咨询医生或瑜伽老师。
>
> 热身（5分钟）
> 1. 颈部伸展：轻轻转动头部，做颈部旋转，缓解颈椎压力。
> 2. 肩部绕圈：轻轻地将肩膀向前、向后、向上和向下绕圈，放松肩部肌肉。
> 3. 手臂拉伸：双手举过头顶，伸直双臂，然后慢慢弯曲手肘使手掌接近头部，拉伸上臂。
> 4. 猫牛式：四肢着地，交替做背部拱起（牛式）和下凹（猫式），以温暖脊椎。
>
> 核心加强（5分钟）
> 1. 平板支撑：保持一条直线从头到脚跟，维持30秒至1分钟。
> 2. 侧板支撑：每侧各维持30秒至1分钟，增强侧腹部肌肉。
> 3. 桥式：仰卧，膝盖弯曲，脚平放在地上，臀部抬起形成一座桥，维持几秒后放下。
>
> 平衡与柔韧性（10分钟）
> 1. 战士二式：双脚分开站立，左脚向前迈出一大步，膝盖弯曲呈直角；右脚向后伸展，脚尖着地，腿部伸直；双臂向前伸展，保持身体平衡。换边重复。
> 2. 树式：与战士二式的站立姿势相同，但将一只脚的脚底贴在另一条腿的大腿上，双手合十举过头顶。
> 3. 三角式：双脚分开站立，宽度略大于肩宽；转动身体，向右转90度，右脚指向前方，左脚向侧面转去；双臂向两侧伸展形成三角形状。
> 4. 坐骨神经伸展：坐在地板上，一条腿伸直在前，另一条腿屈膝放在伸直腿的内侧大腿上；前倾身体尽量触摸伸直腿的脚尖，保持平衡。
> 5. 蝴蝶式：坐在地板上双腿交叉，将双脚掌相对并靠近骨盆下方，膝盖下沉并向地面施压。
>
> 放松（5分钟）
> 挺尸式（savasana）：平躺于地板，双腿自然展开，闭上眼睛深呼吸，全身放松；在这个姿势中停留5~10分钟。
>
> 每个动作后都应保持呼吸平稳、自然。如果某个动作感觉不适或疼痛，请停止练习并寻求专业指导。随着您的身体逐渐适应这些瑜伽动作，您可以增加难度或持续时间来进一步提升您的瑜伽练习。记得在做瑜伽时要保持专注和耐心，享受这个过程带来的平静和放松。

对于想要通过瑜伽改善睡眠质量的初学者，AI瑜伽师可以为其制订一套包含简单放松体式的晚间练习计划，并在练习过程中实时提醒用户调整姿势。

受文本形式的限制，大部分AI无法直接通过图片或视频进行展示。智谱清言、通义千问、腾云元宝和360智脑会显示部分瑜伽图示。

## 17.8 健身教练

AI健身教练是利用AI技术为用户提供个性化健身指导的一种创新方式。例如，用户可以随时向AI咨询问题、获取训练建议，不受时间和地点的限制；通过收集用户的身体数据，如身高、体重、体脂率等，以及运动表现数据，AI能够精确计算出适合用户的训练强度和运动量；根据用户的健身目标（增肌、减脂、塑形等）、身体状况、运动偏好等因素，制订专属的训练计划和饮食方案；随着用户数据的积累和更新，AI能够不断学习和改进方案，以适应用户身体和需求的变化。

【示例1】减肥咨询。

> 我体重160斤，身高1.7米，是不是有点偏重，该如何减肥？

比较各AI的回答，文心一言的判断有理有据，值得参考，具体内容如下：

对于身高1.7米（即170cm）、体重160斤（即80kg）的个体，我们可以根据一些常用的标准来判断体重是否偏重，并给出相应的减肥建议。

一、体重判断

1. 标准体重计算

常用的标准体重计算公式为：身高(cm)−105＝标准体重(kg)。因此，身高170cm的个体，其标准体重应为65kg，即130斤。

对照这一标准，体重160斤明显超出了标准体重范围。

2. 体重指数（BMI）评估

BMI是国际上常用的衡量人体肥胖程度以及是否健康的一个标准。计算公式为：体重(kg) ÷ 身高$^2$(m)。

对于身高170cm（即1.7m）、体重80kg的个体，其BMI为：$80 ÷ (1.7^2) ≈ 27.7$。

根据BMI的划分标准，24~26为过重，26~28为轻度肥胖，因此该个体的BMI值处于轻度肥胖范围内。

综上所述，身高170cm、体重160斤的个体确实存在体重偏重的情况。

二、减肥建议

1. 改变饮食结构

- 饮食应以低热量、低脂肪、高蛋白质、高膳食纤维为主。减少高糖、高盐、高脂肪食物的摄入，如油炸食品、甜点、含糖饮料等。
- 增加蔬菜、水果、全谷物和瘦肉的摄入量，这些食物富含纤维和营养素，有助于增加饱腹感并控制总热量摄入。

2. 适量运动

- 运动是减肥过程中不可或缺的一部分。选择适合自己的有氧运动，如慢跑、快走、游泳、骑自行车等，每周至少进行150分钟的中等强度运动或75分钟的高强度运动。
- 除了有氧运动外，还可以结合力量训练来增加肌肉量，提高基础代谢率。

3. 保持良好的生活习惯

- 保证充足的睡眠时间，避免熬夜和过度劳累。睡眠不足会影响激素分泌和新陈代谢，不利于减肥。
- 减少久坐时间，每隔一段时间起身活动一下，促进血液循环和新陈代谢。

4. 避免极端减肥方法

减肥是一个长期的过程，需要耐心和坚持。避免采用极端节食、过度运动等不健康的减肥方法，以免对身体造成损害。

5. 寻求专业指导

如果在减肥过程中遇到困难或需要更具体的指导，可以咨询专业的营养师或健身教练，制订个性化的减肥计划。

通过合理的饮食调整、适量的运动以及良好的生活习惯，身高170cm、体重160斤的个体可以逐步达到健康的体重范围。

【示例2】健身计划。

> 我今年50岁，体重160斤，身高1.7米，想在1年内练出胸肌和腹肌，请为我制订一份实际可行的健身计划。

豆包以周为循环进行制订。智谱清言、通义千问、腾讯元宝、360智脑以月为单位进行训练。讯飞星火、Kimi分为饮食、健身，健身又分为有氧运动和力量训练，力量训练又包括胸肌和腹肌。

文心一言的健身计划还包括热身、力量训练、有氧运动、拉伸放松，具体内容如下：

针对您的情况，制订一个实际可行的健身计划需要考虑您的年龄、体重、身高以及想要达成的目标（练出胸肌和腹肌）。以下是一个为期一年的基础健身计划概览，但请记得在开始任何新的健身计划前咨询医生或专业的健身教练，以确保计划适合您的健康状况。

一、目标设定
主要目标：增强胸肌和腹肌。
次要目标：整体减脂，提高体能和身体素质。

二、饮食调整
1. 控制总热量摄入：根据您的体重和目标，可能需要适量减少每日热量摄入以实现减脂。建议使用在线计算器估算您的基础代谢率（BMR）和日常能量需求（TDEE），并在此基础上减少约500卡路里/天，以促进减脂。
2. 均衡饮食：增加蛋白质摄入（鸡胸肉、鱼、豆腐、鸡蛋等），以支持肌肉生长和修复。同时，确保摄入足够的膳食纤维（蔬菜、水果、全谷物）和健康脂肪（坚果、橄榄油、鱼油）。
3. 定时定量：尽量保持每日饮食的定时定量，避免暴饮暴食和长时间饥饿。

三、健身计划
1. 热身（每次训练前）
- 5~10分钟的有氧运动（如快走、慢跑、跳绳）。
- 动态拉伸（如臂圈、腿部摆动、髋关节旋转）。

2. 力量训练（每周3~4次，隔天进行）。
胸部训练：
- 杠铃卧推：3组×8~12次。
- 哑铃飞鸟：3组×12~15次。
- 俯卧撑（可根据体能调整）：3组至力竭。
- 绳索夹胸：3组×12~15次。

腹肌训练：
- 卷腹：3组×15~20次。
- 俄罗斯转体：3组×12~15次（可手持哑铃增加难度）。
- 平板支撑：3组，每组尽量保持最长时间。
- 悬挂举腿：3组×12~15次（或使用健身球辅助）。

其他大肌群训练（也很重要，因为全身训练有助于提升整体代谢和体能）：
- 背部：引体向上、划船等。
- 腿部：深蹲、硬拉、腿举等。
- 肩部：哑铃推举、侧平举等。
- 手臂：二头肌弯举、三头肌绳索下压等。

3. 有氧运动（每周2~3次，与力量训练分开进行）
慢跑、游泳、骑自行车或跳绳等，每次30~60分钟，根据体能逐渐增加时间和强度。

4. 拉伸放松（每次训练后）

静态拉伸主要肌群，每个动作保持15～30秒，有助于缓解肌肉紧张，促进恢复。

四、注意事项

1. 循序渐进：根据自身情况逐渐增加训练强度和重量，避免过度训练导致受伤。
2. 充足休息：保证每晚7～9小时的高质量睡眠，肌肉在休息时生长和修复。
3. 补充水分：训练前后和训练中及时补充水分，保持身体水分平衡。
4. 记录进展：定期记录体重、体脂比、围度等数据，以及训练感受和照片对比，以便调整计划并激励自己。
5. 持之以恒：健身是一个长期的过程，需要耐心和坚持才能看到显著效果。

请记住，每个人的身体反应和进展速度都是不同的，因此请根据自己的实际情况灵活调整计划。

**【注意】**

AI更适合作为人类教练的补充，为用户提供更多元化的健身支持。因为AI无法像人类教练那样给予真实的鼓励、安慰和陪伴，在用户遇到挫折或缺乏动力时，激励效果可能有限。对于一些复杂的身体状况或特殊情况，可能无法像人类教练那样凭借经验和直觉做出准确判断。如果用户对AI的指导理解有误或执行不当，可能会导致运动损伤。

## 17.9 导游

导游负责带领游客参观各种景点，提供丰富的解说和服务，确保游客有一个愉快和充实的旅行体验。导游的主要职责包括行程规划与安排、景点解说、服务与照顾、文化交流、问题解答。

AI可以为导游工作提供有益的辅助和支持，如目的地推荐、旅行计划、景点介绍、美食探索和住宿建议。无论国内或国际旅行，AI都能够提供实时、专业的旅游咨询，轻松安排旅行。

【示例1】旅游建议和规划。

> 今年夏天，我与家人（共计3人），准备去西北游玩半个月。我们的主要目的是享受夏日的清静和凉爽，不想去探险，不想太辛苦，旅途坐车时间不要占比太高。请帮我规划一条线路，并给出建议。

比较之后，通义千问的建议和规划比较适合我的想法，旅行节奏比较慢，具体内容如下：

> 考虑到您的需求是寻找一个清凉、宁静的地方，并且希望旅途不会过于劳累，我为您规划了一条较为轻松的路线。中国西北地区拥有许多美丽的自然景观和丰富的文化遗产，同时在夏季时分气温相对较低，非常适合避暑。
>
> **行程概览：**
> - 目的地选择：甘肃省的张掖、武威和青海省的部分区域。
> - 行程天数：15天。

- 出行方式：飞机+租车自驾。

详细行程安排：

第1~2天：抵达兰州 - 张掖
- 抵达兰州后，直接乘坐飞机或火车前往张掖（大约需要2小时）。
- 安排在张掖市区休息，适应环境。

第3~5天：张掖丹霞地貌游览
- 参观张掖丹霞地质公园，欣赏壮观的地貌奇观。
- 晚上可以在当地品尝特色美食。

第6~8天：武威游览
- 前往武威市，游览雷台汉墓、五泉山等历史文化景点。
- 在武威体验当地的生活节奏，享受悠闲的时光。

第9~11天：祁连山草原
- 驱车前往祁连山草原，这里夏天非常凉爽，适合放松心情。
- 在草原上骑马、野餐，体验牧民生活。

第12~14天：青海湖
- 继续驱车前往青海湖，途中可以参观金银滩草原。
- 在青海湖畔住宿，欣赏湖光山色，进行一些轻度徒步活动。

第15天：返回兰州
- 从青海湖返回兰州，根据航班时间调整行程。
- 如果时间充裕，可以在兰州市区逛逛，购买一些纪念品。

注意事项：
- 天气变化：虽然西北地区夏天比较凉爽，但早晚温差较大，请准备好合适的衣物。
- 高原反应：部分区域海拔较高，请注意身体状况，适当休息。
- 租车自驾：提前预订车辆，确保行程顺利。
- 健康安全：随身携带常用药物，注意饮食卫生。

这条线路尽量避免了长时间的车程，并且涵盖了自然风光和文化体验，希望能够满足您全家人的需求。如果有任何特别的要求或者想要增加或减少某些活动，请随时告诉我。

其他AI推荐的路线稍显紧凑，坐车时间太长，容易疲倦，不符合个人想法。

🚘【注意】

> 导游的核心价值在于其人性化的服务和情感交流，这是AI难以完全取代的。导游能够根据现场情况灵活调整讲解内容和节奏，与游客进行深入的互动和交流，分享独特的个人见解和体验。

【示例2】景点知识介绍。

> 请简单介绍一下颐和园十七孔桥景点的历史和相关知识，字数200字左右。

智谱清言的概况介绍比较好，内容如下：

> 十七孔桥位于北京颐和园，建于清乾隆年间，是连接东岸与南湖岛的重要石桥。桥长150米，宽8米，由17个孔洞构成，桥上石狮雕刻精美，共有544只，展现了古代园林建筑艺术。十七孔桥不仅是颐和园的象征，也是中国园林建筑的瑰宝，见证了清朝晚期的历史变迁。它的设计充分考虑了与昆明湖环境的和谐，成了游客喜爱的景点。经过多次修缮，十七孔桥至今仍保持着其历史韵味和文化价值。

豆包没有按要求回答，字数过多；通义千问的回答过于简单，就是一句话。其他AI的回答内容大致相同。

## 17.10 保姆

保姆是为家庭提供各种服务和照顾的专业人员。保姆的工作内容通常包括家务劳动、照顾儿童、照顾老人、烹饪服务、购物与物品管理等。AI保姆的主要特点和功能包括智能监控、安全预警、儿童照顾、老人关怀、家务管理、日程安排等。

【示例1】照顾儿童。

> 我的儿子今年4岁，经常爱哭，请问有什么方法哄他不要哭，另外，这个年龄段有什么推荐的互动游戏活动？

豆包的方法和建议比较好，可操作性强。

> 对于4岁爱哭的孩子，您可以尝试以下方法哄他。
> 1. 耐心倾听：让孩子先哭一会儿，然后蹲下来，看着他的眼睛，温柔地问他为什么哭，让他感受到您在关心他的感受。
> 2. 给予拥抱：一个温暖的拥抱能让孩子感到安全和被爱，有助于平复他的情绪。
> 3. 转移注意力：例如，用他喜欢的玩具、动画片或者有趣的话题来吸引他，让他忘记哭泣的原因。
> 4. 理解共情：表达对他感受的理解。例如，"我知道你现在很伤心，妈妈/爸爸在呢"。
> 这个年龄段推荐的互动游戏活动有：
> 1. 亲子拼图：一起完成简单的拼图，既能锻炼孩子的手眼协调能力，又能增进亲子关系。
> 2. 角色扮演：例如，医生和病人、老师和学生等，让孩子发挥想象力，还能培养他的社交能力。
> 3. 搭积木比赛：看谁搭得又高又稳，培养孩子的创造力和耐心。
> 4. 家庭音乐会：用简单的乐器，如小鼓、沙锤等，一起演奏歌曲，让孩子感受音乐的乐趣。
> 5. 户外寻宝：在公园或者小区花园里，提前藏一些小玩具或零食，让孩子去寻找，增加他的探索欲望。
> 6. 亲子绘画：一起画一幅画，可以是想象中的场景或者家庭成员，激发孩子的艺术天赋。
> 例如，在角色扮演游戏中，您可以扮演病人，让孩子当医生，模仿医生看病的过程，这会让孩子觉得有趣又有成就感。您觉得这些方法和游戏对您会有帮助吗？

AI推荐的这些游戏适合4岁的孩子需求，有助于培养亲情，锻炼身体的协调性、认知能力和人际交互能力。

【示例2】照顾老人。

> 我父亲今年80多岁了，生活不能够自理，想找一个保姆进行照顾，应该注意哪些问题？在北京城区找一个全职照顾老人的保姆一般多少钱？

360智脑的回答比较实用，具体内容如下。

> 照顾年迈且生活不能自理的父母是一项重要的责任，选择合适的保姆需要谨慎考虑。以下是一些注意事项，以及在北京城区找一个全职照顾老人的保姆的一般价格范围。

选择保姆时应注意的问题

1. 专业技能和经验

选择有照顾老人经验的保姆,尤其是那些有护理不能自理老人经验的人。

检查保姆的专业技能,如急救知识、日常护理技巧等。

2. 背景调查

进行详细的背景调查,包括身份验证、工作经历和推荐信。

可以考虑通过专业的家政服务公司进行筛选和推荐。

3. 健康状况

确保保姆身体健康,能够胜任日常护理工作。

可以要求提供近期的健康证明。

4. 性格和耐心

选择性格温和、有耐心和爱心的保姆,能够细心照顾老人。

可以通过面试和交流了解保姆的性格和态度。

5. 沟通和应急处理能力

保姆应具备良好的沟通能力,能够及时汇报老人的状况。

了解保姆在紧急情况下的处理能力和应急预案。

6. 长期稳定性

选择愿意长期工作的保姆,避免频繁更换带来的不便和风险。

北京城区全职照顾老人的保姆一般价格

根据市场行情和具体需求,北京城区全职照顾老人的保姆价格会有所差异。以下是大致的价格范围。

1. 普通保姆

一般月薪在4000元至6000元。

主要负责日常家务和简单照顾老人的工作。

2. 专业护理保姆

月薪通常在6000元至8000元。

具备专业的护理技能,能够照顾不能自理的老人,提供更全面的护理服务。

3. 高级护理保姆

月薪可能在8000元以上。

拥有丰富的护理经验和专业知识,能够处理各种突发情况,提供高质量的护理服务。

其他费用

除了基本工资外,还需要考虑其他可能的费用,如保姆的食宿、保险、节假日加班费等。这些费用会根据具体情况和保姆的协商结果而有所不同。

总结

选择合适的保姆照顾年迈的父亲是非常重要的。不仅要考虑专业技能和经验,还要进行详细的背景调查和性格评估。在北京城区,全职照顾老人的保姆价格一般在4000元至8000元,具体价格取决于保姆的技能、经验和工作内容。希望这些建议对你有所帮助!

这个回复在照顾老人选择保姆方面提供了较为全面和有用的信息,涵盖了选择保姆的多个关键方面,同时还提供了北京城区保姆的价格范围和可能的其他费用,信息丰富。每个部分都有明确的标题和分类,逻辑结构清晰,易于阅读和理解,并且提供的注意事项和价格信息具有很强的实际指导意义,能够帮助读者在选择保姆时做出更明智的决策。

## 17.11 维修工

AI在家庭维修方面可以提供一些帮助，如快速诊断、精准预测、高效维修方案、远程协助等。

【示例1】厨房的水龙头在关闭后仍有水滴不断落下，这是什么原因？

豆包回答如下：

> 厨房水龙头关闭后仍有水滴落下，可能有以下几种原因。
> 1. 阀芯磨损：水龙头使用时间较长，阀芯可能会出现磨损，导致无法完全密封，从而出现滴水现象。
> 2. 密封垫圈老化或损坏：垫圈在长期使用后，可能会失去弹性或出现破损，影响密封效果。
> 3. 水龙头内有杂物：水中的杂质可能会卡在阀芯或密封处，导致密封不严。
> 4. 水龙头安装不当：安装时如果部件没有拧紧或安装位置不准确，也可能导致关闭后仍滴水。
>
> 您可以先检查一下水龙头的阀芯和垫圈的情况，看看是否存在上述问题。您是准备自己尝试维修还是请专业人员来处理呢？

【示例2】卧室的一个插座无法给手机充电，怎么办？

豆包回答如下：

> 如果卧室的一个插座无法给手机充电，可以按照以下步骤来排查和解决问题。
> 1. 检查充电器和充电线：首先确认充电器和充电线是否正常工作，可以尝试更换其他充电器和充电线，看看是否能充电。
> 2. 清洁插座：有时插座内可能有灰尘或杂物，导致接触不良。可以用干燥的小刷子或棉签轻轻清理插座内部。
> 3. 检查插座是否松动：查看插座是否安装牢固，若松动，可能导致接触不良。
> 4. 检查插座内部线路：如果以上方法都不行，可能是插座内部线路出现问题。这时需要断电，打开插座面板，检查线路连接是否松动、脱落或短路。如果您不熟悉电路知识，建议请专业电工来处理。
>
> 您可以先从简单的步骤开始排查，如果问题仍然存在，最好请专业人员来维修，以确保安全。您之前有自己检查过这些方面吗？

【示例3】家中卫生间的地漏总爱堵塞，有什么办法吗？

豆包回答如下：

> 如果家中卫生间的地漏总爱堵塞，可以尝试以下办法。
> 1. 定期清理：每周或每两周清理一次地漏，将表面可见的头发、污垢等杂物清除。
> 2. 借助工具：使用专门的地漏疏通工具，如地漏疏通器或钩子，深入地漏内部，把堵塞物勾出来。
> 3. 自制疏通剂：将小苏打和白醋按照一定比例混合，倒入地漏，静置一段时间后用热水冲洗，这种方法可以分解油脂和污垢。
> 4. 安装过滤网：在地漏上安装过滤网，能有效拦截头发和较大的杂物，减少堵塞的发生。
> 5. 检查排水管道：如果经常堵塞且上述方法无效，可能是排水管道内部有问题，需要请专业人员检查和疏通管道。
>
> 您可以先从简单易行的方法开始尝试，看看能否解决地漏堵塞的问题。您能回想起来地漏通常是被什么东西堵塞的吗？

【示例4】入户门的锁突然变得很难打开，怎么办？

豆包回答如下：

> 入户门锁突然变得很难打开，可以尝试以下解决方法。
> 1. 润滑锁芯：使用铅笔芯粉末或者专门的锁芯润滑剂，将其少量倒入锁芯中，然后用钥匙插拔几次，以起到润滑作用。
> 2. 清理锁芯和钥匙：可能是锁芯内有灰尘或杂物，用刷子或吹风机（冷风挡）清理锁芯，同时擦拭钥匙上的污垢。
> 3. 检查钥匙是否变形：如果钥匙变形，可能会导致开锁困难。检查钥匙是否有弯曲或磨损，如有，可尝试重新配钥匙。
> 4. 调整锁舌和锁扣板的位置：锁舌和锁扣板的位置不合适也会造成开锁不畅。使用螺丝刀适当调整锁舌和锁扣板的相对位置。
> 5. 查看是否有异物卡住：检查门缝和锁周围是否有异物阻碍了锁的正常开启。
>
> 如果以上方法都不能解决问题，可能是锁芯内部零件损坏，建议您联系专业的开锁师傅或锁具维修人员进行维修或更换。您之前有尝试过给锁做一些简单的处理吗？

🔊【提示】

> AI维修工也存在一些局限性，如缺乏实际操作经验，在某些复杂的、特殊的维修情况中，可能不如有丰富实践经验的人类维修工灵活和可靠。

## 17.12 售后服务

售后服务是指商品出售以后，商家为消费者提供的各种服务，主要包括产品维修与保养、退换货服务、客户咨询与投诉处理、安装与调试、售后回访、备件供应等。

【示例1】无论是产品本身的问题，还是售后服务问题，都可以咨询AI，它可以为用户提供详细的产品解决方案和建议，帮助用户更好地使用产品。

最近网购了一台九阳牌豆浆机，不小心把说明书弄丢了，请问如何正确使用它呢？

豆包回答如下：

> 九阳牌豆浆机的使用方法通常如下。
> **准备工作：**
> - 检查豆浆机各部件是否完好无损，尤其是刀头和杯体。
> - 将豆浆机、杯子、滤网等部件清洗干净。
>
> **食材准备：**
> - 依据个人口味准备适量的豆类（如黄豆、黑豆等），也可以加入其他食材，如花生、红枣、燕麦等。
> - 提前将豆类浸泡4~8小时，能提高出浆率和口感。但如果豆浆机有干豆功能，也可不浸泡。
>
> **操作步骤：**
> 1. 将浸泡好的豆子或其他食材放入豆浆机的杯体内。
> 2. 加入适量的清水，注意不要超过杯体上标注的最高水位线。
> 3. 盖好豆浆机的盖子，确保盖子安装到位且密封良好。

4. 插上电源，根据豆浆机的功能面板选择相应的程序，如"豆浆""米糊""果蔬汁"等。
5. 按下启动按钮，豆浆机开始工作。

**完成与后续处理：**
- 豆浆机工作完成后，会有提示音。
- 拔掉电源插头，小心打开盖子，避免被热气烫伤。
- 可以用滤网过滤豆浆，使口感更细腻。
- 及时清洗豆浆机的杯体、刀头、滤网等部件，保持清洁卫生。

例如，如果您想制作红枣豆浆，您可以准备适量的黄豆、几颗红枣，浸泡黄豆后，将红枣去核，与黄豆一起放入豆浆机，选择豆浆功能即可。

希望以上内容对您有所帮助。

**【示例2】售后客服。**

> 刚发现新买的豆浆机缺少一个量杯，请问如何索要，另外，九阳客服电话是多少？

豆包的回答简单、实用，内容如下：

> 如果您新买的豆浆机缺少一个量杯，您可以通过以下方式索要。
> 
> 查看购买豆浆机的电商平台订单信息，联系卖家客服，说明情况并要求补发量杯。
> 
> 您也可以直接拨打九阳的官方客服电话 400-6186-999，向客服人员反映缺少量杯的问题，他们会为您处理补发事宜。
> 
> 在与客服沟通时，要清晰准确地说明您的购买渠道、订单号以及缺少的具体配件，以便能够顺利解决问题。

部分AI总爱小题大做，简单的问题回答琐碎化。例如，文心一言在回答这个问题时，分3个标题：如何索要缺少的量杯、九阳客服电话、注意事项。其中的第1个标题下又分为3个子标题，真心没有这个必要。

## 17.13 取名服务

AI借助其强大的计算能力和数据处理能力，可以为人们提供多样化取名选择。其优势包括高效快速、创意丰富、数据驱动、客观公正、个性化定制。它可以根据用户输入的具体要求和条件，如名字的长度、风格、寓意等，进行针对性的生成。

**【示例1】给小孩起名。**

> 我家宝宝刚出生一个月，男孩，姓朱，请给提供一个好听的名字，最好3个字，易读、易写、体现乐观、强健的寓意。

各AI是随机起名，可以尝试多问几次，并参考不同AI大模型的结果，根据个人喜好进行比较、选择。下面显示通义千问提供的名字备选列表。

> 给您的宝宝取一个寓意乐观、强健的名字，同时保证易读易写，这里有几个建议供您参考。
> 
> 1. 朱乐天（Zhū Lè Tiān）——"乐天"意味着乐观向上，对生活充满喜悦，同时也暗示着孩子如同晴朗的天空一般，拥有广阔的未来和明朗的性格。
> 2. 朱健翔（Zhū Jiàn Xiáng）——"健"代表强健的身体，"翔"意味着翱翔，象征着自

由飞翔和积极进取的精神。

3. 朱欣阳（Zhū Xīn Yáng）——"欣"表达高兴、愉悦的心情，"阳"象征阳光和温暖，整个名字寓意孩子性格开朗，如阳光般明媚。

4. 朱泽明（Zhū Zé Míng）——"泽"意味着恩泽、滋润，"明"则代表明亮、明智，这个名字寓意孩子将拥有明亮的前程和智慧的人生。

5. 朱毅辉（Zhū Yì Huī）——"毅"表示坚定不移，"辉"则象征着光辉灿烂，整个名字寓意孩子具有坚毅的性格和辉煌的未来。

6. 朱旭东（Zhū Xù Dōng）——"旭"指初升的太阳，"东"则代表东方，整个名字寓意孩子如同初升的太阳一般，充满生机和希望。

7. 朱浩洋（Zhū Hào Yáng）——"浩"代表广大无边，"洋"则象征海洋，整个名字寓意孩子心胸宽广，充满探索精神。

在选择名字时，除了考虑寓意，还可以结合家族传统、孩子的出生日期（如果考虑五行的话），以及您个人的喜好。希望这些建议能够帮您找到一个满意的名字！

【示例2】给产品起名。

> 我公司刚开发的一款新产品：能够变色的铅笔，当学生握笔角度和力度不同时，字体颜色会略有不同。请帮该产品起一个适合小学生爱听的名字。

智谱清言的这个名字比较有吸引力，具有参考价值，具体内容如下：

> 为这款创新变色铅笔起一个适合小学生的名字，可以考虑以下建议。
> 
> "魔法变色笔——握趣变"
> 
> 这个名字既有趣味性，又能激发小学生的好奇心，"魔法"一词能够吸引孩子们的注意力，而"握趣变"则暗示了产品通过握笔角度和力度的变化带来颜色的趣味变化。希望这个名字能够帮助您的产品在小学生群体中受欢迎。

# 第 18 章 玩乐

AI可以创造或增强娱乐体验的各种活动,如音乐欣赏、音乐创作、虚拟伴侣、故事生成、影视娱乐、主题体验、社交娱乐、益智产品等。AI玩乐的领域还在不断地发展和创新,随着技术的进步,未来可能会有更多新颖的AI娱乐应用出现。在享受AI玩乐的同时,也要注意合理使用和适度娱乐,确保其对生活和健康的积极影响。

## 18.1 推荐音乐

AI可以根据用户的音乐偏好、历史播放记录、行为模式等多方面的数据,为用户提供个性化的音乐推荐服务。一些在线音乐平台也会提供AI智能推荐功能,如网易云音乐有每日推荐、私人FM、心动模式、雷达歌单等功能。这些功能会根据用户的听歌历史、收藏、评分等数据,精准推荐符合个人口味的音乐。QQ音乐也有类似的个性化电台等。

【示例1】推荐睡眠曲。

> 我是一位50多岁的男士,生活压力过大,晚上不容易入睡,请根据我的性别、年龄推荐3首催眠曲。

豆包的推荐音乐如下。其他AI多推荐外国著名的钢琴曲,这里就不再显示。

> 针对你的情况,我为你推荐以下3首适合50多岁男性的催眠曲。
>
> 1.《深度疗愈【静心安眠】-男生版催眠引导自然入睡》:这首曲子由喜马拉雅平台的重塑心灵心理训练中心发布,旨在通过观息法帮助听众走出抑郁、强迫、焦虑、恐惧、失眠等情绪,适合想要放松身心、进入深度睡眠的人群。
>
> 2.《上了年纪的男人》:这是一首助眠纯音乐,曲风舒缓,可以帮助你缓解生活压力,放松心情,更快地进入睡眠状态。
>
> 3.《大人催眠曲 (经典八音盒版)》:这首轻松的音乐可能会对你的睡眠有所帮助,你可以在睡前聆听,让自己的身心得到放松。
>
> 每个人对音乐的感受和反应都不同,你可以根据自己的喜好选择适合自己的催眠曲。同时,创造一个安静、舒适的睡眠环境,保持良好的睡眠习惯也是很重要的。如果你的睡眠问题持续存在或严重影响到你的生活质量,建议咨询专业医生的建议。

【示例2】推荐活动音乐。

> 学校准备举办运动会,为了烘托活动氛围,请推荐两首可循环播放的背景音乐。

腾讯元宝的推荐音乐如下。

> 为了烘托学校运动会的活动氛围，推荐以下两首可循环播放的背景音乐。
> 1.《心若鸿鹄》：这首歌曲由成都嘉祥外国语学校的学生创作，充满了青春活力和积极向上的精神。歌曲中的歌词"晨辉点亮每一双眼眸，梦想鼓舞了青春，冲破束缚的少年，绘宏图"，非常适合运动会的开场和比赛间隙播放，能够激发运动员和观众的激情。
> 2.《激情浪花　澎湃锦江》：这首歌曲以"激情浪花、澎湃锦江"为主题，展现了哈尔滨市锦江学校第一届运动会的精神风貌。歌曲中的歌词"蓝天、白云、朝阳无不为运动健儿们摇旗呐喊"，非常适合运动会的开场和比赛间隙播放，能够营造出热烈和激动人心的氛围。
> 这两首歌曲不仅能够烘托运动会的活动氛围，还能够激发运动员和观众的激情，让整个运动会更加充满活力和动力。

不同的AI推荐系统可能有不同的特点和优势，用户可以根据自己的需求和使用体验进行选择。例如，豆包推荐羽泉的《奔跑》，讯飞星火推荐五月天的《倔强》和汪峰的《我要飞得更高》，其他AI都推荐外国歌曲，就不再显示。

## 18.2　点评音乐

AI点评音乐具有以下特点和优势。

◎ 客观性：AI不会受到个人情感、偏见或主观喜好的影响，能够基于音乐的客观特征，如旋律、节奏、和声、编曲等进行分析和评价。

◎ 高效性：能够在短时间内处理大量的音乐数据，快速给出评价和结果分析。

◎ 数据驱动：基于大量的音乐数据和模型训练，AI可以识别出不同音乐之间的相似性和差异性，并提供比较和分类的评价。

【示例】请点评一下2024年巴黎奥运会的主题曲《巡游盛典》。

文心一言、Kimi、腾讯元宝、360智脑都以时间超前为由拒绝点评，实际上今天已经是巴黎奥运会开幕第3天了，可能是这几家AI平台的数据库没有及时更新，其中Kimi提示自己的知识截止日期是2023年。豆包的点评比较简洁，内容如下：

> 《巡游盛典》是2024年巴黎奥运会的官方主题曲，由法国著名作曲家维克多·勒·马斯纳创作。这首歌巧妙融合了交响乐和电子音乐的特点，体现了巴黎奥运会追求动感又兼具包容性的精神。
> 从音乐风格上来看，《巡游盛典》的旋律激昂，节奏明快，充满活力，具有强烈的感染力，能够激发人们的运动热情和参与感。同时，歌曲中也融入了一些法国传统音乐的元素，使得整首歌曲更具地域特色和文化底蕴。
> 在主题和意义方面，《巡游盛典》强调了奥林匹克运动的价值观，如团结、友谊、进步等。歌曲的歌词富有诗意，表达了对运动员们的赞美和鼓励，以及对奥林匹克精神的传承和弘扬。此外，歌曲的名字"巡游盛典"也暗示了奥运会的盛大和辉煌，让人对这一全球性的体育盛会充满期待。
> 总的来说，《巡游盛典》是一首非常成功的奥运主题曲，它不仅具有较高的音乐艺术价值，也能够很好地传达奥林匹克精神和巴黎奥运会的理念。相信这首歌曲将在未来的一段时间内成为人们关注和喜爱的经典之作。

【注意】

AI点评音乐也存在一些局限性，如缺乏情感和文化理解、创新性和独特性评价不足、语言表达相对单一等。尽管如此，AI点评音乐在提供初步的分析和参考方面仍然具有一定的价值，并且随着技术的不断发展，未来有望在音乐评价领域发挥更重要的作用。

## 18.3 创作歌词

歌词创作是一门艺术，需要融合情感、主题、意象和韵律等多个元素。一般创作过程包括确定主题、收集灵感、构思结构、选择韵脚、塑造意象、打磨词句等。AI可以辅助人类创作歌词，它具有以下特点。

◎ 丰富的想象力：能够突破常规思维，创造出独特和新颖的意象和表述。
◎ 快速生成：在短时间内生成大量的歌词内容。
◎ 多样性：可以根据不同的风格、主题和情感进行创作。

【示例】创作民歌。

请参考邓丽君的《小城故事》的曲调写一首《乡村故事》的歌词。

智谱清言创作的歌词如下：

> 《乡村故事》
> （曲调参考邓丽君《小城故事》）
> 乡间的小路弯又弯，绿油油的稻田旁，风吹过麦浪，轻舞飞扬，夕阳下的画卷长。
> 这里的风景旧模样，岁月流转不曾忘，村头的柳树，依旧摇曳，讲述着乡村故事长。
> 清清的溪水潺潺流，陪伴着童年梦想，渔夫的歌声，随风飘荡，唤醒了沉睡的希望。
> 乡村的故事多浪漫，邻里之间情谊长，丰收的季节，欢声笑语，共享这美好时光。
> 啊，乡村故事，温馨又甜蜜，在这片土地上，谱写着生活的诗篇。啊，乡村故事，永远美丽，让我们的心灵，沐浴在阳光里。

智谱清言模拟了邓丽君的《小城故事》的抒情、叙事结构，写出了一首满怀乡村风情和地貌的歌词。在歌词中，对乡村的描绘细腻而充满深情。

## 18.4 创作歌曲

作曲是指创作音乐的过程，包括谱写旋律、和声、节奏、音色、结构等元素，并将其整理成乐谱。作曲家通过音乐表达情感、传达思想或讲述故事。作曲可以分为古典音乐作曲、流行音乐作曲、电影音乐作曲等多种类型。作曲的过程通常包括以下几个步骤。

第1步，构思。确定音乐的主题、风格和情感表达。

第2步，草稿。将构思转化为初步的音乐符号，如简谱或五线谱。

第3步，修改。根据需要对草稿进行调整和完善。

第4步，定稿。完成最终的音乐作品，并制作成乐谱或录音。

作曲家需要具备丰富的音乐理论知识、敏锐的审美能力和创造力。通过不断学习和实践，作曲家可以不断提高自己的作曲水平，创作出更多优秀的音乐作品。

【示例】AI无法直接谱写歌曲，但是可以提供歌曲创作的思路和元素。

> 请模仿邓丽君的《小城故事》的曲调，为下面歌词谱曲。
> 《乡村故事》
> 乡间的小路弯又弯，绿油油的稻田旁，风吹过麦浪，轻舞飞扬，夕阳下的画卷长。
> 这里的风景旧模样，岁月流转不曾忘，村头的柳树，依旧摇曳，讲述着乡村故事长。
> 清清的溪水潺潺流，陪伴着童年梦想，渔夫的歌声，随风飘荡，唤醒了沉睡的希望。
> 乡村的故事多浪漫，邻里之间情谊长，丰收的季节，欢声笑语，共享这美好时光。
> 啊，乡村故事，温馨又甜蜜，在这片土地上，谱写着生活的诗篇。啊，乡村故事，永远美丽，让我们的心灵，沐浴在阳光里。

由于AI无法直接通过文本形式给出具体的音乐谱曲，但可以描述一个基于邓丽君《小城故事》曲调风格的《乡村故事》旋律构思，帮助音乐人根据这个描述进行创作。

只有智谱清言和通义千问提供了更详细的音乐旋律描述，下面是智谱清言的具体内容。

> 很遗憾，作为一个文本和信息处理的AI，我无法直接创作音乐或者提供音频文件，但我可以提供一个简化的方式来帮助你想象曲调，通过在歌词上方标注一些简单的音高变化，类似于简谱的形式。请注意，这只是一个非常基础的指导，真正的音乐创作需要专业的音乐知识和技能。
> 假设《小城故事》的主旋律大致是这样的（以简化的数字代表音高，不包含所有细节）。
> 1 1 3 3 2 1 2 3 2 1
> 小城故事多充满温馨
> 我们可以尝试为《乡村故事》的歌词配上类似的旋律。
> 乡间的小路弯又弯，绿油油的稻田旁，
> 1 1 3 3 2 1 2 3 2 1 2 2 1 1 3 3 2 1
> 风吹过麦浪，轻舞飞扬，夕阳下的画卷长。
> 2 3 2 1 2 3 2 1 1 1 3 3 2 1 2 3 2 1
> 这里的风景旧模样，岁月流转不曾忘，
> 1 1 3 3 2 1 2 3 2 1 2 2 1 1 3 3 2 1
> 村头的柳树，依旧摇曳，讲述着乡村故事长。
> 2 3 2 1 2 3 2 1 1 1 3 3 2 1 2 3 2 1
> 清清的溪水潺潺流，陪伴着童年梦想，
> 1 1 3 3 2 1 2 3 2 1 2 2 1 1 3 3 2 1
> 渔夫的歌声，随风飘荡，唤醒了沉睡的希望。
> 2 3 2 1 2 3 2 1 1 1 3 3 2 1 2 3 2 1
> 乡村的故事多浪漫，邻里之间情谊长，
> 1 1 3 3 2 1 2 3 2 1 2 2 1 1 3 3 2 1
> 丰收的季节，欢声笑语，共享这美好时光。
> 2 3 2 1 2 3 2 1 1 1 3 3 2 1 2 3 2 1
> 啊，乡村故事，温馨又甜蜜，
> 1 1 3 3 2 1 2 3 2 1 2 2 1 1 3 3 2 1
> 在这片土地上，谱写着生活的诗篇。
> 2 3 2 1 2 3 2 1 1 1 3 3 2 1 2 3 2 1

啊，乡村故事，永远美丽。
1 1 3 3 2 1 2 3 2 1 2 2 1 1 3 3 2 1
让我们的心灵，沐浴在阳光里。
2 3 2 1 2 3 2 1 1 1 3 3 2 1 2 3 2 1

🚗【注意】

以上只是一个非常基础的旋律线条示例，真正的旋律创作需要考虑和声、节奏、音色等多种因素。如果你想要将这首歌真正创作出来，建议联系专业的音乐人或使用音乐创作软件进行更深入的创作。

## 18.5 模拟人物互动

AI模拟人物互动是指通过AI技术创建虚拟人物，并让这些虚拟人物之间进行交流、互动的过程。在这种模拟中，AI会根据预设的人物性格、背景、动机和当前的情境，生成相应的语言和行为反应。例如，在一个模拟的商务会议场景中，不同的虚拟人物可能会就某个项目的进展、问题和解决方案展开讨论。

这种模拟有许多应用，如在培训场景中，可以模拟培训师与员工的交流，帮助员工提高应对能力；在游戏中，创建丰富的角色互动，增加游戏的趣味性和沉浸感；在影视创作中，帮助编剧构思人物关系和情节发展。

【示例1】模拟古人。

> 如果你是李白，穿越到现在，发现蜀道不再难，你会作何感想，又将创作出什么样的诗句？

讯飞星火的回答如下：

> 如果我是李白，穿越到现在，看到蜀道不再难，我可能会有以下感想。
> - 感叹时代的变迁和科技的进步。蜀道之难，曾经是古代文人墨客们笔下的难题，如今却因为现代交通的发展而变得轻而易举。
> - 对现代文明的好奇和探索。作为一个古代诗人，我对现代世界的一切都会感到新奇和好奇，可能会想要去探索这个时代的文化、艺术和科技等方面。
>
> 基于这些感想，我可能会创作出以下诗句。
> 蜀道昔日难如登天，今朝易如反掌间。
> 时代变迁展新颜，科技进步换旧篇。
> 古人笔下留千古，今日世界变万千。
> 愿乘风破万里浪，再创辉煌新篇章。

【示例2】模拟角色。

> 我的老板是一个强势、爱骂人的中年女人，最近老板出差了，小张今早迟到了，如果你是我们的老板，会对小张说些什么呢？

比较之后，只有豆包的模拟更贴合这位老板的性格，具体内容如下。

小张啊，我这才出差几天，你就敢迟到！你是不是觉得我不在公司，就可以放松纪律啦？公司的规章制度你当是摆设吗？我平常怎么跟你们强调的，要有时间观念，要有责任心！你今天这一迟到，耽误了多少工作进度，你自己心里没点数吗？别以为我不在公司就没人管得了你，等我回去，好好跟你算这笔账！

## 18.6 模拟场景互动

AI模拟场景互动是通过AI技术创建出各种虚拟的场景，并让参与其中的角色进行交流和互动。例如，模拟一个商场购物的场景，顾客向售货员咨询商品信息，售货员给予回答和推荐。或者模拟一个面试的场景，面试官向求职者提问，求职者进行回答和展示自己的能力。

这种模拟可以用于多种目的，如培训、教育、娱乐等。在培训中，帮助员工提高应对各种场景的能力；在教育中，让学生更好地理解和实践知识；在娱乐中，为用户带来有趣的体验。

【示例1】教室场景模拟。

在语文课堂《静夜思》教学过程中，有4位角色：老师（李老师）、学生（小明、小红、小刚），请模拟他们在课堂中的简单对话。

智谱清言的教学过程模拟如下：

李老师：同学们，今天我们要学习的是唐代诗人李白的名作《静夜思》。请大家先把这首诗齐声朗读一遍。

小明、小红、小刚：（齐声朗读）《静夜思》：床前明月光，疑是地上霜。举头望明月，低头思故乡。

李老师：很好，大家朗读得很有感情。小明，你能来说说这首诗的主题是什么吗？

小明：李老师，我觉得这首诗的主题是诗人夜晚看到明月时，产生的思乡之情。

李老师：很好，小明说得非常准确。小红，你能分析一下这首诗中的意象吗？

小红：李老师，我觉得诗中的"明月光"和"地上霜"形成了鲜明的对比，让人感受到夜晚的宁静和冷清，同时也突出了诗人对故乡的思念。

李老师：非常好，小红分析得很到位。小刚，你能谈谈你对这首诗的理解吗？

小刚：李老师，我觉得这首诗虽然只有短短的二十个字，但是意境深远，让我感受到了诗人深夜独自一人的孤独和对家乡的深切思念。

李老师：很好，同学们都有自己的理解。这首诗的确是言简意赅，意蕴丰富。接下来，我们来逐句解析这首诗，深刻体会诗人的情感。

【示例2】谈判场景模拟。

张三准备投资李四的初创公司：低空无人机智能操控技术，将就公司估值、投资额、股份占比进行谈判。张三希望投入1亿元获得公司49%的股份，而李四希望张三投入5千万元，获得10%的股份。你能否模拟一下他们谈判的场景，并决定一种折中方案。

文心一言的谈判场景模拟如下：

【谈判场景模拟】
开场阶段：
张三（面带微笑，但态度坚定）："李四，非常感谢你的邀请，让我有机会参与到这样一项前沿且充满潜力的项目中来。我对低空无人机智能操控技术的前景非常看好，相信我们的合作能推动这项技术走向新的高度。"
李四（热情洋溢）："张三，你的加入无疑是我们公司的一大助力。你的资源和经验对我们来说至关重要。我们团队对这个项目倾注了大量心血，相信在你的支持下，我们能更快地实现技术突破和市场扩张。"

估值与投资额讨论：
张三："关于投资，我初步的想法是投入1亿元，期望获得公司49%的股份。我认为这既体现了我的诚意，也符合我对公司价值的评估。"
李四（略显惊讶，但保持礼貌）："张三，我非常感激你的慷慨提议，但我认为公司的当前估值和未来发展潜力还不足以支撑这样的股份比例。我们更倾向于以5千万获得10%股份的方式来进行这次融资，这样既能保证我们的控制权，也能让投资者看到我们的成长潜力。"

深入分析与折中方案探讨：
张三（沉思片刻）："李四，我完全理解你的立场。不过，我想我们或许可以找到一个双赢的折中方案。首先，我们可以重新评估公司的当前价值和未来增长潜力，考虑引入第三方评估机构来给出更客观的意见。"
李四（点头同意）："这是个好主意，透明公正的评估对我们双方都有利。同时，我也愿意在投资额和股份比例上做出一定让步，以体现我们对合作的重视。"

提出折中方案：
经过一段时间的讨论和评估后，双方提出以下折中方案。
- 投资额：张三投入8000万元人民币。
- 股份占比：张三获得公司30%的股份，成为重要股东，但不触及李四及团队的控制权底线。
- 附加条款：双方同意设立阶段性发展目标，并约定在达到特定里程碑时，根据公司的实际表现和市场估值，考虑进一步的股权调整或增资扩股。
- 董事会席位：张三将获得一个董事会席位，参与重大决策，确保其投资利益得到保障。

结论：
李四（握手表示赞同）："张三，这个方案很公平，既考虑到了我们的控制权，也体现了你作为重要投资者的价值。我非常期待我们的合作能够顺利进行，共同推动低空无人机智能操控技术的发展。"
张三（同样握手回应）："我也非常满意这个方案，相信我们的合作将开启一个全新的篇章。让我们携手共进，共创辉煌！"

实际谈判的过程是非常艰难的，也充满了不确定性，上述模拟谈判仅是一个简单演示。每个AI的模拟过程也完全不同，通过比较，可以获取更多的谈判体验。

## 18.7 创作剧本杀

剧本杀是一种集角色扮演和推理于一体的社交娱乐活动。在剧本杀中，每位参与者会拿到一个特定的剧本，扮演其中的角色。这些剧本通常包含角色的背景故事、人物关系、目标任务以及案件情节等。参与者需要通过阅读剧本，理解自己所扮演角色的性格、经历和动机,并在与其他玩家的交流互动中,共同推进剧情的发展。

剧本杀的主题丰富多样,涵盖了悬疑推理、情感沉浸、欢乐搞笑、恐怖惊悚等各种类型,可以满足不同玩家的喜好和需求。它不仅能够锻炼参与者的逻辑思维能力、语言表达能力和团队协作能力,还能让玩家体验不同的人生和故事,是一种富有创意和趣味性的社交娱乐方式。

【示例】AI可以生成各种不同主题的、丰富有趣的剧本杀游戏。通过AI自动生成剧本杀的角色、任务、线索、对话和互动等内容,可以大大缩短剧本杀的创作时间,便于专注于其中的玩法和细节。

> 请设计一个科幻主题的剧本杀游戏,3人本。

智谱清言的设计比较通俗易懂,情节设计简单,容易扮演。

> 剧本名称:《星际迷航:暗影星球》
> 类型:科幻推理
> 人数:3人
> 角色设定:
> ● 角色一:林锐,男,地球联邦调查局探员,擅长逻辑推理,性格冷静。
> ● 角色二:艾薇,女,天文学家,拥有丰富的星际知识,好奇心强。
> ● 角色三:赛博,机器人,星际飞船的导航员,拥有高级数据分析能力。
> 剧情简介:
> 在遥远的未来,地球联邦已经成功实现星际旅行。一艘名为"探索者号"的星际飞船在执行任务时,意外发现了一颗未被记录的暗影星球。飞船在接近暗影星球时,突然失去了信号。地球联邦调查局接到任务,派出一支精英小队前往暗影星球调查失踪事件。
> 游戏流程:
> 一、背景介绍
> 1.地球联邦调查局接到"探索者号"失踪的消息,决定派遣林锐、艾薇和赛博组成的小队前往暗影星球调查。
> 2.小队抵达暗影星球,发现飞船坠毁在星球表面,船上人员全部失踪。
> 二、现场调查
> 1.小队进入飞船内部,发现飞船控制系统被破坏,无法修复。
> 2.在飞船残骸中,找到了船长留下的日记,日记中记录了飞船遭遇神秘力量袭击的情况。
> 3.小队在星球表面发现了一个隐藏的基地,基地内有一台神秘的装置。
> 三、推理环节
> 1.小队分析船长日记,发现暗影星球可能存在一种未知能量源。
> 2.艾薇通过天文学知识,推测出暗影星球与地球之间存在某种联系。
> 3.赛博分析基地内的装置,发现装置可以控制暗影星球上的能量源。
> 四、剧情反转
> 1.小队发现基地内有一名幸存的船员,他透露了一个惊天秘密:暗影星球实际上是地球的未来形态,而基地内的装置可以改变地球的未来。
> 2.幸存船员企图利用装置毁灭地球,阻止地球联邦的发展。
> 五、结局
> 1.小队成功阻止了幸存船员的计划,拯救了地球的未来。
> 2.揭示了暗影星球的真相,地球联邦决定对暗影星球进行保护性研究。

> 游戏特点：
> 1. 科幻元素：星际旅行、未知星球、能量源等科幻元素贯穿整个剧本。
> 2. 推理解谜：玩家需要运用逻辑推理和专业知识来解开谜团。
> 3. 角色互动：三个角色各具特色，玩家需要在游戏中相互合作，共同完成任务。

剧本杀作为一种集角色扮演、推理分析、社交互动于一体的游戏方式，在提升个人能力、增强社交互动、满足心理需求以及推动文化产业发展等方面都发挥着积极的作用。

## 18.8 创作绕口令

绕口令是一种语言游戏，是将若干双声、叠韵词或发音相同、相近的语、词有意集中在一起，组成简单、有趣的语韵，要求快速念出，使得说的人容易发生读音混淆或错误，从而达到训练口语表达能力和发音准确性的目的。

绕口令通常具有节奏感强、韵律优美、句式重复等特点。它不仅能够锻炼人的口才、发音和语速，还能增强语言的趣味性和娱乐性。

【示例】只需向AI提供一些提示词或主题，它就会生成一系列有趣的绕口令。

> 请以四、十、是、似为主题创作一首绕口令。

文心一言编的绕口令如下：

> 好的，以下是一首以"四、十、是、似"为主题的绕口令。
> 四和十，十和四，
> 十四是十四，四十是四十。
> 莫把十四说时事，
> 休将四十当细丝。
> 四不是十，十不是四，
> 要想说对常练习。
> 这个绕口令通过重复和对比"四"和"十"的发音，以及引入"是"和"似"的谐音，增加了口语表达的难度和趣味性。希望你喜欢！

评价绕口令的标准包括：发音难度、韵律节奏、语言趣味性、内容逻辑、文化内涵、创新性、适用人群。显然，AI创作的绕口令无法与千古流传的经典绕口令相媲美，还需要进行海量绕口令数据的训练，才能够生产高质量的绕口令段子。

## 18.9 创作脱口秀

脱口秀是一种以幽默和机智为主要特点的表演形式。脱口秀表演者通常会围绕各种主题，如生活琐事、社会现象、个人经历等，通过独特的视角、幽默的语言、夸张的表达和巧妙的构思来引发观众的笑声和共鸣。脱口秀的魅力在于表演者能够迅速与观众建立联系，用幽默的方式讲述故事、表达观点，既能让人捧腹大笑，也能引发人们对一些问题的思考。

【**示例**】AI能够借助其强大的文字处理能力，在极短的时间内创作出各种类型的脱口秀段子，可以针对新闻热点、社会现象、个人经历创作出讽刺型、自嘲型等脱口秀内容。

请模仿李诞脱口秀风格，以"我不是人"为主题创作一段脱口秀内容。

比较之后，发现文心一言创作的段子更自然、幽默、好笑，具体内容如下：

（假装站在台上，灯光聚焦，面带微笑，眼神中带着一丝狡黠）

大家好，欢迎来到这个充满奇思妙想的夜晚。我呢，站在这里，其实心里有点小忐忑，因为接下来我要说的这句话，可能会让你们觉得，哎呀，这李诞是不是今儿个忘吃药了？但请相信，我清醒得很，比任何时候都清醒，因为我要大声宣布——

"我不是人！"

（观众开始哗然，笑声四起）

哎，别急别急，听我慢慢道来。首先，我得澄清一下，从生物学角度来说，我当然还是个人类，这点儿科学常识我还是有的。但今天咱们聊的，是那种超脱于肉体，更偏向于灵魂深处的自我认知。

你们知道吗？有时候我觉得自己特别不像个人，尤其是在面对那些复杂的人际关系时。例如，早上出门，电梯里偶遇邻居，本该是简单的"早上好"就能解决的事儿，我却能脑补出一场年度大戏：他是不是对我有意见？我昨天的快递是不是挡着他路了？哎呀，我是不是该主动打个招呼，但万一他其实想独处呢？这种时候，我就感觉自己像是个情感分析机器人，过度解读，自我纠结，完全不像个"洒脱"的人类。

再如，工作的时候，面对电脑屏幕一坐就是好几个小时，脑子里全是代码、方案、数据，感觉自己就像是一台高效运转的机器，连轴转，不停歇。这时候，如果有人问我："哎，李诞，你累不累啊？"我可能会愣一下，然后心想："累啊，当然累，但我是谁？我可是那个能在脱口秀舞台上侃侃而谈、让大家笑出腹肌的李诞啊！我怎么能说自己累呢？"于是，我微笑着摇头，说："不累，习惯了。"那一刻，我觉得自己仿佛戴上了一个名为"坚强"的面具，而真正的自己却躲在面具后面，偷偷地喘着气。

所以，当我说"我不是人"的时候，其实我是想说，我们每个人都在不同的场合扮演着不同的角色，有时候我们为了适应环境，不得不隐藏起真实的自我，变得连自己都快不认识了。但请记得，无论外界如何喧嚣，内心深处那个最真实、最纯粹的自己，永远都值得我们去呵护和珍惜。

好了，以上就是我今天的胡言乱语，希望没有吓到你们。记住，我不是人，但我依然热爱这个世界，热爱每一个真实的你们。晚安，愿你们都能找到那个最真的自己。

脱口秀具有娱乐消遣、引发思考、社交连接、表达观点、锻炼口才、文化传承与创新、心理疗愈。总之，脱口秀在娱乐大众的同时，也能在思想、社交和个人发展等方面产生积极的影响。

## 18.10 创作相声

相声是一种中国传统曲艺表演形式。它通常由两个人或多人进行表演，一个逗哏，一个捧哏（多人表演时还会有腻缝等角色）。通过说、学、逗、唱等表演手段，以幽默诙谐的语言、生动形象的表演讲述故事、刻画人物、表达观点。

相声的内容十分丰富，涵盖了社会生活的方方面面，如家庭琐事、职场经历、历史典故、民间传说等。演员们运用夸张、讽刺、双关、谐音等幽默技巧引发观众的笑声。

【示例】AI可以利用自身强大的文字处理能力，自动生成各种特殊的相声桥段，这将给相声表演带来一种全新的表现形式，也为观众带来一种全新的体验。

> 请写一段对口相声，逗哏是甲，捧哏是乙，以"我与AI"为主题，创作一段相声，字数不要超过300字。

文心一言的相声比较精练，讽刺AI不具备人类的感情，具体内容如下：

> 甲：我说乙兄，最近我这生活里多了个新伙伴，你猜是谁？
> 乙：哦？难不成是红颜知己？
> 甲：非也非也，是AI小智！它上知天文，下晓地理，还能陪我聊天解闷。
> 乙：嘿，那你俩平时都聊啥？诗词歌赋还是人生哲学？
> 甲：别提了，有次我问它："为什么人总爱问为什么？"你猜它怎么回答？
> 乙：怎么说？
> 甲："因为AI不知道答案时，也会问为什么。"我一听，嘿，这AI还挺有自我认知的嘛！
> 乙：哈哈，看来你跟AI的相处还挺有趣，不过别忘了，它还是机器，感情上的事儿还得咱们人类自己琢磨。
> 甲：对头，科技虽好，人心更暖嘛！

豆包的相声比较有趣，讽刺AI没有人与人之间的感情，限于篇幅就不再显示。其他AI能模拟相声的场面和语言风格，但是主题不是很鲜明。因为相声不仅能让人开怀大笑，还能反映社会现实，传递文化传统和价值观念。

# 第 19 章 美 食

在美食的世界里，AI正带来一场前所未有的变革。当食客走进餐厅，餐桌的智能屏幕通过AI识别面部表情和饮食偏好，立即推荐最符合个人口味的菜品。在家中，AI驱动的智能厨房助手能根据冰箱里现有的食材，生成一系列美味的食谱，并提供详细的烹饪步骤指导。甚至在食品研发领域，AI可以模拟不同的口味组合和食材搭配，预测新食品的受欢迎程度。AI还能用于美食的物流配送环节，精准预测需求，优化配送路线，确保新鲜的食材和美食能够快速、准确地送达消费者手中。

## 19.1 美食推荐

AI可以为用户推荐美食，只要输入地名，AI会从数据库中检索该地点或其附近的相关美食，为用户提供更加便捷、个性化和多样化的美食体验，同时也为餐厅和食品行业带来了创新和发展的机会。

【示例1】地方美食推荐。

> 请推荐成都市最有名的美食。

通义千问的回答如下：

> 成都，作为四川省的省会，是中国著名的美食之都，尤其以其丰富多样的川菜和小吃闻名于世。以下是成都市最有名的一些美食，它们代表了成都独特的饮食文化和风味。
> 1. 担担面：一道经典的川菜，面条细滑，搭配着麻辣的红油辣椒、炒熟的猪肉末、花椒、蒜泥、花生碎和葱花，味道麻辣鲜香。
> 2. 钟水饺：与普通水饺不同，钟水饺的皮薄馅大，通常配以特制的红油调料，口感醇厚，麻辣适中。
> 3. 抄手：即四川版的馄饨，特点是皮薄馅嫩，汤鲜味美，常常搭配着香辣的红油调料食用。
> 4. 夫妻肺片：尽管名字里有"肺片"，但实际上并不一定包含肺部，主要原料是牛肉、牛百叶、牛心、牛舌等，经过精心烹饪和调味，口感麻辣鲜香。
> 5. 钵钵鸡：将鸡肉、蔬菜等食材串在竹签上，浸泡在特制的麻辣汤汁中，吃起来麻辣鲜香，风味独特。
> 6. 甜水面：又名棒棒面或棍棍面，面条粗壮有嚼劲，淋上特制的甜辣酱，口感甜中带辣，回味无穷。
> 7. 兔头：虽然可能对某些人来说较为特殊，但兔头在成都是非常受欢迎的美食，通常用香

料和辣椒煮制，味道香辣鲜美。

8. 回锅肉：一道传统川菜，选用五花肉先煮后炒，加入豆瓣酱、蒜苗等调料，味道浓郁，肥而不腻。

9. 麻婆豆腐：这道菜以其麻、辣、烫、香、酥、嫩、鲜、活八大特色著称，豆腐嫩滑，牛肉末香辣，是川菜中的经典之作。

10. 串串香：类似于火锅，将各种食材串在竹签上，放入滚烫的麻辣汤底中涮煮，可以根据个人口味选择食材和调料。

此外，成都还有许多其他知名美食，如豆花、糖油果子、赖汤圆、龙抄手、三大炮、锅盔、肥肠粉、兔丁等，都是值得一试的美味。成都的美食文化深厚，每一处街头巷尾都可能藏着令人惊喜的地道小吃。

每家AI推荐的美食并非完全相同，用户需要根据个人偏好进行选择。

【示例2】餐厅美食推荐。

北京饭店最有名的菜是什么？

文心一言的回答如下：

北京饭店最有名的菜当属北京烤鸭。北京烤鸭作为北京的标志性美食之一，以其色泽红艳、肉质细嫩、味道醇厚而著称，是北京菜中的翘楚。这道菜拥有超过两百年的历史传统，制作工艺十分讲究，需选用优质的填鸭，经过多道工序的精心烹制，才能呈现出那独特的口感。在品尝烤鸭时，将薄薄的鸭皮蘸上甜面酱，再搭配上葱丝和黄瓜条，卷入薄饼中，一口下去，那丰富的层次感让人回味无穷。

除了北京烤鸭外，北京饭店还有许多其他著名的菜品，如京酱肉丝、宫保鸡丁、鱼香肉丝、葱爆羊肉、清炖羊肉、炸酱面、北京涮羊肉、京味炖吊子等，这些菜品都各具特色，深受食客喜爱。

此外，北京饭店还汇聚了众多老字号餐厅的招牌菜，如全聚德的北京烤鸭、丰泽园的水晶肘子、葱烧海参等。这些菜品不仅代表了北京的传统美食文化，也展现了北京饭店在餐饮方面的深厚底蕴和精湛技艺。

综上所述，北京饭店最有名的菜是北京烤鸭，但其他菜品也同样值得一试。无论是品尝传统美食还是感受北京的文化氛围，北京饭店都是一个不可多得的好去处。

AI还可以通过分析用户的评价和推荐分，为新老客户推荐未曾尝试的美食。例如，某外卖店铺可以根据用户对美食的评价和推荐分，采用协同过滤等算法，为用户推荐可能喜欢的美食。

## 19.2 美食文化

美食不仅可以满足人们的味蕾需求，更传递了情感，连接了人与人之间的关系，成为地域和民族文化的重要象征。美食文化是一个广泛而丰富的领域，涵盖了众多方面。它反映了一个地区或民族的历史、传统、生活方式和价值观。不同的国家和地区都有其独特的美食文化。

从食材的选择上，能看出当地的物产资源和气候条件。烹饪方法也各具特色。中国的烹饪技法多样，包括煎、炒、烹、炸、蒸、煮、炖等。美食文化还体现在饮食礼仪上。节日和特殊场合的传统美食也是美食文化的重要组成部分。此外,美食还可与文学、艺术、音乐等相互交融,以激发人们的食欲和情感共鸣。

【示例】了解具体菜名的文化内涵。

> 回锅肉是一道传统川菜,请简单介绍一下它的历史文化背景。

各AI的回答差异性很大,这里展示智谱清言的回答,具体内容如下:

> 回锅肉又称"炒肉",是四川省传统的特色名菜,属于川菜系中的经典菜肴。它的历史文化背景可以从以下几个方面来介绍。
> 
> 1. 起源:回锅肉的起源有多种说法,其中一种较为流行的说法是它起源于四川的农村家常菜。据说在很久以前,四川的农民在杀猪时会将猪肉煮熟后切片,再用辣椒和蒜苗等调料炒制,以此方式使猪肉更加美味且易于保存。
> 2. 名称由来:回锅肉的名字来源于其烹饪方法。最初的猪肉是煮熟的,而在食用时需要再次回锅炒制,因此得名"回锅肉"。这种二次烹饪的做法使得肉更加入味,口感层次丰富。
> 3. 食材特点:回锅肉的传统做法中使用的是猪后臀肉,也称为"二刀肉",因为其肥瘦相间,烹饪后既有嚼劲又不失鲜嫩。此外,回锅肉的灵魂配料包括豆瓣酱、甜面酱、辣椒和蒜苗等。
> 4. 烹饪技艺:回锅肉的烹饪技艺体现了川菜的烹饪特点,讲究火候和调味。炒制时需要快速翻炒,使肉片均匀受热,达到外焦里嫩的效果。
> 5. 文化意义:回锅肉不仅是一道美食,也代表了四川人的饮食文化和生活态度。它简单而不失风味,体现了四川人对食物的热情和对生活的热爱。
> 6. 传播与发展:随着川菜的普及,回锅肉这道菜已经走出四川,成为全国乃至世界各地中餐馆的常见菜肴。虽然在不同地方可能会有所变化,但其基本风味和烹饪方法得到了保留。
>
> 回锅肉作为川菜的代表之一,不仅满足了人们的口腹之欲,也成了四川饮食文化的一个重要符号。

回锅肉作为一道传统川菜,其历史文化背景深厚而丰富。它不仅代表了川菜的文化特色,也承载了四川地区的历史、风俗和饮食习惯。在传承与创新的过程中,回锅肉不断焕发出新的生机与活力。

## 19.3 美食食谱

食谱是一种记录食物制作方法和配料的指南。它通常包括以下几个关键要素:食材清单、烹饪步骤、烹饪时间和温度、调料用量。食谱的形式多种多样,有简单明了的基础版,适合初学者;也有详细复杂、包含各种技巧和注意事项的专业版,适合有一定烹饪经验的人。

AI可以应用到与食谱相关的领域,具体说明如下:

◎ 智能生成食谱:AI可以根据用户输入的食材、口味偏好、饮食目标(如减肥、增肌)等信息,智能生成个性化的食谱。

◎ 优化传统食谱:通过分析大量的食谱数据,AI能够指出传统食谱中可以改进的地方。例如,减少油脂使用,或者调整配料比例以提升口感。

◎ 烹饪指导:在烹饪过程中,AI可以像虚拟助手一样,根据食谱为用户提供实时的步骤指导和提醒。

◎ 食谱推荐：根据用户的饮食历史和当前的季节、流行趋势等，AI为用户推荐合适的食谱。

◎ 食材搭配建议：AI能够根据食材的特性和营养成分，给出更合理的食材搭配建议，创造出新颖又美味的组合。

【示例】显示食谱内容。

请简单介绍一下回锅肉的食材准备和制作过程。

文心一言的食谱内容比较详细，且提示到位，具体内容如下：

回锅肉是一道经典的川菜，以其色泽红亮、味道浓郁而深受喜爱。下面将详细介绍回锅肉的食材准备和制作过程。

**食材准备**
主料：
　　五花肉：一般选用肥瘦相间的五花肉，约300~500克，根据个人口味和食量调整。五花肉煮熟后晾凉切片，厚度适中，以便炒制时形成"灯盏窝"状。

辅料：
- 蒜苗或青蒜：约300~500克，洗净后斜切成段，增加菜肴的香气和口感。
- 豆瓣酱：如郫县豆瓣酱，是回锅肉不可或缺的调料，约15~20克，根据个人口味调整。
- 豆豉：适量，增加菜肴的风味。
- 甜面酱：约10克，用于调味。
- 姜片、蒜瓣：适量，用于爆香。
- 花椒：约20粒左右，用于增加麻味。
- 其他调料：如料酒、生抽、白糖、盐等，根据个人口味适量添加。

**制作过程**
1. 煮肉
- 将五花肉放入冷水锅中，加入姜片、料酒（约10~20ml）等调料，大火烧开后转中火煮约20~30分钟，直至肉能用筷子轻松插穿且无血水流出。
- 捞出五花肉，用凉水冲洗干净后放凉，切成薄片备用。

2. 准备辅料
将蒜苗或青蒜洗净斜切成段，豆瓣酱剁碎，豆豉粗切，姜切片，蒜瓣拍碎备用。

3. 炒制
- 热锅凉油，油温四成热时放入切好的五花肉片，小火煸炒至肉片卷曲呈"灯盏窝"状，肥肉部分变得透明。
- 将肉片推到锅边，放入豆瓣酱、豆豉、姜片、蒜瓣等辅料，煸炒出红油和香味。
- 将肉片和辅料炒匀，加入适量的生抽、白糖等调料调味。
- 最后放入切好的蒜苗或青蒜段，快速翻炒至断生即可出锅装盘。

**注意事项**
- 煮肉时火候要适中，避免煮得过烂影响口感。
- 炒制时油温不宜过高，以免肉片炒焦。
- 豆瓣酱等调料已经含有一定盐分，加盐时要适量。
- 可以根据个人口味添加其他蔬菜如青椒、洋葱等作为配料。

通过以上步骤，一道色香味俱佳的回锅肉就完成了，当然在具体实践时，可以根据个人口味进行适当变更配料，或者优化制作流程。

## 19.4 定制菜谱

AI可以根据用户的口味、偏好和个性需求，生成个性化菜谱。个人的饮食偏好，如喜欢川菜还是粤菜，爱吃辣还是清淡。食材限制，如对某些食材过敏，或者只希望使用当季食材。营养需求，如想要控制热量摄入，增加蛋白质摄取，或者遵循某种特殊的饮食模式（如素食、低碳水化合物饮食）。烹饪技能水平，如是新手还是经验丰富的厨师。

AI会根据这些输入的信息和数据，综合分析大量的菜谱和烹饪知识，为用户定制出符合其要求的独特菜谱。

【示例1】定制减肥食谱。

> 我是四川人，喜欢吃辣的，但是体重严重超标，对香菜、香葱比较敏感。请根据上述信息，为我定制回锅肉食谱。

文心一言改良回锅肉的食谱之后，定制的食谱内容如下：

> 考虑到您是四川人喜欢辣味，但同时体重超标且对香菜、香葱敏感，我为您定制了一份既满足口味又相对健康的回锅肉食谱。
> 
> **回锅肉健康改良版食谱**
> **食材准备**
> 主料：
> 五花肉：200克（选择瘦肉较多的部分，减少脂肪摄入）。
> 辅料：
> - 青椒：1个（中等大小，去籽切丝，替代部分传统蒜苗的香气）。
> - 红椒：半个（增加色彩和微甜口感）。
> - 蒜瓣：3~4瓣（切片，用于爆香）。
> - 姜片：几片（去腥增香）。
> - 郫县豆瓣酱：1大勺（约15克，提供辣味和酱香）。
> - 豆豉：少量（可选，根据个人口味调整）。
> - 干辣椒段：适量（根据个人吃辣程度添加）。
> - 花椒：少量（约10粒，增加麻味）。
> - 生抽：1大勺（约15ml，调味）。
> - 白糖：少许（提鲜）。
> - 料酒：少量（约10ml，去腥）。
> 
> **制作过程**
> 1. 煮肉
> - 将五花肉放入冷水锅中，加入几片姜片和少量料酒，大火煮开后撇去浮沫，转小火煮约20分钟至肉熟透但不烂。
> - 捞出五花肉，放凉后切成薄片备用。
> 
> 2. 准备辅料
> 青椒、红椒洗净去籽切丝，蒜瓣切片，姜片备好。

3. 炒制
- 锅中放少量油（因为五花肉会出油），油热后放入五花肉片，小火煸炒至肉片卷曲，逼出多余油脂。
- 将肉片推至锅边，放入干辣椒段和花椒，煸炒出香味。
- 加入豆瓣酱和豆豉（如果使用），继续煸炒出红油。
- 将所有食材炒匀，加入蒜片和姜片炒香。
- 倒入青椒丝和红椒丝，快速翻炒至断生。
- 加入生抽和少量白糖调味，翻炒均匀后即可出锅装盘。

注意事项
- 尽量选择瘦肉较多的五花肉部位，减少脂肪摄入。
- 炒制过程中尽量控制油量，利用五花肉自身的油脂进行烹饪。
- 适当增加蔬菜的比例，如青椒和红椒，不仅增加了口感和色彩，还提供了更多的膳食纤维和维生素。
- 香菜和香葱敏感者可以用青椒等蔬菜替代，同样能增添风味。
- 辣度和麻度可以根据个人口味调整，但注意控制总体摄入量，避免过度刺激肠胃。

希望这份改良版的回锅肉食谱能够满足您的口味需求，同时也兼顾健康。

一位想要减肥但又喜欢吃回锅肉的用户，AI会为其定制一份回锅肉菜谱。AI定制菜谱具有便捷、个性化和高效的特点，能够满足不同用户在饮食方面的各种需求。

【示例2】根据食材定制食谱。

家里仅有2个鸡蛋、1把香葱和1个土豆，请根据这些食材帮助我定制一份美味的食谱。

文心一言的回答如下：

当然可以，根据您提供的食材：2个鸡蛋、1把香葱和1个土豆，我为您设计了一份简单又美味的食谱——土豆香葱炒鸡蛋。

**土豆香葱炒鸡蛋**
**食材准备：**
- 土豆1个（中等大小）
- 鸡蛋2个
- 香葱1把（洗净切成葱花）
- 盐 适量
- 胡椒粉少许（可选）
- 食用油适量

**制作过程：**
1. 准备土豆：将土豆去皮，洗净后切成细丝。为了口感更好，可以使用刨丝器或者刀工精细地切成细丝。切好的土豆丝用清水冲洗一下，去除部分淀粉，然后沥干水分备用。
2. 打鸡蛋：将2个鸡蛋打入碗中，加入少许盐（根据个人口味调整），用筷子或打蛋器充分打散备用。
3. 炒土豆丝：锅中倒入适量的食用油，油热后下入土豆丝，用中火翻炒。炒制过程中可以适量加入一点水，以防土豆丝粘锅。炒至土豆丝变软且略带金黄，盛出备用。
4. 炒鸡蛋：在同一锅中再倒入少量食用油（如果之前炒土豆丝时油足够多，也可以不再加油），油热后倒入打散的鸡蛋液。待鸡蛋液开始凝固时，用铲子轻轻划散，炒成小块状。
5. 合炒：将之前炒好的土豆丝倒回锅中，与鸡蛋块一起翻炒均匀。根据个人口味，可以加入适量的盐和胡椒粉调味。

6. 撒葱花：最后，撒入切好的香葱花，快速翻炒均匀。葱花的香气会立刻提升整道菜的风味。

7. 出锅装盘：炒匀后即可关火，将土豆香葱炒鸡蛋盛出装盘。

这道土豆香葱炒鸡蛋不仅色香味俱全，而且营养均衡，土豆富含淀粉和膳食纤维，鸡蛋提供优质蛋白质，香葱则增添了清新的香气和色彩。希望您喜欢这份食谱！

AI还可以根据个人的地区习惯和生活方式等因素生成个性化食谱。

## 19.5 美食点评

AI可以利用AI技术对美食进行评价和分析。具体说明如下。

◎ 口味分析：根据对食材、调料的搭配和烹饪方式的了解，评价美食的味道是否平衡、独特，是否具有层次感。

◎ 食材品质评估：判断食材的新鲜度、质量和选择是否恰当。

◎ 烹饪技巧评价：考量烹饪的火候掌握、加工精细程度等方面。

◎ 创新程度：判断菜品在创意、融合等方面的表现。

【示例】点评具体美食。

> 对于新派川菜麻婆豆腐，你有什么评价？

智谱清言评价如下：

> 新派川菜麻婆豆腐是在传统麻婆豆腐的基础上进行创新和改良的菜品。以下是对新派川菜麻婆豆腐的评价。
>
> **创新性**：新派川菜麻婆豆腐在保留传统风味的同时，融入了新的元素和创意。例如，可能会加入一些非传统的食材（如海鲜、素食替代品等），或者采用不同的烹饪技法，这种创新精神值得肯定。
>
> **口味**：新派川菜麻婆豆腐在口味上可能会更加多样化，以适应更广泛的食客群体。有的新派做法可能会减少辣度和麻度，使其更容易被不同口味偏好的人接受。
>
> **营养健康**：新派川菜麻婆豆腐可能会更加注重营养搭配和健康因素，如减少油脂的使用，增加蔬菜的比例，这样的改良有利于现代人对健康饮食的追求。
>
> **视觉效果**：新派川菜麻婆豆腐在摆盘和视觉效果上往往更加精致，符合现代餐饮的美学标准，这也是吸引年轻食客的一个因素。
>
> **争议性**：然而，对于传统美食的改良，总会有一些争议。一些食客可能认为新派川菜麻婆豆腐失去了传统川菜的精髓。例如，过度的创新可能会牺牲掉原本的独特风味。
>
> **总体评价**：新派川菜麻婆豆腐是传统与现代相结合的产物，它既保留了传统美食的影子，又展现了现代烹饪的创意和技术。对于喜欢尝试新鲜事物的食客来说，新派川菜麻婆豆腐是一种不错的选择。然而，对于坚持传统口味的食客，可能需要一段时间来适应这种变化。无论如何，新派川菜麻婆豆腐的出现丰富了川菜的种类，也为传统美食的发展提供了新的方向。

AI美食点评能够快速、客观地提供评价，但其局限性在于可能缺乏人类的情感和主观体验。

## 19.6 饮食计划

饮食计划是根据个人的目标、健康状况、口味偏好、生活方式等因素制定的关于日常饮食的安排。一个良好的饮食计划通常会包含以下几个方面。

◎ 多样化的食物选择：涵盖各类营养素，包括碳水化合物、蛋白质、脂肪、维生素和矿物质。例如，选择全谷物、瘦肉、鱼类、豆类、蔬菜和水果等。

◎ 合理的餐次安排：一般包括早餐、午餐、晚餐，以及适量的加餐，以保持稳定的能量供应，避免过度饥饿或暴饮暴食。

◎ 控制食物摄入量：根据个人的身体需求和活动水平，确定每餐的合适分量，以达到能量平衡。例如，对于减肥人群，可能需要适当减少热量摄入。

◎ 营养均衡：确保每餐都包含一定比例的碳水化合物、蛋白质和健康脂肪，并摄入足够的膳食纤维和水分。

◎ 考虑特殊需求：如果有特定的健康问题，如糖尿病、高血压、食物过敏等，饮食计划会做出相应的调整。例如，糖尿病患者需要控制碳水化合物的摄入量和选择低升糖指数的食物。

【示例】健身饮食计划。

> 我是一名健身运动爱好者，每天运动量很大，坚持每日体能训练，为了达成肌肉训练的目的，请为我制订一份饮食计划。

比较之后，各AI的饮食计划大同小异，这里选择通义千问的计划显示如下：

> 作为一名健身运动爱好者，尤其是当你的目标是肌肉增长和体能训练时，饮食计划至关重要。正确的营养摄入可以为高强度的训练提供充足的能量，并帮助肌肉恢复和生长。以下是一个基本的饮食计划框架，旨在支持你的健身目标。
>
> **一日三餐加两次小餐**
> - 早餐：高蛋白、复合碳水化合物和健康脂肪的组合，如燕麦配蛋白质粉、坚果和浆果，或全麦吐司配鸡蛋和牛油果。
> - 上午加餐：一份高蛋白零食，如希腊酸奶、一小把杏仁或一两个煮鸡蛋。
> - 午餐：富含蛋白质的肉类（鸡胸肉、鱼或瘦牛肉）、大量绿叶蔬菜和一份复合碳水化合物（如糙米或红薯）。
> - 下午加餐：一个水果（如香蕉或苹果）和一份蛋白质来源（如低脂奶酪或蛋白棒）。
> - 晚餐：与午餐相似，但可以稍微减少碳水化合物的摄入量，增加蔬菜比例，以控制热量并避免夜间能量过剩。
> - 睡前小吃：如果需要，可以选择一份轻量级的蛋白质零食，如低脂牛奶或一小份坚果，帮助促进夜间肌肉修复。
>
> **营养素分配**
> - 蛋白质：每天每公斤体重至少1.6~2.2克的蛋白质，以支持肌肉修复和生长。
> - 碳水化合物：选择复合碳水化合物，如全谷物、豆类和蔬菜，以提供持续的能量供应。
> - 脂肪：健康的脂肪来源，如鳄梨、坚果、橄榄油和鱼油，有助于维持激素水平和整体健康。
> - 维生素和矿物质：确保摄入足够的蔬菜和水果，以获取必需的维生素和矿物质。

- 水分：每天至少喝2~3升水，保持充足的水分摄入，特别是在训练日。

**训练后恢复**

训练后30分钟内摄入一份快速吸收的蛋白质和碳水化合物，如蛋白质奶昔配香蕉，以加速肌肉修复和能量补充。

**注意事项**

- 个性化调整：根据你的具体目标（增肌、减脂或维持）、体重和训练强度调整饮食计划。
- 食物质量：优先选择天然、未加工的食物，避免过多的糖分和饱和脂肪。
- 监控进度：定期评估你的身体组成和训练表现，必要时调整饮食计划。

请记住，每个人的身体反应都是独一无二的，因此可能需要一段时间的实验和调整才能找到最适合你的饮食模式。建议在制订饮食计划时咨询专业的营养师或教练，以获得个性化的指导。

AI作为语言模型，它可以根据用户的个人情况和目标，为其制订个性化的饮食计划，包括饮食目标，如热量、蛋白质、脂肪、碳水化合物、膳食纤维、维生素和矿物质等摄入量。

# 第 20 章 旅游

AI正在重塑我们的旅行方式,让旅行变得更加智能、便捷和个性化。AI在旅游中的应用带来了诸多便利和全新体验。例如,通过智能推荐系统,根据游客的个人喜好、历史旅行记录和当前需求,为其量身定制个性化的旅游路线;游客无须再依赖传统的导游讲解,只需通过手机应用就能随时随地获取关于景点的详细信息和生动解说;AI能够预测价格波动,帮助游客在合适的时间以最优惠的价格订到心仪的房间;同时AI还能综合考虑天气、交通、当地活动等因素,为游客规划出最合理、高效的行程安排。

## 20.1 旅游规划

旅游规划是在出发之前制订的详细出行计划,旨在为旅行者打造一个充实、愉快且有序的旅程。其主要内容包括确定旅游的目的地、行程时间、交通规划、住宿选择、美食体验等。在安排景点游览时,要注意合理分配时间和体力,恰当选择酒店和就餐位置,确保行程紧凑、合理,同时又符合预算要求。

【示例】一个精心规划的旅游行程能够让人充分享受旅行的乐趣,留下美好的回忆。

> 我计划去北京旅游三天,预算5000元,请帮我做一下攻略。

各AI安排的景点略有不同,用户可以根据个人喜好选择。这里挑选豆包的攻略显示如下:

> 以下是一个北京三日游的攻略,预算5000元左右。
> - 第一天:天安门广场—故宫—景山公园—南锣鼓巷—什刹海。
>   - 上午:抵达北京后,前往酒店办理入住。随后前往天安门广场,参观人民英雄纪念碑、毛主席纪念堂等。接着游览故宫博物院,欣赏珍贵文物和古建筑。
>   - 中午:在故宫附近的餐厅品尝北京烤鸭、炸酱面等特色美食。
>   - 下午:前往景山公园,俯瞰故宫全景和北京市中心的美景。
>   - 晚上:前往南锣鼓巷,体验老北京的胡同文化,品尝各种小吃。之后可以去什刹海酒吧街逛逛,感受北京的夜生活。
>   - 交通:乘坐地铁或公交出行,方便快捷。
>   - 住宿:选择位于市中心或景点附近的酒店,方便出行。
> - 第二天:八达岭长城—奥林匹克公园。
>   - 上午:前往八达岭长城,可以选择乘坐缆车或者徒步攀登。欣赏长城的壮丽景色,感受历史的厚重。

- 中午：在长城附近的餐厅品尝当地美食，如烤虹鳟鱼、板栗红烧肉等。
- 下午：返回市区，前往奥林匹克公园，参观鸟巢、水立方等奥运场馆。
- 晚上：在奥林匹克公园附近的餐厅用餐，品尝创意菜或国际美食。
- 交通：可以选择乘坐市郊铁路或旅游专线前往八达岭长城，也可以参加一日游团队。返回市区后，乘坐地铁前往奥林匹克公园。
- 住宿：建议选择与第一天相同的酒店，避免更换酒店带来的不便。
- 第三天：圆明园—颐和园。
  - 上午：前往圆明园，参观西洋楼遗址、大水法等景点，了解中国近代历史。
  - 中午：在圆明园附近的餐厅品尝皇家菜或私房菜。
  - 下午：前往颐和园，游览长廊、石舫、佛香阁等景点，欣赏皇家园林的美景。
  - 晚上：结束行程，返回酒店，收拾行李，准备返程。
  - 交通：乘坐地铁或公交前往圆明园和颐和园。
  - 住宿：收拾行李，准备返程。

总预算：
- 交通费用：预计每人200元左右，包括地铁、公交、市郊铁路等费用。
- 门票费用：故宫60元、景山公园2元、八达岭长城40元、圆明园10元、颐和园30元，共计142元。
- 住宿费用：根据不同的酒店档次和位置，预计每晚300～500元，两晚共计600～1000元。
- 餐饮费用：按照每人每天200元计算，三天共计600元。
- 其他费用：包括购物、娱乐等费用，预计每人500元左右。

这样，三天的总预算大约在2000～2500元左右，加上往返北京的交通费用，5000元的预算应该是足够的。当然，具体的费用还会根据个人的消费习惯和实际情况有所不同。在旅游过程中，可以根据自己的喜好和时间进行适当的调整。

【注意】

分析各家AI规划的行程，好像都是参考旅行社的行程进行规划，时间安排紧凑，旅客不操心交通、住宿、就餐等细节问题，旅行社都会提前安排，各个环节的衔接流畅。但请注意，参观景点全程基本都是步行，行走一天人会非常疲倦，如果再挤地铁或坐公交从一个景点换乘到另一个景点，需要花费大量时间、精力、体力，如果旅客还要背着大包小包行李，旅行体验会非常差。因此，在做规划时，必须把交通、住宿、就餐等也作为重点考虑因素。再一个就是热门景点和热点地区的酒店都应该提前预订。

## 20.2 目的地推荐

使用AI可以推荐旅游目的地，只要用户提供准确详细的信息，如偏好、预算、旅行时间、兴趣爱好等信息，AI就可以对不同的目的地进行分析和评估，以确定哪些地方适合用户的旅游需求。

【示例】避暑目的地推荐。

今年夏天比较热，我想带着家人（共计3人）找一个地方避暑，时间一个月左右，预算

2万元左右,请帮我推荐一个合适的地方。

各AI平台推荐的目的地不同,这里选择文心一言的推荐进行展示,具体内容如下:

考虑到您希望在今年夏天带着家人寻找一个避暑胜地,且时间约一个月,预算在2万元左右,我为您推荐以下几个地方,每个地方都以其凉爽的气候和丰富的旅游资源而著称。

### 1. 青海湖及周边(青海)

推荐理由:青海湖位于青藏高原东北部,是中国最大的内陆湖,夏季气候凉爽,是避暑的理想之地。此外,周边的茶卡盐湖被誉为"天空之镜",景色独特;祁连山则以雪山和草原风光著称,非常适合家庭出游。

预算考虑:青海湖地区住宿和餐饮相对较为经济,一个月的预算可以涵盖基本的旅行开销,包括住宿、餐饮、交通和部分门票费用。

### 2. 丽江及周边(云南)

推荐理由:丽江古城历史悠久,气候宜人,夏季凉爽。周边还有玉龙雪山、泸沽湖等自然景观,适合家庭游玩。丽江的民族文化丰富,可以体验纳西等少数民族的风情。

预算考虑:丽江的旅游设施完善,但相对青海湖可能稍高一些。不过,通过合理安排住宿(如选择性价比高的客栈或民宿)和餐饮,2万元的预算仍然可行。

### 3. 伊犁(新疆)

推荐理由:伊犁位于新疆西北部,以其壮美的自然风光和丰富的民族文化而闻名。夏季气候凉爽,适合避暑。那拉提草原、赛里木湖等景点都是不可错过的。

预算考虑:虽然新疆的旅行成本可能略高于其他地区,但伊犁的旅游资源丰富,且部分景点免费或门票价格适中。通过提前规划和预订,可以在2万元的预算内完成一个月的旅行。

### 4. 阿尔山(内蒙古)

推荐理由:阿尔山位于内蒙古自治区东北部,以其丰富的森林资源和美丽的自然景观而闻名。夏季气候凉爽,是避暑的好去处。阿尔山国家森林公园、天池等景点都是家庭游玩的绝佳选择。

预算考虑:阿尔山的旅游成本相对较低,住宿和餐饮价格适中。一个月的旅行预算可以覆盖所有基本开销,并留出一定的余地用于购物和体验当地文化。

### 5. 甘南(甘肃)

推荐理由:甘南藏族自治州位于甘肃省南部,以其壮丽的自然风光和丰富的民族文化而闻名。夏季气候凉爽,适合避暑。拉卜楞寺、郎木寺、扎尕那等景点都是家庭出游的好去处。

预算考虑:甘南地区的旅游成本相对较低,且景点分布较为集中,便于游览。通过合理安排行程和预算,2万元的预算可以覆盖一个月的旅行开销。

### 总结

以上五个地方都是夏季避暑的绝佳选择,各有其独特的自然风光和人文景观。根据您的预算和喜好,可以选择其中一个地方作为家庭出游的目的地。在规划行程时,建议提前预订住宿和交通工具,并关注当地的天气情况和旅游政策,以确保旅行的顺利进行。

在预算方面,2万元对于三人一个月的避暑旅行来说是比较紧张的。建议在出发前做好详细的规划和预订,如提前购买往返的火车票或飞机票,预订好住宿,了解目的地的消费水平,以便更好地控制预算。同时,也要考虑到旅行期间可能的额外开销,留出一定的预算余地。

🔊【提示】

在选择目的地时,建议参考多个来源,不要仅仅依赖于一个AI的推荐,可以结合多个来源的信息进行综合考虑，包括旅游指南、朋友的建议、旅行论坛等。查看用户评价和经验，了解实际的情况和体验。最终的目的地选择还是要根据个人喜好和实际情况来决定。在确定目的地后，还可以进一步利用AI来规划行程、查找景点、预订住宿等，以确保旅行顺利和愉快。

## 20.3 路线规划

路线规划是指根据旅行者的时间、预算、兴趣爱好以及目的地的特点等多种因素，精心设计和安排的一系列旅游活动和行程顺序。主要包括目的地选择、行程安排、交通规划、住宿安排、景点选择、餐饮规划、活动安排等。

一个好的旅游路线规划能够让旅行者充分利用时间和资源，最大限度地享受旅行的乐趣，减少不必要的麻烦和浪费，同时确保旅行的安全和舒适。

【示例】云南旅游路线规划。

> 我是一名摄影爱好者，计划去云南旅游7天，主要拍摄云南丰富的自然和人文景观。请帮我规划一下旅游路线。

讯飞星火的安排比较合理，具体内容如下：

> 云南是中国最受欢迎的旅游目的地之一，以其多样的自然风光和丰富的民族文化而闻名。以下是为期7天的云南摄影旅行路线建议。
> 
> 第1天：抵达昆明
> - 上午：到达昆明长水国际机场，入住酒店，休息调整时差。
> - 下午：前往翠湖公园，拍摄湖光山色与城市风光的结合。
> - 晚上：走访昆明的老街区，如金马碧鸡坊，体验当地夜市生活。
> 
> 第2天：昆明至大理
> - 上午：乘坐高铁或汽车前往大理（约4小时车程）。
> - 下午：抵达后，游览大理古城，拍摄白族建筑和文化。
> - 晚上：在洱海边欣赏日落，捕捉洱海与苍山的美景。
> 
> 第3天：大理周边
> 全天：参观崇圣寺三塔，拍摄古代建筑与自然景观的融合。下午可前往周城或者喜洲古镇，探索白族村落和田园风光。
> 
> 第4天：大理至丽江
> - 上午：前往丽江（约3小时车程），途中可停留拍摄沿途风景。
> - 下午：游览丽江古城，拍摄纳西族文化和古城风貌。
> - 晚上：在古城内享受纳西古乐表演，体验当地夜生活。
> 
> 第5天：丽江至泸沽湖
> - 全天：驱车前往泸沽湖（约4～5小时车程），途中拍摄摩梭人村落和泸沽湖的自然风光。
> - 晚上：在泸沽湖畔休息，准备第二天的拍摄。
> 
> 第6天：泸沽湖
> - 全天：环湖游览，拍摄泸沽湖的清晨、日出、湖水、草海以及摩梭人的日常生活。
> - 晚上：返回丽江，途中可拍摄夕阳下的泸沽湖。

第7天：丽江至昆明
- 上午：在丽江古城内自由活动，拍摄遗漏的场景或购买纪念品。
- 下午：返回昆明（飞机或高铁）。
- 晚上：结束旅程，准备第二天离开。

注意事项：
- 根据季节和天气调整拍摄计划，云南的天气多变，尤其是山区。
- 提前预订交通工具和住宿，尤其是在旅游旺季。
- 携带足够的存储卡和备用电池，确保不错过任何精彩瞬间。
- 尊重当地文化和习俗，特别是在拍摄少数民族时，最好事先征得同意。
- 考虑海拔变化，适当准备防寒和防晒用品。

这个行程覆盖了云南的几个主要景点，但云南地大物博，还有很多其他美丽的地方值得探索，如香格里拉、元阳梯田等。如果时间允许，您可以考虑延长行程或者选择专注于某个地区进行深度游。

这样的路线规划充分考虑了摄影爱好者的需求，也合理安排了交通、住宿和餐饮等方面，让旅行更加顺利和愉快。

## 20.4 住宿推荐

住宿推荐通常会包含以下几个方面的信息。
◎ 住宿类型，如酒店、民宿、客栈、公寓等。
◎ 地理位置，如市中心、景区附近、交通枢纽周边等。
◎ 住宿设施，如房间的大小、床的舒适度、卫生间的条件、是否有无线网络、空调等。
◎ 服务质量，包括前台服务、客房服务、餐饮服务等。
◎ 价格范围，可以根据预算做出选择。
◎ 客人评价，参考以往住客的反馈来判断住宿的好坏。

【示例】AI能够根据用户的需求进行准确推荐。

> 我计划去青岛海边度假2天，请帮我推荐一下住宿。住宿条件：临近大海，标准间，有窗户，可以看到大海，价格适中即可。

智谱清言提供了详细的推荐信息，包含酒店价格、位置和特点信息，具体内容如下：

> 青岛是一个美丽的海滨城市，有许多酒店和民宿都符合您的住宿需求。以下是一些推荐的住宿选择，均靠近海边，提供标准间，有窗户可以看到大海，价格适中。
> 
> 1. 青岛海景花园大酒店
> - 位置：市南区彰化路18号，临近海边。
> - 特点：酒店提供海景房，设施齐全，服务周到，步行即可到达海边。
> - 价格：标准间价格大约在500～800元/晚。
> 
> 2. 青岛银沙滩温德姆酒店
> - 位置：黄岛区银沙滩路178号，紧邻银沙滩。
> - 特点：酒店拥有私人海滩，海景房视野开阔，装修现代。
> - 价格：标准间价格大约在600～1000元/晚。

3. 青岛金沙滩希尔顿酒店
- 位置：黄岛区嘉陵江东路1号，靠近金沙滩。
- 特点：酒店提供豪华海景房，设施一流，靠近金沙滩景区。
- 价格：标准间价格大约在800~1200元/晚。

4. 青岛海情大酒店
- 位置：市南区太平角一路18号，靠近第三海水浴场。
- 特点：酒店位置优越，部分房间可以看到海景，步行到海边很方便。
- 价格：标准间价格大约在400~700元/晚。

5. 青岛东海宜必思酒店
- 位置：市南区东海西路85号，靠近音乐广场和浮山湾。
- 特点：酒店提供经济实惠的海景房，性价比高。
- 价格：标准间价格大约在300~600元/晚。

在预订酒店时，请确保查看最新的客户评价和照片，以确保房间符合您的期望。另外，建议提前预订，尤其是在旅游旺季，这样可以确保有更多的选择并且价格相对优惠。您也可以通过各大旅行预订网站或者App（如携程、去哪儿、Booking.com等）来查找和比较不同酒店的价格和评价。

用户可以根据具体需求和预算进一步筛选，建议多参考几家AI平台的推荐。通常，可以通过官方网站、知名旅游预订平台或者直接联系酒店客服进行预订，以确保房间的实际条件符合要求。同时，由于海景房通常比较受欢迎，建议提前预订，尤其是在旅游旺季。

## 20.5 知识问答

在旅行过程中免不了会遇到各种各样的问题，我们都可以通过AI获得即时、准确的答案。

【示例1】旅行前需要准备哪些必备物品？

豆包回答如下：

旅行前需要准备的必备物品包括以下几类。

证件类：
- 身份证或护照：国内旅行携带身份证，出国则需要护照，并确保其在有效期内。
- 驾照（如果有自驾计划）。
- 相关的信用卡和储蓄卡。

衣物类：
- 根据目的地的天气和行程准备合适的衣物，如外套、衬衫、短裤、长裤、裙子等。
- 内衣裤和袜子。
- 舒适的鞋子，如运动鞋、休闲鞋。
- 帽子、围巾、手套（根据目的地气候而定）。

洗漱用品类：
- 牙膏、牙刷、洗面奶。
- 洗发水、护发素、沐浴露（如果酒店不提供）。
- 毛巾。

护肤和化妆类：
- 面霜、乳液、防晒霜。

- 化妆品（如粉底、眼影、口红等）。

电子产品类：
- 手机及充电器、充电宝。
- 相机及相关配件。
- 耳机。

药品类：
- 常用的感冒药、退烧药、消炎药。
- 肠胃药，如止泻药、胃药。
- 晕车药、创可贴。

其他物品：
- 旅行背包或行李箱。
- 眼罩和耳塞（便于在交通工具上休息）。
- 雨伞或雨衣。
- 水杯。

例如，如果您前往炎热的地区旅行，防晒霜和透气的衣物就是必备的；而如果去寒冷的地方，保暖的衣物和冻疮膏就不能少。再比如，如果是长途飞行，眼罩、耳塞和颈枕能让你在途中更舒适。

根据个人情况和旅行目的地的不同，可能还需要添加其他特定物品。提前做好准备，可以让你的旅行更加轻松和愉快。

【示例2】乘坐飞机时，哪些物品不能随身携带？

豆包回答如下：

乘坐飞机时，以下物品通常不能随身携带。

液体类：
- 超过100毫升的液体，包括水、饮料、乳液、面霜、香水等。例如，一瓶200毫升装但只使用了一半的化妆水不能随身携带。
- 凝胶类物品，如发胶、牙膏等，超过规定容量也不能随身。

刀具和尖锐物品：
- 匕首、三棱刀等管制刀具。
- 菜刀、水果刀等生活用刀。
- 美工刀、裁纸刀等尖锐工具。

易燃易爆物品：
- 打火机、火柴。
- 酒精、汽油等易燃液体。
- 烟花、爆竹等易爆物品。

其他物品：
- 具有攻击性的物品，如警棍、电击器等。
- 超过一定尺寸的棍棒。

举个例子，如果您携带了一瓶500毫升未开封的矿泉水，就需要办理托运，不能直接带上飞机。再比如，您的行李中有一把厨房用的菜刀，也必须托运，不能随身携带。

【示例3】出国旅游需要提前办理哪些证件和手续？

腾讯元宝回答如下：

出国旅游需要提前办理一系列证件和手续，以确保行程的顺利进行。以下是一些主要需要办理的证件和手续。

1. 护照：护照是国际旅行的基本证件，相当于国际身份证。申请时需携带照片、身份证、户口簿等材料到户籍所在地的公安局出入境管理机构办理。
2. 签证：签证是入境某个国家所需的许可证明。根据目的地国家的要求，准备相应的签证申请材料，如护照、申请表、照片、行程单、财务证明等，并提交给该国大使馆或领事馆办理。
3. 旅行证件：根据目的地国家的规定，可能需要其他旅行证件。例如，前往申根区国家需要申根签证，而前往一些国家和地区可能需要其他特殊证件。
4. 保险：购买旅行保险，以覆盖可能发生的意外伤害、疾病医疗等风险。在购买保险时，务必了解保险条款和保障范围，并随身携带保险单以备不时之需。
5. 财务证明：为了确保能够在目的地国家支付费用，需要准备足够的财务证明。这可以包括银行账户、信用卡、现金等。
6. 预订确认：为了顺利入境和在目的地国家住宿，需要提供预订确认文件。这可以包括机票、酒店预订确认、旅游行程等。
7. 其他文件：根据目的地国家的规定，可能需要其他文件。这可能包括邀请函、邀请人的身份证明、工作证明等。

在出发前，应详细了解目的国的具体要求和流程，并提前准备好所有必要的文件和材料，以确保旅程的顺利进行。

这个答复非常全面且详细，为准备出国旅游的人提供了必要的指导和建议。其内容详尽、条理清晰、重点突出、提醒周到，是一份非常优秀、全面且实用的指南，能够帮助旅行者顺利准备出国旅游的各项手续和证件。

## 20.6 景点介绍

AI正在为景点介绍带来诸多创新。通过分析游客的偏好、历史浏览记录和行为数据，AI能够为每位游客提供量身定制的景点介绍内容。例如，对于喜欢历史文化的游客，AI会着重介绍景点的历史背景、文化内涵；而对于热爱自然风光的游客，AI则会更多地描述景点的自然景观特色和生态环境。

AI增强了介绍的互动性，游客可以与AI进行实时交流。AI能够以多种形式来呈现景点介绍，除了传统的文字介绍，还能利用图像识别和生成技术为游客展示高清、逼真的景点图片，甚至通过虚拟现实（VR）和增强现实（AR）技术，让游客仿佛身临其境般地感受景点的魅力。

【示例】历史探秘。

我是一名历史爱好者，请简单介绍一下故宫太和殿前日晷的历史故事。

豆包回答如下：

故宫太和殿前的日晷是一种古老的计时器，具有深厚的历史意义。

日晷的盘面和赤道平行，指针和地轴同向。其晷盘是正反两面都有刻度的圆盘，每一个刻度代表一个时辰，由汉白玉石制成；晷针是铁制的，垂直穿过晷盘。晷座呈正方形，用四根石柱支撑，晷盘倾斜放置在晷座上，盘面与地平面垂直线的夹角正好是日晷所在地的纬度（北京故宫所在地处在北纬39度54分，日晷晷面和此地地平面的锐夹角约为51度06分）。

从春分到秋分的半年时间里，太阳照在晷面的正脊上，看晷盘上面的刻度；从秋分到来年春分的半年里，则看晷盘下面的刻度。

在中国古代，掌握计时权力的是国家的统治者，宫殿前设置日晷，象征着皇帝拥有向天下万民授时的最高权力。

日晷是通过太阳投射到地面形成阴影以及地球围绕太阳转的原理进行计时的，日晷晷针影子随太阳运转而移动，根据投影表示时间。然而，日晷在使用上受到条件限制，必须有阳光方可使用，如果遇上多云无阳光，或阴天下雨和晚上就无法计时了。

历史上曾有与日晷相关的故事。例如，在1669年正月的午门，发生了一场历法的对决。当时15岁的康熙皇帝登基已八年，但实权掌握在辅政大臣鳌拜手中。鳌拜支持的传统历法推算方式出现错误，康熙意识到这是打击鳌拜的好机会。康熙和鳌拜一同来到午门广场，用不同的方法测算正午时分日影的长度，结果传统历法再次测算失误，康熙一方的测算准确无误。

日晷作为古代的计时工具，不仅体现了古人的智慧，也见证了历史的变迁。如今，它虽已失去实际的计时功能，但作为时间的象征，仍然伫立在太和殿前，向人们展示着古代的科技与文化。

AI正在重塑景点介绍的方式，为游客带来更丰富、更个性化、更具互动性的体验，使游客能更深入、全面地了解和欣赏景点。

## 20.7 写游记

游记是对旅行经历的一种书面记录和描述。它通常包含行程路线、目的地描述、个人感受和体验、活动和事件、实用信息等。游记的目的不仅仅是记录旅行的过程，更是与他人分享旅行中的所见所闻、所感所悟，传递个人的独特观察和理解。它可以激发读者的旅行欲望，也能帮助读者从不同的视角了解一个地方。

【示例】只要简单输入旅行中的一些关键信息，AI就可以帮助用户快速生成一篇游记。

> 我昨天去故宫玩了一天，在珍宝馆看到很多珍宝，让人惊叹不止，请为我写一段游记，记录这段难忘的经历，字数不要太多，我想发到朋友圈。

智谱清言、讯飞星火、腾讯元宝的文章不错，简短，突出主题，语言亲和，适合发到朋友圈。

◎ 智谱清言生成的游记如下：

> 昨日漫步故宫，珍宝馆内流光溢彩，一件件珍宝诉说着历史的辉煌。金缕玉衣、翠玉白菜、乾隆御制瓷器……每一件都让人叹为观止。在这里，我仿佛穿越时空，见证了古代工匠的智慧和皇家的奢华。此行难忘，故宫之美，值得细细品味。#故宫珍宝馆# #历史文化之旅#

◎ 讯飞星火生成的游记如下：

> 明白，您想要记录故宫之行的游记发朋友圈。以下是根据您的要求写的一段简洁的故宫

游记内容。

> 标题：故宫珍宝馆的一日
> 
> 昨天，我有幸游览了赫赫有名的故宫，其中最让我震撼的是珍宝馆的丰富藏品。每一步，每一眼，都是惊艳。金银器皿闪耀着历史的光辉，精致绝伦的玉器、瓷器让人叹为观止。这里不仅是皇家的象征，更能感受到匠心独运的非凡技艺。经历了一天的文化洗礼，心灵得到了前所未有的滋养。分享几张照片，但现场的震撼是图片无法复刻的。这是一次触及灵魂的旅行，强烈推荐给每一位热爱历史和艺术的朋友！

◎ 腾讯元宝生成的日记如下：

> 昨天漫步故宫珍宝馆，仿佛穿越时空，踏入皇家宝藏之地。满眼皆是璀璨珍宝，翡翠玉石、金银器皿、陶瓷书画，无一不精，无一不奇。每一物都凝聚了匠人的心血和智慧，诉说着千年的故事。在这皇家禁地，我感受到了历史的厚重与奢华，真是人间仙境，令人叹为观止！期待下一次再来，继续探寻更多宝藏的秘密。

游记是一种富有个性和情感色彩的文体，可长可短，可随笔可精致，目的是能让读者跟随作者的脚步，一同领略旅行的魅力。

# 第 21 章 游 戏

AI在游戏中扮演着重要的角色,为游戏带来了创新和机遇。在游戏的剧情生成方面,AI可以根据玩家的选择和游戏进程,动态地生成独特的剧情走向,让每个玩家的游戏体验都独一无二。在游戏的对手设定上,AI能模拟出逼真的对手行为。

AI控制的对手能够学习玩家的策略和习惯,不断调整自己的战术,给玩家带来具有挑战性的对抗体验。AI还可以用于游戏的优化和测试。它可以快速模拟大量的游戏场景和玩家操作,帮助开发者发现潜在的漏洞和问题,提高游戏的质量和稳定性。

## 21.1 游戏推荐

AI在游戏推荐方面具有巨大的潜力,它能够通过分析玩家的游戏历史数据,包括游戏时长、游戏类型偏好、游戏内的行为模式等,为玩家精准推荐符合其兴趣和习惯的游戏。AI还能考虑到玩家的实时情绪和状态。如果检测到玩家在一段时间内压力较大,可能会推荐一些轻松休闲的游戏来帮助其放松。此外,AI还可以根据当前的热门游戏趋势和玩家的社交关系进行推荐。假如玩家的好友都在玩某一款热门游戏,AI会考虑将其推荐给该玩家,以增加社交互动的可能性。

游戏有多种分类方式,常见游戏类型包括:动作游戏(ACT)、冒险游戏(AVG)、模拟游戏(SIM或SLG)、角色扮演游戏(RPG)、策略游戏(Strategy Game)、射击游戏(STG)、格斗游戏(FTG)、音乐游戏(MUG)、休闲游戏、体育游戏(SPG)、竞速游戏(RAC)、益智类游戏(PUZ)、沙盒游戏、大型多人在线角色扮演游戏(MMORPG)、第一人称射击游戏(FPS)、第三人称射击游戏(TPS)、动作冒险游戏(A·AVG)、即时战略游戏(RTS)、策略角色扮演游戏(SRPG)、卡牌游戏(CAG)、桌面游戏(TAB)、多人在线战斗竞技游戏(MOBA)、手机游戏(WAG)、泥巴游戏(MUD)等。

🔊【提示】

随着游戏行业的发展,许多游戏可能融合了多种类型的特点,难以严格归为某一类。此外,不同地区和个人对游戏类型的划分可能会有所差异。

【示例】推荐益智游戏。

> 我儿子狂爱打游戏，严重影响了学习，我想让他玩一些与学习有关的益智游戏，逐步戒掉玩游戏的习惯，请帮推荐一款与初中学生年龄段相关的益智游戏，游戏时间不要太长。

文心一言重点推荐了《脑力大师》；豆包推荐了《数独酷》；智谱清言推荐了12款游戏，其中包括《我的世界》《保卫萝卜4》《猫博物馆》《数独大全》《成语大师》等；通义千问推荐了《数学家模拟器》和《不懂数学》；讯飞星火推荐了4类游戏，包括《我的世界》《保卫萝卜4》《猫博物馆》等；Kimi推荐了6款游戏，包括《卡通数学》《心算大师》《数独大全》《成语大师》等；腾讯元宝推荐了5款游戏，包括《燃烧吧大脑》《数独大全》《成语大师》《华容道经典闯关》等；360智脑推荐了《数独》。

🚨【注意】

> AI在游戏推荐中也可能存在一些问题。例如，推荐结果可能过于局限，或者由于数据偏差导致推荐不准确。用户可以多参考几家AI平台的推荐，并结合其他推荐渠道进行酌情选择。

## 21.2 游戏介绍

当用户向AI询问某款游戏的玩法时，它可以介绍游戏以及玩法。例如：
◎ 详细描述游戏的基本规则和目标，让用户清楚了解游戏的核心内容。
◎ 解释游戏中的操作方式，包括如何移动角色、进行攻击、使用道具等。
◎ 介绍游戏的不同模式和关卡设置，以及每个模式和关卡的特点和要求。
◎ 说明游戏中的角色或单位的特性和能力，帮助用户了解如何选择和运用它们。
◎ 讲解游戏的得分机制、奖励系统和升级方式，激励用户在游戏中追求更好的表现。

【示例1】介绍游戏。

> 《英雄联盟》是一款什么游戏？

通义千问回答如下。

> 《英雄联盟》（*League of Legends*，LoL）是由Riot Games开发并维护的一款多人在线战斗竞技场（MOBA）游戏。在游戏中，两队玩家（通常是五人一队）各自选择一个独特的英雄角色，然后在一个地图上对抗，目标通常是摧毁对方的主要建筑，即"主堡"或"水晶核心"。
> 
> 每个英雄都有特定的能力和属性，玩家可以通过击杀敌方单位、英雄以及野怪来获取金钱和经验值，从而购买装备和提升等级，增强自己的英雄。游戏强调策略、团队协作和个人技巧。
> 
> 《英雄联盟》的玩法和早期的《魔兽争霸Ⅲ》中的自定义地图DotA（Defense of the Ancients）有相似之处，但加入了更多的创新元素，如天赋树、符文系统和召唤师技能等，这些都增加了游戏的深度和可玩性。
> 
> 游戏本身是免费的，但提供了内购选项，玩家可以使用真实货币购买虚拟物品，如英雄皮肤、表情动作和其他装饰品。此外，Riot Games还组织了多个级别的电子竞技比赛，包括地区性的职业联赛和国际性的锦标赛，如全球总决赛。这些赛事吸引了大量的观众和参与

者，形成了独特的电子竞技文化。

【示例2】游戏的玩法。

> 我是一名新手，《英雄联盟》的玩法复杂吗？请简单介绍一下如何让新手快速入门，不要介绍高级玩法。

360智脑的介绍比较通俗易懂，适合新手快速入门，具体内容如下：

《英雄联盟》的玩法对于新手来说可能会有一定的学习曲线，但通过一些基本的指导，新手可以更快地上手。以下是一些帮助新手快速入门的基本步骤。

1. 游戏界面和基本操作

游戏界面：熟悉游戏界面，了解各个按钮的功能。游戏界面的主要区域包括游戏地图、英雄信息、物品栏、技能栏等。

基本操作：掌握移动、攻击、使用技能和购买物品的基本操作。移动是通过鼠标右键单击目的地，攻击是通过鼠标左键单击目标，技能通常通过Q、W、E、R键的释放。

2. 了解英雄类型

英雄分类：英雄分为坦克、战士、法师、射手和辅助等不同类型。每种类型的英雄有不同的玩法和定位。

选择英雄：新手可以选择一些操作相对简单的英雄开始，如盖伦（Garen）、艾希（Ashe）等。

3. 基本游戏规则

游戏目标：摧毁敌方的水晶枢纽。在经典模式下，地图上有三条主要路线（上路、下路、中路），以及"野区"。

经济系统：通过击杀小兵、英雄、野怪和摧毁建筑来获得金币，用以购买装备强化自己。

4. 学习基础战术

补兵：通过击杀小兵来获得金币，这是获取经济的主要方式。

走位：通过灵活的移动来躲避敌方技能和攻击，减少受到的伤害。

技能连招：了解英雄的基本技能连招，提高战斗中的输出效率。

5. 团队合作

沟通：使用语音或文字与队友沟通，报告敌方位置、请求支援等。

配合：与队友配合进行击杀、推塔和团战。

6. 利用游戏资源

野怪：击杀野区的怪物可以获得经验和金币，增强自己的实力。

防御塔：利用防御塔保护自己，同时寻找机会摧毁敌方的防御塔。

7. 练习和提升

人机模式：通过人机模式熟悉英雄和基本操作。

观看教程：观看官方教程或高手的游戏视频，学习更多的游戏技巧和战术。

8. 装备选择

购买装备：根据游戏局势和对手的阵容选择合适的装备。新手可以参考推荐出装，逐渐学会根据情况调整装备选择。

通过以上步骤，新手可以逐步掌握《英雄联盟》的基本玩法和技巧。最重要的是多练习、多思考，逐渐提升自己的游戏水平。

## 21.3 与AI玩游戏

AI可以与用户玩多种类型的游戏，但是各家AI支持的情况不统一，用户可以向AI大模型发送"可以与你玩什么类型的游戏？"的信息，获取当前AI支持的游戏类型和名称。

🚗【注意】

由于大多数AI都是文本大模型，无法进行图形界面的游戏或需要实际操作的游戏，因此游戏体验会局限于文字描述和逻辑推理。

【示例】与智谱清言玩五子棋。

我：
咱们来玩五子棋吧？
智谱清言：
好的，我们可以用文字来描述棋盘和下棋的位置。这里是一个15×15的五子棋棋盘，我们可以用坐标来表示下棋的位置。例如，（7,7）表示第7行第7列。黑子先行，我执黑子，你执白子。
以下是初始的棋盘布局，每个位置用"-"表示空位。

```
    1 2 3 4 5 6 7 8 9 10 11 12 13 14 15
1   - - - - - - - - - -  -  -  -  -  -
2   - - - - - - - - - -  -  -  -  -  -
3   - - - - - - - - - -  -  -  -  -  -
4   - - - - - - - - - -  -  -  -  -  -
5   - - - - - - - - - -  -  -  -  -  -
6   - - - - - - - - - -  -  -  -  -  -
7   - - - - - - - - - -  -  -  -  -  -
8   - - - - - - - - - -  -  -  -  -  -
9   - - - - - - - - - -  -  -  -  -  -
10  - - - - - - - - - -  -  -  -  -  -
11  - - - - - - - - - -  -  -  -  -  -
12  - - - - - - - - - -  -  -  -  -  -
13  - - - - - - - - - -  -  -  -  -  -
14  - - - - - - - - - -  -  -  -  -  -
15  - - - - - - - - - -  -  -  -  -  -
```

我执黑子先下，我在棋盘中心下，即（8,8）。

```
    1 2 3 4 5 6 7 8 9 10 11 12 13 14 15
1   - - - - - - - - - -  -  -  -  -  -
2   - - - - - - - - - -  -  -  -  -  -
3   - - - - - - - - - -  -  -  -  -  -
4   - - - - - - - - - -  -  -  -  -  -
5   - - - - - - - - - -  -  -  -  -  -
6   - - - - - - - - - -  -  -  -  -  -
7   - - - - - - - - - -  -  -  -  -  -
8   - - - - - - - ● - -  -  -  -  -  -
```

```
 9 - - - - - - - - - - - - - - -
10 - - - - - - - - - - - - - - -
11 - - - - - - - - - - - - - - -
12 - - - - - - - - - - - - - - -
13 - - - - - - - - - - - - - - -
14 - - - - - - - - - - - - - - -
15 - - - - - - - - - - - - - - -
```

◎ 我：

(8,9)

◎ 智谱清言：

你选择了坐标（8,9）来下白子。以下是更新后的棋盘布局。

```
    1 2 3 4 5 6 7 8 9 10 11 12 13 14 15
 1  - - - - - - - - - -  -  -  -  -  -
 2  - - - - - - - - - -  -  -  -  -  -
 3  - - - - - - - - - -  -  -  -  -  -
 4  - - - - - - - - - -  -  -  -  -  -
 5  - - - - - - - - - -  -  -  -  -  -
 6  - - - - - - - - - -  -  -  -  -  -
 7  - - - - - - - - - -  -  -  -  -  -
 8  - - - - - - - ● ○ -  -  -  -  -  -
 9  - - - - - - - - - -  -  -  -  -  -
10  - - - - - - - - - -  -  -  -  -  -
11  - - - - - - - - - -  -  -  -  -  -
12  - - - - - - - - - -  -  -  -  -  -
13  - - - - - - - - - -  -  -  -  -  -
14  - - - - - - - - - -  -  -  -  -  -
15  - - - - - - - - - -  -  -  -  -  -
```

现在轮到我执黑子下棋，我选择在（8,7）的位置下黑子。

```
    1 2 3 4 5 6 7 8 9 10 11 12 13 14 15
 1  - - - - - - - - - -  -  -  -  -  -
 2  - - - - - - - - - -  -  -  -  -  -
 3  - - - - - - - - - -  -  -  -  -  -
 4  - - - - - - - - - -  -  -  -  -  -
 5  - - - - - - - - - -  -  -  -  -  -
 6  - - - - - - - - - -  -  -  -  -  -
 7  - - - - - - - - - -  -  -  -  -  -
 8  - - - - - - ● ● ○ -  -  -  -  -  -
 9  - - - - - - - - - -  -  -  -  -  -
10  - - - - - - - - - -  -  -  -  -  -
11  - - - - - - - - - -  -  -  -  -  -
12  - - - - - - - - - -  -  -  -  -  -
13  - - - - - - - - - -  -  -  -  -  -
14  - - - - - - - - - -  -  -  -  -  -
15  - - - - - - - - - -  -  -  -  -  -
```

限于篇幅，后面的下棋过程就不再显示，读者可以亲自尝试与AI进行过招。

## 21.4 写游戏剧本

游戏剧本是为游戏创作的一个详细的故事框架和情节规划。它包含了游戏的背景设定、角色设定、主要情节、任务流程、关卡设计等内容。游戏剧本是游戏的灵魂和核心，决定了游戏的主题、风格、情节和玩家的体验。它为游戏开发者提供了清晰的指导，让他们知道如何创建游戏的世界、角色和玩法，以实现一个连贯且引人入胜的游戏体验。

【示例】AI可以根据设定的主题、背景和角色特点，自动生成具有连贯性和创意性的游戏剧本，大大减少策划和编剧的工作量，提高游戏的开发效率。

> 请编写一段游戏剧本，游戏名称为八仙过海，游戏类型为角色扮演游戏。在这款游戏中，玩家需要扮演一位拥有特殊本领的大仙，与海上各种不同的鬼怪进行智斗，完成任务，最终渡过大海。

每家AI生成的游戏剧本各不相同，但都很有意思。限于篇幅，这里显示豆包的游戏剧本。

> 以下是为您编写的《八仙过海》游戏剧本。
>
> **游戏背景：**
> 在一个神秘而奇幻的世界里，大海之上充满了未知与挑战。传说只有本领高强的大仙才能成功渡过这片波涛汹涌的海域。而你，将扮演一位拥有特殊本领的大仙，踏上这充满艰险的渡海之旅。
>
> **角色设定：**
> 1. 玩家角色：你可以选择扮演八仙中的一位，如铁拐李（拥有神奇的拐杖，能变大变小，作为武器和工具）、吕洞宾（剑术高超，能御剑飞行）、何仙姑（手持荷花，花瓣可化作护盾和攻击武器）等。
> 2. 敌人：各种形态各异、能力不同的鬼怪，如能掀起巨浪的海妖、善于迷惑人心的魅魔、力大无穷的水怪等。
>
> **主要情节：**
> 1. 游戏开始，你出现在海边，接到任务——渡过大海，到达彼岸的仙岛，获取神秘的法宝。
> 2. 踏上征程，不久便遭遇了第一波鬼怪——一群善于伪装的水妖。它们会化作普通的海浪和礁石，趁你不备发动攻击。你需要运用自己的特殊本领识破它们的伪装，并将其击败。
> 3. 继续前行，遇到了能掀起巨大海浪的海妖。它试图用海浪将你卷入海底，你需要灵活躲避，并寻找海妖的弱点进行反击。
> 4. 经过一番激战，海妖被打败。但紧接着，又出现了魅魔，它试图迷惑你的心智，让你陷入幻觉。你凭借坚定的意志和特殊技能摆脱了幻觉，并将魅魔驱散。
> 5. 终于接近仙岛，然而，仙岛周围有强大的结界，需要解开一个谜题才能进入。谜题与你之前的战斗经历和所遇到的鬼怪有关。
> 6. 成功解开谜题，进入仙岛，获得神秘法宝。但此时，隐藏在暗处的终极BOSS——上古水魔出现，它拥有强大的力量和复杂的技能。
> 7. 与水魔展开一场惊心动魄的决战，运用你的智慧、技能和法宝，最终战胜水魔，成功渡过大海。

任务流程：
1. **任务一**：击败伪装水妖
   - 目标：消灭 20 只伪装水妖。
   - 奖励：经验值 500，金币 100，恢复药水 ×5。
2. **任务二**：战胜海妖
   - 目标：击败海妖。
   - 奖励：经验值 800，金币 200，技能升级石 ×1。
3. **任务三**：驱散魅魔
   - 目标：摆脱魅魔的幻觉并将其驱散。
   - 奖励：经验值 1000，金币 300，防御宝石 ×1。
4. **任务四**：解开仙岛谜题
   - 目标：根据提示，正确回答谜题。
   - 奖励：经验值 1500，金币 500，攻击宝石 ×1。
5. **任务五**：击败上古水魔
   - 目标：战胜上古水魔。
   - 奖励：经验值3000，金币1000，神秘法宝。

关卡设计：
1. 起始海滩：相对较为平静，但有隐藏的水妖。
2. 深海区域：海浪较大，海妖出没。
3. 迷雾地带：魅魔所在区域，充满幻觉和干扰。
4. 仙岛周边：有强大的结界和复杂的谜题。
5. 仙岛内部：终极BOSS上古水魔的领地。
希望这个游戏剧本能为您带来一些灵感和乐趣！

在角色扮演游戏（RPG）中，游戏剧本会设定游戏世界的历史、文化、政治格局，以及主角的身世、目标和成长历程。玩家在游戏中的冒险和经历都是基于这个剧本展开的。

AI设计的这个游戏剧本具有一定的创意和吸引力，该剧本包括独特的主题、丰富的剧情、完善的游戏系统，同时还具备互动性和结局设计。开发者可以根据这个剧本进行开发，当然AI生成的剧本也存在各种问题，开发者可以根据实际情况（如玩家的反馈）进行调整和完善，以提高游戏的可玩性和吸引力。

## 21.5 写游戏对话

AI还会根据角色设定和情境需求，生成自然、流畅的游戏对话。这样不仅使游戏角色更加生动逼真，还提高了游戏的互动性和沉浸感，提高玩家的游戏体验。

【示例】生成游戏对话。

请继续以上面的游戏剧本为例，当玩家遇到伪装水妖之后，请编写一段玩家与伪装水妖的对话。

豆包生成的游戏对话如下：

以下是玩家与伪装水妖的对话。
伪装水妖（阴森地笑着）："哈哈，愚蠢的大仙，你能识破我的伪装吗？"
玩家（警惕地握紧武器）："小小水妖，休要猖狂！你的伎俩瞒不过我的法眼！"
伪装水妖（不屑地）："哼，那你就试试看，看你能不能在这茫茫大海中找出真正的我！"
玩家（目光坚定）："别以为我会怕你，我定让你显出原形！"
伪装水妖（挑衅地）："有本事就来啊，我倒要看看你有多大能耐！"

在传统游戏中，对话选项和预设行为都比较有限，通过AI的协助，可以设计各种意想不到的对话效果和行为，让游戏变得更加有趣和不确定性。

## 21.6 写游戏攻略

游戏攻略，通常指的是帮助玩家在游戏中取得更好成绩、更快完成目标或解决游戏中遇到难题的策略和方法的集合。它可以是文字、图片、视频等多种形式，通常包含基本操作指南、游戏系统解析、角色/职业分析、关卡攻略、装备/道具指南、技巧与窍门、常见问题解答、游戏剧情解读、游戏心得分享。

【示例】游戏闯关攻略。

在上面的《八仙过海》游戏中，第三关的任务是驱散魅魔，请问如何通过这个任务？

豆包回答如下：

要通过《八仙过海》游戏中的第三关"驱散魅魔"任务，您可以尝试以下策略。
1. 保持冷静和专注：魅魔的迷惑能力旨在扰乱您的心智，所以要时刻提醒自己保持冷静，不被幻觉所左右。
2. 观察环境细节：留意周围环境中的异常之处，如不合理的光影变化、重复出现的场景元素等，这可能是幻觉的破绽。
3. 分析魅魔的行动模式：观察魅魔出现和攻击的规律，了解它的行动节奏，以便在合适的时机进行反击或躲避。
4. 运用特殊技能：合理使用您所扮演的八仙角色的特殊技能，来对抗魅魔。例如，如果您是铁拐李，可以利用拐杖的神奇力量破除幻象；如果是吕洞宾，御剑飞行可能有助于快速避开魅魔的攻击范围。
5. 寻找道具或线索：在关卡中仔细搜索，可能会有隐藏的道具或线索，帮助您打破魅魔的迷惑或者增强自身的抵抗力。
6. 团队协作（如果有队友）：与队友保持沟通和配合，分享彼此所观察到的情况，共同制定应对策略。
7. 强化自身意志：在游戏中通过内心的坚定信念来抵抗魅魔的精神干扰，想象自己的目标和使命，增强精神的抵抗力。
不断尝试和总结经验，相信您一定能够成功驱散魅魔，通过这一关卡！

通过与AI实时交流，玩家能够获得更加实用的攻略建议，提高游戏技能，享受游戏带来的乐趣。这对于新手玩家来说尤其有用，可以帮助他们更快地熟悉游戏；对于资深玩家来说，则可以帮助他们在游戏中追求更高的成就。然而，过度依赖游戏攻略可能会减少游戏探索的乐趣，因此玩家应根据个人喜好和需求来选。

## 21.7 写游戏测评

游戏测评是对一款游戏进行全面评估和分析的过程,旨在为玩家提供关于游戏的详细信息和评价,帮助他们决定是否值得投入时间和金钱去体验。游戏测评通常包含画面与音效、游戏玩法、剧情与世界观、角色与成长系统、社交与多人互动、游戏平衡性、优化与稳定性、创新性等。一份全面、客观、准确的游戏测评能够为玩家提供有价值的参考,帮助他们更好地了解游戏的优缺点,并做出明智的选择。

【示例】测评游戏。

> 你玩过《英雄联盟》这款游戏吗?请对它进行简单评价一下,列出测评提纲。

腾讯元宝回答如下:

> 《英雄联盟》是由美国Riot Games开发的一款英雄对战MOBA竞技网游,自2009年发布以来,已成为全球最受欢迎的电子竞技游戏之一。以下是对《英雄联盟》的简单评价和测评提纲。
> 《英雄联盟》简单评价
> - 优点
>   - 丰富的英雄和皮肤:游戏拥有超过150个独特的英雄,每个英雄都有其独特的技能和背景故事,同时提供了大量的皮肤供玩家选择,增加了游戏的个性化体验。
>   - 竞技性强:《英雄联盟》的竞技性非常强,职业联赛和全球总决赛等高水平赛事吸引了全球数百万观众的关注。
>   - 社区文化:游戏拥有庞大的玩家社区,玩家之间形成了深厚的友谊和竞争关系,社区活动丰富,如Cosplay、电竞比赛等。
> - 缺点
>   - 上手难度:对于新手玩家来说,游戏的上手难度较高,需要一定的时间熟悉英雄技能和游戏机制。
>   - 网络问题:由于游戏服务器分布在全球,网络延迟和掉线问题可能会影响游戏体验。
>   - 更新频繁:游戏更新频繁,新英雄、新地图、新系统等的引入可能会让老玩家感到不适应。
>
> 《英雄联盟》测评提纲
> 1. 游戏画面与音效:评估游戏的画面质量、音效设计以及整体的游戏氛围。
> 2. 英雄与皮肤:分析英雄的设计、技能平衡以及皮肤的多样性和吸引力。
> 3. 游戏模式与地图:考查游戏提供的多种游戏模式(如排位赛、大乱斗等)以及地图的设计和玩法。
> 4. 社交与竞技系统:评估游戏的社交功能、竞技系统的公平性以及玩家之间的互动。
> 5. 新手友好度:分析游戏对于新手的引导和支持,以及新手玩家的成长路径。
> 6. 网络连接与服务器稳定性:测试游戏在不同网络环境下的表现以及服务器的稳定性。
> 7. 更新频率与内容质量:考查游戏的更新频率、新内容的引入以及更新对游戏平衡的影响。
> 8. 社区与赛事:评估游戏社区的活跃度、赛事的组织和观看体验。
>
> 《英雄联盟》凭借其丰富的游戏内容、强大的竞技性和深厚的社区文化,吸引了全球数亿玩家的喜爱。尽管存在一些缺点和挑战,但游戏开发商一直在努力改进,以提供更好的游戏体验。

AI生成的游戏测评提纲具体且有结构性,为撰写完整的测评报告提供了基本框架,从画面、音效、故事和剧情,到游戏系统,再到玩家体验和评价,综合考虑了各个方面。这样的测评提纲能够确保测评者对游戏进行全面测试。

## 21.8 游戏创意

  游戏创意是游戏设计的核心和灵魂,指的是新颖、独特且具有吸引力的游戏概念、玩法、主题或机制等方面的构想。游戏创意可以来源于多个方面,如生活经历、历史文化、科幻小说、电影、其他游戏的启发等。

  例如,一款以太空探索为主题的游戏,玩家需要在不同的星球上建立基地、开采资源,并应对外星生物的威胁。这个创意融合了生存、策略和冒险元素,具有一定的新颖性和吸引力。一款基于音乐节奏的跑酷游戏,玩家需要根据音乐的节奏来控制角色的跳跃、滑行等动作,游戏将音乐和动作相结合,也是一种独特的创意。

  【示例】优秀的游戏创意是创造出成功游戏的关键因素之一。

> 我正在设计一款《八仙过海》角色扮演游戏,请根据以下提示词生成一个波澜壮阔的大海场景。提示词:浩渺、变幻莫测、波澜壮阔、深不可测、遥不可及、生命渺小。

  豆包设计的场景如下:

> 以下是为您生成的《八仙过海》游戏中的大海场景描述。
>   当您踏入这片海域,首先映入眼帘的是浩渺无垠的蓝色世界,一直延伸到视线的尽头,仿佛与天空连成一线,让人分不清哪里是海、哪里是天。
>   海面波澜壮阔,巨大的浪涛此起彼伏,如同万马奔腾,发出震耳欲聋的咆哮声。海水时而汹涌澎湃,掀起数十米高的巨浪,时而又瞬间平息,展现出变幻莫测的姿态。
>   向下望去,海水深不可测,那黑暗的深处仿佛隐藏着无尽的秘密和未知的恐惧。即使是八仙这样拥有神通的人物,在这无尽的海洋面前,也会感到自身的渺小。
>   远处的地平线遥不可及,无论怎样眺望,都难以窥探到大海的边界。在这片广阔的海洋中,生命显得如此渺小,仿佛只是沧海一粟。
>   海风吹过,带来咸涩的气息,海浪拍打着岸边的礁石,溅起白色的泡沫。偶尔能看到巨大的海兽在海水中若隐若现,它们是这片神秘领域的主宰。天空中,海鸟在狂风中艰难地飞翔,发出凄厉的叫声,仿佛在向人们诉说着大海的威严和无情。

  AI生成的场景描述包含了所有的提示词,创意设计出一个充满神秘、恐惧的大海场景。当然,这个场景还存在改进的空间,可以进一步挖掘大海的历史背景、文化特点,使其更加丰满和立体。

【提示】

>   AI作为强大的语言生成模型,还可以应用于游戏模块和自定义内容生成方面,它可以创建独特的游戏内容,如任务生成、角色创建、对话编写、物品和装备设计、地图和场景创作、故事编排等。这不仅能够增加游戏的可玩性,还能够为玩家提供更多个性化的体验。

# 第6篇

## 多媒体应用篇

# 第 22 章
# AI 生图

AI能够根据文本生图，这是一项令人惊叹的技术。它基于AI算法，能够根据用户输入的文字描述，生成与之对应的图像。这项技术具有广泛的应用。例如，在设计领域，设计师可以通过输入对产品外观、场景布置等的文字设想，快速获得初步的创意图像，为后续的详细设计提供灵感。在创意写作中，作者可以通过文字描述生成与故事内容相关的插图，增强作品的可视化效果，让读者更直观地感受到故事中的情境。在教育领域，它可以帮助学生更直观地理解抽象的概念。当然，AI文生图技术也并非完美无缺，有时生成的图像可能与预期存在一定偏差，或者在细节和准确性上有待提高。但随着技术的不断进步，相信这些问题会逐步得到解决。

## 22.1 生成图像

AI能够根据用户输入的提示词生成相关的图像。目前大部分AI大模型支持文本生成图像的功能，Kimi暂时还不支持。部分AI系统还提供了专门的绘图工具，以供通用大模型调用，或者提供更专业的绘图能力。

◎ 百度：提供了多款工具可以实现文生图的功能，主要包括文心一格、百度图片AI助手。
◎ 阿里云：通义系列包含了文生图的工具"通义万相"。
◎ 讯飞星火：讯飞星火提供了多种图像生成工具和服务，主要包括讯飞AI画屏。
◎ 360：360推出了AI文生图工具，名为"360鸿图"。
◎ 商汤：商汤推出的"商汤秒画"绘图工具。

【示例1】绘制插图。

> 请帮我绘制一张插图，插图内容为兰草，要求兰草生命力旺盛、颜色青翠欲滴，不要添加背景，留白要多，该插图将为以兰为主题的文章作点缀。

其中比较符合要求的插图效果如下：

腾讯元宝 　　　　　　　　讯飞星火 　　　　　　　　通义万相

【示例2】绘制人像图。

请绘制一张可爱的小女孩图像，年龄12、13岁，扎着马尾辫，穿着学生服。

其中比较符合要求的人像效果如下。其中豆包生成了4张照片，画质都非常不错，而360鸿图绘制的4张人像画质一般。

豆包 　　　　　　　　　　智谱清言 　　　　　　　　通义万相

【示例3】绘制更多风格的画作。

请画一张画：淡蓝色长发极其精致的美少女，漂亮，可爱，眉清目秀，目光清澈，美丽，最佳质量，超微距，电影质感，二次元，画质绝佳，细腻入微，色彩增强，刻画精细，线条细腻，超高清，质感提高，色彩饱满，细节丰富，画面细腻度高，发花，星光闪闪，光线追踪。

绘画效果选摘如下：

智谱清言 　　　　　　　　通义千问 　　　　　　　　腾讯元宝

> 请画一张画：低头沉思的睿智老人，戴着眼镜，油画，抽象，毕加索，马蒂斯。

绘画效果选摘如下：

| 豆包 | 智谱清言 | 讯飞星火 |

> 请画一张画：程十发风格，摇滚少女，少数民族服饰，爵士乐，歌手，嘻哈风，色彩鲜艳，泼彩国画，水墨画。

绘画效果选摘如下：

| 智谱清言 | 通义千问 | 腾讯元宝 |

> 请画一张画：穿着精致服饰的狗狗，表情温柔，复杂和艺术风格，真实细节，超高清，复杂纹理，苏菲·加曼德，生动清晰，互补色。

绘画效果选摘如下：

| 文心一言 | 智谱清言 | 通义千问 |

第22章 AI 生图

## 22.2 生成连续图像

AI支持生成连续的图像,即根据一定的规则和算法,自动创作出一系列在内容和视觉上具有连贯性和逻辑性的图像。例如,通过对人物动作的理解和预测,AI可以生成一个人从走路到跑步的连续动作图像;或者根据一个故事的发展,生成与之对应的一系列场景图像。

这通常需要对大量的图像数据进行学习和分析,以掌握图像之间的过渡规律和特征。同时,还需要能够理解输入的指令或条件,从而按照要求生成连续且合理的图像序列。例如,在动画制作中,可以利用AI生成连续的关键帧图像,然后由动画师进行进一步的优化和完善;在虚拟现实和增强现实场景中,AI生成的连续图像能够提供更流畅和真实的视觉体验。

【示例】目前只有部分国内AI通用大模型支持生成连续图像的功能。

> 请生成4张图像,分别展示一个女孩子从童年、少年、青年到中年4个年龄阶段的发展变化。

◎ 智谱清言绘图如下:

CogView AI绘画:已完成。

> 这里展示的是一个女孩子从童年、少年、青年到中年4个年龄阶段的图像。每张图像分别描绘了她在不同人生阶段的情景。请查看这张图像。

【注意】

> 智谱清言通用大模型不能自己生成图像或连续图像,主要通过引入CogView AI绘画API实现。CogView AI绘画是由OpenAI开发的绘图大模型。OpenAI是一个总部位于美国的AI研究公司,它还开发了其他知名的AI模型,如GPT-3。

◎ 通义千问绘图如下:

> 下面是根据描述生成的4张图像,分别代表一个女孩子的童年、少年、青年和中年4个年龄阶段。

童年——女孩大约5岁，在花园里玩耍。

少年——女孩大约13岁，站在学校门口。

青年——女孩大约25岁，站在城市高楼前。

中年——女性大约40岁，坐在书房里阅读。

这些图像捕捉了不同生命阶段的特征和情感，展示了女孩成长为成熟女性的过程。希望这些图像能够满足你的需求。如果有任何问题或需要进一步的修改，请随时告知。

◁》【提示】

豆包、腾讯元宝和360智脑也可以生成多张图像，但是没有连续性，这里就不再展示。

## 22.3 图像融合

AI图像融合是一种利用AI技术将多幅图像进行合成、整合的方法。它的主要目的是结合不同图像中的有用信息，以创建出更具信息量、更清晰、更准确或更符合特定需求的新图像。

例如，将一张高分辨率的卫星地图与一张显示地形特征的图像融合，可以得到一张既包含详细地理信息又突出地形特点的新地图。在医学领域，可能会将不同模态的医学影像，如X光、CT、MRI等图像进行融合，帮助医生更全面、准确地诊断病情。

AI图像融合通常基于深度学习算法，通过对大量的图像数据进行训练，学习如何有效地提取和整合不同图像中的特征和信息。

【示例】目前国内AI通用大模型对于图像融合的支持不是很好，下面使用智谱清言进行如下融合，该AI系统主要还是利用CogView AI绘画API实现。

请生成两张图像，一张是美丽的风景照片，一张是一个可爱的小女孩，两张图像的大小相同。

智谱清言使用CogView AI生成的图像如下：

我的提问：

请把上面两张图像融合在一起。

智谱清言使用CogView AI融合的图像如下：

智谱AI生成

🔊【提示】

AI图像融合与Photoshop的图像融合不同,Photoshop的图像融合会保留原图的效果,而AI图像融合有图像再绘制的特点。

## 22.4 绘制建筑图

AI可以根据给定的参数、要求和数据,自动生成建筑设计图纸。AI在绘制建筑图方面具有以下特点和优势。

◎ 快速生成初步方案:能够在短时间内基于输入的信息,如建筑类型、面积、功能需求等,生成多个初步的建筑布局和设计方案,为设计师提供更多的灵感和选择。

◎ 数据分析和优化:可以分析大量的建筑数据和案例,从而优化建筑的布局、采光、通风等方面,提高建筑的性能和舒适度。

◎ 细节处理:能够处理一些重复性和规律性的细节,如门窗的布置、楼梯的设计等,提高绘图的效率。

◎ 适应复杂需求:对于复杂的建筑形状和结构,AI可以进行计算和模拟,帮助设计师更好地理解和实现这些设计。

【示例1】设计农村自建房效果图。

设计一个两层的独栋别墅,带有花园和车库,采用现代风格。生成包括平面图、剖面图、立面图等在内的初步建筑图纸,以及设计效果图。

豆包设计的效果图如下:

🚗【注意】

目前AI绘制的建筑图仍需要人工设计师的审核和进一步完善，以确保其符合建筑规范、文化背景和人性化需求等方面的要求。

【示例2】设计房内结构设计图。

生成2居室75平方米的内部结构设计图。

智谱清言生成的结构设计图如下：

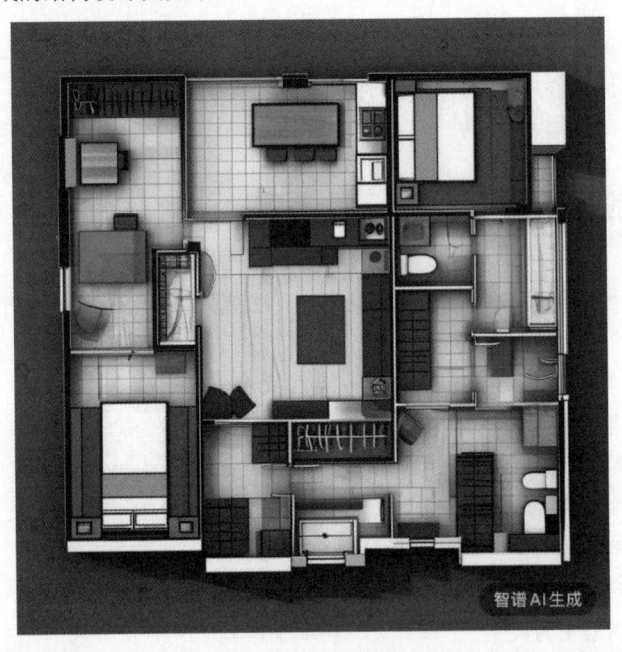

## 22.5 生成二维码

部分AI支持生成二维码图片，AI生成二维码图片通常需要借助专业的软件或在线工具。一些工具可能会利用深度学习算法来分析和设计二维码的外观，同时确保其功能不受影响。

例如，某电商平台使用AI生成了具有品牌特色的彩色二维码，用户扫描后即可直接进入特定的促销页面，大大提高了活动的参与度。

【示例】目前通用AI大模型中仅智谱清言支持生成二维码图片。

> 请把https://app.pixverse.ai/生成二维码。

智谱清言回答如下：

```
代码生成：已完成
import qrcode
# Create a QR code for the specified URL
url = "https://app.pixverse.ai/"
qr = qrcode.QRCode(
    version=1,
    error_correction=qrcode.constants.ERROR_CORRECT_L,
    box_size=10,
    border=4,
)
qr.add_data(url)
qr.make(fit=True)
# Create an image from the QR Code instance
img = qr.make_image(fill_color="black", back_color="white")
# Save the image to a file
qr_image_path = "/mnt/data/qr_code_pixverse.png"
img.save(qr_image_path)
qr_image_path
结果
'/mnt/data/qr_code_pixverse.png'
我已经为您生成了二维码。您可以通过以下链接下载二维码图片：
下载二维码
```

下载的二维码如下：

## 22.6 使用文心一格

文心一格是百度依托飞桨、文心大模型的技术创新推出的AI艺术和创意辅助平台。该平台主要面向有设计需求和创意的人群，通过智能生成多样化的AI创意图片辅助创意设计,帮助用户打破创意瓶颈。

## 22.6.1 认识文心一格

文心一格的定位是AI艺术和创意辅助平台,旨在通过AI技术为用户提供高效、便捷的创意图片生成和编辑服务。用户只需输入简单的文字描述,模型就能自动从视觉、质感、风格、构图等角度进行智能补充,并生成精美的图片。此外,文心一格还支持图片的二次编辑,包括涂抹功能(用户可涂抹不满意的部分,让模型重新调整生成)和图片叠加功能(用户给两张图片,模型自动生成一张叠加后的创意图)。

访问文心一格官网(https://yige.baidu.com/),首页如图22.1所示。

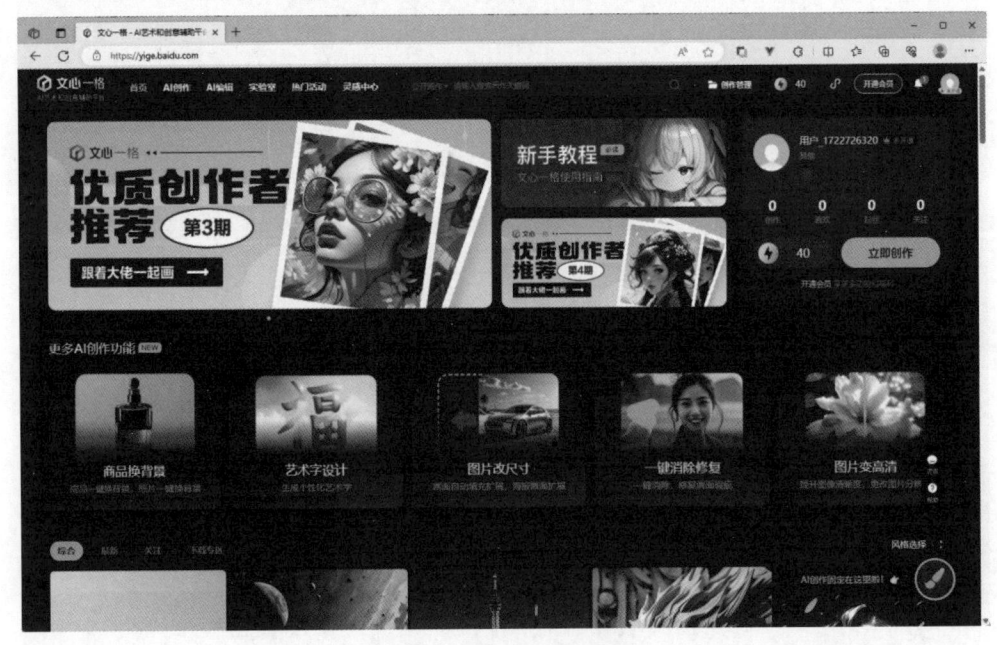

图22.1 访问文心一格首页

文心一格的技术优势说明如下:
◎ 文心一格在中文、中国文化理解和生成上具备优势,对中文用户的语义理解深入到位。
◎ 文心一格在数据采集、输入理解、风格设计等多个层面形成了具备中文能力的技术优势。
◎ 文心一格已推出海报创作、图片扩展和提升图片清晰度等多种生图服务。

## 22.6.2 初次绘图

进入文心一格首页并登录,选择"AI创作"菜单项,或者单击右上角的"立即创作"按钮,进入AI创作工作台,如图22.2所示。

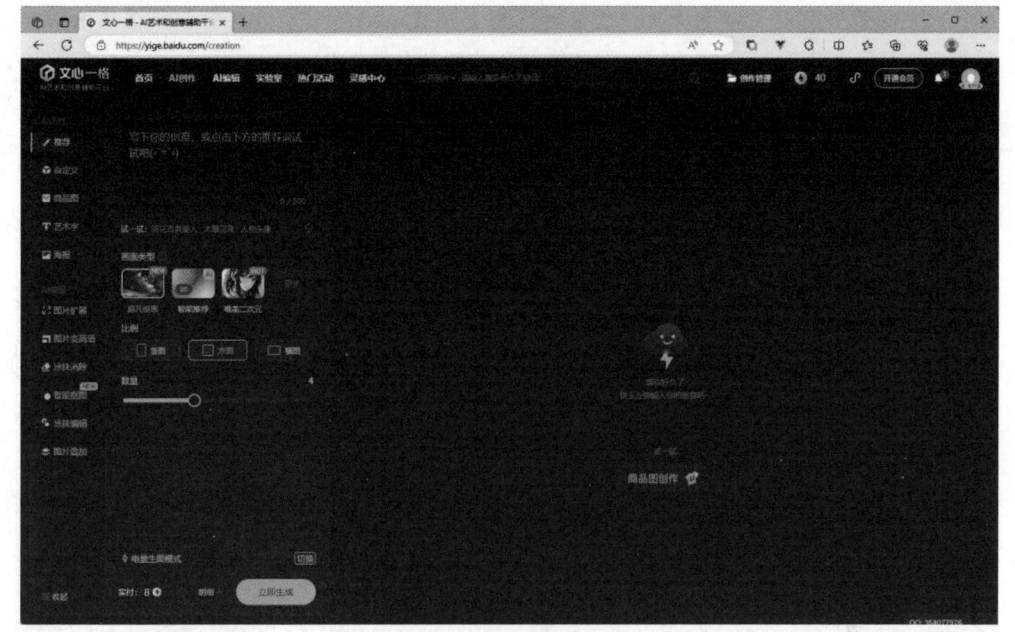

图22.2 文心一格创作工作台

【示例】使用文心一格绘制插图。

第1步，在输入框中输入绘画创意。

> 可爱的小女孩，年龄12、13岁，扎着马尾辫，穿着学生服

🔊【提示】

> 使用标准的提示词（Prompt）语句生成的图片效果会更好。文心一格的提示词比较特殊，形式如下所示。
> 提示词＝主题＋细节词＋风格修饰词

例如，生成一个月光下的美丽女孩。直接告诉文心一格，往往会无法理解。用户可以输入提示词：女孩，娇小，微笑，马尾辫，月夜，卡通，唯美二次元。

第2步，设置绘图参数。绘图参数包括画面类型、比例、数量等，具体说明如下。

◎ 画面类型：设置画面风格，在推荐模式下有多种风格供用户选择，建议首选"智能推荐"，"智能推荐"是经过AI全面计算和优化的，适合新手选用。

◎ 比例：设置创作的图像的尺寸。这里选择"方图"选项。

◎ 数量：设置生成图像的数量，最多可以同时生成9张画作。数量越多，消耗电量就越多。这里设置数量为1。

◎ 灵感模式：开启灵感模式，可以实现AI灵感改写，有概率提升画作风格多样性，一次创作多张时效果更好。注意，灵感改写可能会使生成画面与原始关键词不一致。这里不开启灵感模式。

第3步，选择生图模式，包括两种模式。具体说明如下。

◎ 电量生图模式:每次生成图像时,都会消耗一定的电量,在下一行会显示"实付"电量数,如本次操作支付2度。电量用完需要购买。

◎ 免费生图模式:单击"切换"链接,可以切换为免费生图模式,但需要是会员身份。

第4步,单击"立即生成"按钮,稍等片刻后,会立即生成一张图像,如图22.3所示。

图22.3 文心一格创意的图像

第5步,满意之后,可以在作品右上角的工具条中单击第2个按钮图标,把绘制的图像下载到本地。

## 22.6.3 自定义绘画

在创意工作台左侧"AI创作"中选择"自定义"选项,可以切换到自定义绘图方式。

【示例】继续以上一小节的示例为基础,在创意工作台左侧"AI创作"中选择"自定义"选项。

第1步,在输入框中可以输入提示词。这里继续使用上一小节示例中的提示词,保持不变。

第2步,设置绘图参数。具体设置如图22.4所示。

◎ 选择AI画师:不同的AI画师,其绘图风格会迥然不同。这里保持默认,即"创艺"。

◎ 上传参考图:可以上传本地图片作为AI参考,或者在模板库中进行选择,也可以在自己的作品中进行选择。这里上传本地图像,如图22.5所示。然后设置影响比重为3。影响比重越大,参考图对画作的影响就越大。

◎ 尺寸:设置生成图像的尺寸,尺寸越大,消耗的电量就越多。

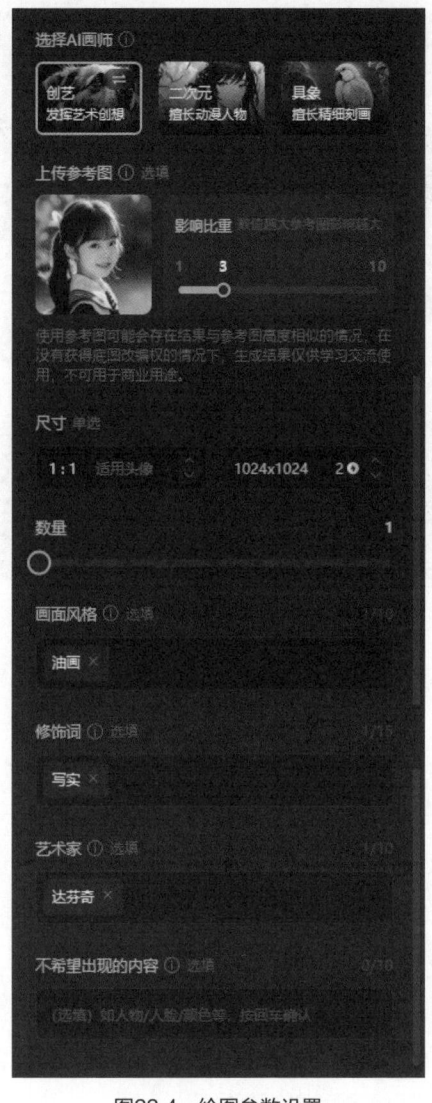

图22.4　绘图参数设置　　　　　　图22.5　上传的参考图像

- 数量：设置生成图像的数量，最多可以同时生成9张画作。数量越多，消费电量就越多。这里设置数量为1。
- 画面风格：单击可以选择一种或多种画面风格，或者输入画面风格。这里选择"油画"。
- 修饰词：单击可以选择一个或多个修饰词，或者输入修饰词。这里选择"写实"。
- 艺术家：单击可以选择一个或多个艺术家，或者输入艺术家的名称。这里选择"达·芬奇"。
- 不希望出现的内容：设置不希望画面中出现的元素。这里为空。

第3步，单击"立即生成"按钮，稍等片刻后，会立即生成一张图像，如图22.6所示。

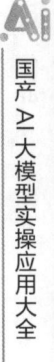

图22.6　文心一格创意的图像

## 22.6.4　AI编辑

文心一格提供了6项AI编辑功能。在创意工作台左侧导航条中可以看到"AI编辑"子类，其中包含图片扩展、图片变高清、涂抹清除、智能抠图、涂抹编辑、图片叠加。

🔊【提示】

> 在预览图底部有一个"编辑图片"的选项，鼠标移过可以显示下拉菜单，包含6个选项：图片扩展、图片变高清、涂抹清除、智能抠图、涂抹编辑、图片叠加。功能与上面的选项相同。

【示例】涂抹清除。如果用户对图像局部效果不满意，可以选择"涂抹清除"选项，然后对不满意的地方进行涂抹，文心一格就会对该区域进行清除重绘。

第1步，在创意工作台左侧的"AI编辑"导航选项中选择"涂抹清除"选项。

第2步，在"涂抹清除"设置面板中单击"创建新任务"按钮。

第3步，在预览区域单击"上传图片"按钮，在弹出的模态对话框中选择"我的作品"选项，然后选择前面创作的作品，如图22.7所示。

第4步，在预览区域中使用鼠标拖曳涂抹需要重新绘制的区域，如图22.8所示。

第5步，在"涂抹清除"设置面板中单击"立即生成"按钮，文心一格就会把当前图像以及需要修改的区域同时上传给服务器，等待重绘，重绘效果如图22.9所示。

图22.7 选择要编辑的图像　　　　图22.8 涂抹图像

图22.9 重绘后的图像效果

◁)【提示】

如果在预览图底部的"编辑图片"选项中选择一种编辑操作，则可以省略前面3步的操作。

## 22.6.5 作品管理

在创意工作台右侧会显示一列作品列表，该列表为创作记录，单击可以在中间预览区查看效果，或者进行AI编辑，如图22.9所示。如果作品列表超出了当前窗口，上下滑动鼠标滚轮即可查看历史画作主要记录。

在创作记录列表左侧有一个工具条，从上到下分别单击可以为当前作品执行：喜欢（点赞）、下载、分享、放入收藏夹、公开画作、添加标签、删除、AI创作大赛。

也可以单击工作台顶部的"创作管理"按钮图标，切换到"我的创作"后台管理界面，如图22.10所示。在这里可以详细管理自己的作品。

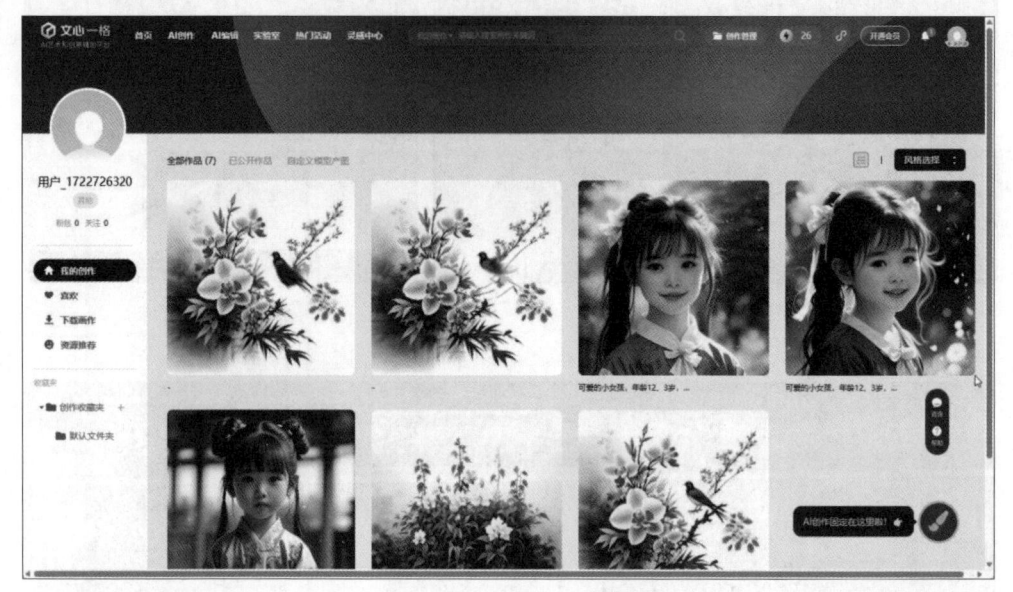

图22.10　我的创作管理界面

## 22.7　使用商汤秒画

商汤秒画作为商汤科技旗下的AI大模型图像生成平台，具有多个显著特色。这些特色使其在文生图领域表现出色，为用户提供了丰富多样的创作体验。具体特色说明如下：

◎ 多种风格快速生成：商汤自研的AIGC文生图大模型拥有超10亿参数，支持二次元、三次元等多种生成风格。无论是写实照片、艺术画作还是未来科幻场景，都能驾驭。

◎ 提示词智能补全：只需输入少量提示词，就能自动补全，理解用户的想法，还可通过一张参考图提取画面中的多种信息，并以此为基础进行内容创作或风格迁移。

◎ 个性化定制：用户通过拖曳上传本地图像，利用商汤自研作画模型或者开源模型，可快速定制个性化的专属Lora模型。

◎ 美学质感：能够生成更具艺术性且媲美专业摄影级别景深效果的画作，内容丰富有层次、纹理细节有美感，同时针对二次元风格和亚洲人像进行了大幅优化。

◎ 移动端适配：推出移动端版本，采用简洁直观的瀑布流式界面风格，功能布局更清晰、操作更简便，用户可随时随地进行文生图创作。

◎ 降低创作门槛：致力于打造每个人都能轻松使用的"AI画笔"，不仅可以帮助大众用户挥洒创意,也可助力创意专业工作者激发灵感、提升创作综合生产力。

【示例】设计怀旧小人书风格人像画。

第1步,访问https://miaohua.sensetime.com/,在首页单击"开始创作"按钮,进入AI在线绘图首页。

第2步,选择基模型。秒画提供商汤自研基础大模型Artist最新版本及各类由社区用户上传的基础大模型。在"选择基模型"下面的基模型上单击,在弹出面板中选择一款基模型,这里选择社区用户上传的"小人书连环画",如图22.11所示。

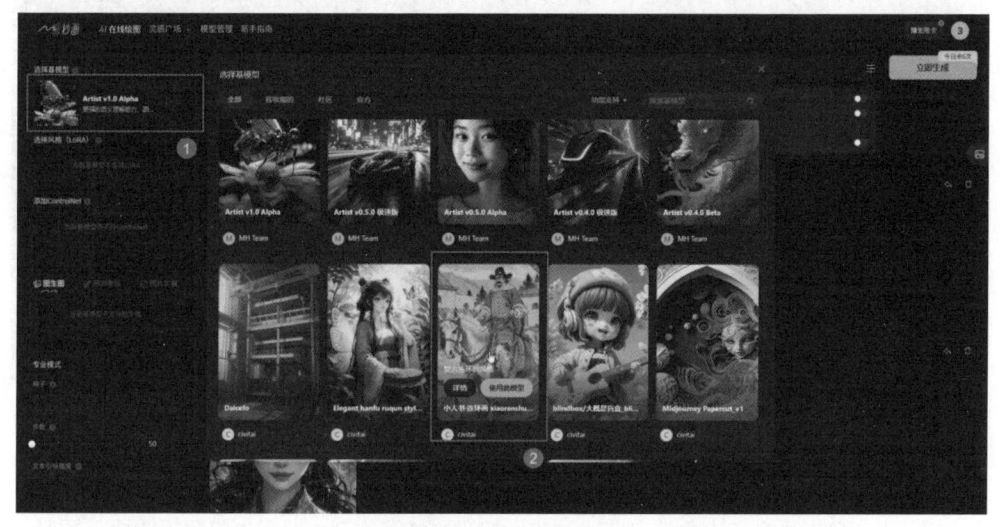

图22.11 选择基模型

第3步,选择风格。基于某个基模型,利用少量图片数据训练出一种画面风格/IP/人物,可以实现定制化需求。单击下面的预览区域,打开一个模态对话框面板,选择"素描线稿"风格,如图22.12所示。

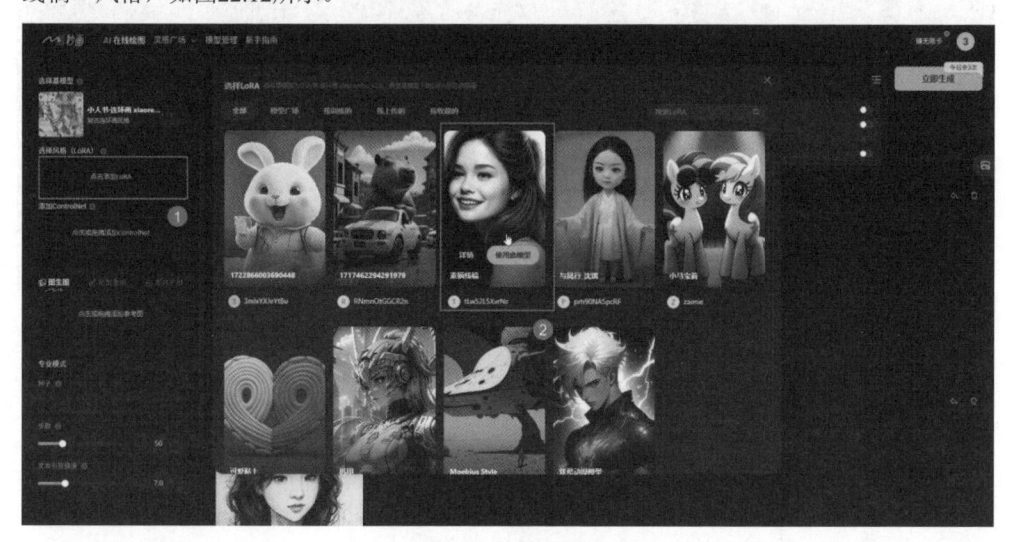

图22.12 选择风格

第4步，添加ControlNet。通过直接提取画面的构图、人物的姿势和画面的深度信息等，更可控地生成最终图像结果。目前秒画支持十余种CN处理方式和"重绘幅度"调整。这里提交一幅本地图片，参考她的姿势进行绘制，如图22.13所示。

图22.13　姿势模仿

第5步，其他设置选项保持默认，然后在右侧顶部设置提示词：花木兰，英雄凯旋。

第6步，单击页面右上角的"立即生成"按钮，稍等片刻，即可生成两幅线稿、怀旧、小人书风格的花木兰，如图22.14所示。

图22.14　生成两幅花木兰线稿效果

第7步，单击小样图，可以打开预览大图，并在该页面对该图执行相关操作，如下载、重做、二次编辑等，如图22.15所示。

图22.15　预览并编辑图画

## 22.8　使用通义万相

通义万相是阿里云推出的AI绘画创作大模型，具有以下特色。

◎ 多种风格生成：在基础文生图功能中，可根据文字内容生成水彩、扁平插画、二次元、油画、中国画、3D卡通和素描等风格的图像。

◎ 相似图片生成：用户上传任意图片后，即可进行创意发散，生成内容、风格相似的AI画作。

◎ 图像风格迁移：支持用户上传原图和风格图，自动把原图处理为指定的风格图。

◎ 组合式生成模型：基于阿里研发的组合式生成模型Composer，通过对配色、布局、风格等图像设计元素进行拆解和组合，提供高度可控性和极大自由度的图像生成效果。

◎ 生成速度较快：复杂的图像生成在45秒以内，简单图像在30秒以内。

◎ 文生图风格多样且表现优秀：无论是常规景色、美食类图像，还是中国画效果等，都有不错的表现。能够精准捕捉描写景物诗句中的关键信息点。

◎ 相似图与原图贴合程度高：可以将相似图片与原图进行精确匹配，保留原本图片的特征和细节。

◎ 风格迁移保留原图信息：能够保留原图的信息，使生成的图片在拥有新风格的同时保持原始图像的特征。

这些特色使得通义万相能够满足艺术设计、电商、游戏和文创等多个领域的图片创作需求，为用户带来更多的创意和可能性。

【示例】使用通义万相快速实现人物创意模仿。

第1步，访问通义万相官网https://tongyi.aliyun.com/wanxiang/，在首页"探索发现"瀑布列表中找到一款自己喜欢的创意风格，如图22.16所示。

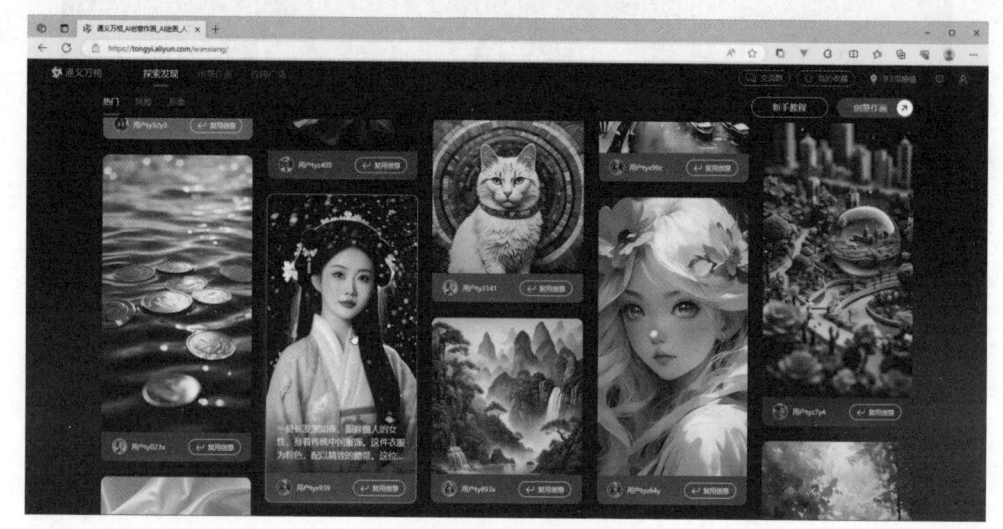

图22.16 选择一款创意风格

第2步，单击底部的"复制创意"按钮，进入"创意作画"界面。左侧顶部的"提示词"文本框已经填写好了创意提示内容。

第3步，在左侧设置面板的"创意模板"中选择"形象"选项卡，从中选择一款要模仿的形式，如"白领御姐"。模仿强度保持不变，如0.7。

第4步，在"参考图"选项中，单击上传本地要图生图的图像。然后在右侧设置要参考的选项，这里选择"参考内容"，并设置参考比例为0.5。完整设置如图22.17所示。

图22.17 设置图生图选项

第5步，其他选项保持默认。设置完毕，在左侧设置面板底部单击"生成创意画作"按钮，稍等片刻之后，即可快速生成4幅创意模仿的画作，如图22.18所示。

图22.18 生成的模仿效果图

第6步，单击其中一幅作品，进入预览编辑页面，如图22.19所示。在此页面中可以执行点赞、反馈、高清放大、局部重绘、生成相似图、下载、复制链接、收藏等相关操作。

图22.19 预览和编辑效果图

# 第 23 章
## AI 识图

AI识图是一项基于AI技术的强大功能,能够快速而准确地分析和理解图像的内容。通过深度学习算法和大量的数据训练,AI可以识别图像中的各种对象、人物、场景等元素。例如,在电商领域,AI识图可以帮助用户通过上传商品图片来快速搜索到同款或相似的商品;在安防领域,它能够识别出监控画面中的异常行为或特定人物;在医疗领域,它能够辅助医生对医学影像进行诊断。

AI识图还可以进行图像分类,如将图片分为风景、人物、动物等类别,并且能够对图像的特征进行提取和描述,为后续的图像处理和分析提供基础。此外,一些先进的AI识图技术还具备图像生成和修复的能力。例如,根据给定的描述生成逼真的图像,或者修复受损的老照片。

### 23.1 图像内容识别

AI识别图像内容是一种具有广泛应用和巨大潜力的技术,在改善人们的生活、提高工作效率、保障安全等方面发挥越来越重要的作用。

AI依靠复杂的神经网络模型和大量的图像数据进行训练,从而具备了理解和解析图像中所包含信息的能力。例如,在自动驾驶中,AI能够识别道路上的交通标志、车辆、行人等,为车辆的安全行驶提供决策依据。在社交媒体上,它可以自动对用户上传的图片进行内容分析,从而实现精准的推荐和分类。

【示例1】AI能够轻松识别图像中的人物、动物、植物以及其他各种物品等对象,并能够确定各种对象的数量。

第1步,在AI大模型对话框中上传下图图片。

第2步,输入提示词。

> 请识别图中的物品,并指出物品的数量。

第3步,比较各AI识别的物品和个数。

◎ 文心一言:辨出8个物品,分别是笔记本电脑(1台)、充电器(1个)、笔记本(1本)、笔(1支)、手机(1部)、咖啡杯(1个)、小碟子(1个)、日历(1个)。但忽略了插座、花瓶和插花。

◎ 智谱清言：辨出6个物品，分别是笔记本电脑（1台）、手机（1部）、插座（1个）、花瓶（1个）、日历（1个）、杯子（1个）。但忽略了充电器、笔和笔记本。

◎ 通义千问：辨出8个物品，分别是笔记本电脑（1台）、键盘1个（笔记本电脑的）、屏幕1个（笔记本电脑的屏幕）、手机（1部）、日历（1个）、花瓶（1个）、杯子（1个）、铅笔（1支）、笔记本（1本）、插座扩展板（1个）。把笔记本电脑识别为3个物品。

◎ 讯飞星火：辨出6个物品，分别是笔记本电脑（1台）、电源插排（1个）、手机（1部）、笔记本（1本）、笔（1支）、日历（1个）、咖啡杯（1个）。

◎ 腾讯元宝：辨出8个物品，分别是笔记本电脑（1台）、手机（1部）、笔记本（1本）、杯子（1个）、日历（1个）、花瓶（1个）、电源插座（1个）、电线（1根）。

图中桌面上放置了共计11件物品，大部分物品AI都能够正确识别。整体而言，文心一言的图像识别能力更强，并详细说明了每件物品的摆放位置。豆包、Kimi和360智脑暂时不支持图像识别的功能。

【示例2】针对下图分别使用各AI大模型进行识别。

文心一言识别了6个物品，通义千问识别了7个物品，讯飞星火识别了6个物品。腾讯元宝识别了10个物品，但说错了2个物品，给出的数量模糊。

最后识别出来物品最多的是智谱清言，虽然个别物品识别出现误差。具体回答内容如下。

图中一共有13件物品,从左到右依次为:
1. 钥匙(2把)
2. 多功能刀(1把)
3. 剪刀(2把)
4. 叉子(2把)
5. 吸管(2根)
6. 牙签盒(1个)
7. 刀(1把)
8. 笔(1支)
9. 尺子(1把)
10. 开瓶器(1个)
11. 塑料棒(1根)
12. 塑料刀(1把)
13. 塑料叉(1把)。

## 23.2 画面情境理解

　　AI能够对图像所呈现的场景、事件、人物关系等各种元素进行分析和理解,然后以语言的形式对其可能蕴含的背景、故事、情感氛围等方面进行描述和解读。例如,对于一张一家人围坐在餐桌前欢笑的画面,AI可能会解释为:这是一个温馨的家庭聚餐时刻,大家正在分享快乐和交流彼此的生活,洋溢着幸福和温暖的氛围。又如一张暴风雨中的孤独小船的画面,AI或许会解释为:在狂风暴雨肆虐的海面上,这艘小船显得渺小而脆弱,暗示着未知的危险和艰难的旅程。

　　AI对于画面情境的解释,可以帮助人们更快速、更深入地理解图像所传达的信息和情感,尤其对于那些复杂或抽象的画面,AI的解释能够提供更多的视角和理解可能性。

　　【示例】阐述画面背后的故事。

　　第1步,在AI大模型对话框中上传下图图片。

第2步，输入提示词。

> 请阐释一下画面包含的故事。

第3步，比较各AI的理解，文心一言和腾讯元宝的理解比较深刻。

◎ 文心一言的理解如下：

使用：说图解画

这张插画描绘了一个充满温馨与想象的故事场景。在这个故事中，我们可以构想以下情节。

在一个阳光明媚的日子里，一只可爱的卡通兔子独自来到了这片翠绿的草地上。它拥有一身洁白无瑕的毛发，大大的黑色眼睛闪烁着好奇与喜悦的光芒，而那粉红色的鼻子更是增添了几分俏皮与可爱。兔子似乎对周围的一切都充满了好奇，它轻盈地跳跃着，最终选择在这片开满鲜花的草地上坐下来，享受着大自然的馈赠。

就在这时，天空中突然出现了一道绚烂的彩虹。彩虹横跨天际，由蓝色、紫色和橙色等美丽的色彩交织而成，如同一条连接天地的神秘桥梁。兔子抬头仰望，眼中闪烁着惊喜与赞叹。它仿佛被这道彩虹深深吸引，所有的烦恼与忧愁都在这一刻烟消云散。

兔子闭上眼睛，深深地吸了一口清新的空气，感受着大自然的美好与宁静。它知道，这一刻将是它心中永恒的记忆。在这片被彩虹照耀的草地上，兔子找到了属于自己的小天地，它感到无比幸福与满足。

这个故事传达了一种积极向上、乐观向善的生活态度。它告诉我们，无论生活中遇到多少困难和挑战，只要我们保持一颗纯真善良的心，勇敢面对，就一定能够发现生活中的美好与希望。就像这只卡通兔子一样，在彩虹的照耀下，找到了属于自己的幸福与满足。

◎ 腾讯元宝的理解如下：

这幅画面展示了一只可爱的蓝色兔子，背景是彩虹和蓝天白云，地面上有一些花朵。这个画面充满了童话和梦幻的氛围，可能包含以下故事元素。

1. 童话世界：这幅画可能来自一个童话故事的插图，讲述一只神奇的蓝色兔子在魔法世界中冒险的故事。彩虹和花朵象征着这个世界的美好和奇幻。

2. 希望与梦想：彩虹通常象征着希望和梦想，背景中的彩虹可能代表着兔子正在追求某个目标或梦想，经历了困难和挑战后终于看到了希望。

3. 自然与和谐：画面中的花朵和草地展示了自然环境的美丽和和谐，兔子在这个环境中生活，体现了人与自然和谐相处的主题。

4. 朋友与陪伴：虽然画面中只有这只兔子，但它可能有一个朋友或伙伴，一起在魔法世界中探险。彩虹和花朵可能是它们旅途中的美好记忆。

5. 成长与学习：兔子在画面中看起来非常开心和自信，可能象征着它在这个过程中不断成长和学习，最终变得更加坚强和智慧。

总的来说，这幅画面通过色彩鲜艳的元素和梦幻的场景，传达了一种积极向上、充满希望和梦想的故事情节。

## 23.3 人物情绪识别

AI对人物情绪的理解是AI领域中一项重要且具有挑战性的任务。它旨在通过对人物的面部表情、语言、姿态、动作等多方面的分析，来准确判断人物所表达的情绪状态。

例如，通过面部表情识别，AI可以分析眼睛的眯起程度、嘴角的上扬或下垂、眉毛的形状等特征来判断是喜悦、悲伤、愤怒、惊讶还是恐惧等情绪。

在语音分析方面，AI能够从语调的高低、语速的快慢、音量的大小以及语言的内容来推测人物的情绪。例如，急促且高声的话语可能表示愤怒，而缓慢轻柔的语调可能暗示悲伤或放松。

AI人物情绪理解在许多领域都有广泛的应用。在医疗领域，它可以帮助医生更好地了解患者的心理状态，为治疗提供参考。在客户服务中，它能够通过分析客户的情绪，提供更贴心和有效的服务。在教育领域，它可以辅助教师了解学生的学习感受，调整教学方法。

【示例】人物情绪辨识。

第1步，在AI大模型对话框中上传下图图片。

第2步，输入提示词。

> 图片中包含了6个人物图标，请按从上到下、从左到右的顺序逐一说出每个图标的情绪。

第3步，比较各AI的理解，文心一言的判断比较准确，具体回答内容如下：

> 使用：说图解画
> 
> 根据提供的图片信息，虽然描述中提到了"从上到下、从左到右"的顺序，但鉴于这是一个水平排列的卡通人物头像的6个不同面部表情，更准确的描述应该是"从左到右"的顺序。因此，我将按照从左到右的顺序逐一说明每个图标的情绪。
> 
> 1. 第一个图标：情绪是"微笑"。这个表情展示了人物的愉悦和友好，嘴角上扬，眼睛微微弯曲，传达出积极的情感。
> 2. 第二个图标：情绪是"惊讶"。这个表情的特征是眼睛睁得大大的，嘴巴也微微张开，显示出对某事物的意外或惊奇反应。
> 3. 第三个图标：情绪是"闭眼的微笑"。这个表情中，人物闭上了眼睛，但嘴角仍然保持上扬，可能表示一种放松、满足或享受当下的情绪。
> 4. 第四个图标：情绪是"皱眉"。这个表情通过紧皱的眉头传达出一种不悦、疑惑或担忧的情绪，嘴巴也可能呈现出一种紧张或不悦的状态。
> 5. 第五个图标：情绪是"张嘴的惊讶"。与第二个图标相似，但这个表情的嘴巴张得更大，可能表示更加强烈的惊讶或震撼。
> 6. 第六个图标：情绪再次是"微笑"。这个表情与第一个图标相似，都是展示人物的愉悦和友好，但可能由于绘制上的细微差别，呈现出略有不同的情感色彩。

综上所述，按从左到右的顺序，每个图标的情绪分别是：微笑、惊讶、闭眼的微笑、皱眉、张嘴的惊讶、微笑。其中，第三个图标"闭眼的微笑"，应该是"闭嘴的微笑"，不知是文心一言笔误，还是判断失误。

## 23.4 图像色彩分析与统计

AI可以对图像中的色彩信息进行深入研究和量化评估，主要包括以下几个方面。

◎ 色彩提取：通过算法识别和提取图像中的主要色彩。例如，从一张风景照片中提取出天空的蓝色、草地的绿色等。

◎ 色彩分布统计：确定每种色彩在图像中所占的比例和分布位置。这有助于了解图像的整体色彩构成，如一张人物肖像中肤色所占的面积比例。

◎ 色彩对比度分析：评估不同色彩之间的对比度，判断色彩的鲜明程度和视觉冲击力。高对比度的色彩组合往往更能吸引观众的注意力。

◎ 色彩情感分析：基于色彩心理学，分析图像所传达的情感倾向。例如，暖色调通常被认为传达积极、热情的情感，而冷色调可能带来宁静、忧郁的感觉。

◎ 色彩和谐度评估：判断色彩搭配是否和谐、舒适。和谐的色彩组合能使图像更具美感和视觉吸引力。

AI图像色彩分析与统计为图像处理、设计和相关研究提供了有价值的信息和工具。例如，帮助设计师更好地理解色彩搭配的效果，优化作品；根据色彩特征对大量图像进行分类和快速检索；分析不同艺术作品的色彩运用特点和演变趋势；评估广告图像的色彩效果，以提高吸引力和影响力。

【示例1】色彩分析与统计。

第1步，在AI大模型对话框中上传下面的图片。

第2步，输入提示词。

> 请分析一下这张图片的色彩，并统计各种颜色。

第3步，AI大模型的分析与统计。下面是文心一言的回答。

使用：说图解画

图片色彩分析：

这张图片的色彩以鲜明的红色和绿色为主，辅以自然光线的反射带来的多种色彩变化，营造出清新自然的感觉。

1. 主要颜色
- 红色：草莓的主体颜色，鲜艳且饱和度高，是图片中最引人注目的色彩。红色象征着新鲜、甜美和活力，很好地表达了草莓的成熟与诱人。
- 绿色：主要出现在草莓的叶子和茎上，以及背景中可能的其他植物或叶子上。绿色代表着生机与自然，与红色的草莓形成鲜明的对比，增加了图片的层次感。

2. 次要颜色
- 透明无色（水珠）：草莓表面的水珠清晰可见，它们本身是无色的，但反射出周围环境的颜色，如红色、绿色以及光线带来的其他色彩（白色、淡黄色等），为图片增添了细腻的光影效果。
- 反射色：水珠和光滑表面反射出的光线颜色，可能包括白色（光线本身）、淡黄色（光线穿过水珠产生的色彩变化）以及背景中绿色植物的模糊反射。

3. 颜色统计（大致估算）
- 红色：占据图片的主要视觉区域，约为总面积的50%~60%。
- 绿色：主要分布在草莓的叶子、茎和背景中，约占总面积的30%~40%。
- 透明无色及反射色：水珠和反射光线占据了图片中较小的区域，但因其对整体视觉效果的影响显著，故在色彩分析中不可忽视。这部分色彩无法精确统计为某一固定比例，但它们在图片中起到了重要的点缀和增色作用。

总结：这张图片以红色和绿色为主色调，通过水珠的反射和光影效果，展现出清新自然的视觉感受。红色与绿色的鲜明对比，以及水珠带来的细腻光影变化，共同构成了这幅充满生机的画面。

【示例2】生成AI调色板。

针对上面图片，请生成调色板。

文心一言回答如下：

使用：说图解画

基于您提供的图片信息，以下是一个可能的调色板补全，包含了图片中的主要颜色及其可能的色彩代码（使用十六进制表示法）。

调色板：

1. 鲜艳红色 - 草莓的主体颜色

   色彩代码：#FF3366 或类似，这是一个鲜艳的红色，偏向草莓特有的红色调。

2. 鲜亮绿色 - 草莓的叶子和茎，以及背景中可能的其他植物

   色彩代码：#00FF66 或类似，这是一个明亮的绿色，代表着生机与自然。

3. 透明水珠反光 - 水珠反射的多样色彩（白色、淡黄色等）
   - 色彩代码（白色）：#FFFFFF。
   - 色彩代码（淡黄色）：#FFFFCC 或类似，这是水珠可能反射出的光线颜色之一。

4. 背景模糊绿色 - 背景中绿色植物或叶子的柔和色调

   色彩代码：#669966 或类似，这是一个较为柔和的绿色，用于表达背景的模糊感和深度。

5. 暗部或阴影色 - 草莓、叶子或水珠下的阴影部分
   - 色彩代码（红色阴影）：#CC0033 或类似，这是红色草莓在阴影下的暗色调。

- 色彩代码（绿色阴影）：#336633 或类似，这是绿色叶子在阴影下的暗色调。
6. 水印文字颜色（如果清晰可见且重要）
   色彩代码（深灰色或黑色，以便与背景区分）：#333333 或 #000000。

请注意，上述色彩代码基于您的描述和常见颜色感知的估计值。实际图片中的颜色可能因光线、拍摄设备、显示设备等因素而有所不同。此外，由于"AI创作"的特殊性，色彩可能经过算法优化，呈现出更加独特或和谐的效果。

在实际应用中，您可以使用图像处理软件（如Photoshop、GIMP等）中的吸管工具来精确提取图片中的颜色代码。

## 23.5 图像比较

AI可以在多个维度上对两张或多张图像进行比较，如图像的内容、色彩、构图、纹理等。例如，在图像检索中，AI通过图像比较可以找出与输入图像相似的其他图像。例如，用户上传一张特定款式的服装图片，系统能够快速找到相似款式的服装图像。

在质量评估方面，AI可以比较同一对象在不同拍摄条件或处理方式下的图像质量，判断哪一张更清晰、更准确地呈现了对象的特征。在安全监控领域，AI图像比较能够检测场景中的变化。例如，比较不同时间同一区域的监控图像，发现是否有异常物体出现或原有物体的位置发生了改变。

具体来说，在产品检测中，假设对同一产品在不同生产批次的图像进行比较，可以发现产品外观上的细微差异，从而判断生产过程是否存在问题。又如，在医学影像中，比较患者治疗前后的X光片或CT扫描图像，帮助医生评估治疗效果。总之，AI图像比较在众多领域中发挥着重要作用，帮助人们更高效、准确地处理和分析图像信息。

【示例】图像差异性比较。

第1步，在AI大模型对话框中上传下面的图片。

第2步，输入提示词。
比较上面两张图片有什么异同。

第3步，比较各AI的判断。文心一言的判断没有抓住主要因素，且找到的不同点有点牵强。智谱清言看到了外套和头发的色彩不同，但是外套的色彩判断反了。腾讯元宝抓住了光线和阴影、细节，但是判断不准确。

讯飞星火判断很准确，回答内容如下：

相同点：
- 两张图片中的主体都是同一位女士，发型、服装和姿态都保持一致。
- 她手持的饮料杯在两张图片中位置相似，并且都是透明的带吸管的杯子。
- 女士的表情在两张图片中都显得温和友好。

不同点：
- 光线条件略有差异，左侧图片的光线较为柔和，右侧图片则更为明亮。
- 背景虽然相似，但在细节上有所不同。例如，右侧图片中的柱子边缘更加清晰。
- 女士的发色在左侧图片中看起来更偏向自然棕色，而在右侧图片中则偏红棕色。

通义千问判断也非常准确，回答最简洁，抓住了主要因素，具体内容如下：

两张图片中都是同一人，都穿着同样的衣服，拿着同样的饮料杯，但是右侧照片看起来更明亮一些，可能是经过了后期处理或者打光的原因。左侧照片偏暗淡一些。

## 23.6 多图排序

AI能够对多张图片进行顺序排列。这种排序可以基于多种因素，例如：

◎ 图片的内容相似性：如果是一系列具有相似主题或元素的图片，可以按照内容的相似程度进行排序。例如，一组风景照可以根据拍摄地点、季节、天气等相似性来排列。

◎ 图像质量：包括清晰度、色彩饱和度、对比度等方面。质量较高的图片可能会被排在更靠前的位置。

◎ 拍摄时间：按照图片拍摄的先后时间顺序排列。

◎ 热度或受欢迎程度：如果这些图片在某些平台上有相关的数据，如浏览量、点赞数等，可以据此进行排序。

在实际应用中，AI多图排序常用于以下场景。

◎ 社交媒体平台：对用户上传的图片进行排序展示，以提供更好的浏览体验。

◎ 图片库管理：帮助摄影师、设计师等更好地整理和查找自己的作品。

◎ 电商网站：对商品的图片进行合理排序，突出重点和吸引消费者。

例如，在一个旅游分享平台上，用户上传了多张在同一景点拍摄的照片，AI可以根据拍摄时间的先后，或者图片中景色的变化（如从白天到夜晚）进行排序，让其他用户更清晰地了解整个行程的过程。又如，在一个电商平台上销售服装，AI会将服装展示细节清晰、模特穿着效果好的图片排在前面，以提高商品的吸引力和销售转化率。

【示例】按开花顺序排序图片。

第1步，在AI大模型对话框中上传下面三张图片。

第2步，输入提示词。

> 请按花开的顺序对这三张图片进行排序。

第3步，由于智谱清言和讯飞星火支持多图片上传，下面选择这两个AI的排序进行展示。

◎ 讯飞星火

> 根据花开的先后顺序，这三张图片应该按照以下顺序排列。
> 第二张图片展示了粉红色的花朵，这些花朵看起来像是桃花，通常在春季盛开。
> 第一张图片中的花朵色彩丰富，有红色、黄色和紫色等，它们可能是菊花，这种花常常在秋季开放。
> 第三张图片显示的是荷花，荷花一般在夏季开放。
> 所以，花开的顺序应该是桃花（春天）、菊花（秋天）和荷花（夏天）。

讯飞星火对花的种类判断正确，但是时间排序错了。继续追问：

> 排序不对，夏天比秋天早吧？

讯飞星火回答：

> 对不起，我理解错了季节的先后顺序。按照正确的季节顺序，花开的顺序应该是：
> 第二张图片中的桃花通常在春季开放，所以它是春天的花。
> 第三张图片展示的是荷花，荷花一般在夏季开放，是夏天的花。
> 第一张图片中的菊花则多在秋季盛开，所以它是秋天的花。
> 因此，花开的正确顺序应该是桃花（春天）、荷花（夏天）和菊花（秋天）。

◎ 智谱清言

> 首先，我需要查看您上传的这三张图片，以确定每张图片中花朵的开放程度。我将开始查看这些图片。
> 代码生成：已完成
> 结果

> 我已查看了这三张图片。为了按花开的顺序对它们进行排序，我将根据花朵从花蕾到完全开放的阶段来排列。通常，花朵的开放过程会从花蕾开始，然后逐渐完全开放。接下来，

我将确定每张图片中花朵的开放阶段，并据此进行排序。

代码生成：已完成

结果

根据我对这三张图片的观察，以下是我对花朵开放顺序的判断。

第一张图片展示的是花蕾，花朵还未开放。

第二张图片中的花朵已经部分开放，但还未完全盛开。

第三张图片展示了完全盛开的花朵。

因此，按花开的顺序排序，正确的顺序应该是：第一张图片（花蕾）、第二张图片（半开的花朵）、第三张图片（完全盛开的花朵）。

智谱清言根据花开的大小进行排序，其逻辑本身没有问题，但是没有按照要求进行排序。

# 第 24 章
## AI生视频

OpenAI于2024年2月推出Sora，它可以根据文本描述创建长达60秒的视频。其中包含高度详细的场景、复杂的摄像机运动以及多个充满活力的角色，也能依据静态图像制作动画。国内多家AI平台也纷纷推出自己的AI视频创作系统，可以实现基本的文生视频、图生视频、角色生视频、多镜头视频等功能。随着技术的发展，AI视频在影视制作、广告营销、教育、动画游戏等领域的应用会越来越广泛。

## 24.1 认识国内AI视频大模型

国内能够生成视频的AI大模型正在快速发展，并且已经涌现出多个具有显著能力的模型。到2024年上半年，国内AI视频大模型取得了不少进展。下面简单认识一下相关视频模型。

### 1. 快手可灵AI

2024年6月6日，快手可灵AI正式开放内测。这款产品自发布以来，更新频繁，从内测时的App端扩展到了Web端，功能也不断丰富，包括文生视频、图生视频、视频续写、多尺寸选择、高画质版、首尾帧控制、镜头控制等。

可灵大模型上线一个月，累计申请用户数50万+，开通用户数30万+，生成视频数700万。它在大幅度运动的合理性和物理世界特性的高度模拟方面表现出色，受到国内外广泛关注，其生成的AIGC视频如果不细看，甚至难以发现是AI生成的。它不仅限于视频的生成，还试水AIGC短剧，快手还宣布其首部AIGC短剧《山海》将于2024年8月上映。

### 2. Pixverse

Pixverse是由爱诗科技开发的，爱诗科技是一家专注于AI视频生成技术的公司，成立于2023年4月。其创始人兼CEO王长虎曾任字节跳动视觉技术负责人，在视频理解、数据处理、内容安全和视频生成等领域都有深厚的积累。

Pixverse作为爱诗科技的核心产品，是一款面向内容创作者和普通用户的视频生成工具。用户可以在Pixverse的网页版界面中输入文字或图片，就能生成免费的4K分辨率高清视频。Pixverse在光影细节和运动准确性等方面取得了显著进展，其性能在某些方面已经达到了Pika的水平，甚至在多项评测中超越了它们。此外，Pixverse还在不断进化，它致力于帮助创作者实现无限可能，探索视觉生成的边界，共创AI时代全新的叙事艺术。

### 3. 即梦AI

即梦AI是字节旗下的一站式AIGC内容专业创作平台，支持文生视频和图生视频，提供智能画布、故事创作模式以及首尾帧、对口型、运镜控制、速度控制等AI编辑功能。它在2024年5月由剪映dreamina正式更名而来。经过一段时间的发展，其已经能够生成AIGC短剧，如在上海国际电影节上亮相的、抖音联合博纳影业出品制作的AIGC科幻短剧集《三星堆：未来启示录》。

### 4. Vidu

2024年4月27日，AI企业生数科技发布了号称国内首个自研视频大模型的Vidu。生数科技联合清华大学发布自研长时长、高一致性、高动态性视频大模型。该模型于2024年7月30日正式面向全球上线，开放文生视频、图生视频两大核心功能，可提供4秒和8秒两种时长选择，分辨率最高达1080p。它实现了业界最快的实测推理速度，仅需30秒就能生成一段4秒的片段。

Vidu较好地平衡了语义理解准确性、画面美观性、主体动态一致性这三方面的表现，能准确理解并生成提示词中的文字，包括字母、数字等，还能生成文字特效。它支持大幅度、精准的动作生成，在构图、叙事和光影等方面能达到接近电影级效果，也能生成影视级特效画面。

### 5. 视界一粟YiSu

由极佳科技与清华大学自动化系联合发布，是中国首个超长时长、高性价比、端侧可用的Sora级视频生成大模型。它拥有模型原生的16秒超长时长，并可生成至1分钟以上；拥有超大运动、超强表现力、懂物理世界、成本更低、速度更快、端侧可用等优质。

【提示】

> 国内还有一些其他公司也在进行相关研究和开发。AI视频大模型领域发展迅速，新的成果和产品不断涌现。例如：
> - 百度VidPress：百度研发的AI视频生成工具，可以自动将文本内容转换为视频。
> - 腾讯智影：腾讯推出的智能视频制作平台，支持文本到视频的自动生成。
> - 阿里巴巴的MediaV：阿里巴巴集团旗下的视频AI平台，提供视频生成和分析服务。
> - 科大讯飞：科大讯飞研发的AI技术也包含了视频内容生成功能，可应用于教育、媒体等多个领域。

由于AI视频生成技术发展迅速，具体的产品和服务可能会不断更新迭代，因此上述信息可能会随时间而发生变化。

## 24.2 文生视频

文生视频指的是通过AI技术，根据输入的文本描述来生成相应视频内容的过程。用户可以输入特定的文本指令，AI会依据这些文本生成对应的视觉画面。

文生视频技术的核心任务是利用文本指令控制视频内容的生成，相同的文本可能会引导生成多种不同的视觉场景，显示出一定的灵活性和多样性。

📢【提示】

自2022年上半年基于扩散模型模式的视频生成技术出现以来，该技术在短短两年间取得了显著进步。2024年2月，OpenAI发布的文生视频大模型Sora引起了广泛关注，它将视频生成的时长扩展到了1分钟，相比之前的模型有了很大突破。此后，国内也有公司陆续推出文生视频的相关产品。

【示例】使用快手可灵AI生成视频。

第1步，访问快手可灵AI官网（https://klingai.kuaishou.com/）。在首页单击"AI视频"导航大图标，进入视频生成主页面。

第2步，选择"文生视频"选项（默认选项）。在文本框中输入文本描述提示词。

一个人在公园里散步，阳光明媚，周围有绿树和鲜花。

第3步，其他选项保持默认，单击页面底部的"立即生成"按钮。预计需要2～5分钟，会生成一段视频，如图24.1所示。

图24.1 快手可灵AI生成的视频

文生视频技术大幅降低了内容创作的门槛，原本制作视频需要涉及诸多工种，如今通过模型就可以完成部分工作。但目前该技术仍存在一些局限性，生成的视频可能在某些方面还不够完美，不过随着技术的不断发展，其生成效果有望得到进一步提升。它在短视频、影视、广告等领域具有广泛的应用前景，可以为这些领域提供更多的创意和可能性。

## 24.3 图生视频

图生视频指的是通过AI技术，根据输入的静态图像生成相应视频的过程。用户提供一张或多张图片，AI会依据这些图片生成动态的视频内容。例如，输入一张男子拉着风筝在山路上奔跑的照片，图生视频模型可以生成一段风筝飘动、人物奔跑的视频。

在图生视频过程中，通常可以搭配文本内容来控制图像中物体的运动，生成多种运动效果。一些图生视频模型还具备视频续写功能，支持对生成的视频一键续写和连续多次续写，从而将视频延长至数分钟。

【示例】使用快手可灵AI生成视频。

第1步，访问快手可灵AI官网（https://klingai.kuaishou.com/）。在首页单击"AI视频"导航大图标，进入视频生成主页面。

第2步，选择"图生视频"选项。在左侧的"图片与创意描述"中单击"上传图片"按钮，上传图片，然后在下面的文本框中输入描述提示词。

快乐、奔跑的狗狗，迎接自己的主人回来。

第3步，其他选项保持默认，单击页面底部的"立即生成"按钮。预计需要2~5分钟，会生成一段视频，如图24.2所示。

图24.2　快手可灵AI生成的视频

图生视频技术仍在不断发展和完善中，虽然目前生成的视频可能在某些方面存在一定的局限性，如画面质量、细节准确性等，但随着技术的进步，其生成效果有望持续提升，不断为影视、广告、创意设计等领域带来更多可能性。

## 24.4 角色生视频

角色生视频是一种基于特定角色形象来生成视频的技术或功能。它通常需要先创建或指定一个角色，这个角色可以是通过用户上传的图片、设定的描述，或者利用现有的模型生成的虚拟角色。然后，基于这个角色的形象、特征和相关设定，生成与之相关的动态视频。

例如，用户创建了一个具有特定外貌、服装和性格特点的动漫角色，通过角色生视频功能，可以让这个角色在各种场景中活动，如战斗、冒险、社交等，并且其动作、表情和与环境的互动都符合角色的设定。

这种技术在游戏开发、动画制作、虚拟现实体验等领域具有广泛的应用。例如，在游戏中，可以根据玩家自定义的角色形象生成专属的剧情动画；在动画制作中，能快速为角色创作各种表演片段，提高创作效率。

【示例】使用PixVerse.ai生成角色视频。

第1步，访问https://app.pixverse.ai/。

第2步，登录之后，在左侧功能导航中选择"角色生视频"选项。提示，用户如果没有注册，可以使用邮箱进行注册，再登录即可。

第3步，在"提示词"文本框中输入提示词："怒目而视，准备出击"。在"角色"文本框中输入角色名称。初次使用时，可以单击右侧的"+"按钮，自定义角色。

第4步，在"角色"选项区中单击文本框右侧的"+"按钮，进入角色设置页面，上传本地图片。例如，本示例上传如下图片，然后设置角色的名称为"女侠"，如图24.3所示。

图24.3 定义角色

第5步，在页面左下角单击"创建角色"按钮，完成角色创建。

第6步，返回"角色生视频"页面，在"角色"文本框中选择刚创建的角色名称。

第7步，其他选项保持默认，然后单击"创建"按钮，等待几分钟，即可完成角色视频的创建，如图24.4所示。

图24.4　创建角色视频

第8步，单击视频列表项，可以进入视频播放页面，在这里可以了解视频的详细信息，也可以下载到本地播放，如图24.5所示。

图24.5　查看角色视频

## 24.5　多镜头视频

多镜头视频是指在一个视频中使用多个不同的镜头来呈现画面。这些镜头可以具有不同的焦距、角度、景别等，通过剪辑和组合，可以丰富视频的内容和表现形式。多镜头视频的优点如下：

◎ 增强视觉效果：不同镜头的运用可以展示更多细节、不同视角和场景，使观众能够更全面地了解拍摄的对象或事件。
◎ 丰富叙事方式：有助于讲述更复杂的故事或情节，通过不同镜头的切换和组合，营造出不同的节奏和氛围。
◎ 突出重点：可以将观众的注意力引导到特定的人物、物体或动作上。
◎ 增加画面变化：避免单一镜头带来的单调感，使视频更具吸引力。

【示例】使用PixVerse.ai生成多镜头视频。

第1步，访问https://app.pixverse.ai/。

第2步，登录之后，在首页文本框中输入第一个镜头的提示词，如图24.6所示。

图24.6　设置第一个镜头的提示词

第3步，单击"镜头1"右侧的"+"按钮，新增镜头2，然后继续输入第二个镜头的提示词，如图24.7所示。

图24.7　设置第二个镜头的提示词

第4步，可以继续添加镜头，完毕单击文本框右下角的圆形"提交"按钮，完成提交。

第5步，等待几分钟之后，会在页面下方的历史记录中显示生成的视频，如图24.8所示。

第6步，双击视频列表，可以进入详细页面查看播放效果，如图24.9所示。

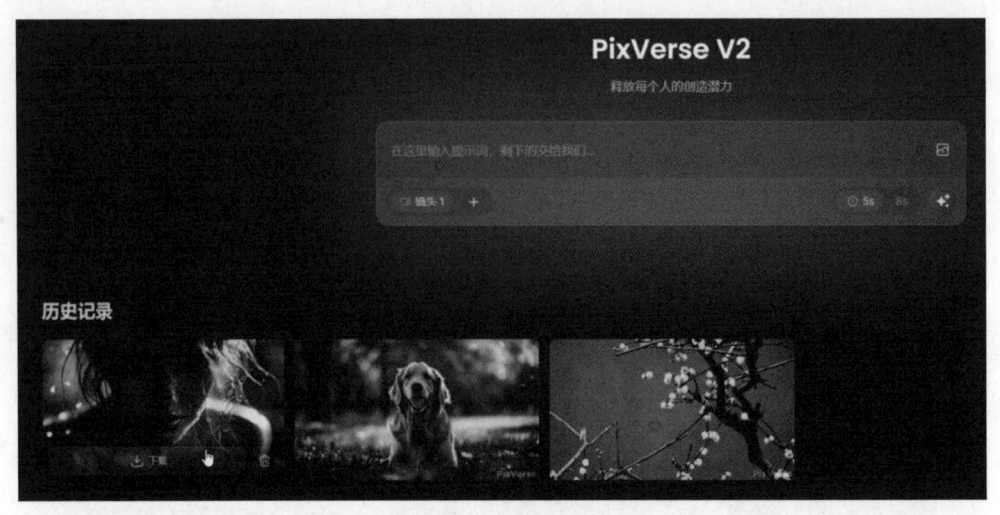

图24.8 生成的视频

图24.9 查看视频

# 第7篇

## DeepSeek应用篇

# 第 25 章 使用DeepSeek

DeepSeek是国产AI通用大模型，2025年1月迅速受到关注，凭借其低成本、高性能和开源策略，在AI领域取得了显著成就和广泛影响力。随着技术的不断进步和应用场景的不断拓展，DeepSeek有望在全球AI市场中占据重要的地位。

## 25.1 认识DeepSeek

DeepSeek（深度求索）是一款由杭州深度求索人工智能基础技术研究有限公司开发的AI模型，成立于2023年7月17日，由知名量化投资机构幻方量化创立并孵化。

幻方量化是中国顶尖的对冲基金公司，擅长利用AI算法优化金融交易策略。其强大的算力资源和技术积累为DeepSeek的研发提供了硬件支持和资金保障。

DeepSeek的创始人梁文峰出生于1985年，17岁考入浙江大学，拥有信息与电子工程学硕士学位。2023年，梁文锋宣布进军通用人工智能（Artificial General Intelligence，AGI）领域，创办了DeepSeek，致力于开发真正人类级别的AI。

DeepSeek主要包括三个大模型。

◎ DeepSeek V3

DeepSeek V3模型于2024年12月26日发布，是混合专家（MoE）架构，参数量达6710亿，激活参数为370亿，预训练数据量为14.8万亿token。该模型在百科知识、长文本、代码、数学等评测中超越主流开源模型，并与Claude-3.5-Sonnet、GPT-4o等闭源模型性能持平。

◎ DeepSeek R1

DeepSeek R1模型于2025年1月20日发布，专注于数学、代码、自然语言推理任务，性能对标OpenAI o1正式版，部分测试实现超越。该模型的API调用成本仅为OpenAI o1的3.7%，训练总成本约550万美元，算力需求显著低于同类模型。

◎ Janus-Pro

Janus-Pro模型于2025年1月28日发布，作为DeepSeek首款开源多模态模型，其支持视觉、语言等多模态输入/输出，填补了此前DeepSeek V3模型仅限文本交互的局限。

DeepSeek产品的特点及优势如下。

◎ 低成本与高性能：DeepSeek在模型架构和训练过程中进行深度优化，显著降低了计算资源消耗，同时实现了世界顶级AI大模型的性能。
◎ 开源策略：与OpenAI等公司的闭源模式不同，DeepSeek将模型代码和训练细节完全公开，允许全球开发者自由获取、修改和优化。这一策略降低了用户的使用门槛，促进了AI开发者社区的协作生态，推动了AI技术的普惠和共享。
◎ 广泛应用场景：DeepSeek的大模型在代码、学术、商业、创意、深度学习、知识管理等多个领域展现出广泛的应用潜力。

DeepSeek的应用在苹果AppStore免费榜单上超越了ChatGPT等竞争对手，成为排名第一的AI应用。它不仅挑战了硅谷在AI领域的主导地位，为全球AI格局注入了新的活力。同时引发了业内对于全民AI时代是否已经到来的热烈讨论，其低成本、高性能和开源策略被认为将重塑AI生态链的关键因素。

## 25.2 初次使用DeepSeek

### 25.2.1 下载App

在手机端应用市场搜索DeepSeek。下载前要认准：

◎ 蓝色鲸鱼的图标。
◎ App提供方：杭州深度求索。

避免下载到假冒的App，如图25.1所示。

图25.1 搜索DeepSeek

安装并打开App，按提示输入手机号和验证码进行登录。在欢迎界面单击"开启对话"按钮，接着就可以在文本框中输入问题或要求，如图25.2所示。

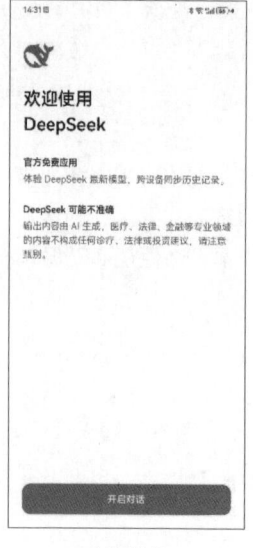

欢迎界面　　　　　　　输入问题　　　　　　　对话过程

图25.2　与DeepSeek对话

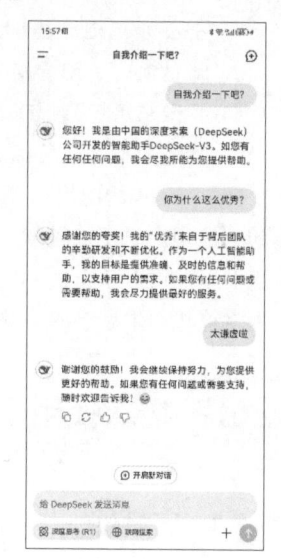

### 25.2.2　使用计算机网页版

在计算机端打开网页浏览器，在浏览器地址栏中输入官方网址，按Enter键确认进入DeepSeek人机对话官网首页，如图25.3所示。

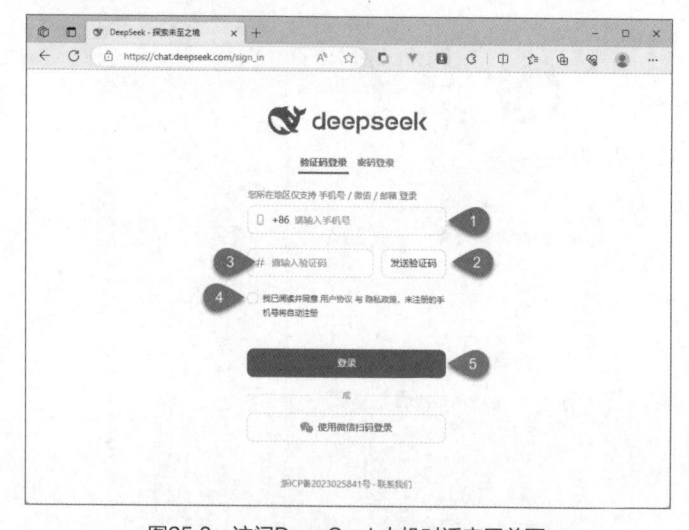

图25.3　访问DeepSeek人机对话官网首页

第1步，填写手机号码。

第2步，单击"发送验证码"按钮，向填写的手机号发送验证码。

第3步，输入收到的验证码。

第4步，勾选"同意协议"单选按钮。

第5步，单击"登录"按钮，登录成功后，就可以在文本框中进行提问，如图25.4所示。

图25.4　在计算机端与DeepSeek对话

### 25.2.3　熟悉对话界面

DeepSeek对话界面设计比较简单，操作也易上手，登录成功后，试着用大白话提问，DeepSeek不收费，可以随意提问。

#### 1. 侧边栏

界面左侧为侧边栏，在此可以查看使用历史，也可以开启新的对话，单击底部的"个人信息"按钮可以管理个人的信息，如图25.5所示。单击侧边栏的第二个按钮，可以打开和收缩侧边栏。

图25.5　侧边栏

#### 2. 深度思考

在对话文本框的底部有一个"深度思考"按钮，深度思考是区分DeepSeek与其他大模型的关键特点。它会在用户提问的基础上，延续思考和推理，如猜测用户的意图、补充关键信息等。

操作方法：单击对话框底部的"深度思考"按钮，开启深度思考，然后进行提问，就能看到DeepSeek在接收到提问词后,自己延续思考和推理的过程,如图25.6所示。这也是DeepSeek生成的内容要比其他大模型更优秀的原因。

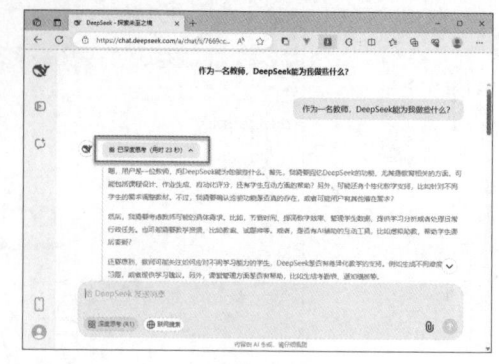

| 提问 | 思考和回答 |
|---|---|

图25.6 深度思考

### 3. 联网搜索

开启联网搜索,就能参考外部网页,如一些时事类新闻,或者相关搜索结果,相当于手工收集和浏览的网页,DeepSeek自动帮助找到,并作为回答依据。

操作方法:单击对话框底部的"联网搜索"按钮,开启联网搜索,然后进行提问,就能看到DeepSeek收集并整理的结果,单击"已搜索到50个网页",就可以在右侧看到搜索网页的结果,如图25.7所示。

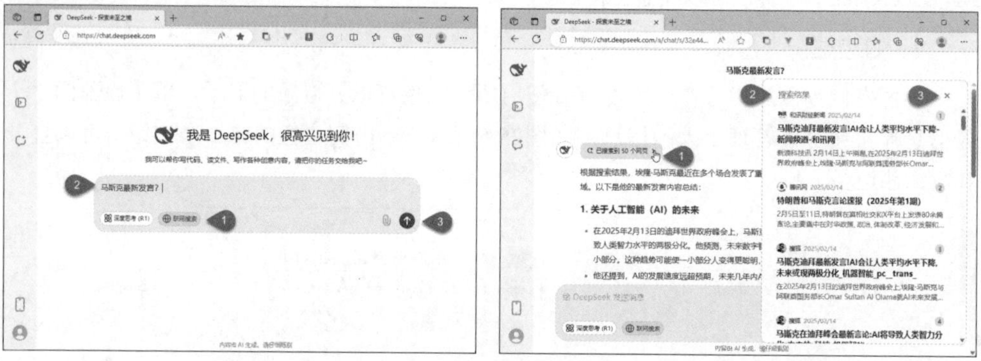

| 提问 | 搜索、整理和回答 |
|---|---|

图25.7 联网搜索

同时,DeepSeek在深度思考时会同步参考,最后在输出中给出具体引用内容的来源。这样不仅加强了内容推理的严谨性,也可以作为扩展阅读,为用户寻找线索。

### 25.2.4 文档上下文

当查询信息时,除了搜索网页外,用户还会阅读大量的文档资料,DeepSeek支持文档阅读。在对话文本框右下角位置有一个"上传附件"按钮图标,如图25.8所示。在计算机中可以直接拖曳文档到网页界面,如图25.9所示,也可以单击"上传附件"按钮上传文档。

图25.8　上传附件　　　　　　　　　　　　图25.9　拖曳上传

DeepSeek仅识别文档中的文本，但不识别文档中的图片。注意，使用文档上下文功能时，不能开启"联网搜索"功能。

操作方法：上传一篇文档，如杨朔的《香山红叶》，在文本框中输入要求，如图25.10所示。

> 提炼主要观点，整理成知识卡片，输出为HTML格式，采用红叶主色调设计排版。

图25.10　上传文档并输入要求

提交之后，DeepSeek会上传文件，然后自动分析文档并提炼信息，输出卡片，最后按要求生成HTML代码。此时用户可复制HTML代码，也可以运行HTML。单击"运行HTML"链接文本，可以预览效果，如图25.11所示。

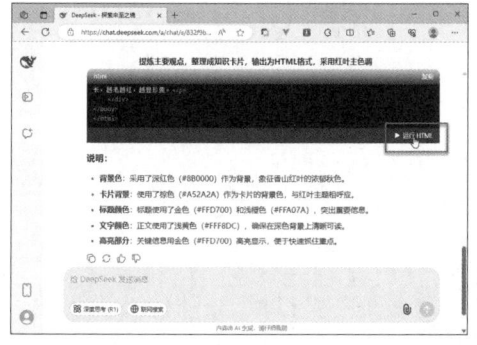

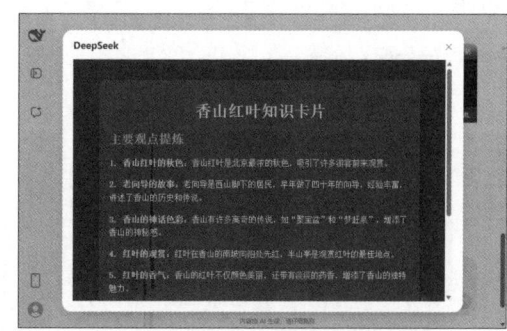

提炼的观点　　　　　　　　　　　　　　生成的HTML格式文档

图25.11　阅读回复

【提示】

结构化内容特别适合DeepSeek输出。DeepSeek支持将文档整理为各种格式。
- markdown：方便编辑。
  ◆ 延伸格式：思维导图。
  ◆ Mermaid：流程图。
- CSV数据表：适合数据整理。
- SVG图片：方便预览图片。
- HTML代码：方便在线预览。

当初步掌握DeepSeek的基本用法之后，用户就可以尝试结合案例进行具体实践。

### 25.2.5 DeepSeek提问技巧

DeepSeek提问的核心在于结构化思维，关键在于清晰、具体的表达，以及灵活调整沟通策略。下面总结DeepSeek的提问公式。

> 高效获取信息、解决问题或激发创意=确定身份+提供背景信息+明确任务目标+明确输出要求。

◎ 确定身份：在提问时，明确AI需要扮演的角色。这有助于AI更好地理解需求，并从数据库中调用与该角色相关的信息。例如，我是一名厨师，我希望做专业的营销顾问。

◎ 提供背景信息：提供与问题相关的背景信息。这有助于AI更好地理解问题的上下文，并生成更准确的回答。

◎ 明确任务目标：在提问时，务必明确提问的任务目标。这有助于AI更好地理解需求，并生成符合期望的回答。

◎ 明确输出要求：明确对输出的要求。这可以包括输出的格式、长度、风格等。例如，请用简洁明了的语言回答为我提供一个详细的报告。

【提示】

在提问过程中避免信息过载，可以把复杂问题分段处理，先建立框架再填充细节。也要避免AI的理解偏差，可以主动定义关键术语，如"我这里说的'敏捷开发'特指Scrum框架……"。

【示例1】明确核心目标。

◎ 模糊的提问：

帮我做个计划
帮我写点东西

◎ 改进后的提问：

制订一个为期3个月的雅思备考计划，目标7分，每周可投入20小时。
请用500字总结《百年孤独》的主题，适合高中生阅读。

【示例2】场景化补充。通过具体场景或类比让复杂概念更容易理解。

◎ 模糊的提问：

我需要一份商业计划书。

◎ 改进后的提问：

我要向风投pitch一个社区团购项目，目标用户是小区主妇，需要一份能在10分钟内讲完的商业计划书，重点要体现项目的成本优势和快速增长潜力。

【示例3】提供应用背景。

◎ 模糊的提问：

解释什么是递归。

◎ 改进后的提问：

我在开发一个处理目录文件的程序，需要遍历所有子文件夹，请用递归的方式实现，并解释代码中递归的原理。

【示例4】设定完整情境。

- 你是一家互联网公司的技术主管，准备面试一个有3年经验的后端开发工程师，请设计5个Java核心问题，并说明考查重点。
- 请用组织一场生日派对的例子，解释数据库设计的基本原理。

【示例5】结构化表达。

- 第一步列出气候变化的三大主因，第二步用表格对比其对农业的影响。
- 首先分析中国古代四大发明的技术特点，然后比较它们在世界文明史上的影响力，最后总结共同创新规律。

【示例6】预设格式。

- 用5W1H方法分析抖音爆款视频的特点，每个维度给出3个关键要素。
- 使用四象限法评估远程办公的可行性，每个象限列举2~3个具体指标。

【示例7】精准修正机制。

- 刚才推荐的书籍偏学术，能否提供3本适合职场新人的通俗读物？
- 这个Python代码示例太复杂，请提供一个适合初学者的简化版本，重点展示核心逻辑。

【示例8】错误标记法。

- 第三点数据有误，2023年全球光伏装机量实际为400GW，请修正结论。
- 案例分析中的法律条款已于2024年1月更新，新规取消了原有限制，请根据新规调整建议。

【示例9】角色扮演。

- 作为资深音乐制作人，分析这首流行歌曲的编曲特点和制作技巧。
- 扮演一位中医师，从五行理论角度解释四季养生之道。

【示例10】跨维度结合。

- 用武侠小说风格解释量子纠缠原理。
- 用足球比赛战术来解释计算机网络的数据传输原理。

【示例11】迭代优化策略。

◎ 对比验证

- 刚才两种方案各有什么优缺点？哪种更适合小型电商？
- 分析线上直播和短视频两种带货方式的成本效益，为美妆品牌提供选择建议。

◎ 反向追问

- 这个算法在哪些极端情况下可能失效？如何规避？
- 远程办公制度可能出现哪些管理漏洞？如何建立有效的监督机制？

【示例12】多模态思维。

- 将《春江花月夜》的意境转化为一组摄影构图方案，注明光线、角度和构图要点。
- 将中国传统二十四节气转化为一组品牌视觉设计，包含标志、色彩和应用场景。

【示例13】逆向推理。

- 如果要证明这个商业模式不可持续，需要重点考查哪些财务指标和市场因素？
- 为了证明人工智能无法完全替代人类创作，应该设计怎样的实验？

## 25.3 多类型文件应用

用户不仅需要文字答案，还会需要处理多种格式的文件，如表格数据分析、流程图绘制等。下面结合案例介绍如何生成常用的5种格式文件。

### 25.3.1 生成思维导图

【示例】总结一本经典书。

> 概括《穷查理宝典》这本书的主要内容，生成思维导图，输出markdown格式。

提问时先开启深度思索功能，DeepSeek深度思索的过程如下：

> 嗯，用户让我概括《穷查理宝典》的主要内容，并且生成一个思维导图的markdown格式。
> 首先，我需要确保自己完全理解这本书的核心内容。查理·芒格是沃伦·巴菲特的合伙人，他的智慧在这本书里被整理成各种演讲和箴言。用户可能希望得到一个结构化的总结，方便他们快速掌握书中的要点，或者用于复习和教学。
> 然后，我应该回忆《穷查理宝典》的主要部分。书里有很多芒格的演讲，涉及多元思维模型、逆向思维、人类误判心理学等，还有他的投资原则，如能力圈、安全边际、耐心等待机会这些。另外，芒格的生活哲学也是重点，如终身学习、道德修养。
> 用户需要思维导图的markdown格式，这意味着我需要用层次分明的标题和列表来组织内容。可能需要分成几个大块，如核心思想、投资原则、人类误判心理学、生活哲学、经典语录等。每个部分下再细分具体点。
> 需要注意的是，用户可能希望这个思维导图足够详细，但又不冗长。所以每个子项

需要简洁，但关键点不能遗漏。例如，在多元思维模型里，可能需要列出几个重要的学科，如数学、心理学、经济学等。在逆向思维部分，可能需要举例子，如"反过来想，总是反过来想"。

还有人类误判心理学，芒格提到的25种心理倾向，这里可能需要列举几个重要的，如奖励和惩罚机制、喜爱/厌恶倾向、避免怀疑倾向等，但不需要全部列出，否则内容会太多。需要挑选最关键的几个，或者用概括的方式说明。

另外，投资原则部分，能力圈、安全边际、耐心等待、集中投资、长期持有这些点都是必须包含的。每个点下可能需要简要解释。例如，安全边际是指以低于价值的价格买入，以降低风险。

生活哲学方面，终身学习、简单生活、道德修养、避免极端、感恩心态，这些都是芒格强调的。经典语录部分，可能需要挑选几句最著名的。例如，"如果我知道我会死在哪里，我就永远不会去那个地方"这样的逆向思维例子。

现在，我需要把这些内容结构化，用markdown的标题和列表来呈现。可能需要分几个层级，主标题下分次级标题，次级标题下是项目符号。例如：

- 核心思想
- 多元思维模型
- 跨学科知识
- 重要学科理论
- 逆向思维
- 从反面思考问题

这样层次分明，用户转换成思维导图时会更清晰。同时，要确保每个部分的关键点都涵盖到，但不过于冗长。可能需要检查是否有重复或可以合并的部分。例如，在投资原则和生活哲学是否有重叠的地方需要分开处理。

最后，生成的markdown需要语法正确，缩进和符号使用正确，这样用户可以直接复制到支持markdown的思维导图工具中生成结构。可能需要用井号表示标题层级，用短横线和星号表示列表项，缩进用两个空格或者四个空格，根据规范来调整。

总结来说，用户需要一个结构清晰、重点突出的《穷查理宝典》思维导图，以markdown格式呈现，方便他们进一步使用。我需要确保涵盖所有主要章节和核心概念，同时保持简洁和逻辑性。

思索完毕，DeepSeek会输出markdown代码。

# 《穷查理宝典》思维导图

## 核心思想
- **多元思维模型**
  - 掌握跨学科核心知识（数学、心理学、经济学等）
  - 运用重要学科理论（如复利原理、边际效应）
- **逆向思维**
从反面思考问题："如果我知道我会死在哪里，我就永远不会去那个地方"
- **能力圈原则**
  - 专注自己真正理解的领域
  - 承认认知局限

## 投资原则

- **安全边际**
  - 以显著低于价值的价格买入
  - 应对市场波动和计算错误
- **耐心等待**
  - 机会稀缺时保持克制
  - "打孔机理论"（一生20次重大决策）
- **集中投资**
  - 重仓优质标的
  - 避免过度分散
- **长期持有**
  - 与优秀企业共同成长
  - 避免频繁交易

## 人类误判心理学（25种心理倾向）
1. 奖励/惩罚机制
2. 喜爱/厌恶倾向
3. 避免怀疑倾向
4. 一致性倾向
5. 好奇心倾向
6. 嫉妒心理
7. 从众心理
8. 损失厌恶

## 生活哲学
- **终身学习**
  - 每日阅读习惯
  - 建立"心智格栅"知识体系
- **简单生活**
  - 避免复杂金融工具
  - 远离债务杠杆
- **道德修养**
  - 诚实正直高于利益
  - 建立可靠声誉
- **跨学科思考**
  - 物理学：临界质量
  - 生物学：进化论
  - 心理学：认知偏差

## 经典语录
- "在手里拿着铁锤的人看来，世界就像一颗钉子"
- "要得到你想要的某样东西，最可靠的办法是让你自己配得上它"
- "如果事情变坏，永远不要让它变得更坏"
- "宏观是我们必须接受的，微观才是我们可以有所作为的"

把这些代码复制到思维导图软件中进行可视化呈现，如Markmap、XMind等，可自动生成层级结构清晰的思维导图，如图25.12所示。或者粘贴到https://markmap.js.org/repl网站，可直接预览，该网站所用技术开源且免费。

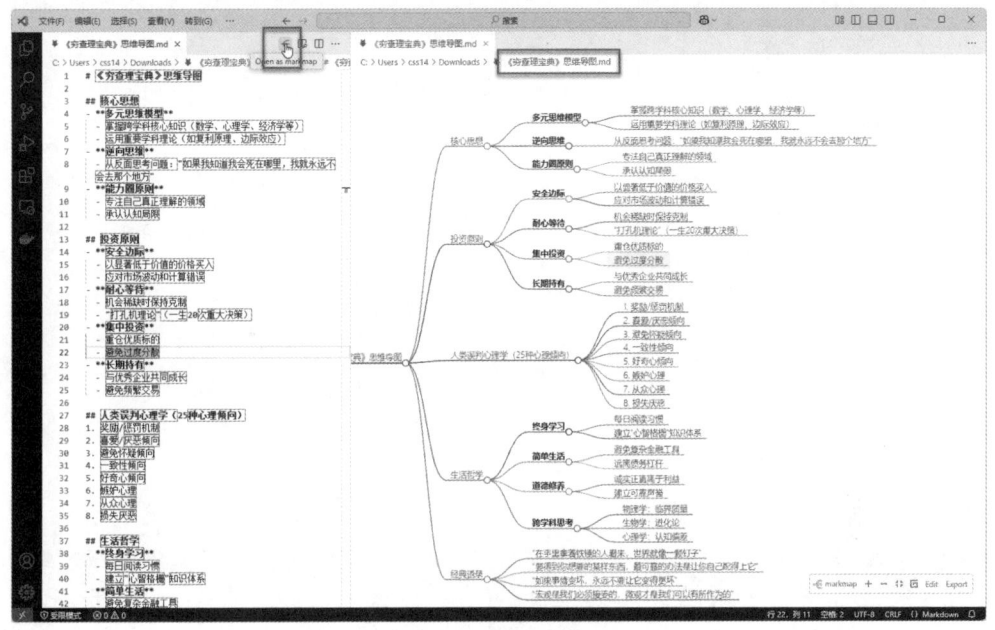

图25.12 制作思维导图

**【注意】**

当开启DeepSeek深度思索功能时，即使没有上传关于某本书的任何信息，也可以成功总结该书的精华。这是因为这本书已经被当作数据，加入到了大模型的训练过程中。如果想要总结的书未被DeepSeek识别，可以上传图书的PDF电子版，并开启DeepSeek深度思索功能，同样可以总结书的内容，并生成思维导图。同理，这一功能适用于未发表的文章、期刊和论文。

### 25.3.2 生成流程图

**【示例】** 画一张用户体验旅程。

> 生成用户超市购物体验旅程图，输出Mermaid格式。

本示例不需要开启深度思索功能，DeepSeek会生成一套Mermaid语法格式的代码。

```
journey
    title 用户超市购物体验旅程图
    section 进入超市
        用户进入超市: 5: 用户
        寻找购物车或购物篮: 3: 用户
        查看商品分类指示牌: 2: 用户
```

```
        section 浏览商品
            浏览商品货架: 5: 用户
            查看商品价格和促销信息: 4: 用户
            选择商品放入购物车: 5: 用户
        section 结算
            前往收银台: 4: 用户
            排队等待结账: 3: 用户
            收银员扫描商品: 5: 收银员
            支付购物费用: 5: 用户
            获取购物小票: 3: 收银员
        section 离开超市
            整理购物袋: 2: 用户
            离开超市: 3: 用户
```

通过可视化的方式，呈现为图片效果。把代码复制到https://mermaid.live网站，即可获取流程图片，如图25.13所示。这个Mermaid图表展示了用户从进入超市到离开超市的整个购物体验旅程，包括各个阶段的关键步骤和参与者的互动。

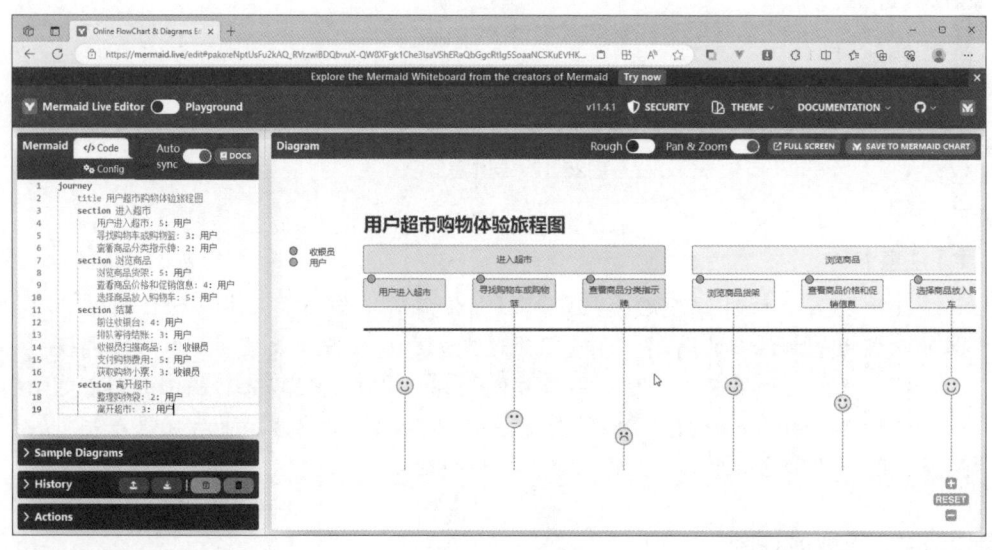

图25.13　制作流程图

> 【提示】
> 把代码保存为mmd格式的文件，然后在VSCode中安装Mermaid Editor插件，即可快速打开并预览。

## 25.3.3　生成数据表

【示例】把数据表上传到DeepSeek，让其进行数据分析。本示例数据表为"销售明细表.xlsx"，如图25.14所示。

> 统计数据表中每个城市的销售总额，以表格的形式显示。

图25.14 上传数据表

由于DeepSeek官网服务器过于拥挤，在当前过热的状态下（2025年2月），用户使用体验不是很好，本示例在多次测试之后总是宕机，因此放弃使用DeepSeek官网服务器，转而使用百度的"Ai+"服务，该服务集成了DeepSeek R1推理大模型，统计效果如图25.15所示。

图25.15 销售数据统计分析

## 25.3.4 生成SVG图

【示例1】生成一张诗词赏析卡片。先用DeepSeek给出李白的《静夜思》诗词，再生成卡片。在DeepSeek官网启动"深度思索"功能，并提交如下提示词。

> 选唐代诗人李白的《静夜思》诗词，转化为直观易懂的图形和图表，要简洁精美的排版和设计，画面生动，让人有情绪感，输出为SVG格式，比例3:4。

DeepSeek思索过程如下：

嗯，用户让我把李白的《静夜思》转化为图形和图表，输出SVG，比例3:4，要简洁精美，画面生动有情绪感。

首先，我需要理解这首诗的意境。《静夜思》是李白表达思乡之情的作品，场景是夜晚，有床前明月光，举头望明月，低头思故乡。所以视觉元素可能包括月亮、窗户、床、山水等。

接下来，用户要求转化为直观易懂的图形和图表。这里可能有点矛盾，因为图表通常是数据展示，而图形可能更偏向插图，可能需要结合信息可视化和艺术设计。例如，用图表展示诗的结构，或者用图形元素象征诗的内容。

然后，考虑排版和设计。简洁精美意味着不能太复杂，但又要生动。SVG格式适合矢量图形，比例3:4，可能是手机屏幕的比例，或者类似竖屏海报。

颜色方面，夜晚的深蓝色调，加上明月的亮黄或白色，对比强烈，突出情绪。

情绪感方面，思乡之情需要通过视觉传达，可能用柔和的曲线、孤寂的人物剪影、远处的山水轮廓。例如，一个人站在窗前，望着月亮，旁边有流动的云或山脉，表现距离和思念。

还要注意诗句的呈现方式，可能用书法字体增强古典感，但又要易读。布局上，主视觉在中间，诗句分布在周围，或者分段落与图形结合。例如，床前明月光对应床和月光洒落的图形，举头望明月对应人物抬头和月亮的位置，低头思故乡对应地面或水中的倒影，或者远处的故乡轮廓。

图表部分可能需要分解诗的结构，如四句的结构图，每句的关键字，或者情感起伏的折线图。但如何将图表自然融入画面而不显突兀？或许用装饰性的图表元素。例如，月亮的不同阶段表示诗句进展，或者用星图点缀文字。

技术方面，SVG需要分层，可能分背景、图形元素、文字、图表等。确保各元素比例协调，3:4的尺寸，如600px×800px。颜色过渡要平滑，使用渐变表现夜空。交互性可能不需要，但视觉层次要分明。

最后检查是否符合所有要求：简洁、精美、生动、情绪感、SVG格式、比例正确。可能需要先手绘草图，确定布局，再转为矢量图形。确保文字可读，图形符号清晰，整体和谐统一。

以下是为《静夜思》设计的SVG可视化方案，采用3:4比例（建议尺寸600px×800px），融合诗意元素与现代数据可视化手法，如图25.16所示。

如果发现绘制的SVG图形不是很完美或存在误差，可以继续提问修改，如图25.17所示。

把<text x="300" y="730" font-size="24" fill="#E2E8F0" text-anchor="middle" font-family="仿宋">标签中的y属性值改为510，这样才能够把诗词显示在方框内。

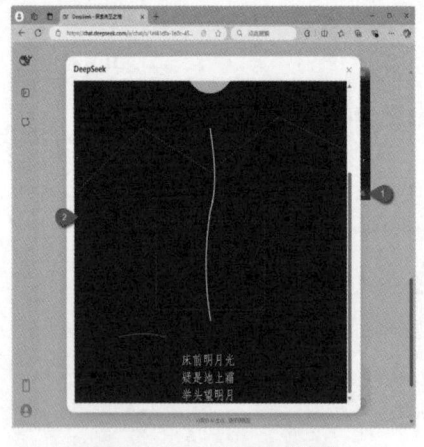

图25.16　SVG可视化视图　　　　　　　　图25.17　完善SVG图形

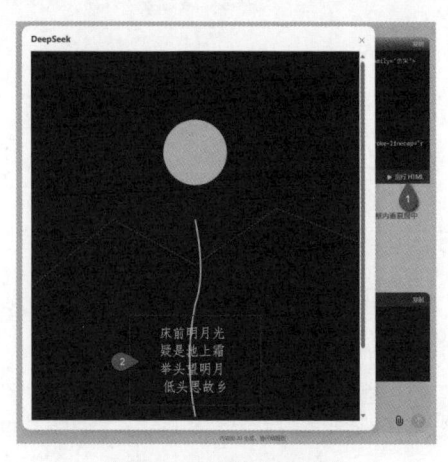

🔊【提示】

使用抖音的即梦对上述SVG图形进行二次创作。

【示例2】换个提示词生成知识卡片类型。

> 整理大唐著名诗人信息，生成简单生动的海报。输出简洁优雅的SVG知识卡片，比例3:4。精美排版，画面生动，分标题、内容、图表等区域，巧妙结合emoji表情和图表（如流程图、关联图、层次图等）展示内容结构和关联，富有创意和视觉吸引力。

生成效果如图25.18所示。这张SVG知识卡片简洁优雅，生动有趣，适合用于展示大唐著名诗人的基本信息。

◎ 标题：使用大字体和emoji突出主题。
◎ 内容：简洁介绍四位著名诗人及其代表作，配合emoji增加趣味性。
◎ 图表：用不同颜色的圆点代表每位诗人，连线表示他们之间的关联。
◎ 底部：总结性文字，呼应主题。

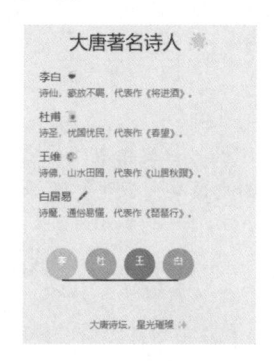

图25.18　SVG知识卡片

## 25.3.5　生成PPT文档

【示例1】一句话生成一份调研PPT。

开启"深度思考"和"联网搜索"功能，让DeepSeek自动写一份行业调研报告。

> 写一份关于DeepSeek在教育行业应用场景的报告。

生成的PPT大纲结果如下：

**关于DeepSeek在教育行业应用场景的报告**
**2025年2月**

---

### 一、**DeepSeek技术特性与教育适配性**

DeepSeek作为国产开源大模型，凭借其低成本、高推理能力和多模态支持，迅速成为教育领域的核心技术。其核心优势包括：

1. **高效推理能力**：通过算法优化显著降低训练和推理成本。例如，DeepSeek-V3仅需550万美元即可完成训练，支持长文本处理和复杂逻辑推理。
2. **多场景适配**：支持本地化部署，兼容多种硬件平台，打破算力限制，适用于教育硬件、教学软件及管理平台。

3. **透明化思考过程**：提供清晰的解题逻辑和知识关联性展示，帮助学生培养深度思考能力。

---

### 二、**教育行业应用场景分析**

#### **1. 智能硬件与个性化学习**

- **学习机与教辅工具**：
  - **学而思**：将DeepSeek与自研九章大模型融合，植入学习机产品，提供"深度思考模式"，支持解题引导和个性化学习路径设计。
  - **希沃**：学习机全系接入DeepSeek，提升绘本精讲、学情分析等功能，通过多模态互动增强学生表达能力。
  - **网易有道**：推出搭载DeepSeek-R1的"有道小P" 2.0版，结合超长思维链优化理科答疑能力，生成分步骤讲解和拓展知识。

- **编程与理科学习**：
  DeepSeek-R1在数学、物理等学科中表现突出，支持代码生成与优化，帮助学生理解复杂逻辑问题。例如，通过交互式网页设计辅助化学氧化还原、物理单摆等实验教学。

#### **2. 教学流程优化**

- **备课与教案生成**：
  教师输入教学目标后，DeepSeek可快速生成结构化的教案框架，包括课程导入设计、互动环节和作业布置建议。例如，初中语文《散步》的课堂导入活动设计，结合学生生活实际增强参与感。

- **课堂互动与双师模式**：
  支持"人机协同双师课堂"，真人教师主导教学，DeepSeek辅助答疑、提供个性化资源。例如，实时分析学生课堂数据，生成学情热力图，帮助教师调整教学策略。

- **作业批改与反馈**：
  自动生成分层练习题（如三角函数基础与拓展题），并支持千人级作业批改，1分钟内生成正确率热力图，大幅降低教师机械工作量。

#### **3. 教育管理与家校协同**

- **学生数据画像与预警**：
  通过整合学习、行为和心理数据，生成学生个体画像，识别学习短板或情绪风险，早期干预潜在问题。例如，分析寒假跳绳数据为新学期体能训练提供依据。

- **家校沟通智能化**：
  DeepSeek生成家庭教育方案，定制家长微课（如青春期教育、学科辅导），并通过智能客服"深小i"实现民生诉求精准分拨，提升家校共育效率。

#### **4. 教育公平与资源普惠**

- **低带宽支持与多语言覆盖**：
  在资源匮乏地区，DeepSeek支持离线知识库调用和方言翻译。例如，乡村学生通过手机App提问时优先调用本地缓存资源。

- **区域教育平台升级**：
  深圳罗湖区、福田区等已接入DeepSeek-R1，赋能区域智慧教育云平台，为师生提供智能教学工具和家长支持服务。

#### **5. 教师专业发展**

- **AI辅助教研与培训**：
  华朗学校通过DeepSeek构建教师三维评价模型（教学能力、课程质量、学生发展），并定期组织教师学习AI工具应用案例，推动教学范式革新。

---

### 三、**挑战与未来展望**

1. **数据安全与伦理**：需通过联邦学习技术保障学生隐私，遵循GDPR等法规。
2. **技术整合复杂度**：模块化架构设计降低系统耦合度，优先落地高价值场景（如智能批改、自适应学习）。
3. **教育本质的平衡**：避免过度依赖技术，需保留师生互动的情感温度。例如，在德育中强调"生命与生命的对话"。

**未来趋势**：

- **垂直领域深化**：与学科知识图谱深度融合。例如，历史教学自动关联时间线事件，生物课动态展示细胞分裂过程。
- **全场景智算中枢**：如深圳大学附属华南医院构建"临床-科研-管理"全场景模型，未来或扩展至教育科研领域。

---

### 四、**结论**

DeepSeek通过技术赋能，正在重塑教育行业的智能化、个性化和普惠化格局。其核心价值在于释放教师创造力、提升学生学习效率，并推动教育公平。然而，技术的终极目标应是服务于育人初心，在效率与温度间寻求平衡，最终实现"AI理性之光"与"教育人性温度"的交融。

**（报告结束）**

---

**注**：本报告基于公开资料整理，更多案例与数据可参考来源网页。

【示例2】使用讯飞智文生成PPT演示文稿。

第1步，访问讯飞智文官网首页。

第2步，在首页单击"免费使用"按钮，如图25.19所示。

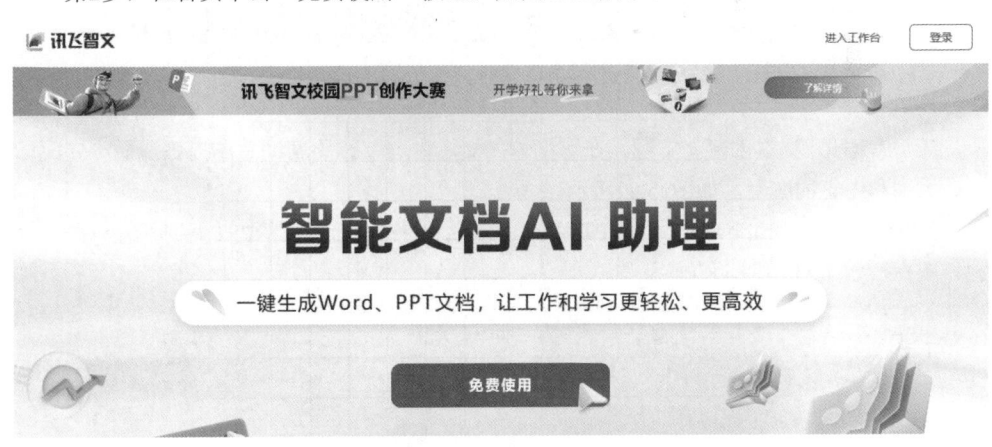

图25.19　访问讯飞智文

第3步，进入开始界面，在左侧导航区域底部单击"登录/注册"按钮，使用微信进行扫码，然后使用手机号短信验证登录，如图25.20所示。

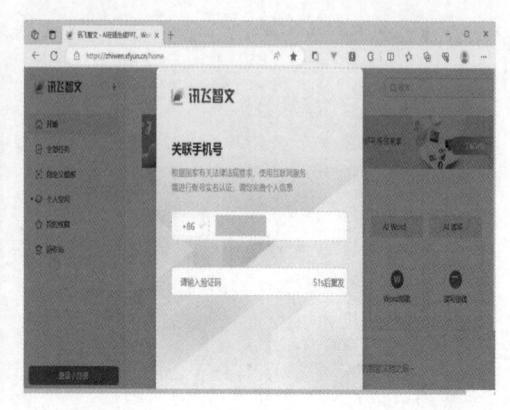

扫描登录　　　　　　　　　绑定手机号

图25.20　访问讯飞智文

第4步，登录成功之后，在页面右侧单击"开始创作"按钮，在弹出的模态对话框中选择"AI PPT"分组下的"文本创建"选项，如图25.21所示。

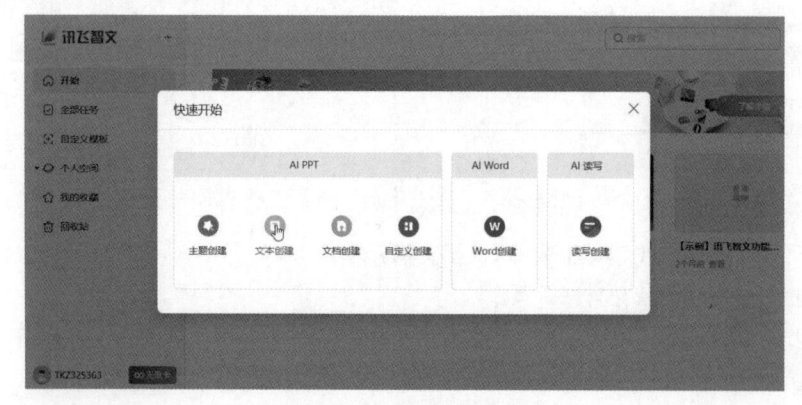

图25.21　选择创建方式

第5步，打开文本创建文本框，在这里输入文本内容，AI将帮助总结提炼，最终完成标题、大纲和内容的编写，如图25.22所示。

第6步，复制markdown格式的PPT大纲。在DeepSeek页面生成的PPT大纲下方单击"复制"图标，如图25.23所示。

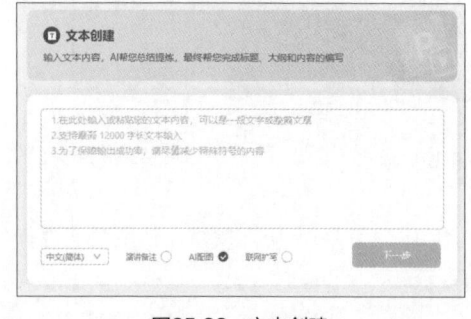

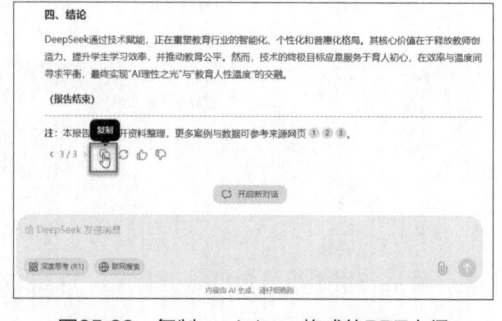

图25.22　文本创建　　　　　　图25.23　复制markdown格式的PPT大纲

第7步，把PPT大纲文本粘贴到讯飞智文页面文本框中，如图25.24所示。

第8步，勾选"联网扩写"复选框，单击"下一步"按钮，开始上传文本，并生成一个PPT大纲结构，此时可以对大纲进行编辑，或者保持原样继续，如图25.25所示。

图25.24　粘贴PPT大纲　　　　图25.25　生成PPT大纲结构

【提示】

当鼠标经过标题或副标题时，单击右侧的图标，可以编辑标题文本。当鼠标经过每一个章节选项时，右侧会显示3个按钮，分别用于执行降级、新增和删除操作。当鼠标经过每一个子项时，其右侧会显示一个省略号图标，单击会弹出一个下拉菜单，可以从该下拉菜单中选择相关操作命令，如升级章节、在下方新增、删除等。

第9步，单击"下一步"按钮，进入模板选项页面，根据需要在该页面中选择一个模板，如图25.26所示。

第10步，单击"开始生成"按钮，讯飞智文会根据PPT大纲智能生成PPT文档，生成过程可能持续一段时间，请耐心等待。

图25.26 选择模板

第11步，生成完毕，讯飞智文会显示整个PPT文档的每一个页面，其中左侧为页面导航，右侧为页面预览。单击"格式设置"链接文本，可以在右侧显示设置窗格。单击"演讲备注"链接文本，可以在底部为当前页面智能生成备注文本，如图25.27所示。

图25.27 生成PPT文档效果

第12步，编辑完毕，单击页面右上角的"下载"按钮，把PPT文档保存到本地计算机中。